本书编委会

主编：方向光　李兼善　宋博明

编委：德斯特里·贾维斯（Destry Jarvis）
休·洛根（Hugh Logan）
克里斯皮安·奥弗（Crispian Olver）
塞尔吉奥·布兰特·罗查（Sergio Brant Rocha）
卡尔·弗里德里希·辛纳（Karl Friedrich Sinner）
德米特里·卡茨（Dmitry Kats）
鲁迪·达利桑德罗（Rudy D'Alessandry）
道格拉斯·莫里斯（Douglas Morris）
朱红立　于广志　刘天昌　李松海　邓毅　李兼善
方向光　宋博明　蔚东英

翻译：刘天昌　李松海　邓毅　王化儒　李兼善　方向光
宋博明　于广志　蔚东英

"中国国家公园体制建设研究丛书"编委会

顾问：朱之鑫（国家发展和改革委员会原副主任）
亨利·保尔森（保尔森基金会主席，美国第74任财长，
高盛集团前董事长）
蒋洁敏（河北塞罕坝机械林场原人、高楼峻画画事长）
刘纪元（研究员，中国林业科学院湿地研究与恢复研究所所长）

主任：张希武（国家林业局森林公园与自然保护区管理司司长）
林瑞杰（河北塞罕坝机械林场场长）
牟广丰（原环境保护部环评司司长）

成员：Rudy D'Alessandro   Destry Jarvis   Douglas Morris
    秦桂芳   李迪强   于长友   刘昌明

中国国家公园体制建设研究丛书
Research Series on Development of China's National Park System

国家公园
体制的国际经验
及借鉴

International Experience
and Their Implications on
National Park Systems

天信可持续发展研究所
somewhere委员会
北京国家公园协会
——编著

科学出版社
北　京

内容简介

本书分析了我国建设国家公园体制面临的问题和挑战，并借鉴针对性地选择了美国、新西兰、南非、巴西、德国和俄罗斯等六个国家的国家公园体制进行了比较研究，都系统梳理和提炼国外各国国家公园体制建设的经验和教训，提出了我国国家公园体制建设的路径和方案。全书共分为4部分，其中：第一部分为国家公园体制的比较研究，包括第1～5章；第二部分为国家公园与保护地国际案例，包括第7～11章；第四部分为中国国家公园体制的比较研究，包括第11章；第四部分为中国国家公园体制的建设建议。

本书可供从事国家公园体制建设的相关人员、大专院校师生及有志愿者使用。

审图号：GS (2019) 332号

图书在版编目 (CIP) 数据

国家公园体制国际经验及借鉴 / 天闻可持续发展研究所，常允清等著. — 北京：科学出版社，2019.3

（中国国家公园体制建设研究丛书）

ISBN 978-7-03-059342-9

I. ①国… II. ①天… ②常… III. ①国家公园 - 管理体制 - 经验 - 世界 IV. ①S759.99

中国版本图书馆CIP数据核字 (2018) 第 250674 号

责任编辑：侯 俊 / 责任校对：姜丽策
责任印制：肖 兴 / 封面设计：无极设计，无境书苑

科学出版社 出版
北京东黄城根北街 16 号
邮政编码：100717
http://www.sciencep.com

三河市骏码印刷有限公司 印刷
科学出版社发行 各地新华书店经销

*

2019年3月第 一 版　开本：787×1092 1/16
2019年3月第一次印刷　印张：21 1/2
字数：510 000

定价：178.00元
（如有印装质量问题，我社负责调换）

踏上国家公园体制改革新征程

自1872年世界上第一个国家公园诞生以来，由于较好地处理了自然资源科学保护与合理利用之间的关系，国家公园逐渐成为国际社会普遍认同的自然生态保护模式，并被世界大部分国家和地区采用。目前已有100多个国家建立了近万个国家公园，并在保护本国自然生态系统和自然遗产中发挥着积极作用。2013年11月，党的十八届三中全会首次提出建立国家公园体制，并将其列入全面深化改革的重点任务，标志着中国特色国家公园体制建设正式起步。

4年多来，国家发展和改革委员会会同相关部门，稳步推进改革试点各项工作，并取得了阶段性成效。特别是2017年，国家发展和改革委员会会同相关部门研究制定并报请中共中央办公厅、国务院办公厅印发《建立国家公园体制总体方案》（以下简称《总体方案》），从成立国家公园管理机构、提出国家公园设立标准、编制全国国家公园总体发展规划、制定自然保护地体系分类标准、研究国家公园事权划分办法、制定国家公园法等方面提出了下一步国家公园体制改革的制度框架。

回顾过去4年多的改革历程，我国国家公园体制建设具有以下几个特点。

一是对现有自然保护地体制的改革。建立国家公园体制是对现有自然保护地体制的优化，不是推倒重来，也不是另起炉灶，更不是对中华人民共和国成立以来我国自然生态系统和自然文化遗产保护成就的否定，而是根据新的形势需要，对保护管理的体制机制进行探索创新，对自然保护地体系的分类设置进行改革完善，探索一条符合中国国情的保护地发展道路，这是一项"先立后破"的改革，有利于保护事业的发展，更符合全体中国人民的公共利益。

二是坚持问题导向的改革。中华人民共和国成立以来，特别是改革开放以来，我国的自然生态系统和自然遗产保护事业快速发展，取得了显著成绩，建立了自然保护区、风景名胜区、自然文化遗产、森林公园、地质公园等多种类型保护地。但自然保护地主要按照资源要素类型设立，缺乏顶层设计，同一类保护地分属不同部门管理，同一个保护地多头管理、碎片化现象严重，社会公益属性和中央地方管理职责不够明确，土地及相关资源产权不清晰，保护管理效能低下，盲目建设和过度利用现象时有发生，违规采矿开矿、无序开发水电等屡禁不止，严重威胁我国生态安全。通过建立国家公园体制，推动我国自然保护地管理体制改革，加强重要自然生态系统原真性、完整性保护，实现国家所有、全民共享、世代传承的目标，十分必要也十分迫切。

三是基于自然资源资产所有权的改革。明确国家公园必须由国家批准设立并主导管理，并强调国家所有，这就要求国家公园以全民所有的土地为主体。在制定国家公园准入条件时，也特别强调确保全民所有的自然资源资产占主体地位，这才能保证下一步管理体制调整的可行性。原则上，国家公园由中央政府直接行使所有权，由省级政府代理行使的，待条件成熟时，也要逐步过渡到由中央政府直接行使。

四是落实国土空间开发保护制度的改革。党的十八届三中全会《中共中央关于全面深化改革若干重大问题的决定》中关于建立国家公园体制的完整表述是"坚定不移实施主体功能区制度，建立国土空间开发保护制度，严格按照主体功能区定位推动发展，建立国家公园体制"。建立国家公园体制并非在已有的自然保护地体系上叠床架屋，而是要以国家公园为主体、为代表、为龙头去推动保护地体系改革，从而建立完善的国土空间开发保护制度，推动主体功能区定位落地实施，使得禁止开发区域能够真正做到禁止大规模工业化、城镇化开发建设，还自然以宁静、和谐、美丽，为建设富强、民主、文明、和谐、美丽的现代化强国贡献力量。

2015年以来，国家发展和改革委员会会同相关部门和地方在青海、吉林、黑龙江、四川、陕西、甘肃等地开展三江源、东北虎豹、大熊猫、祁连山等10个国家公园体制试点，在突出生态保护、统一规范管理、明晰资源权属、创新经营管理、促进社区发展等方面取得了一定经验。同时，我们也要看到，建立统一、规范、高效的中国特色国家公园体制绝不是敲锣打鼓就可以实现的，不可能一蹴而就，必须通过不断深化研究、总结试点经验来逐步优化完善，在统一规范管理、建立财政保障、明确产权归属、完善法律制度等管理体制上取得实质性突破，在标准规范、规划管理、特许经营、社区发展、人才保障、公众参与、监督管理、交流合作等运行机制上进行大胆创新，把中国国家公园体制的"四梁八柱"建立起来，补齐制度"短板"。

为此，国家发展和改革委员会会同保尔森基金会和河仁慈善基金会组织清华大学、北京大学、中国人民大学、武汉大学等著名高校及中国科学院、中国国土资源经济研究院等科研院所的一批知名专家，针对国家公园治理体系、国家公园立法、国家公园自然资源管理体制、国家公园规划、国家公园空间布局、国家公园生态系统和自然文化遗产保护、国家公园事权划分和资金机制、国家公园特许经营以及自然保护管理体制改革方向和路径等课题开展了认真研究。在担任建立国家公园体制试点专家组组长的时候，我认识了其中很多的学者，他们在国家公园相关领域渊博的学识，特别是对自然生态保护的热爱以及对我国生态文明建设的责任感，让我十分钦佩和感动。

此次组织出版的系列丛书也正是上述课题研究的重要成果。这些研究成果，为我们制订总体方案、推进国家公园体制改革提供了重要支撑。当然，这些研究成果的作用还远未充分发挥，有待进一步实现政策转化。

我衷心祝愿在上述成果的支撑和引导下，我国国家公园体制改革将会拥有更加美好的未来，也衷心希望我们所有人秉持对自然和历史的敬畏，合力推进国家公园体制建设，保护和利用好大自然留给我们的宝贵遗产，并完好无损地留给我们的子孙后代！

朱之鑫

中央财经领导小组办公室原主任
国家发展和改革委员会原副主任

序

　　经过近半个世纪的快速发展，中国一跃成为全球第二大经济体。但是，这一举世瞩目的成就也付出了高昂的资源和环境代价：野生动植物栖息地破碎化、生物多样性锐减、生态系统服务和功能退化、环境污染严重。经济发展的资源环境约束不断趋紧，制约着中国经济社会的可持续发展。如何有效地保护好中国最具代表性和最重要的生态系统与生物多样性，为中华民族的子孙后代留下这些宝贵的自然遗产成为急需应对的严峻挑战。引入国际上广为接受并证明行之有效的国家公园理念，改革整合约占中国国土面积20%的各类自然保护地，在统一、规范和高效的原则指导下构建以国家公园为主体的自然保护地体系是中共十八届三中全会提出的应对这一挑战的重要决定。

　　国家公园是人类社会保护珍贵的自然和文化遗产的智慧方式之一。自1872年全球第一个国家公园在壮美蛮荒的美国黄石地区建立以来，在面临平衡资源保护与可持续利用的百般考验和千般淬炼中，国家公园脱颖而出，成为全球最具知名度、影响力和吸引力的自然保护地模式。据不完全统计，五大洲现有国家公园10000多处，构成了全球自然保护地体系最具生命力的一道亮丽风景线，是地球母亲亿万年的杰作——丰富的生物多样性和生态系统以及壮美的地质和天文景观——的庇护所和展示窗口。

　　因为较好地平衡了保护和利用的关系，国家公园巧妙地实现了自然和文化遗产的代际传承。经过一个多世纪的洗礼，国家公园的理念不断演变，内涵日渐丰富，从早期专注自然生态保护到后期兼顾自然与文化遗产保护，到现在演变成兼具资源保护和为人类提供体验自然和陶冶身心等多重功能。同时，国家公园还成为激发爱国热情、培养民族自豪感的最佳场所。国家公园理念在各国的资源保护与管理实践中得以不断扩展、凝练和升华。

　　中国国家公园体制建设既需要与国际接轨，又应符合中国国情。2015年，在国家公园体制建设工作启动伊始，保尔森基金会与国家发展和改革委员会就国家公园体制建设签订了合作框架协议，旨在通过中美双方合作开展各类研究与交流活动，科学、有序、高效地推进中国的国家公园体制建设，提升和完善中国的自然保护地体系，实现自然生态系统和文化遗产的有效保护和合理利用。在过去约3年的时间里，在河仁慈善基金会的慷慨资助下，双方共同委托国内外知名专家和研究团队，就中国国家公园体制建设顶层设计涉及的十几个重要领域开展了系统、深入的研究，包括国际案例、建设指南、空间规划、治理体系、立法、规划编制、自然资源管理体制、财政事权划分与资金机制、特许经营机制、自然保护管理体制改革方向和路径研究等，为中国国家公园体制建设奠定了良好的基础。

　　来自美国环球公园协会、国务院发展研究中心、清华大学、北京大学、同济大学、中国科学院生态环境研究中心、西南大学等14家研究机构和单位的百余名学者和研究人员完成了16个研究项目。现将这些研究报告集结成书，以飨众多关心和关注中国国家公园体制建设的读者,并希望对中国国家公园体制建设的各级决策者、基层实践者和其他参与者有所帮助。

作为世界上最大的两个经济体,中美两国共同肩负着保护人类家园——地球的神圣使命。美国在过去140多年里积累的经验和教训可以为中国国家公园体制建设提供借鉴。我们衷心希望中美在国家公园建设和管理方面的交流与合作有助于增进两国政府间的互信和人民之间的友谊。

借此机会,我们对所有合作伙伴和参与研究项目的专家致以诚挚的感谢!特别要感谢国家发展和改革委员会原副主任朱之鑫先生和保尔森基金会主席保尔森先生对合作项目的大力支持和指导,感谢河仁慈善基金会曹德旺先生的慷慨资助和曹德淦理事长对项目的悉心指导。我们期待着继续携手中美合作伙伴为中国的国家公园体制建设添砖加瓦,使国家公园成为展示美丽中国的最佳窗口。

<table>
<tr><td>彭福伟</td><td>牛红卫</td></tr>
<tr><td>国家发展和改革委员会</td><td>保尔森基金会</td></tr>
<tr><td>社会发展司副司长</td><td>环保总监</td></tr>
</table>

前　言

2015年1月，国家发展和改革委员会会同相关部门印发《建立国家公园体制试点方案》，正式启动了建立国家公园体制试点工作。在中国国家公园体制试点过程中乃至以前数年，针对国家公园体制建设，相关政府部门、专家、国内外相关组织及社会各界就国家公园的有关问题存在不同的认识，出现了一系列关于国家公园定位、理念、立法、管理、规划、资金机制和自然资源权属等方面的讨论。

为了结合国际经验，并根据我国国情给出上述问题的解决思路和方案，2014年，河仁慈善基金会和保尔森基金会签署了《河仁慈善基金会与保尔森中心建立生态合作伙伴关系的框架协议》，承诺支持中国国家公园体系建设项目。2015年，国家发展和改革委员会与保尔森基金会签署了《关于中国国家公园体制建设合作的框架协议》，旨在科学、有序、高效地推进中国国家公园体制建设。同年9月，在国家发展和改革委员会、河仁慈善基金会、保尔森基金会的支持下，天恒可持续发展研究所开展了"国家公园体制国际案例研究及对中国的借鉴"项目。

项目充分听取了政府部门、科研院所、国际机构、非政府组织等各方的意见和建议，明确了国家公园体制建设面临和亟待解决的主要问题与需求，经过反复研究与讨论，优先制定了"中国国家公园体制建设面临的主要挑战和问题清单"。同时，在综合考虑了空间均衡性、与中国社会主义发展阶段的相似性、经验成熟性和可借鉴性、保护地体系的复杂性和土地权属的多样性等多个因素后，项目组在全球范围内选取了美国、巴西、南非、新西兰、德国和俄罗斯6个具有代表性的国家作为案例国家，聘请了6位在国家公园方面国际知名的专家作为案例报告的执笔者。之后，项目组针对"中国国家公园体制建设面临的主要挑战和问题清单"多次与国内外专家进行讨论和修改，制定了"国家公园国际案例研究大纲"，分别交于6位国际专家着手撰写其所在国家的国家公园体制案例研究报告。英文报告完成后，项目组先后组织国内权威专家进行了翻译、梳理、总结和提炼，并分阶段多次召开专家讨论会和意见咨询会，以确保客观地总结建设和管理国家公园体制的国际经验、教训和最佳实践，切合实际地反映6个案例国家的相关情况，为解决中国国家公园体制建设所面临的上述主要问题和挑战提供具有针对性的借鉴和建议。

本书即该项目的主要成果。全书共分4部分，第一部分为绪论，介绍了研究背景；第二部分为国家公园与保护地国际案例，包括第1~第6章；第三部分为国家公园体制的比较研究，包括第7~第11章；第四部分为对中国国家公园体制建设的建议。第一部分由李典谟、万旭生、宋增明、葛兴芳撰写；第二部分由德斯特里·贾维斯（Destry Jarvis）、休·洛根（Hugh Logan）、克里斯皮安·奥利弗（Crispian Olver）、塞尔吉奥·勃兰特·罗查（Sergio Brant Rocha）、卡尔·弗里德里希·辛纳（Karl Friedrich Sinner）、德米特里·卡茨（Dmitry Kats）6位国际专家撰写，鲁迪·达利桑德罗（Rudy D'Alessandry）、道格拉斯·莫里斯（Douglas Morris）2位专家在撰写过程中提供了重要的意见和建议，刘大昌、李欣海、邓毅、庄优波、李典谟、万旭生、宋增明、于广志、葛兴芳负责翻译；第三部分由刘大昌、李欣海、邓毅撰写；第四部分由刘大昌、李欣海、邓毅、李典谟、万旭生、宋增明撰写，牛红卫和于广志对全书的撰写提供了具体的意见和建议。

　　本书力求满足中国国家公园体制建设者和实践者欲探究国际上国家公园体制建设的成功经验和教训的迫切要求，重点服务于中央和省级层面的国家公园体制试点建设的设计者、决策者、管理者和立法者。此外，也为从事国家公园理论研究的专家、国家公园示范区的管理者提供参考。全书于2017年3月完稿，因涉及6个国家较多的数据、文字和图片，为力求准确几经审核校对，于2019年3月出版。尽管如此，因涉及众多地名及法律名称等的翻译，中文难免有不一致的地方，若发现任何问题，欢迎广大读者朋友联系我们。

作　者
2019年3月

目　　录

第一部分　绪　　论

第二部分　国家公园与保护地国际案例

第1章　美国国家公园体制研究……………………………………………………………11
1.1　国家公园和保护地体系的背景………………………………………………………12
1.1.1　美国"保护地"的历史和基本背景…………………………………………12
1.1.2　美国保护地的定义、分类及相互关系………………………………………13
1.1.3　美国公共土地与世界自然保护联盟保护地管理分类体系的比较…………14
1.1.4　美国国家公园体系和国家公园管理局的历史与管理理念…………………15
1.2　国家公园的法律依据和背景…………………………………………………………16
1.2.1　愿景和理念………………………………………………………………………16
1.2.2　国家公园体系的法律依据………………………………………………………16
1.2.3　保障决策统一的政策和指导方针………………………………………………17
1.2.4　国家公园体系的分类与命名……………………………………………………18
1.2.5　保护地的建立和除名……………………………………………………………20
1.3　管理机构设置……………………………………………………………………………21
1.3.1　国家公园的管理架构……………………………………………………………21
1.3.2　与其他政府机构的联系…………………………………………………………22
1.3.3　利益相关者和社会组织的参与…………………………………………………22
1.4　国家公园体系的规划……………………………………………………………………23
1.4.1　国家公园体系的战略与规划……………………………………………………23
1.4.2　保护框架…………………………………………………………………………24
1.4.3　管理政策…………………………………………………………………………27
1.5　单个国家公园的管理……………………………………………………………………28
1.5.1　总体管理规划（含分区）………………………………………………………28
1.5.2　访客服务…………………………………………………………………………29
1.5.3　守法、执法和报告………………………………………………………………34
1.5.4　职业发展与培训…………………………………………………………………35
1.5.5　公众与社区参与…………………………………………………………………35
1.6　国家公园体系和单个国家公园的资金机制…………………………………………36
1.6.1　运营成本…………………………………………………………………………36
1.6.2　政府拨款…………………………………………………………………………36

1.6.3 自创收入（含收费） ... 37
  1.6.4 捐赠和慈善捐资 ... 39
  1.6.5 其他资金来源，特别是环境补偿/缓解 ... 40
 1.7 其他重要问题 ... 40
  1.7.1 国家公园建立和管理的趋势 ... 40
  1.7.2 未来的国家公园管理面临的挑战 ... 41
  1.7.3 权属信息不完整的应对和土地权属裁决 ... 42

第2章 新西兰国家公园体制研究 ... 44
 2.1 新西兰"保护地"的历史沿革 ... 45
  2.1.1 背景 ... 45
  2.1.2 "前沿"社会、土地权属和保护地的发展 ... 46
  2.1.3 20世纪80年代的环境管理改革及对保护地、国家公园和管理的影响 ... 46
  2.1.4 新西兰的国家公园与保护地现状 ... 47
  2.1.5 土地购买及鼓励保护私有土地的经济措施 ... 50
  2.1.6 对比新西兰保护地与世界自然保护联盟自然保护地分类 ... 53
 2.2 新西兰国家公园的管理 ... 54
  2.2.1 新西兰环境事务中央主管部门 ... 54
  2.2.2 国家公园的管理 ... 55
  2.2.3 保护委员会及新西兰保护局成员 ... 55
  2.2.4 国家公园的建立和除名 ... 56
 2.3 新西兰国家公园管理的法律和政策背景 ... 57
  2.3.1 愿景和理念 ... 57
  2.3.2 适用于国家公园的一般性政策和指南 ... 57
 2.4 新西兰保护地体系和单个保护地的规划 ... 59
  2.4.1 法定战略和规划 ... 59
  2.4.2 公众与社区参与 ... 59
  2.4.3 毛利人的参与 ... 59
 2.5 国家公园的管理、保护部及其优先工作领域和主要项目 ... 60
  2.5.1 保护部的职能 ... 60
  2.5.2 保护部是综合性的自然保护管理部门 ... 61
  2.5.3 保护部的组织结构 ... 61
  2.5.4 地方办公室组织结构 ... 61
  2.5.5 分权式管理机构：组织架构、政策、计划和标准 ... 63
  2.5.6 保护与保护部的经费和资金机制 ... 63
  2.5.7 主要项目 ... 64
  2.5.8 权衡保护与"合理利用"及"商业特许经营"所存争议 ... 69
  2.5.9 合规与执法 ... 69
  2.5.10 科研能力 ... 70

2.5.11　能力发展 ··· 70
   2.5.12　汇报与合规 ··· 70
   2.5.13　将国家公园纳入保护地综合管理体系 ······················· 71
   2.5.14　保护部携手其他管理部门管理国家公园内的文化遗产 ······ 72
 2.6　关键问题 ··· 72
 2.7　新西兰国家公园和保护地的经验 ··· 74
   2.7.1　新西兰经验的优点 ··· 74
   2.7.2　缺陷和风险 ··· 75

第 3 章　南非国家公园体制研究 ·· 76
 3.1　国家公园与保护地体系简介 ··· 78
   3.1.1　保护地的历史与概况 ·· 78
   3.1.2　保护地和国家公园的定义 ··· 81
   3.1.3　与世界自然保护联盟保护地管理类别的比较 ················· 82
   3.1.4　国家公园的管理理念 ·· 83
 3.2　国家公园立园之本及法律保障 ·· 84
   3.2.1　愿景和理念 ·· 84
   3.2.2　法律基础：法律、法规和政策 ····································· 85
   3.2.3　保护地和国家公园的适用政策与指导原则 ···················· 86
   3.2.4　保护地分类 ·· 88
   3.2.5　保护地的建立与除名 ·· 92
   3.2.6　国家、社区集体及私有土地权属的处理 ························ 92
 3.3　国家公园体系的规划 ·· 94
   3.3.1　战略/规划 ·· 94
   3.3.2　保护框架 ·· 96
   3.3.3　景观与区域概念 ··· 100
   3.3.4　管理政策 ·· 100
 3.4　国家公园的管理 ··· 103
   3.4.1　单个国家公园的总体管理规划 ····································· 103
   3.4.2　游客服务 ·· 105
   3.4.3　守法、执法和报告体系 ··· 109
   3.4.4　职业发展/培训 ··· 110
   3.4.5　公众和社区参与 ··· 110
 3.5　国家公园体系和单个保护地的资金机制 ···································· 111
   3.5.1　国家公园的支出 ··· 111
   3.5.2　政府拨款 ·· 113
   3.5.3　国家公园自营收入 ··· 116
   3.5.4　捐赠和慈善捐款 ··· 117
   3.5.5　其他资金来源 ·· 118

3.5.6 财务管理系统 119
3.6 政府和其他组织的特征 119
　3.6.1 保护地管理架构 119
　3.6.2 南非国家公园管理局组织架构 120
　3.6.3 管理原则 121
　3.6.4 社区参与 122
　3.6.5 环境教育和遗产处理决策 122
3.7 代表性公园 122
　3.7.1 桌山国家公园 122
　3.7.2 伊西曼格利索湿地公园 124
3.8 关键问题 125
　3.8.1 未来发展趋势和面临的问题 125
　3.8.2 生物多样性管理面临的挑战 127

第4章 巴西国家公园体制研究 129
4.1 国家公园和保护地体系的背景 130
　4.1.1 保护地和国家公园的定义及相互关系 140
　4.1.2 与世界自然保护联盟保护地分类体系的对比及异同 140
　4.1.3 国家公园的管理理念 141
4.2 国家公园的基础和法律背景 142
　4.2.1 愿景和理念 142
　4.2.2 法律基础：法律、法规与政策 143
　4.2.3 指导国家公园统一管理的政策与方针：国家、地区和保护地层面 144
　4.2.4 保护地分类/命名及其特征 145
　4.2.5 保护地的建立与撤销：含准入、监测、评估和除名 148
　4.2.6 土地权属［含州级、（社区）集体、私有土地］ 150
4.3 国家公园体系的规划 152
　4.3.1 保护地体系战略/规划 152
　4.3.2 保护框架：国家项目如何确定、监测、管理和保护自然及历史遗产 154
4.4 单个保护地（含国家公园）的管理 155
　4.4.1 单个保护地的总体管理规划及分区 155
　4.4.2 访客服务 158
　4.4.3 合规、执法和报告：基本理念和实践 159
　4.4.4 职业发展与培训：如何提升和发展员工专业能力（角色、职责和技能） 160
　4.4.5 公众和社区参与：理念和实践 161
4.5 国家公园体系及单个保护地的资金来源 162
　4.5.1 运营费用和政府资金 162
　4.5.2 国家公园自创收入（含门票收入） 163
　4.5.3 捐赠与慈善捐资 164

  4.5.4 其他资金：环境补偿金 ……………………………………………………… 167
 4.6 管理机构及其特征 …………………………………………………………………… 168
  4.6.1 国家公园组织架构：中央及地方管理机构的职责、架构和关系 ………… 168
  4.6.2 社会组织参与使利益相关者更好地监管和认识国家公园（含志愿者项目） … 169
  4.6.3 国家公园共管或参与式管理及国家公园对当地社区的经济贡献 ………… 169

第5章 德国国家公园体制研究 ………………………………………………………… 173
 5.1 国家公园和保护地体系的背景 …………………………………………………… 173
  5.1.1 德国"保护地"的历史和基本概况 ……………………………………… 173
  5.1.2 保护地和国家公园的定义及其相互关系 ………………………………… 174
  5.1.3 与世界自然保护联盟保护地管理分类体系的比较与区别 ……………… 176
  5.1.4 德国国家公园的管理理念 ………………………………………………… 176
 5.2 国家公园的法律依据和背景 ……………………………………………………… 177
  5.2.1 愿景和理念 ………………………………………………………………… 177
  5.2.2 德国国家公园 ……………………………………………………………… 177
  5.2.3 国家公园立法 ……………………………………………………………… 181
  5.2.4 国家公园的建立和撤销 …………………………………………………… 181
  5.2.5 德国国家公园的质量指标和管理标准 …………………………………… 181
 5.3 国家公园机构设置 ………………………………………………………………… 183
  5.3.1 国家公园的管理 …………………………………………………………… 183
  5.3.2 国家公园管理机构与其他政府机构的关系 ……………………………… 184
  5.3.3 利益相关者（含公众）的参与 …………………………………………… 184
 5.4 国家公园体系规划 ………………………………………………………………… 185
  5.4.1 基本要点 …………………………………………………………………… 185
  5.4.2 规划程序 …………………………………………………………………… 185
 5.5 单个国家公园的管理 ……………………………………………………………… 186
  5.5.1 管理计划 …………………………………………………………………… 186
  5.5.2 游客服务 …………………………………………………………………… 186
  5.5.3 商业服务 …………………………………………………………………… 187
  5.5.4 设施设计、美学与标准 …………………………………………………… 188
  5.5.5 守法、执法和报告：基本理念与实践 …………………………………… 188
  5.5.6 职业发展与培训 …………………………………………………………… 188
  5.5.7 公众与社区参与 …………………………………………………………… 189
 5.6 国家公园体系和单个国家公园的资金机制 ……………………………………… 189
  5.6.1 运营成本：政府资金 ……………………………………………………… 189
  5.6.2 国家公园自营收入（含门票收入） ……………………………………… 192
  5.6.3 其他资金来源 ……………………………………………………………… 192
 5.7 代表性国家公园 …………………………………………………………………… 192
 5.8 其他重要问题 ……………………………………………………………………… 193

5.8.1 国家公园的建立和管理趋势	193
5.8.2 国家公园管理面临的未来挑战	193
5.8.3 气候变化	194
5.8.4 减贫	194
5.8.5 应对和解决土地权属信息不完整的情况	194
5.8.6 国家公园内自然资源的权属	194

第 6 章 俄罗斯国家公园体制研究 ··· 195

6.1 国家公园和保护地体系的背景 ··· 195
- 6.1.1 保护地及其资源的历史和概况 ··· 195
- 6.1.2 保护地和国家公园的定义及其相互关系 ··· 201
- 6.1.3 与 IUCN 保护地归类体系的对比及异同 ··· 203
- 6.1.4 国家公园的管理理念 ··· 204

6.2 国家公园的法律依据和背景 ··· 205
- 6.2.1 国家公园的愿景和理念 ··· 205
- 6.2.2 立法保障：法律、法规、政策及国家项目 ··· 206
- 6.2.3 指导和促使决策一体化的政策和指导方针 ··· 209
- 6.2.4 国家公园的分类及其特征 ··· 210
- 6.2.5 自然保护地的建立和除名 ··· 210
- 6.2.6 国家公园的土地权属：国有、集体和私有土地 ··· 212

6.3 国家公园体系的规划 ··· 215
- 6.3.1 保护地体系规划/战略 ··· 215
- 6.3.2 保护框架：如何确定、监测、管理和保护自然与文化遗产 ··· 215
- 6.3.3 管理政策：国家体系规划方法及与周边用地的关系 ··· 218

6.4 国家公园的管理 ··· 219
- 6.4.1 国家公园总体管理规划及分区 ··· 219
- 6.4.2 访客服务：管理和服务访客，杜绝损害国家公园的自然和文化价值 ··· 221
- 6.4.3 守法、执法和报告：基本理念和实践方法 ··· 232
- 6.4.4 职业发展与培训：员工能力和技能的培养与提升（岗位、职责和方法） ··· 233
- 6.4.5 公众与社区参与：基本理念和实践方法 ··· 234

6.5 国家公园体系及单个国家公园的资金机制 ··· 238
- 6.5.1 国家公园体系和单个国家公园的资金来源及分配 ··· 238
- 6.5.2 运营开支 ··· 239
- 6.5.3 联邦资金 ··· 240
- 6.5.4 国家公园的自营收入（含门票收入） ··· 241
- 6.5.5 其他资金渠道（含环境补偿金） ··· 245

6.6 管理机构及其主要特征 ··· 245
- 6.6.1 国家公园管理架构：联邦及地方责任部门、法定职责及相互间的关系 ··· 245
- 6.6.2 社会团体的参与：利益相关者认识和监管国家公园 ··· 248

  6.6.3 遗产善用与环境教育 ……………………………………………………… 249
6.7 其他重要问题 ……………………………………………………………………… 250

第三部分 国家公园体制的比较研究

第 7 章 各国保护地体系发展历史和国家公园理念 ……………………………………… 255
7.1 各国保护地体系发展历史及现状 ………………………………………………… 255
  7.1.1 美国 ………………………………………………………………………… 255
  7.1.2 新西兰 ……………………………………………………………………… 257
  7.1.3 南非 ………………………………………………………………………… 259
  7.1.4 巴西 ………………………………………………………………………… 260
  7.1.5 德国 ………………………………………………………………………… 261
  7.1.6 俄罗斯 ……………………………………………………………………… 261
  7.1.7 各国保护地建设的原动力 ………………………………………………… 262
7.2 国家公园的理念和建设目标 ……………………………………………………… 263
  7.2.1 美国 ………………………………………………………………………… 263
  7.2.2 新西兰 ……………………………………………………………………… 264
  7.2.3 南非 ………………………………………………………………………… 265
  7.2.4 巴西 ………………………………………………………………………… 265
  7.2.5 德国 ………………………………………………………………………… 266
  7.2.6 俄罗斯 ……………………………………………………………………… 266
第 8 章 各国国家公园的法律基础与管理机构 …………………………………………… 267
8.1 各国的国家公园法律体系 ………………………………………………………… 267
  8.1.1 美国 ………………………………………………………………………… 267
  8.1.2 新西兰 ……………………………………………………………………… 268
  8.1.3 南非 ………………………………………………………………………… 269
  8.1.4 巴西 ………………………………………………………………………… 270
  8.1.5 德国 ………………………………………………………………………… 270
  8.1.6 俄罗斯 ……………………………………………………………………… 271
8.2 国家公园管理机构 ………………………………………………………………… 272
  8.2.1 美国 ………………………………………………………………………… 272
  8.2.2 新西兰 ……………………………………………………………………… 272
  8.2.3 南非 ………………………………………………………………………… 273
  8.2.4 巴西 ………………………………………………………………………… 274
  8.2.5 德国 ………………………………………………………………………… 274
  8.2.6 俄罗斯 ……………………………………………………………………… 275
8.3 国家公园和其他保护地的建立和撤销 …………………………………………… 275
  8.3.1 国家公园和其他保护地的建立 …………………………………………… 275
  8.3.2 国家公园和其他保护地的撤销 …………………………………………… 277

第9章 国家公园体系规划与管理 ··· 278
9.1 国家公园的规划 ··· 278
9.1.1 国家公园的宏观规划和空间布局 ··· 278
9.1.2 国家公园边界的确定 ··· 280
9.2 国家公园的管理 ··· 280
9.2.1 管理规划 ··· 280
9.2.2 国家公园的分区 ··· 283
9.2.3 国家公园的管理 ··· 283
9.2.4 公众参与 ··· 286

第10章 国家公园的资金机制 ··· 287
10.1 国家公园的收入结构 ··· 287
10.1.1 财政拨款 ··· 287
10.1.2 自营收入 ··· 289
10.1.3 捐赠与慈善 ··· 291
10.1.4 其他资金来源 ··· 292
10.2 国家公园的支出结构 ··· 292
10.2.1 运营支出 ··· 293
10.2.2 资本支出 ··· 294
10.2.3 特别经费 ··· 295
10.3 非财政拨款的三个收入机制分析 ··· 295
10.3.1 门票收费 ··· 295
10.3.2 特许经营费 ··· 296
10.3.3 慈善捐赠 ··· 297
10.4 我国保护地体系资金来源与使用状况分析 ··· 298

第11章 国家公园的自然资源管理 ··· 300
11.1 土地资源管理对比分析 ··· 300
11.1.1 土地权属 ··· 300
11.1.2 法律和管理体系 ··· 302
11.2 生物资源及环境资源管理对比分析 ··· 303
11.2.1 管理目的 ··· 303
11.2.2 管理途径 ··· 303
11.3 其他自然资源管理对比分析 ··· 304

第四部分 对中国国家公园体制建设的建议

第12章 对中国国家公园体制建设的具体建议 ··· 309
致谢 ··· 320
声明 ··· 321

第一部分　绪　　论

2013年11月,党的十八届三中全会提出要建立国家公园体制。之后,中共中央、国务院发布了一系列的指导文件,出台了相关政策,确保国家公园(试点)建设取得成效。这些政策按时间脉络梳理如下:

2015年1月,国家发展和改革委员会等13个部门联合印发《建立国家公园体制试点方案》。

2015年3月,国家发展和改革委员会办公厅印发《国家公园体制试点区试点实施方案大纲》,指出对于管理权和经营权分立的机制探索可在规范利用、推行特许经营、鼓励社会参与等相关章节阐述。

2015年4月,《中共中央国务院关于加快推进生态文明建设的意见》提出,"建立国家公园体制,实行分级、统一管理,保护自然生态和自然文化遗产原真性、完整性"。

2015年9月,中共中央、国务院印发的《生态文明体制改革总体方案》提出,"建立国家公园体制。加强对重要生态系统的保护和永续利用,改革各部门分头设置自然保护区、风景名胜区、文化自然遗产、地质公园、森林公园等的体制,对上述保护地进行功能重组,合理界定国家公园范围。国家公园实行更严格保护,除不损害生态系统的原住民生活生产设施改造和自然观光科研教育旅游外,禁止其他开发建设,保护自然生态和自然文化遗产原真性、完整性。加强对国家公园试点的指导,在试点基础上研究制定建立国家公园体制总体方案。构建保护珍稀野生动植物的长效机制"。

2015年10月,中共中央的"十三五"规划建议提出,"整合设立一批国家公园"。

2015年12月9日,中央全面深化改革领导小组第十九次会议审议通过了《三江源国家公园体制试点方案》。

2016年4月,国务院办公厅《关于健全生态保护补偿机制的意见》中提出,"将生态保护补偿作为建立国家公园体制试点的重要内容"。

2016年8月,中央办公厅、国务院办公厅印发《关于设立统一规范的国家生态文明试验区的意见》及《国家生态文明试验区(福建)实施方案》,后者明确提出"推进国家公园体制试点"。

2016年11月2日,国家发展和改革委员会等13个部门联合发出《关于强化统筹协调进一步做好建立国家公园体制试点工作的通知》,明确提出:"建立国家公园体制试点,必须突出自然生态系统的严格保护、整体保护、系统保护,一切工作服务和服从于保护,要进一步明确建立国家公园的目的是保护自然生态系统的原真性和完整性,给子孙后代留下珍贵的自然遗产,坚决防止借机大搞旅游产业开发"。

认真解读上述文件和政策可以看出,我国建立国家公园体制不仅仅是建立几个国家公园,而是以此为契机,梳理我国现行自然保护地的管理现状,整合完善保护地体系,加快生态文明制度建设。在国家公园体制试点过程中,针对国家公园体制建设,出现了一系列关于国家公园理念、定位、立法、管理、资金等方面的讨论,相关政府部门、专家、国内外相关组织及社会各界就国家公园的有关问题存在不同的认识。我国建设国家公园体制面临的问题和挑战包括以下方面。

(1)国家公园的定位,即国家公园与保护地体系其他分类单元的关系。唐小平(2014)提出,国家公园是中国自然保护体系的重要组成部分,其定位是保护对象的完整性和提供服务的公共性。杨锐（2015）根据中国环境科学院 2014 年的统计数据，指出我国现有的保护地包括自然保护区 2669 处、风景名胜区 962 处、国家地质公园 218 处、森林公园 2855 处、湿地公园 298 处、海洋特别保护区（含海洋公园）41 处、（地方性或部门性）国家公园试点 9 处，上述保护区约占国土面积的 17%，其中，国家级自然保护地约占国土面积的 12.5%。苏杨和王蕾（2015）提出了"保护地面积占有率最高的自然保护区在未来是否会成为国家公园的构成主体、国家公园的主要功能是否就是自然保护，以及国家公园和其他类型的保护地的区别"这样的问题。李振鹏（2015）提出，国家公园应定位于承担珍贵遗产资源保护与国民游憩双重功能，是我国国家自然文化遗产保护地体系中的一个重要类型，是我国生态文明制度体系的重要组成部分。2015 年 10 月 23 日，国家发展和改革委员会社会发展司彭福伟副司长在"国家公园体制建设国际研讨会"上的报告中指出，"未来，中国的保护地体系至少应该包括以下两类：①自然保护区——实行最严格的保护，重要的生态系统应当纳入自然保护区实施强制性保护；②国家公园——实行分级、统一管理，保护自然生态和自然文化遗产原真性、完整性"。

（2）国家公园的理念，即如何平衡保护和发展、当代和长远的关系。杨锐（2015）提出，国家公园的关键在一个"公"字上，公有、公管、公益、公享是"公"的四层含义，国家公园只能用于全民福利，并且即使为了"全民福利"，国家公园内的各种人类活动、人工设施和土地利用也都应该以国家公园的价值及其载体得到完整保护为前提。孟沙和鄂璠（2016）也指出，把建立国家公园体制片面理解为"保护与发展并重"或者利用自然景观开发旅游建设，都是错误的，必须十分明确和突出"尊重自然、顺应自然、保护自然"的生态文明理念，必须把自然资源和生态系统保护作为其核心宗旨。一个国家长远的发展需要持续、有弹性，资源从来都不是一代人、一方人的，是我们从前辈手中继承并管理好传递给后辈的一种文化、精神和灵魂载体。任何掠夺性、随意性开发都是一种短视，一种不文明，甚至是犯罪。尤其是伴随着经济发展，我国处于一个新的发展阶段，资源的利用方式更需谨慎，在面临更多选择的同时，也需要将选择的方向定位于长远、持续和安全。

（3）国家公园的立法基础，包括未来国家公园法和保护地体系法的关系。吕植（2014）认为，利用建立国家公园体制的契机和中央政府对生态保护的重视，从根本上理顺我国保护地的管理、立法和分类体系是最为重要的。朱春全（2014）也指出，国家公园的建立目标是在科学统一的分类基础上，促进保护区的有效管理，推动国家公园体制建设试点和保护区立法。显然，国家公园法应以保护地体系法为上位法。雷光春和曾晴（2014）指出，目前我国占国土面积 17% 的保护地，也仅靠一些部门的条例来规范，已经远远不能适应管理的需求。张振威和杨锐（2016）提出，目前我国国家公园立法的现状——从进程来看，国家公园立法尚处于展望阶段，距立法准备阶段尚远；从现实条件来看，造成自然保护地普遍问题的观念与制度症结仍然根深蒂固，在决策层、管理层和技术领域还存在很多国家公园立法理念的误区和盲区，地方立法主导的"国家公园"立法实践存在严重的局限性。欧阳志云和徐卫华（2014）指出，依法建设国家公园，要认清现状，避免一哄而上。

（4）国家公园的管理机制，即中央政府和地方政府、各部门之间及与周围社区和其他利益相关方的关系。杨锐（2014）指出，在我国，中央、省（自治区、直辖市）和其他各级政府都在某种意义上代表"国家"行使管理权。不同的是，地方政府的行政权利，主要是通过法定方式，由上级政府授予。中央政府代表的是全体国民的权益，其他各级政府代表的是部分国民的权益。国家公园是全体国民（包括当代和子孙后代）的财产，而不是部分国民（如某些省、市、县）的财产。杨锐（2014）认为，既然投入和产出都具有全民性，那么，中国国家公园的建设和管理都是中央政府的责任和义务，福利也是全体国民的福利。孟沙和鄂璠（2016）指出，自中华人民共和国成立以来，我国从中央到地方对自然资源的管理实行分部门管理的体制，如农业部（2018 年 3 月整合为农业农村部）等，并且由于种种原因，在其他的非自然资源管理部门的职责中，又设定了一些有所交叉的职责。束晨阳（2016）认为，我国目前的保护地体系存在的五大主要问题之一就是保护地机构重叠设立，多头管理，"一区多牌""一地多主"，导致整体效率低下，保护成效减弱。因此，如何构建有效的管理机制，包括建立完善的国家公园评价监督机制和合理界定国家公园管理机构的独立执法权限，营造国家公园与包含周边社区在内的其他利益相关方之间的融洽关系，都是国家公园管理必须要考虑的问题。

（5）国家公园的规划，即国家层面的空间布局和类型之间的平衡情况，以及单个国家公园的边界划定和（内部管理）分区。国家公园如何遴选，关系国家有代表性的和最壮美的景观及顶级遗产地能否得到优先保护。自 1956 年我国第一个自然保护区建立以来，我国自然保护区数量和覆盖面积快速增长，解焱（2016）指出，目前保护区的分类主要依据保护对象，而未对保护区确定管理目标，在保护区工作中更未依据管理目标进行针对性管理，导致大量保护区面临功能定位模糊、保护目标单一、管理手段落后等各种问题，目前，我国所有的自然保护区的分区包括核心区、缓冲区和实验区，有的还包括外围保护带。鉴于保护区的建设经验，国家公园是否也要考虑相应的分区？单个国家公园的面积应该为多大？边界应该如何划分？并且我国东部经济发达，西部相对落后，我国建立国家公园体制是否需要在国家层面平衡空间布局和类型？如果需要，该如何操作？在未来相当长一段时间里，中国国家公园应占国土面积的比例是多少？

（6）国家公园的资金机制，即国家公园管理机构的主要资金来源与使用方向。李俊生和朱彦鹏（2015）指出，目前，我国各类保护地的资金来源主要包括：一是财政投入，主要是指中央和地方各级政府的财政投入。中央财政资金主要以相关专项资金等形式投入，但数量有限，大多数自然保护地的资金来源于地方各级政府，地方财政资金主要以项目投入或配套资金等形式投入。二是社会支持，主要来自国外资助，包括联合国有关机构、自然保护国际组织、多边和双边援助机构、国外民间及个人对我国自然保护区的各项资助和科技合作。三是经营收入，主要是指以自然保护地一种或多种资源为基础开展的多种经营创收和有关服务收费。现行的这种资金机制存在着总量不足、缺乏稳定的资金投入机制、投入和使用结构不合理，以及为了获得运行经费，过度利用自然资源等突出问题。孟沙和鄂璠（2016）、杨锐（2015）也指出，地方政府和保护区希望可以多渠道争取资金，提升知名度，或有关部门为了部门业务会给保护区挂上多个牌子，因此也出现了"一地多牌"，多个"婆婆"的现象。那么，国家公园的建立和运营是否也应主要由国家出资？地方是否需要投入一定比例？其他补充性资金渠道应如何发展？不同资金渠道资金占比分配情况如何？支出运用于员工工资、基建设施建设与维护、自然保护和公众教育等运营成本的比例应分别是多少？邓毅等（2015）指出，要科学地设计国家公园的资金机制，必须先明确各级政府的事权和支出责任。

（7）国家公园的自然资源权属，即资源权属，尤其是土地资源权属，以及各类资源权属的所有者、使用者和监管者的确权和事权划分。束晨阳（2016）指出，《中华人民共和国宪法》第九条规定：矿藏、水流、森林、山岭、草原、荒地、滩涂等自然资源，都属于国家所有，即全民所有；由法律规定属于集体所有的森林和山岭、草原、荒地、滩涂除外。第十条规定：农村和城市郊区的土地，除由法律规定属于国家所有的以外，属于集体所有。尽管如此，随着社会经济的快速发展，我们目前保护地体系资源权属关系复杂，居民社会问题突出。温亚利和谢屹（2009）指出，产权不清是生物多样性资源保护与利用矛盾的根源，而资源管理低效则是重要的制度原因。杨锐（2015）指出，有些国家公园试点地区几乎全部土地承包给农牧民，有些是60%以上的土地承包给农民。那么，对国家公园内的资源（土地及其附着物）的权属如何确权和管理？如何理顺多部门权责交叉重叠与监管真空并存的问题？如何管理国家公园范围内的非国有土地及其附属资源？国家公园的事权哪些是中央事权（权利和责任）、哪些是地方事权、哪些是中央和地方共享事权？

为了结合国际经验，并根据我国国情给出上述问题的解决思路和方案，2014年，河仁慈善基金会和保尔森基金会签署了《河仁慈善基金会与保尔森中心建立生态合作伙伴关系的框架协议》，承诺支持中国国家公园体系建设项目。2015年，国家发展和改革委员会与保尔森基金会签署了《关于中国国家公园体制建设合作的框架协议》，旨在科学、有序、高效地推进中国国家公园体制建设。天恒可持续发展研究所承担了"国家公园体制国际案例研究及对中国的借鉴"项目，在全球范围内选取了具有代表性的6个案例国家，分别为美国、巴西、南非、新西兰、德国和俄罗斯，旨在系统、全面、客观地研究和总结国际上建设和管理国家公园体制的经验、教训和最佳实践，切合实际地反映案例国家的相关情况，为解决中国国家公园体制建设所面临的上述主要问题和挑战提供具有针对性的借鉴和建议。

具体到研究本身，笔者主要采用了文献检索、专家咨询、会议研讨和目标人群访谈等多种研究方法，了解到上述国家公园体制建设目前面临的主要问题，制定了"中国国家公园体制建设面临的主要挑战和问题清单"，并将此清单与政府部门、科研院所、国际机构、非政府组织和6位国际专家反复研究与讨论后，制定了"国家公园国际案例研究大纲"，交于6位国际专家着手撰写案例报告。

上述6个案例国家的选择兼顾了以下多项因素。

空间均衡性。案例国家筛选考虑了地域的分布，拟在每一个大洲各选一个国家，大洋洲选了新西兰，欧洲选了德国，北美洲选了美国，南美洲选了巴西，俄罗斯横跨欧亚大陆，既具有欧洲的特点也具有亚洲的特点。

与中国社会主义发展阶段的相似性。中国是发展中国家，发展中国家普遍面临保护、减贫与经济快速发展的多重压力，案例国家选择时充分考虑到这种情况，选择了金砖国家巴西、南非和俄罗斯。这些国家是新兴市场经济体的代表，与中国面临相同的保护、减贫与经济快速发展的多重压力。

经验成熟性和可借鉴性。案例国家选美国是因为其是最早建立国家公园的国家，也是这方面最具有代表性的国家;而选俄罗斯是因为其与中国情况相似,先有其他的保护地体系,后有国家公园,并且中国原来的保护地体系是参照苏联模式建立的,俄罗斯的经验值得借鉴。

保护地体系的复杂性。中国是先有保护地体系,再开始建立国家公园的。世界各国经历了不同的国家公园发展历程和格局:美国、新西兰、南非、巴西的国家公园与其他各类保护地同步发展,德国和俄罗斯是先有其他各类保护地,后来才建立国家公园,这次选案例国家也是兼顾了这两种模式。

土地权属的多样性。中国人口众多,部分地区人口压力很大,土地权属是中国建立国家公园的一大挑战,这次选取的大多数案例国家的国家公园都有公共土地和私人土地,其中,公共土地占主导地位,这对处理中国国家公园内的非国有土地有很好的借鉴作用。

这6个国家的案例分析有助于从不同的角度对同一研究主旨进行归纳和类比。项目组聘请了上述6个国家的6位在国家公园方面国际知名的专家分别负责其所在国家的国家公园体制的案例分析和研究。

这些国际专家谙知其国家的国家公园体制,所以可以充分利用他们的知识、经验和掌握的比较全面及翔实的数据凝炼出系统、深入的结论和建议。中方专家围绕中国国家公园体制试点建设的优先内容、需要解决的主要问题和需要解答的认知上的疑惑,重点剖析案例国家如何采用创新的、实用的机制、政策、手段和方法破解类似挑战,最终提出准确且切实可行的解决方法、建议或信息。

因此,本书成果主要包括中国国家公园体制建设所面临的主要挑战和问题清单、国家公园体制国际案例研究报告及基于国际案例研究的中国国家公园体制建设政策建议。这些成果,尤其是政策建议部分得到了国内外相关领域专家的大力支持,提供了很多有针对性的建议,在充分吸纳各方建议的基础上汇总、分析和提炼出了各案例国家的国家公园体制建设的有关研究结论,总结了适宜在中国试验、复制、推广和进一步创新的国家公园体制建设的政策建议。

本书成果力求满足中国国家公园体制建设者和实践者欲探究国际上国家公园体制建设的成功经验和教训的迫切要求,重点服务于中央和省级层面的国家公园体制试点建设的设计者、决策者、管理者和立法者。此外,也为从事国家公园理论研究的专家、国家公园示范区的管理者提供参考。

参 考 文 献

邓毅,毛焱,蒋昕,等.2015.中国国家公园体制试点:一个总体框架[J].风景园林,(11):85-89.
鄂璠.2016.国家公园体制改革的关键在于"体制"——专访国家林业局野生动植物保护与自然保护区管理司巡视员孟沙[J].小康,(20):40-42.
雷光春,曾晴.2014.世界自然保护的发展趋势对我国国家公园体制建设的启示[J].生物多样性,22(4):423-425.
李俊生,朱彦鹏.2015.国家公园资金保障机制探讨[J].环境保护,43(14):38-40.
李振鹏.2015.国家风景名胜区制度与国家公园体制对比研究及相关问题探讨[J].风景园林,(11):74-77.
吕植.2014.中国国家公园挑战还是契机?[J].生物多样性,22(4):421-422.
欧阳志云,徐卫华.2014.整合我国自然保护区体系,依法建设国家公园[J].生物多样性,22(4):425-427.

束晨阳. 2016. 论中国的国家公园与保护地体系建设问题[J]. 中国园林, 32（7）: 19-24.

苏杨, 王蕾. 2015. 中国国家公园体制试点的相关概念、政策背景和技术难点[J]. 环境保护, 43（14）: 17-23.

唐芳林. 2014. 中国需要建设什么样的国家公园[J]. 林业建设, (5): 1-7.

唐小平. 2014. 中国国家公园体制及发展思路探析[J]. 生物多样性, 22（4）: 427-431.

解焱. 2016. 我国自然保护区与IUCN自然保护地分类管理体系的比较与借鉴[J]. 世界环境, (S1): 53-56.

温亚利, 谢屹. 2009. 中国生物多样性资源权属特点及对保护影响分析[J]. 北京林业大学学报（社会科学版）, 8（4）: 87-92.

杨锐. 2014. 论中国国家公园体制建设中的九对关系[J]. 中国园林, 30（8）: 5-8.

杨锐. 2015. 防止中国国家公园变形变味变质[J]. 环境保护, 43（14）: 34-37.

张振威, 杨锐. 2016. 中国国家公园与自然保护地立法若干问题探讨[J]. 中国园林, 32（2）: 70-73.

朱春全. 2014. 关于建立国家公园体制的思考[J]. 生物多样性, 22（4）: 418-421.

第二部分 国家公园与保护地国际案例

第1章 美国国家公园体制研究

德斯特里·贾维斯（Destry Jarvis）
美国环球公园协会

作者简介

德斯特里·贾维斯（Destry Jarvis）是户外休闲和公园服务（Outdoor Recreation&Park Services）顾问公司的创始人兼总裁，有四十多年的工作经验，涉及公园、休闲、历史遗迹的保护、旅游和青少年活动等诸多领域，曾就职于非营利机构、美国内政部和营利性顾问公司（destryjarvis2@me.com）。

自2002年以来，德斯特里·贾维斯先生一直从事高层顾问服务，包括国家公园系统各部门的政策和管理；地方、州和联邦层面的合作性土地利用规划；农田和空地保护；公共土地自然资源和文化资源管理、公共空间的适当开发、特许经营评估等；尤其在历史遗迹保护、保护区政策和游客管理战略方面具备丰富且成功的经验。此外，贾维斯先生还拥有大量项目筹资经验。

从事顾问服务之前，贾维斯先生曾担任美国国家游憩与公园协会（National Recreation and Park Association，NRPA）执行董事、美国全国环保及服务协会（National Association of Service and Conservation Corps，NASCC）副总裁、美国国家公园管理局（National Park Service，NPS）执行董事、美国内政部助理部长特别顾问、学生环保协会（Student Conservation Association，SCA）执行副总裁、国家公园保护协会（National Parks Conservation Association，NPCA）副总裁。

执行摘要

本书旨在为中国国家公园体制建设提供参考。早在20世纪，美国政府就认定：保护美国的自然、地质、历史和文化胜景，将其呈现给美国和世界人民的最上乘的做法，就是根据"组织法"成立一个由敬业的专业人员组成的独立机构。我们希望中国政府的有关人员，在阅读本书时，能细心研究，甄选出那些对中国国家公园体制建设具有参考价值的信息，汲取美国的经验和教训，而不是照搬或模仿其国家公园体系。

美国依照1916年颁布的《国家公园管理局组织法》，管理着现有的409个国家公园管理单元[①]，确保这些国家公园能"完好地保护其风景、自然和历史遗产，以便世代享用"。

美国国家公园管理局是美国国家公园体系唯一法定的保护和管理机构。作为一家联邦政

---

① 译者注：国家公园管理单元是指美国国家公园管理局管辖的单片保护地，含国家公园体系的18类管理单元，包括命名为国家公园的管理单元。为简便起见，本书中的国家公园管理单元均简写为国家公园，另有说明的除外。

府机构，美国国家公园管理局是依 1916 年颁布的《国家公园管理局组织法》而组建的。在美国，如果某片区域被命名为国家公园，就要划归给美国国家公园管理局，由其管辖。其他联邦机构管辖的某些保护地，虽然也冠以"国家纪念地"或"国家休闲区"等类似的命名，但其管理只需遵循相应管辖机构的授权法，而无需奉守 1916 年的《国家公园管理局组织法》。

美国国家公园管理局肩负着保护和合理利用国家公园的双重使命。这就要求专业的国家公园管理局工作人员能够利用现有的可靠信息，进行科学规划，实现国家公园的永续管理。为此，除本局员工外，该管理局还发展了一支由非营利合作者和商业服务供应商组成的队伍，旨在加强和改善公园的管理和访客体验。

与世界其他国家的国家公园管理机构不同，美国国家公园管理局的管理权限宽泛，涉及生物多样性、风景奇观、户外休憩、重要国家历史遗迹的保护，以及美国丰富的自然、历史和文化遗产的宣教等事务。因此，该机构在民间和政界都颇受欢迎。

1.1 国家公园和保护地体系的背景

1.1.1 美国"保护地"的历史和基本背景

1. 美国的公有土地

美国各级行政区，市/镇、县、州或联邦机构都拥有和管理着一定数量的公共土地。到目前为止，并非所有的公共土地都处于生态意义上的"受保护状态"，但其大多都比同辖域的私有土地保护得好。

例如，美国 50 个州共建有 10 234 个州立公园，总面积约 7.3 万平方千米，2014 年共接待访客 7.39 亿人次，预算经费为 25 亿美元左右，聘用的全职和兼职工作人员分别为 1.8 万人和 2.5 万人。各州依本州适用法律，建设并管理其行政边界内的州立公园。总的来看，州立公园比国家公园更注重高尔夫、游泳池等户外休闲设施的建设。

同样，几乎所有的县、市/镇都留出部分公共土地，用作公园和城市绿化用地。本书不对这类公共土地及其管理机构进行介绍。此外，美国还有私人所有和管理的保护地，借助保护地役权和其他法律机制，予以永续保护。

2. 美国联邦政府管理的土地

美国陆地总面积约 930 万平方千米，含公共和私人土地。其中，约 259 万平方千米是由联邦政府管理的公共土地，遍布于 50 个州、5 个属地（海外准州）和哥伦比亚特区，约占美国国土总面积的 28%，归全体美国公民所有。这些联邦公共土地，有些自美国独立以来就归联邦政府所有，有些则是后来为满足自然保护等公共用途而购得的。两个多世纪以来，美国总统和国会常以资金筹措等公共和非公共目的，如新辟宅基地和定居点、修建铁路和补贴、划建开矿用地和印第安人保留地等，售卖或赠出部分联邦公共土地。

自 19 世纪起，美国历届总统和国会都要讨论和决策如何管理联邦公共土地。1864 年，亚伯拉罕·林肯总统把优胜美地河谷划为保护地。1872 年，尤利西斯·格兰特总统签署法律，建立了世界上第一个国家公园——黄石国家公园。泰迪·罗斯福总统划出了数千平方千米土地，建为多用途森林保护区、国家野生动物庇护所和文化纪念地。

在20世纪，总统和国会也出于各种各样的公共目的，做出了类似的决定，最终美国的联邦公共土地主要由四大联邦政府机构进行分管，具体情况如下[①]：

国家公园体系，约34万平方千米；

国家野生动物庇护所体系，约60万平方千米；

土地管理局辖管的联邦公共土地，约100万平方千米；

国家森林体系，约78万平方千米。

1.1.2 美国保护地的定义、分类及相互关系

美国公共土地管理的一个特点就是四大联邦政府机构的公共土地[②]管理政策和法定职责存在根本性的区别。其组织法都涉及户外休闲的内容，但各自界定的休闲类型和许可的资源利用程度却差别很大。

法律规定，内政部分管的土地管理局和农业部分管的林务局的主要使命建立在"多重利用、持续产出"的自然资源管理理念之上，涉及伐木、开矿、放牧、户外休闲和保护野生动物等事务。

与此不同，美国国家公园管理局及鱼与野生动物管理局的主要职责是保护自然资源。当然，两家机构在这方面也存在着本质上的区别。鱼与野生动物管理局管理着美国的野生动物庇护所体系，主要负责增加本土鱼类和野生动物的种群数量，酌情强化土地管理，改善栖息地，有选择地开放竞技钓鱼和狩猎等活动。

土地管理局和林务局管理的土地并不都是保护地，因为其管辖的大部分土地允许从事开矿、伐木、放牧、建坝和其他开发利用活动。然而，在秉承常规的土地多重利用这一基本管理原则不变的情况下，美国国会还颁布了一系列的法律，在这两家联邦政府机构管理的土地上划建了各种各样的保护地，包括国家休闲区、国家纪念地、国家保护地、原野地、自然和风景河流、国家风景和历史步道等。

美国公共土地管理的另一特点就是国会制定了许多普遍适用于所有四家联邦公共土地管理机构的法律，如《国家历史保护法》《原野地法》《考古资源保护法》《自然和景观河流法》《国家步道体系法》等。作为普适法或重点规定，这些法律法规约束着联邦政府机构对联邦公共土地上某些特定区域或特定公共资源的管理。

这四大联邦政府机构都必须确定和保护其辖区范围内的重要历史或考古遗址。其管理的部分土地，有的被国会划定为原野地，严格限制在其内新建设施、修建道路和采伐木材等；有的被国会命名为需特别加以保护的河段，或需采取特别限制措施并向公众开放的风景和历史步道。

---

① 此外，美国陆军工程兵团在全美43个州共修建了数百座水库，并负责这些水库的管理。这些水库及其周边约4.9万平方千米的土地和水域，是重要的户外休闲场所，年游客接待量近3.7亿人次。

② "公共土地"是通用术语，在美国，是指私有土地之外的其他所有土地。不过，土地管理局管理的土地在法律上统称为"公共土地"，无其他叫法。土地管理局管辖范围内，由国会指定管理用途的部分土地，如原野地、自然与风景河流、历史步道或国家纪念地等，国会统称为"国家景观保护地体系"。

1906年，美国国会出台了《文物法》，赋予总统不经国会可直接宣布某片联邦公共土地为"国家纪念地"的特权。在四大联邦土地管理机构的辖区范围内划定国家纪念地，旨在明确这些土地的管理要做到"保护优先"。土地管理局和林务局管辖的此类国家纪念地仍需遵照这两家机构基本的土地管理原则——"多重利用、持续产出"。

最后，美国所有的州和几乎所有的市镇都建有州立和市（镇）立公园及休闲区，既能绿化城市，又能方便居民就近休闲。虽然有些州级和市（镇）公共土地也被留作野生动植物栖息地和历史遗迹保护用地，但不在本书研究范围之内。

除"公共土地"外，美国还有 23 万平方千米左右的印第安保留地。为保障原住民的利益，有些印第安保留地虽交由联邦政府托管，但仍归各印第安部落所有，专门供其使用和开发。一些大型的，尤其是美国西部的印第安人保留地，其大部分地区根本没有或者只有极少的开发，能为野生动植物提供重要的栖息地，但其不属于"公共土地"的范畴。

1.1.3　美国公共土地与世界自然保护联盟保护地管理分类体系的比较

在美国，官方在划分联邦公共土地类型时，通常不采用世界自然保护联盟（International Union for Conservation of Nature，IUCN）的保护地管理分类体系。当然，因研究和对比需要，人们也对这两套分类体系加以对比研究，分析结果基本如下。

IUCN 的 Ⅰ 类保护地——严格的自然保护区：在美国，公共土地上依法划建的各类保护地内可能都嵌有 IUCN 的此类保护地。IUCN 的 Ⅰb 类保护地——原野地：基本相当于美国国会指定的原野地，散布于四大联邦土地管理机构所辖的公共土地内。美国的原野地命名只是一种土地管理分类，任一联邦土地管理机构只要愿意都可按国会颁布的《原野地保护法》将其管辖的部分土地划建为原野地。事实上，鱼与野生动物管理局、土地管理局和林务局所辖的原野地内允许运动狩猎野生生物和水禽。此外，土地管理局和林务局管理的原野地还允许放牧。国家公园管理局管理的原野地内则不允许开展上述提及的各类活动，对原野地的管理较其他联邦土地管理机构更加严格，因而最配得上 IUCN 的 Ⅰb 类保护地这一冠名。

美国联邦法定的原野地包括如下。

国家公园管理局——共 60 处，总面积约 18 万平方千米；

鱼与野生动物管理局——共 71 处，总面积约 8.5 万平方千米；

土地管理局——共 222 处，总面积约 3.6 万平方千米；

林务局——共 442 处，总面积约 14.6 万平方千米。

IUCN 的 Ⅱ 类保护地——国家公园：美国 59 处冠名为"国家公园"的保护地（译者注：仅是指那些命名为国家公园的国家公园管理单元），大多符合 IUCN 的 Ⅱ 类保护地的划定标准。当然，个别国家公园，如梅萨维德国家公园和库雅荷加谷国家公园主要是保护文化资源，不适合划归为 IUCN 的 Ⅱ 类保护地。在美国，国家公园管理局管理的"国家保护地"，如位于阿拉斯加的育空-查理河国家保护地或诺阿塔克国家保护地，也基本符合 IUCN 的 Ⅱ 类保护地标准。国家保护地和国家公园的唯一区别在于前者允许开展运动狩猎活动。同理，国家公园管理局管理的被冠以其他命名的管理单元全部或其大部分地区，也符合IUCN的Ⅱ类保护地的划定标准,如格兰峡谷国家休闲区,其实际上是由一处大型水库及周边约4000平方千米的自然原野地组成的。

IUCN的Ⅲ类保护地——自然纪念地或地貌:美国国家公园体系内的许多面积较小的管理单元可划归为这一类别,如缪尔森林国家纪念地、宝石洞穴国家纪念地和卡普林火山国家纪念地。土地管理局和林务局分管的少数国家纪念地也可归为此类,如土地管理局所辖的铁木森林国家纪念地和林务局分管的圣海伦火山国家纪念地。

IUCN的Ⅳ类保护地——物种/栖息地管理区:美国大多数的国家野生动物庇护所属于此类保护地。

IUCN的Ⅴ类保护地——陆地/海洋景观保护地:美国国家公园管理局管理的10处国家海滨、4处国家湖滨,以及水牛河和新峡谷两处国家河流属于此类保护地。此外,土地管理局管理的国家景观保护地体系(含871处管理单元,总面积约12.5万平方千米)中的大多数管理单元,也属于IUCN的此类保护地。

IUCN的Ⅵ类保护地——资源可持续利用区:美国国家公园体系和野生动物庇护所体系内无此类保护地。但是,土地管理局所辖的"待分类的"大部分土地和林务局管理的"尚未指定管理用途"的土地,基本属于IUCN的此类保护地。

1.1.4 美国国家公园体系和国家公园管理局的历史与管理理念

1872年,美国国会立法建立了该国的第一个国家公园——黄石国家公园。随后,直至1916年成立国家公园管理局前,历届国会和总统又划建了37处国家公园和国家纪念地。这些公园那时均由华盛顿的内政部进行"管理",野外的巡逻保护工作则由美国陆军负责。

1916年,美国国会决定新设一个专门的机构——美国国家公园管理局——负责管理已建或待建的"国家公园",即联邦公共土地上最珍贵和最壮观的自然区域。为此,国会颁布了《国家公园管理局组织法》,正式组建了美国国家公园管理局,负责管理当时已建立的国家公园,确定其主要使命是保护国家公园"不受损害",以便世代享用。1916~1933年,国会和总统共新批建了33处国家公园。

1933年,美国联邦政府重组,国家公园管理局的职责权限得以正式扩大,除主管自然景观和考古遗迹外,还负责管理美国重要的历史遗迹,包括战场、历史建筑、观景公路(scenic parkways)、纪念碑、总统故居、独特的地质景观等。1933~1951年,国会和总统新批建的自然和历史类型的国家公园共有70处。

1952~1972年,美国经济快速发展,人们生活水平提高,时间充裕,前所未有地热衷户外休闲和旅游。为此,国会积极应对,进一步丰富了国家公园管理局管辖的土地类型。海滩、湖滨、自然流淌的河流、远足步道、具休闲价值的大坝和水库的蓄水面(是指那些为防洪、灌溉、供水和发电而修建的水坝和水库)及大城市周边闲置的可重建为公立公园和公共绿地的联邦土地,全部被纳入了国家公园体系。在该时期,国家公园体系共新增了110处。

1973~2004年,国会和总统共新批建了129处国家公园。其中,在阿拉斯加划建的13处国家公园,共占地20多万平方千米,这使国家公园体系的总面积增加了一倍还多。

目前，国家公园管理局共管理着409处国家公园、几十处"附属区域"、16条国家景观和历史步道及49处国家遗产地。此外，该管理局还负责管理众多的基金和技术援助项目，支持各州及地方政府管理公园、发展游憩和保护历史遗产。

从创建之初，国家公园管理局就一直在努力探索与州立公园建立协同合作机制，通过提供技术、规划支持和资金资助，确保各州能充当"主力军"，大力提供户外休闲场地和所需的附属设施。

2016年，国家公园管理局迎来百年纪念日。自成立之日起，国家公园管理局始终践行着《国家公园管理局组织法》赋予的唯一法定授权，即保护国家公园"不受损害"，以便世代享用。这一法定表述通常被看作"双重使命"，即保护和利用。现在，国家公园管理局制定的《国家公园管理局管理政策》对这一法定授权给出了明晰的解释，并申明：在特定地区或特定的资源利用中，若资源保护和利用发生冲突，保护优先。

此外，与世界其他国家的国家公园管理机构不同，美国国家公园管理局还负责管理美国丰富多样的、最珍贵和最重要的历史和文化遗迹，包括战场、总统故居、独特和/或具代表性的建筑物、科学实验场、考古和古生物遗址、早期开发和西部扩张遗迹、民权活动发生地，以及应铭记于心的黑暗历史，如奴隶制、战俘营、劳资冲突、拘留营等。

1.2 国家公园的法律依据和背景

1.2.1 愿景和理念

2006年版的《国家公园管理局管理政策》第1.3节用简要的语言描述了美国国家公园体系的核心愿景和理念："在1970年通过的《国家公园体系一般授权法》中，国会宣布，国家公园体系各管理单元共同组成统一的国家遗产"。任何拟新建的国家公园，其资源价值都应能拓展、巩固和完善整个国家公园体系。其必须符合以下四条宽泛的标准。

（1）国家重要性：该区域确有国家重要性。

（2）适宜性：该区域的资源和价值未见于任何已建的国家公园，宜由国家公园管理局进行管理。

（3）可行性：该区域的面积大小和状况足以充分保护和体现其承载的资源及其价值，能由国家公园管理局进行管理。

（4）必要性：该区域尚未得到任何机构的妥善管理和保护，需由国家公园管理局直接予以管理。

1.2.2 国家公园体系的法律依据

2006年版的《国家公园管理局管理政策》详细罗列了国家公园的法律框架。该管理政策是官方政策文件，全册共168页，国家公园管理局每十年左右对其修订一次。该管理政策第 1.4.3 节指明"国家公园管理局的职责是保护国家公园的资源和价值,供公众享用",具体表述如下:《国家公园管理局组织法》确立的国家公园体系的根本目的是保护国家公园的资源和价值。该组织法的修订法案《国家公园体系一般授权法》后来重申了这一点。与保护国家公园不受损害的要求不同,凡是涉及国家公园的整体资源和价值,不论其是否面临任何受损风险,该规定都适用。国家公园管理者需想方设法,尽可能地避免或降低国家公园的资源和价值所受的负面影响。事实上,因国家公园管理需要,只要各种影响不损害国家公园的资源和价值,该法律规定就允许国家公园管理局,在必要且适宜时,可自行裁定是否任由这些影响自然发展。

国家公园的根本目的还包括能让美国人民享用其内资源及其价值。该法律规定需审慎使用给出的"享用"一词,其含义宽泛,既可指供全体美国人民的享用,包括接触和非接触式的观赏;也可指从国家公园中因获取科学知识等而受益,或受启迪。意识到国家公园的资源和价值只有完好保存方能供后代子孙享用,国会因而规定:当保护和享用国家公园的资源和价值出现冲突时,保护优先。

美国国会出台了各类法律对国家公园的使命加以定义和规定。国家公园管理局在《国家公园管理局管理政策》中对这些法律条文进行了阐明和解读。

1.2.3 保障决策统一的政策和指导方针

1916 年,《国家公园管理局组织法》颁布后不久,当时的内政部长签发了国家公园管理局第一任局长准备的一份备忘录。该备忘录首次将《国家公园管理局组织法》细化为管理政策,列出了三大基本原则:

首先,国家公园绝不能受损,以便世代享用;其次,国家公园要能为民所用,增长其见识,愉悦其身心;最后,凡是涉及国家公园的决策,不论会波及公有制还是私有制企业,均应以国家利益为上。

这一简明扼要的政策声明沿用至今,宏观指导着国家公园体系的各项决策。

美国国家公园体系已经形成了一套完整的法律法规,包括适用于整个国家公园体系的联邦立法、单个国家公园的授权法、条例、管理政策、国家公园管理局局长令、参考手册、说明手册等。

一直以来,国家公园管理局都对各国家公园进行规划,但《国家公园体系一般授权法》1978 年的修订法案首次规定,各国家公园均需编制总体管理规划,指导国家公园各项管理决策,包括资源管理、含基础设施建设在内的访客使用,以及是否需按承载力大小部署行动等。

1970 年,《国家环境政策法》规定:凡是会对人类环境有严重影响的联邦政府行动均需要编制环境影响报告。国家公园管理局做出决定,要求所有的总体管理规划均需附上环境影响报告。重要的是,环境影响报告准备期间应营造公众参与氛围,听取其意见。

此外,1998 年《国家公园综合管理法》第一次明确规定,美国国家公园的管理应建立在科学的基础上,运用一切能运用的优质信息。为此,国家公园管理局与高校结盟,推出了"生态系统合作研究网络"。这样，网络成员高校的师生便能以国家公园管理局的需求为导向，开展研究、编目和科学监测等工作。国家公园管理局还专门为各网络成员高校指定了一名科学联络员，促进合作研究。

美国联邦法律规定，除自主选择参与国家公园的规划外，州政府和地方政府几乎或完全不介入国家公园管理局的管理和规划决策制定过程。当州政府或当地政府对国家公园管理局的某项规划提出意见时，他们的意见较公众个人意见更受重视，但却几乎从未对国家公园管理局的最终决策产生决定性的影响，唯有某州议会代表团代表所属州政府介入时，才会对国家公园管理局的决策施以政治影响。

1.2.4　国家公园体系的分类与命名

在美国，国会通过国会法案或总统颁布总统令一次批建一处或多处国家公园，其最终组成国家公园体系。国会或总统签发的该类国家公园授权法会列明国家公园的名称，以及一些与国家公园管理局现有一般授权不完全一致的特定的管理职责。有时，尤其是近几十年来，国会在批建新的国家公园时，会斟酌国家公园管理局的研究结论，以及所有的支持和反对意见。

美国国会立法批建国家公园，国会建园法案是各国家公园的授权法案，规定其建园目的、划定边界或限定面积、主要管理职责（只有当某国家公园的管理职责与《国家公园管理局组织法》及其修订法案确立的国家公园一般授权不完全一致时，才需要特别加以明确）和命名。目前，国会确定的国家公园命名共有18类，分别是：

（1）国家公园（national park）；
（2）国家纪念地（national monument）；
（3）国家保护地（national preserve）；
（4）国家纪念碑（national memorial）；
（5）国家休闲区（national recreation area）；
（6）国家海滨（national seashore）；
（7）国家湖滨（national lakeshore）；
（8）国家战场（national battlefield）；
（9）国家战场遗址（national battlefield site）；
（10）国家历史公园（national historic park）；
（11）国家军事公园（national military park）；
（12）国家历史遗址（national historic site）；
（13）国家景观步道（national scenic trail）；
（14）国家景观公路（national parkway）；
（15）国家河流（national river）；
（16）国家保护区（national reserve）；
（17）国家州府公园（national capitol park）；
（18）国家风景河流（national scenic riverways）。

此外,有些命名只用过一次,如白宫总统公园、狼阱艺术表演农场公园、圣克鲁斯岛国际历史公园、岩溪公园、威廉王子森林公园、卡托克汀群山公园等[①]。

国会给各国家公园指定的命名蕴含着其特定的管理目标。通常,国家公园授权法的某些特定表述允许该公园依其对《国家公园管理局组织法》的适用条款予以调整。例如,《国家公园管理局组织法》不允许在国家公园内进行运动狩猎活动,但是国会立法划建国家保护地、国家休闲区、国家海岸和国家湖岸这类国家公园管理单元时,通常会在相应的授权法案中规定,这些国家公园可依特定的管理限制,开放运动狩猎活动。

现在,任何人都可以提名国家公园候选地。在早期起步阶段,国家公园管理局往往自己首先对某些关键区域进行评估;其次寻求公众支持;最后将建园提案呈交总统和/或国会,请求立法新建国家公园。新建国家公园时,普通民众,不论是当地民众还是地方性或全国性的非营利保护机构的成员,他们的支持都至关重要。当全国性和地方性的非营利保护机构联手支持新建某国家公园时,往往会争取到最好的结果。图1-1为美国国家公园管理局管理分区。

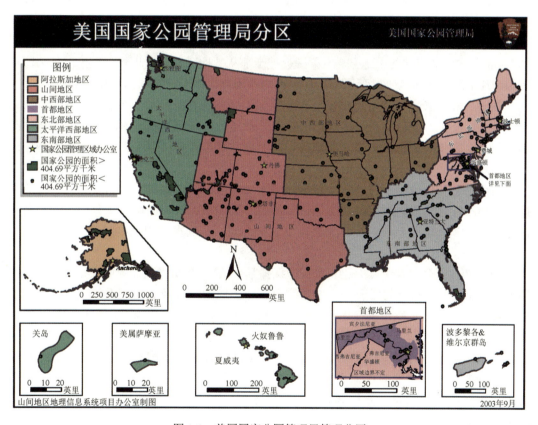

图1-1　美国国家公园管理局管理分区

---

① 近些年,国家公园管理局试图说服国会精减那些令人混淆的命名,但一直未果。许多人,包括国家公园管理局的一些人,也开始用"国家公园"来称呼所有的国家公园管理单元。

1.2.5 保护地的建立和除名

从 1988 年开始，为约束国家公园体系的扩张，国会通过了新法案。该法案要求：国会必须颁布"专项资源调查"法案，授权国家公园管理局对某（些）国家公园候选地开展调查，确定其国家重要性和国家公园管理局予以管理的可行性和适宜性。只有在收到"专项资源调查"报告，并确认了被调查的国家公园候选地的资质后，国会才能颁布新法案，正式批建该国家公园。

现在，国家公园管理局管理的许多公园，尤其是西部各州一些国家公园的部分土地，多是国会或总统不顾林务局或土地管理局的强烈反对，颁布法令，把这些土地从这两家机构手里划转给国家公园管理局的。例如，红杉、国王峡谷、奥林匹克、优胜美地、雷尼尔山、北瀑布和冰川等国家公园经国会立法批建后，其内林务局辖管的所有土地全部划转给了国家公园管理局。同样，莫哈维国家保护地、约书亚树国家公园、死亡谷国家公园，以及阿拉斯加的 12 处国家公园和保护地的土地，在建国家公园之前，曾是多用途类土地，归土地管理局管理。上述所有例子中，部门间土地划转最终能得以实现，得益于民众的大力支持、国家公园管理局和总统的积极领导、国会的支持，以及国家公园管理局专司"保护"职能。这些部门间的土地划转，即国会把土地从其他联邦政府机构划转给国家公园管理局，几乎总是伴随着争议和原土地管理机构的反对，如土地管理局或林务局。

美国东部国家公园的划建模式与西部完全不同。在美国东部，几乎所有适建国家公园的地区，包括历史遗迹和战场地，在建为国家公园之前都是私有的。1965 年之前，国会通常不给联邦政府批经费用于购地建国家公园，而是寄希望于私人土地所有者赠让土地或州政府筹集购地资金。阿卡迪亚国家公园所有的土地原来是私有的，其所有者将土地捐赠给了一家慈善组织，后者又将其转赠给了国家公园管理局。这样，总统方能够依据《文物法》宣布该地为国家纪念地。仙纳度、大烟山、大沼泽地、猛犸洞等国家公园都是州政府和非政府慈善组织首先获得了这些土地，其次将其捐赠给国家公园管理局，最后由国会立法批建的。

1965 年，国会通过了《土地和水资源保护基金法》，开始为联邦政府保护和收购休闲用地提供资金。该基金的资金来自出售剩余联邦土地的收入及石油和天然气公司缴付的外大陆架油气田开采特许权使用费。自 1965 年之后，国会给国家公园管理局累计拨款 43 亿美元，用于收购国会立法批建的国家公园内的非联邦所有土地。

美国国家公园体系从无到有，截至 2016 年已经有 409 个国家公园管理单元。其发展过程并非坦途，但所有国家公园的建立，都要依托热心民众的倾情支持、国家公园管理局对候选地的国家重要性和管理适宜性的专业判断、总统的支持及国会的意愿，这是公认的事实。

在一个多世纪[①]的发展过程中，几乎没有国家公园遭除名。除名国家公园的议案，需国会两院以多数表决通过，经总统签署后才正式生效。联邦政府会将某国家公园的土地所有

---

① 此处是指 1872 年美国第一个国家公园建立到 2016 年。

权和管理权全部转让给州政府；或继续保留某国家公园的土地权属，但将其转交给另一联邦土地管理机构管理；或转为私有土地，这些情况都非常罕见。麦基诺岛国家公园和俄克拉荷马爆炸遗址分别在 1895 年和 2004 年被改建为州立公园，属上述第一种情况。1931 年，苏利山国家公园被转划给林务局，改建为野生动物庇护所，属上述第二种情况。马阿拉歌庄园和佐治亚·欧姬芙故居则属上述第三种情况。

相比之下，国会颁布"边界调整"修正法案，增加或减少某国家公园面积的情况，倒是很常见。在过去的一个多世纪（1872～2016 年）里，国会已经批准通过的此类法案有几百个。国会还会更改国家公园命名，如 1974 年建立的凯霍加河谷国家休闲区于 2000 年被更名为国家公园；1976 年建立的康加里国家纪念地在 2003 年被更名为康加里国家公园。

有时，国会也会立法，以不同的名字命名国家公园管理局辖管的某国家公园内的相邻地块。例如，北瀑布国家公园群由北瀑布国家公园、罗斯湖国家休闲区、奇兰湖国家休闲区共同组成。这三片毗邻地区特征各异，由一位国家公园园长统管，但对国家公园和国家休闲区的土地和水域实行差异化管理。1980 年，国会在阿拉斯加划建国家公园，如德纳利国家公园和保护地及兰格尔-圣伊莱亚斯国家公园和保护地。在其各自的授权法中，国会都明确界定了国家公园和国家保护地的边界线，前者不允许开放运动狩猎活动，后者则允许。

1.3 管理机构设置

1.3.1 国家公园的管理架构

内政部是美国政府的内阁级部门，其众多职责之一就是负责管理或规范联邦公有土地和水域的使用，以及联邦政府托管的印弟安保留地。其直属机构众多，分别承担着不同的法定职责。国家公园管理局是其中之一。

国家公园管理局局长的直接上级是分管鱼、野生动物和公园事物的内政部副部长，后者对内政部部长负责。出任这三个职位的官员均需总统提名，参议院确认通过后才能上任。法律有明确要求：只有具备丰富公园管理经验的人，才有资格成为国家公园管理局局长候选人。内政部长或副部长候选人则没有特定的提名资质限制标准。

国家公园管理局是国家公园体系现有 409 处国家公园的唯一管理机构，但会授权众多的非营利合作伙伴协助管理。1916 年制定且后经修订的《国家公园管理局组织法》给出了管理所有国家公园的根本框架，只有国会或总统可在他们颁布的国家公园建园授权法中对其进行调整。

法定权限被细化为联邦法规。联邦法规经发表公布后被编入《美国联邦法规》（或译为《美国联邦行政法典》）。这样，在国家公园范围内，国家公园管理局就可要求州或地方政府、民间组织和个人严格地按适用的联邦法律行事。国家公园管理局还通过局长令、政策手册、员工手册等进一步说明其管理政策。各国家公园园长编制本园的《规定大全》，执法人员可依其对违法行为发出传票、实施拘留，或维护公园秩序，保护资源和访客。

国家公园的人员规模，要视其面积大小和管理复杂性而定。但是，所有的国家公园都有一名园长或主管和从事维护、资源管理/研究、解说/宣教、财务/行政等工作的全职或兼职人员。

1.3.2 与其他政府机构的联系

在联邦层面，国家公园管理局与内政部分管的鱼与野生动物管理局、土地管理局和农业部分管的林务局联系很密切。这源于这三家联邦土地管理机构分管的土地多位于国家公园的周边，但管理土地参照的法定标准又不同。

法律条文没有要求这些联邦机构要密切联系。但是，国家公园周边土地用地兼容，是国家公园内大部分自然资源保持良好状态和正常生态发展过程的关键。国家公园周边的土地有些是许多"跨界物种"的关键栖息地。这些动物一年当中有时生活在国家公园内，有时又在国家公园周边活动。国家公园周边土地用地兼容，对候鸟等迁徙物种及熊、狼、驼鹿或叉角羚等栖息范围广的物种尤为重要。

美国组建了各种跨部门的（代表）委员会和临时委员会，协调跨辖区类事务的管理。这种做法并非次次奏效。这类委员会有联邦跨部门户外休闲委员会、跨部门原野地指导委员会、跨部门步道委员会、跨部门自然和风景河流委员会。

为保护历史和文化资源，美国根据《国家历史保护法》成立了内阁级别的跨部门"历史保护咨询委员会"，要求所有的联邦政府机构都要慎重考虑其行政行为和决策对历史场所和资源的影响。该委员会定期监督各联邦政府机构的规划和行政行为（包括发放的行政许可），评估其对文化和历史资源的影响，并就减轻不利影响磋商意见。

除土地管理外，国家公园管理局还与美国国家环境保护局有重要关系。美国国家环境保护局负责制定空气质量和水质标准、控制有毒污染物、调查和处罚污染物排放超标的政府机构和私营企业，以及评估和审查其他联邦政府机构的环境影响报告，全权负责，确保其他联邦政府机构能严格遵守《国家环境政策法》。此外，白宫环境质量委员会负责制定所有联邦政府机构都必须遵守的《国家环境政策法》守法规定。

例如，按照《清洁空气法》，国家公园和国家纪念地属空气质量一类区，执行的是最严格的大气污染物排放标准。美国国家环境保护局应制定规章制度和发放许可，以防止国家公园的空气质量"显著恶化"。该法案还要求美国国家环境保护局要防止国家公园内的大气能见度受损，这将其空气质量保护提高到了一个新高度。

因为联邦航空管理局负有保障"民用航空安全"的法定责任，美国国会颁布了《国家公园领空法》，要求联邦航空管理局和国家公园管理局合作，共同制订空中观光管理计划，管控国家公园上空商业性空中观光游的飞行噪声和飞行高度。

美国陆军工程兵团的文职人员负责修建水坝、疏浚港口和水上航道、发放水路运输行政许可等。因此，国家公园管理局与其保持着长期的联系。当双方的法定职责彼此冲突时，双方常常各执一词，互不相让。

近年来，国家公园管理局和美国教育部、卫生与公共服务部也达成了长期合作协议，通过深化合作让公众明白——国家公园和游憩体验国家公园既益智又益身。

1.3.3 利益相关者和社会组织的参与

国家公园管理局希望所有美国人都把自己看作国家公园体系的利益相关者，部分是因为国家公园属于全体美国人民,部分是因为国家公园体系汇聚了美国生物多样性和历史文化遗产的所有精华部分。在2016年之前的十年左右的时间里,国家公园管理局坚持不懈,努力建立新的国家公园,打造一个能代表美国民族多样性的国家公园体系,吸引更加多元化的访客。

为吸引千禧一代,国家公园管理局利用社交媒体,推出了大型的百年纪念活动,如"心仪的国家公园"和"拥抱国家公园"。配合前者,国家公园管理局丰富和更新了其官网页面,改善了公园内的通信质量,允许在精心设计的步道骑行山地自行车等。配合后者,国家公园管理局提供了小学生免费入园服务。

学校教师按标准教学要求,更多地借助国家公园的环境和资源,开展体验式教学,这已经成为国家公园的一项常规性项目。

除争取一般公众参与之外,相关的法律法规还要求国家公园管理局定期联系因国家公园划建而受影响的那些公众;或是按规定请他们参与公园的规划编制,或是主动定期地与公园周边社区、公园所在州和关注公园的组织进行互动。

在民主社会中,没有人民的支持,无论是国家公园还是国家公园管理局,都无法生存。

1.4 国家公园体系的规划

1.4.1 国家公园体系的战略与规划

《国家公园管理局管理政策》第二章,公园体系规划之2.1.1节指出:"规划可让国家公园管理局的决策逻辑合理、分析充分,同时可实现公众参与,且问责清晰。国家公园的规划和决策是一个连续的、动态循环过程。不论是规划决策公众认可的宏观愿景还是单项的年度工作安排和评估,都是如此。每个公园都应能向决策者、员工和公众说明各种决策彼此之间在全面性、逻辑性和合理性方面的关联性。"

国家公园管理局通过规划来确保决策过程合理且符合逻辑。其规划分多个层级,细化程度也随层级增加而递减。第一步,要求每个国家公园据其授权法或总统法令整理出一份"基础文件"(foundation statement),说明国家公园的建园目的、资源状况、访客使用和其他解说主题。各国家公园,尤其是新成立的国家公园可将该文件独立装订成册,或者将其整合到新编制的总体管理规划中。"基础文件"给出的是国家公园的当前状况,而不是未来计划。一经编制完成,有效期通常为15~20年,之后经评估,予以修订或启动新一轮的编制。

基础文件和总体管理规划编制完成后,各国家公园才可根据各自的需求,编制其他低层级的规划,如自然和/或文化资源管理计划、解说/环境教育计划、交通计划、原野地保护计划、土地保护计划等。这些专项计划是总体管理规划细化的产物,必须与总体管理规划保持一致。

鉴于规划编制具有阶段性的特点,国家公园管理局将其交给了丹佛服务中心。该服务中心集规划和设计于一体,汇聚了国家公园管理局具规划、建筑、设计、建筑景观和其他学科背景的专业人员。当某国家公园需编制规划时,丹佛服务中心的人员会被抽调组成"规划小组",负责规划的编制,规划小组的组长通常由该国家公园的园长担任。

规划和规划的合规性审查用资按年列入当年预算,但国家公园管理局通常按5年规划期估算此类资金需求,并依此向国会汇报其重点规划安排。国会会采纳国家公园管理局的建议,或进行调整。

国家公园所有规划的编制都需遵循《国家环境政策法》。该法要求:各联邦政府机构在开展任何可能"显著影响人类居住环境质量"的活动时,都需要详尽地分析其环境影响和公众参与。从根本上说,总体管理规划需准备环境影响报告,并邀请公众广泛参与,包括给公众提供反馈各类文件是否准备充分的谏言机会。《国家环境政策法》不要求给出具体的决议或结果,但要求完成文件准备和公众参与的全流程,并考虑备选方案。

1.4.2 保护框架

国家公园管理局以不同的方式分别确定具有国家重要性的自然和文化区域。1972年,以内政部长颁布的政策为指导,该管理局制定了两卷本的《国家公园体系规划》并投入使用。该规划载明:

"国家公园体系应该保护和展示美国最壮美的陆地景观、河流景观、海岸和海底环境,维持其生态过程及其承载的生物群落,以及最重要的国家历史地标。国家公园体系要抓住机会,弥补严重的(保护)空缺和不足,才能满足人民观赏和认识历史遗产及自然界的需求。"

《国家公园体系规划》第一部分——历史,将美国历史归类为九大主题和43个子主题。这九大主题是:

(1) 原住民;
(2) 欧洲人探险和定居;
(3) 英国殖民地建立;
(4) 重大美国战争;
(5) 政治和军事事件;
(6) 西进运动;
(7) 工程建设;
(8) 名人故居;
(9) 社会和社会良知。

20世纪90年代,国家公园管理局根据新的研究成果和对美国历史的进一步了解,大幅修订和调整了上述历史主题归类框架。修订后的框架包括以下八大主题:

(1) 人类居所;
(2) 社会机构创建与社会运动;
(3) 文化价值表达;
(4) 政治格局形成;
(5) 美国经济发展;

（6）科技发展；

（7）自然环境改变；

（8）美国在国际社会中的角色变化。

相应地，《国家公园体系规划》第二部分——自然历史。1972年版的规划按地形和/或生物特征，将美国及其属地划分为37个自然（地理）区和自然历史主题，后来经合并，精减为以下20个大类：

（1）阿迪朗代克；

（2）阿巴拉契亚高原；

（3）盆地与山脉；

（4）蓝岭；

（5）瀑布山-内华达山脉；

（6）中部低地；

（7）沿海平原；

（8）科罗拉多高原；

（9）哥伦比亚高原；

（10）大平原；

（11）内陆低纬度高原；

（12）南加利福尼亚；

（13）中、南、北洛基山脉；

（14）沃希托山；

（15）奥索卡高原；

（16）皮埃蒙特；

（17）圣劳伦斯河谷；

（18）苏必利尔高地；

（19）（阿拉巴马中部至纽约州的一系列东北-西南走向的）河谷与山脉；

（20）怀俄明州盆地。

国家公园管理局的长期目标是：这20类自然地理区，每类都至少要建有一处国家公园。这一目标能否实现更多地取决于受民众意愿左右的国会，而不是国家公园管理局的专业人士。

美国国家公园管理局将各个国家公园，按历史和自然历史两类主题进行归类，进而找出现有国家公园体系在代表性方面的"空缺"。

就历史场所而言，《国家历史保护法》曾授权国家公园管理局列出具有国家历史重要性的地区，并授权内政部长将其划定为国家历史地标。某一地区被命名为国家历史地标，只表明其国家历史重要性，不改变其所有权或管辖权。但是，确定某一区域是否具有国家历史重要性，是判定其是否有资格建为国家公园的首要标准。国家公园管理局后来又制定了另外三条标准：适宜性——适合由国家公园管理局管理；可行性——可以由国家公园管理局管理；必要性——有必要由国家公园管理局管理。拟纳入国家公园体系的区域，先由国家公园管理局根据国会授权开展"专项资源调查"，然后由国会根据调查结果，决定是否立法批准建园。

1. 数据和信息资源

1998年颁布的《国家公园综合管理法》规定，"授权和要求（内政）部长运用一切能运用的优质信息，科学管理，确保提升国家公园体系中各个公园的管理水平"。该法进一步要求国家公园管理局对公园资源进行编目，监测其长期变化趋势。

国家公园管理局根据这一要求与各大专院校签署了合作协议，开展多学科的调查，研究国家公园内的资源。为此，该管理局已建立了一个庞大的"生态系统合作研究网络"。美国大陆各主要自然地理区内至少有一所大学是该网络的成员单位。另外，作为联邦公职人员，国家公园管理局资源管理的专业人员具备资源管理和其他相关专业的教育/学历背景，也负责数据，包括部分资源编目和监测数据的采集工作。国家公园管理局的工作人员作为研究网络的"联络员"，负责与各自所在区域内的网络成员单位对接。

"生态系统合作研究网络"的研究工作，一方面是采集各类数据，支持现有国家公园的管理；另一方面，国家公园管理局还斥研究基金聘请该网络的某些成员大学，评估国家公园候选地的自然和文化资源状况，作为为寻求国会授权而进行的全面的专项资源调查的前期工作。例如，大西洋墨西哥湾沿岸的几所网络成员大学正在积极编制亚拉巴马州莫比尔-滕索河三角洲的生物资源和文化资源目录。

国家公园管理局的根本目标是完好地保护公园资源，包括生态资源。因此，国家公园的管理者必须明文说明，其提议的各类活动和资源利用是否会损害国家公园内的资源，如有损害就要禁止。这既涉及会造成综合损害的累积的小范围的影响，也涉及那些易造成损害的大型活动。同样，在未测试或评估相关影响之前，一般禁止在国家公园内开展各类全新的资源使用活动。

1965年，一个由美国顶尖科学家组成的小组向国家公园管理局提交了一份报告，即《利奥波德报告》，建议将"保护美国原始生态的护身符"定为自然类型国家公园的管理目标。2012年的《利奥波德修订报告》对原报告进行了扩充，指出"国家公园管理局资源管理的终极目标应是：使之能适应已知和未知的各种变化，保护生态完整性及文化与历史的原真性，为访客提供全新体验，成为保护美国陆地和海洋景观的一道亮丽的风景"。

所有拥有重要自然资源的国家公园，都要根据已有的科学信息，制定长远的自然资源管理战略，提出需要开展的特定资源评估，包括资源编目、监测、开展新研究、减缓威胁和实施环境教育等。只有在获得所需信息和数据后才会做出某些重要的决策。

那些建在景观严重受损土地上的国家公园，如红杉国家公园、大沼泽地国家公园，国家公园管理局接手这些土地后，要对其进行自然生态系统的恢复，包括清除外来动植物、清除污染物、拆除道路等选址不当的人工建筑等。国家公园管理局还可修复废弃矿山，消除大面积森林采伐或过度放牧的不良影响，防止水土流失。为有效地恢复生态系统，国家公园管理局可将本土动植物重新引回其原有栖息地中。

国家公园管理局正积极了解并应对全球气候变化对国家公园内资源的长期影响，但目前仅限于承认需要采取恢复行动层面，尚未做出明确的决策或采取实质性行动。该管理局会借助现有的科学知识，考虑如何重塑其管理的自然生态系统的"自我恢复能力"。

2. 景观或区域概念

除位于阿拉斯加的国家公园外，国会批建的大多数国家公园，规模都很小，不足以充分保护整个流域、视域、空域、夜空或本土物种，尤其是迁徙物种的生境。因此，国家公园管理局管理政策要求其与公园周边的土地所有者（包括联邦、州、地方政府和个人），以及园内动物季节性使用的那些栖息地的所有者进行密切合作。

国家公园管理局在编制总体管理规划时，需请周边土地的管理者参与，并在他们编制各自的土地规划时，请他们要本着合作的精神，兼顾国家公园的资源。值得庆幸的是，所有的联邦机构都需遵守《国家环境政策法》。因此，林务局、土地管理局或鱼与野生动物管理局（其所辖土地通常分布在国家公园周边）等机构在制定各自的管理规划时，必须考虑其行为和决策对包括国家公园在内的周边土地的影响。

自20世纪90年代以来，历届联邦政府都要求这四家联邦土地管理机构参与编制"合作保护"或者"大景观保护"规划。联邦政府有时还专门为这类规划预留资金，或者仅划拨给那些愿意积极参与的机构。但是，土地管理局和林务局这些多重土地利用管理机构，置此类规划和国家公园管理局的强烈反对于不顾，继续发放行政许可，允许在国家公园周边的土地上从事放牧、采矿、石油和天然气开采、伐木等活动。

合作保护不奏效时，国家公园管理局往往只能请求国会调整国家公园的边界，将周边土地纳入国家公园管理范围内，使其免受开发的不良影响。

若国家公园周边的土地为私有或者州所有土地时，国家公园管理局必须用更为巧妙，有时甚至存有争议的策略，促成合作。国家公园管理局有时会提供小额资助和/或派出自己的规划师、建筑师和科学家，为地方或州政府的土地规划提供技术支持。近几十年来，当国家公园周边土地的土地利用威胁园内的保护资源时，国家公园管理局多依靠土地信托公司等许多非政府组织，通过他们与有意向的土地所有者谈判，获得这些土地的保护地役权或土地所有权。国家公园偶尔与州立公园毗邻，他们在管理上往往是协调一致的。

1.4.3 管理政策

美国国会和总统有权决定哪些区域应纳入国家公园体系，但国家公园管理局专业人员的研究和分析结果，多年来一直深刻影响着国会和总统的这类决策。20世纪50~70年代，国家公园管理局编写了两卷《国家公园体系规划》。上卷是关于历史类的，下卷是关于自然历史类的。

《局长政策指南》（1969年版）指出：

"国家公园体系应该保护和展示美国最壮丽的陆地景观、河流景观、海岸和海底环境，维持其生态过程及其承载的生物群落，以及最重要的国家历史地标。国家公园体系要抓住机会，弥补严重的保护空缺和不足，才能满足人民观赏和认识历史遗产及自然界的需求"。

1978年，国会颁布了一部法律，要求国家公园管理局根据自己的研究结果，每年提交一份候选地名单,至少含 12 个有资格入围国家公园体系的候选地。"国家公园管理局定期开展研究,国会依研究结果做出决策"的做法持续了近 20 年,直至新一届国会决定进一步约束国家公园体系的扩张时才得以终止。1992 年,国会出台新法律,要求:国会应首先授权国家公园管理局对某国家公园提名地开展"专项资源调查";其次国家公园管理局依授权实施调查,并将研究结果呈报给国会;最后由国会颁布法令批准新国家公园的建立。国家公园管理局可自行或应国会议员的书面要求,对某区域进行有限的"勘察",确定其国家重要性,这是判定某区域是否适宜纳入国家公园体系的四条标准之一[①]。如果国家公园管理局想调查某地,其也可以向国会提交立法提案,请求批准对该地进行"专项资源调查"。

拟新建的国家公园内,可以有其他联邦政府机构管辖的土地、州或地方政府所有土地或私有土地。国家公园管理局通常将最重要的自然或文化特征及必要的相关土地划入国家公园,以充分保护这些重要的区域。州政府或者地方政府所有的土地必须捐赠给联邦政府后,才能纳入国家公园。私有土地必须以公平的市场价购得,除非私有土地所有者选择捐赠。国会在国库设立了一个特别基金账户(非国家公园管理局专有),存放联邦政府征收的美国外大陆架油气开采特许费,供联邦政府购买土地用。

国家公园内含非联邦所有土地时,国家公园管理局需制定土地保护规划,说明这些土地的使用状况及其使用会对国家公园的管理、园内其他的自然和文化资源及公众休闲活动的影响等。土地保护规划会根据非联邦所有土地的使用对公园使用和公园价值的"危害"程度,以及这些土地能否转让给国家公园管理局等因素,对这些土地进行分级排序。国家公园管理局通常依法按市场价格,从愿意出售私有土地的卖家那里购得土地。在把土地卖给联邦政府后,私有土地所有者在有生之年仍然可以在原来的土地上居住,直至去世,但在此期间不得改变土地上的资源。

如果选择无偿赠地,土地私有者可按赠出土地的市场折合价,依法申请联邦税收抵扣。超过抵扣限额的部分可结转延至其他年度继续抵扣。抵扣年限可长达数年,可最大限度地惠及捐赠者。

国会或总统批建新的国家公园时会遭到来自地方的阻力,但美国民众、非营利国家公园支持组织和地区旅游机构却总是予以大力支持。

1.5 单个国家公园的管理

1.5.1 总体管理规划(含分区)

总体管理规划是国家公园管理局用于管理单个国家公园的根本性规划文件,是法律明确要求的唯一规划性文件。然而,在编制复杂的总体管理规划之前,每个公园都需先准备一份基础文件,描述公园的目的、重要性、主要资源,并反映该公园授权法中明确的特定建设方向。基础文件在总体管理规划向公众公开征求意见期间准备完成,最后可编入

---

① 其他三条标准是:(候选地)由国家公园管理局管理的可行性、适宜性、必要性。

总体管理规划，也可单独成册。除非国会日后修订某公园的授权法，或者出现了新的科学数据或历史记录，否则基础文件自编制后一直适用。

总体管理规划由多学科团队编制，编制时要充分利用现有的科学数据和学术研究成果。总体管理规划的编制必须确保公众参与，通过召开群众大会和征求书面意见的形式，听取当地民众和全国公众的意见，分析替代方案所需的成本支出、资源状况和访客影响。除非环境发生重大变化，总体管理规划一旦编制完成，有效期可长达20年。低层级的规划可随信息更新、资源变化、访客使用的大幅波动或气候变化的影响，多次修订。

一旦总体管理规划编制完成，就需要编制其他具体管理规划。国家公园管理局编制的所有规划都要遵守《国家环境政策法》[①]。但是，编制许多低层级规划时，通常不需要次次都进行全面的环境影响评估，只需酌情部分引用总体管理规划环境影响报告中的相关结论[②]。具体管理规划包括项目管理计划和专项计划。项目管理计划包括资源管理计划、商业服务计划、运输计划、土地保护计划、解说计划等。专项计划包括基础设施设计和建设计划等。这些具体管理规划，有的可引用总体管理规划环境影响报告的相关结论，有的需准备单独的环境影响评估报告，有的需进行简单的环境评估。国家公园管理局在进行一些不会产生影响的小决策时，只需给出"未发现显著环境影响"的结论即可。

每份总体管理规划至少配有一张地图和一份公园管理分区说明。公园管理分区就是根据公园的资源状况和访客使用情况划分出来的各种片区。功能区划取决于公园资源的多样性，因此，各国家公园不会包含所有的功能区类型。大多数国家公园通常都划建有开发利用区、自然资源区、历史文化资源区、必要的特殊使用区。分区管理有助于指导公园的管理，实现总体管理规划描绘的未来理想状态。为实现总体管理规划描绘的未来理想状态，各功能区都有明确的功能定位及允许开展的活动类型，包括控制访客利用方式和利用程度。例如，在珍稀濒危物种分布的高度脆弱区，要么完全禁止访客进入，要么管控访客数量和参观时段。

"土地保护计划"是从总体管理规划延伸出来的一种具体管理规划，涉及已建国家公园内的私有土地的管理。国会在西部11个州批建国家公园时，通常只圈划公共土地。即便如此，国家公园内有些公共土地的采矿权已出售掉，有时也会散落有农场和小片私有土地。国会在东部各州批建的国家公园，其土地在建园前实际上全是私有的。国家公园管理局依照这些公园的授权法，购得这些公园内全部的私有土地。

截至2016年，409个国家公园的总面积为34万平方千米，其中约1万平方千米为私有土地。这些私有土地中，多半位于阿拉斯加，属土著地区和村庄合作土地，其他的分散于过去10年间批建的国家公园内。

1.5.2 访客服务

美国的国家公园为访客提供多种多样的服务。国家公园管理局负责这些服务的决策和

---

① 即指1969年制定的《国家环境政策法》，该法要求所有联邦机构复阅其提议的那些可能"显著影响人类环境质量"的各种行动方案，并提出备案。遵守《国家环境政策法》的结果无非是以下几种情况：全面的环境影响报告、精简的环境影响评估报告，未发现显著环境影响的报告或项目无需进行环境评估的申明。

② 采用环境影响报告的结论意味着环境影响不可重复累计，所以原有环境影响的分析结果可用于后续计划提议的相关活动。

管理。这些服务包括自驾游、徒步旅行、野营、摄影、爬山、游泳等，以及符合公园管理目的的其他休闲活动。国家公园管理局的专业人员承担着大部分的环境教育和解说服务，包括由训练有素的国家公园管理局解说员带队的步道徒步和营火谈话、访客中心小剧院内的电影和图片展、在公园入口和访客中心向访客介绍公园的基本信息等。国家公园按照《访客服务计划》和《商业服务计划》，安排所有访客服务。《访客服务计划》规定国家公园管理局应提供的服务及配套的服务设施。《商业服务计划》规定公园内私营特许经营者能提供的商业服务。

在确定公园内允许提供的商业服务的种类、体量和范围时，国家公园管理局会考虑公园入口周边社区已提供的服务范围和种类。国家公园管理局不对公园入口周边社区提供的服务进行管控。如果公园入口周边社区提供的商业服务，尤其是食宿，能满足访客的需求，国家公园管理局通常不会再在公园内提供此类服务。

在某些国家公园，除国家公园管理局员工自己承担访客服务之外，其非营利伙伴组织也有偿长期为访客提供深度环境教育服务。例如，每个国家公园最常见的访客服务就是在访客中心向访客出售图书、地图和以公园为主题的纪念品。这种服务是由合作协会提供的。合作协会的管理服从于可续签的合作协议。公园内的商业服务以特许合同或许可证的形式外包给私有企业，由其提供食宿、购物、加油、汽车修理、旅行用品和向导服务（如漂流或骑马探险公园偏远区域）等。国家公园管理局也允许园外的私有企业在园内经营商业观光巴士。

2016 财年，国家公园管理局的门票收入达 2.3 亿美元，园内访客接驳交通服务收入为 2400 万美元。国家公园管理局可自主支配这些收入，无需国会拨付或批准。

1. 商业服务

1998 年联邦政府颁布的《特许经营管理法》，授予国家公园管理局外包商业活动的权力。该法规定：公园园区内只允许提供规划中确定的、"必要且合适"的服务。提供大量商业服务的公园通常需编制《商业服务计划》，作为总体管理规划的补充。

《特许经营管理法》规定：特许经营合同期通常为 10 年。若合同期限内，特许经营者需投入大量的基建资金，合同期限可最多延长为 20 年。公园内所有用于特许经营的设施设备的产权均属国家公园管理局所有。特许经营者需投资基建时，国家公园管理局授予特许经营者租赁解约权，允许特许经营者在合同到期且不再续签或延期时能获得相应的补偿。合同期满时，现任的特许经营者不拥有自动续约权，若要继续进行经营，可参加新合同的竞标。国家公园管理局对特许经营者的经营表现实施年检。

特许经营项目公开竞标时，国家公园管理局会发布招标书，列明招标条件，经竞标选定"最优出价者"。"最优出价"是法律术语，是指竞标人的资质（以前是否有类似经验）和政府的特许经营费收入高低。竞标者的服务质量比创收能力更重要。国家公园管理局收取的特许经营费全部存入专门的中央账户，用于提升公园的访客服务质量。2016 年，国家公园内的特许经营者共缴纳了约 9700 万美元的特许经营费。国家公园管理局可自主支配这些收入，无需国会拨付或批准。

国家公园管理局也把商业服务合同和服务许可授予户外运动用品公司和导游服务公

司。经营河流探险/户外旅游用品的公司特别多。这些公司带领访客溯河而下，沿河旅行数天。与公园内特许经营酒店和餐厅的大公司不同，若国家公园管理局满意户外旅游用品公司和导游服务公司的表现，那么这类公司就有续签合同的优先权。

2. 设施设计、美学与标准

国家公园管理局自成立后，就要求所有新建筑都需符合设计标准：一是要融入所处的景观环境中，二是对公园资源的影响最小。若公园内有历史建筑物，国家公园管理局可有选择地进行恢复和维护，用作访客解说场所、办公室或员工宿舍，或租赁给特许经营者，甚至可用于与公园无关的目的，前提是租户同意按历史建筑保护标准对建筑物予以维护。

对新建设施，国家公园管理局的设计标准推崇质朴风格，即与自然和自然环境相协调，这种风格被称为"国家公园建筑风格"。

1935年，国家公园管理局发布了国家公园体系首份国家公园建筑风格标准的指南——《国家公园设施建筑》。其前言指出：

凡是以保护自然美景为根本目的的地方，自然景观的任何改变，无论是修道路还是建居所，都是一种侵扰。开发商受托开发这类地方最起码要将这种侵扰降到最低，确保设计建设既美观又能融入周围景观。

这份文件提出了几项指导原则，包括质朴风格，即适当地采用本地材料和避免设计过于呆板、硬朗和复杂，要让人觉得建筑仿佛是由早期工匠手工打造出来的，与历史和自然相融合。

1993年，国家公园管理局发布了现代设计标准，名为《可持续设计指导原则》。这些原则适用于公园访客设施的设计和管理，强调谨慎地规划、设计、建设、运行和维护，使用无毒材料，注重资源的保护和循环利用。巧妙运用这些原则可以实现生物多样性的永续保护，体现设施和景观的文化内涵，在环境承载力许可的范围内让访客成为公园的一道风景。

1935～1993年，尤其是在紧张落实"66使命"[①]期间，新建的访客设施多建在主要的自然和历史景点附近，未考虑可持续性的问题。这也是国家公园管理局后来才意识到的。1993年发布的《可持续设计指导原则》就是要纠正过去的错误，开创更美好的未来。

可持续设计理念认为，人类文明是自然界的一部分。如果人类社会要延续，就必须保护大自然。人类开发活动应体现保护原则，帮助维持生物多样性，清洁的空气、水和土壤。就公园而言，建设可持续性设施尤其应充分尊重公园的自然和文化特征，科学设计和妥善选址，减少对公园内自然和文化资源的影响。这些设施应恢复和修复，而不是改变或损害国家公园体系。可持续设计力图影响访客的认知，包括访客在公园逗留期间及其日后在日常生活中所持的信念和态度。

公园的可持续设计过程要综合考虑访客流、建筑物和公共设施，降低或避免对地形和视野的影响，保持未受干扰的原始自然景观完整无损，重视使用并尽可能恢复已遭干扰的区域。

---

① "66使命"是美国国家公园管理局为纪念建局50周年，计划用10年时间重点建设国家公园访客基础设施的计划。

可持续的建筑物设计要求建筑物的选址要适当,做到既不损害公园的资源也不影响访客的体验。一旦完成选址,后续的建造和维护管理都应仔细规划,尽可能降低对公园的影响,并延长建筑物的使用年限。

3. 公众解说和环境教育方法

国家公园管理局惯用"解说"一词,是指受过专业培训的管理局员工为访客提供信息,增加他们对公园的成立目的、资源和价值的了解。美国国家公园管理局的"解说之父"弗里曼·蒂尔登曾说,"解说作为一种教育活动,不是简单地传达事实信息,而是通过实物展示、亲身体验和图像媒体揭示事实信息的意义和相互关系"。

国家公园管理局常用"环境教育"一词,是指管理局员工深入社区、学校、企业及与其他公民团体开展的活动。国家公园管理局在国家公园外开展教育宣传,目的就是让那些会到访或不曾踏足国家公园的人了解国家公园的价值和成立目的。

国家公园管理局力图使每位访客在游赏中获得教育和启迪。体验式学习可让访客深入了解并牢记国家公园的资源、价值和目的,了解并认同国家公园对当代社会和地球永续存在的重要性。国家公园管理局员工除提供访客解说服务外,还借助访客中心和博物馆的展品、电影、小册子、图书、地图及道路或步道旁的解说牌,甚至手机应用软件和网站等"抓住"访客。

各国家公园都会依其总体管理规划编制详细的综合解说计划,指导解说项目、展览、其他媒介宣传活动及环境教育合作伙伴关系的规划,并借助合作伙伴的力量实现国家公园的环境教育目标。例如,每个国家公园都有一个非营利的"合作协会",通常设在国家公园访客中心内,负责销售环境教育材料,并把所得利润捐给国家公园管理局,支持解说和环境教育工作。有些合作协会仅在一个公园内经营,有些则通过一家非政府组织为多个公园服务。例如,"东部国家公园协会"为150多个小型国家公园服务。

许多国家公园还有非政府合作伙伴,专注于在国家公园内开展深度环境教育项目。这些项目多是为青年人设计,也有面向成年人和家庭的项目。例如,非政府组织的"自然桥"项目就是在6个国家公园为当地六年级学生提供按教学大纲进行的体验式教育。

4. 国家公园内休闲活动及其他活动的管理

1916年颁布且后经修订的《国家公园管理局组织法》指引着国家公园管理局完好地保护园内资源,以便世代享用。因此,国家公园管理局必须积极妥善地管理访客对国家公园的合理使用,确保资源保护优先落实到位。国家公园管理局应慎重地决定什么是合理使用,必要时应对资源使用的类型、数量、时间和地点进行管理,使访客既能游赏国家公园、增长知识并获得启迪,又不影响这些资源价值世代享用。某些活动,如机车越野,虽在土地管理局和林务局管理的联邦公共土地内是允许的,但几乎在所有的国家公园内都是严格禁止的。国家公园管理局还规定可驶入园内的访客用车或商业车辆的类型。例如,国家公园若对雪地车和机动筏开放,其发动机必须是四冲程的,因为四冲程的发动机比二冲程的发动机排放的污染物少,产生的噪声也小。

各国家公园内可法定开展的活动类型、范围和程度,最终由国家公园管理局管控。国家公园管理局采用"适当利用"判定法,来评定某国家公园开展某项活动的适宜性,进而确定是否准许此活动。所有现有的或拟议的资源利用活动都必须进行以下判定:

(1) 是否与国家公园管理局的法律、法规、政策和计划相一致;
(2) 是有损还是有益于公共利益;
(3) 是否了解和考虑其实际影响和潜在影响;
(4) 国家公园管理局监测和管理该活动的总费用。

运动狩猎和埋设捕捉器捕获动物等访客活动在"国家公园"和"国家纪念地"内是明文禁止的,但在国家休闲区、国家海滨、国家湖滨和国家保护地内是允许的。

国家公园授权法一般会详细写明是否有标准的禁止性规定之外的例外规定。例如,根据1980年通过的《阿拉斯加国家名胜地保护法案》一次性在阿拉斯加新建立了10个国家公园并扩建了3个原有的国家公园,这使美国国家公园体系的面积增加了一倍。阿拉斯加人可以在这些新建的国家公园内沿袭传统的狩猎方式,狩猎为生(即"生存狩猎"),但在那些由国家公园和保护地组成的复合型保护地内,仅保护地内允许开展狩猎活动。20世纪80年代前阿拉斯加建立的3个国家公园内则禁止生存狩猎和运动狩猎。

大多数国家公园允许访客开展竞技钓鱼。100多年前,国家公园的领导者为争取公众支持制定了这项政策。竞技钓鱼规定由各州依法制定,除非某些鱼类种群资源枯竭,这时国家公园管理局可依法接管竞技钓鱼规定的制定工作,限制或禁止竞技钓鱼,直到种群恢复。为加大鱼类保护力度,国家公园管理局可规定垂钓量、禁钓区、"要求放掉钓到的鱼"等。国家公园内通常禁止商业性渔业捕捞活动,但某些海滨和海洋公园的授权法有特别规定的除外。此类商业性捕捞同样接受州法律管控,但当渔业资源受损或枯竭时,国家公园管理局可要求接管。

国家公园管理局管控游船的使用,包括船只的类型和数量。大多数国家公园内的河流都允许在人工河上划船,限制极少,但对机动船限制较严,以最大限度减少机动船产生的噪声,并杜绝燃油泄漏,污染水体。经国家公园管理局许可,国家公园内的大型湖泊一般允许机动船行驶。

除阿拉斯加外,国家公园管理局禁止在所有其他国家公园内驾驶雪地越野车,但允许在覆有未清理积雪的机动车道上行驶。国家公园管理局也可"利用"路上积雪,由训练有素的导游陪同访客骑乘雪地车。

国家公园里通常允许登山和越野滑雪,但禁止蹦极这样的极限运动,因为这些极限运动可能威胁其他访客的人身安全,或者破坏园内偏僻地区的资源。

某些活动会影响大多数访客的体验,国家公园管理局通常会说明禁止这些活动的理由。例如,研究证实,路上车辆太多或者太多私家车在主路边停靠会减少访客沿路看到野生动物的机会,因此,德纳利国家公园禁止私家车驶入,访客只能乘坐特许经营的摆渡车游园。

除了管理特定的游憩和访客活动外,从1978年起,国家公园管理局在为各国家公园编制总体管理规划时,会确定各国家公园的承载力。这实质上意味着,国家公园管理局要借助现有的科学信息,确定国家公园内各地点可允许的访客使用程度,做到既不损害资源,又不牺牲访客的体验质量。确定国家公园承载力常用的标准方法有三类——设计、环境、体验。

设计承载力：是指道路、步道、停车位等公园设施的修建，要满足访客使用。例如，如果公园步道建在生态环境特别脆弱的栖息地内，则步道入口停车场容许的停车量就不能超过这条步道一次允许容纳的最大访客量。入园处设有车辆管限的公园，当所有停车位全部停满时，工作人员可临时限制车辆入园。

环境承载力：是指在不损害水质、土壤松软度、物种栖息地等前提下，公园特定区域可承受的访客使用量。

体验承载力：是指公园管理访客对公园的利用，尽可能保证优质体验，避免特定时段或地段园内过度拥挤。国家公园有权实行临时性、季节性访客量管控。大多数国家公园容纳游人的能力要高于容纳私家车的能力，所以，某些热门公园建有园内交通运营体系，接送访客前往景点、步道入口或访客中心。夏季旅游旺季，前往犹他州的锡安国家公园和缅因州的阿卡迪亚国家公园的访客，可在公园入口周边城镇所住的酒店乘坐公园大巴前往公园，而无需自己驾车前往。

1.5.3 守法、执法和报告

国家公园执法是国家公园管理局开展资源和访客保护的工作内容之一。按照美国法律，国家公园管理局需先依照应遵循的法律政策，制定管理规定，然后将其公布在《联邦公报》上，经公开征求公众意见并修订完善后最终将其编入《美国联邦法规》。国家公园管理局任命的接受过专业训练的执法官员通常被称为"园警（又译为"巡护员""林务官"）。几乎所有的国家公园都有自己的园警，其数量取决于公园的面积、访客量、以往执法处置的事件情况。国家公园管理局的园警同其他联邦执法人员同在联邦执法培训中心接受培训和执法授权委任。

除了执法职责外，园警还需接受并通过林火扑救、紧急医疗服务、搜救等方面的培训。他们还熟稔公园内丰富的资源和善于与访客交流沟通。事实上，访客联系园警大多是想获取有用信息，鲜有涉及执法的事宜。

园警的执法范围涉及违法行为的方方面面，包括超速驾车、违法盗猎等。其中，严重犯罪大多发生在人口较密集地区附近的国家公园内。

大多数国家公园的园警也有权执行州法律。大多数国家公园与当地执法机构签有互助协议，以便园警能够使用相关各州的法律法规及司法系统。国家公园周边县镇的执法人员偶尔也会在公园内执法，但这种情况很少见。这种共享授权，亦被称为"共同管辖权"，对警力少的小型公园尤其重要。一个极端的例子就是长达 3500 千米的阿巴拉契亚国家景观步道公园，只有一名园警。该公园与步道途经的 14 个州的州政府和地方政府共签署了几十份"共同管辖权"互助协议。

在广泛的合作协议和非正式的合作关系的保障下，地方机构经常请求国家公园的园警协助开展执法、救火、搜救等工作，尤其是跨辖区类事务。

除了园警，国家公园的其他员工也需接受培训，识别、观察和报告非法活动。园警通常借助各种教育手段和项目向游人介绍国家公园的法律法规，这有助于降低违法案件的数量，保护园内资源和访客的安全。

1.5.4 职业发展与培训

国家公园管理局的工作职位有两类：需有大学文凭的职位和不需有大学文凭的职位。例如，所有自然和文化资源管理、科学、解说和教育类职位只招收大学毕业生。国家公园管理局聘用大量持有专业证书和大学学历（通常是高级学位）的建筑师、工程师和设计师。最近几十年，国家公园管理局开始聘用计算机技术、商业管理、会计和其他实用学科的专业人员。

根据就业资格要求，国家公园管理局在很久前就开始实施综合培训项目。国家公园管理局的学习和发展办公室负责国家公园管理局的培训业务。该办公室管理着 3 个培训学校：马塞培训中心、奥布赖特培训中心和历史保护培训中心。马塞培训中心负责环境教育和解说培训。奥布赖特培训中心重点开展园警技能和国家公园管理局基础知识的培训。历史保护培训中心侧重于理论培训和实践操作能力的培养，如文物保存所需的木工和石工工匠技能。所有园警都要到联邦执法培训中心接受为期 16 周的培训。该培训中心同时也为全美其他 56 家联邦执法机构的新员工提供执法入职培训。

1970~1990 年，国家公园管理局所有新入职的员工都要到大峡谷国家公园的奥布赖特培训中心，参加为期 6 周的入职或园警技能培训。自 2000 年起，这一培训课程经大规模调整，更名为"国家公园管理局基础知识培训"，力求涵盖国家公园管理所涉及的各个学科，强调团队合作，提供现场和网上在线培训。为期两周的现场培训仍放在奥布赖特培训中心。

目前，国家公园管理局根据员工的个人发展计划，提供大量的远程学习项目，培训在职员工。远程学习项目可借助在线直播培训、网上培训课程、各种远程技术（WebEx 电话会议、Adobe 网络同步教学、Livestream 视频和虚拟教室技术）和游戏教学手段来实现。

除上述基础培训外，国家公园管理局还为有发展前景的中级职称员工提供高级管理培训。培训项目包括新主管发展项目、新部门主管领导力培训项目、新公园园长培训学校项目等。新公园园长会参加为期 12~18 个月的自主学习和集体学习综合培训。

国家公园管理局还管理着另外 3 个培训中心，包括保护研究所、国家文物保藏技术与培训中心、奥姆斯特德景观保护中心。这些中心的培训内容范围更广，不限于国家公园管理涉及的学科内容。

国家公园管理局的员工还可参加其他联邦政府机构所辖的培训中心开设的跨部门培训课程。这些培训中心包括联邦执法培训中心、阿瑟卡哈特国家原野地培训中心、国家保护培训中心和土地管理局培训中心。

由大学组成的庞大的生态系统合作研究网络也可为国家公园管理局提供学术支持。借助这一网络，国家公园管理局的野外工作人员可邀请一所或多所大学（网络成员）的相关专家和研究生，支持国家公园特定的研究和调查工作，为管理人员提供有用的信息。生态系统合作研究网络成员来自美国每个自然地理区的大学和学院。

1.5.5 公众与社区参与

美国的许多法律都要求，联邦政府机构在做重大决策时要有公众参与。其中，最知名的当数美国的《国家环境政策法》，其要求包括国家公园管理局在内的联邦政府机构，在规划尚处在征求意见的早期阶段就应积极地联络公众；在整个规划过程中，要以快讯和简报的形式不定期地向公众通报最新进展；在规划初稿完成征求备选方案时和规划定稿时均需正式征求公众意见。地方政府可以以"合作机构"的身份参与规划过程，其意见在规划中会受到额外的关注。

除了法律规定的公众参与，国家公园管理局会经常寻求各界公众的参与，如访客、周边及邻近城镇社区、选区的公共利益组织、私有土地所有者或其他关心公园事务的公众的参与。

国家公园园长除了管理自己的员工，其主要工作就是定期与国家公园所在选区的选民进行交流，并借助电子和纸质媒介及亲民手段，与公众进行间接或直接的交流。

没有周边社区的积极参与，有些国家公园，特别是主要依赖其入口周边社区提供访客服务的那些国家公园，就不能正常运行。例如，锡安国家公园和阿卡迪亚国家公园的访客交通运输系统就延伸到公园外的城镇，接送访客往返于酒店和公园野营地之间。在黄石国家公园，美国野牛、叉角羚和驼鹿在冬季会迁徙到该公园外的私有土地上，因此，与周边土地的所有者建立和维持积极的交流与良好的合作对野生动物保护至关重要。

1.6 国家公园体系和单个国家公园的资金机制

1.6.1 运营成本

国会每年依据总统的预算申请为国家公园管理局划拨经费。国会将财政拨款划拨到五大账户，分别为运营费、基建费、购地费、休闲/保护费，以及特别经费。每个账户收到的年度拨款额不同，这主要取决于总统向国会申请的预算额及国会的实际拨款额。国家公园管理局2016财年财政拨款总额为28.646亿美元[1]，其中，运营费是最大也是最重要的账户，用于支付员工工资、资源管理和研究、设施维护、访客教育和其他服务等各项支出（表1-1）。

表1-1　美国国家公园管理局2016财年财政拨款　　　　单位：亿美元

费用类别	金额
运营费	23.7
基建费	1.929
购地费	0.637
休闲/保护费	0.626
特别经费	1.754

1.6.2 政府拨款

美国政府按年给国家公园管理局拨款。年度拨款额度和拨款用途受制于政治气候变化

---

[1] 国家公园管理局《2017财年预算申请要点》列明了2016财年的实际拨款额。

的影响。拨款上的不确定性给国家公园管理局的管理带来挑战，会降低管理成效。国家公园管理局的五大账户中，三大账户（运营费、休闲/保护费和特别经费）的财政拨款必须在本财年用完。另外两个账户的财政拨款，即基建费和购地费则可跨财年使用，直至用完为止。

运营费账户：年度预算依次列明各国家公园当年申请的财政拨款额。运营费账户用途专一，加上国会很少更改各国家公园提出的拨款申请，这是国家公园管理局预算编制的独有优势。这可确保各国家公园每年都有维护基本运营的资金，可支付人员开支、进行年度维护和实施其他项目。

基建费账户：基建费按项列明各待建新设施、大型维修或改建项目所需预算。

国家公园管理局管理国家公园和项目多年，深知国会的财政拨款并不能与其日益增加的职责、国家公园面积扩增、每年需保养维护的设施量的增加、通货膨胀等因素同步增长。十多年前，国家公园管理局对所有国家公园内现有设施进行了一次全面的调查和编目，评估每处设施的状况，确定使用年限内所需维护费用，并予以排序，确定了资金支出安排优先顺序。

国家公园管理局采用设施状况指数，根据各国家公园的道路、步道、建筑物和公用设施的状况评估结果，进行编码。国家公园管理局还依据安全性、访客感受、历史意义或其他价值等指标，确定了国家公园所有设施的相对重要性，即资产优先指数，并加以排序。综合这两项指数，国家公园管理局就能简单有效地按各国家公园和项目的实际情况，合理配置并不充裕的年度基础设施维护财政拨款。

购地费账户：购地费是国会为收购特定土地而安排的财政拨款，由国家公园管理局提出并列入年度预算。国家公园管理局仅限于收购国家公园授权法确定的国家公园边界范围内的土地。土地购置款来源于土地和水资源保护基金。国库为该基金设立了一个专用账户，存放联邦政府租赁美国外大陆架油气开采权而征收的特许费。国会每年会根据各联邦土地管理机构递交的申请，将当年应拨付的土地和水资源保护基金直接划拨给各联邦土地管理机构，同时指定要购置的地块。国会每年还会根据各联邦土地管理机构的使命，把需划拨给各州用于保护目的的土地和水资源保护基金一次性拨给国家公园管理局、鱼与野生动物管理局和林务局。

特别经费账户：这个账户是国家公园管理局向其他机构（主要是州政府或地方政府）转拨特定资金的账户，用于实现特定的公园管理目的。这些特别经费可采取竞争性方式进行发放，也可按既定公式进行分配。前者如美国战场保护项目、美籍日裔集中营遗址项目的资金分配；后者如土地和水资源保护基金的州援助资金或历史保护基金。历史保护基金专门为州和部族文物保护办公室提供资金援助。

除了直接拨付到国家公园管理局预算账户的财政拨款外，国家公园管理局还会从联邦土地公路项目账户中收到用于道路、桥梁和访客交通接驳系统建设用的财政资金。联邦土地公路项目账户的资金来自美国运输部的公路信托基金，其主要资金来源于机动车燃油税。国家公园管理局每年从联邦土地公路项目中获得的资金超过 1 亿美元。

1.6.3 自创收入（含收费）

除财政拨款外，国家公园管理局还有部门收入，用于公园的管理、运营及维护。这些资金全部存入国库,称为"永久性拨款",即国家公园管理局可以保留这些资金直至用完。这些资金的使用不再需要国会的批准或拨付。

《联邦土地游憩改善法》授权国家公园管理局收取休闲费。该法规定:国家公园管理局和其他联邦机构依下列规定确定收费标准:

(1) 给访客提供的便利和服务;

(2) 内政部部长应综合考虑游憩费对访客和服务提供者的影响;

(3) 内政部部长应该参照其他地方、其他公共机构、附近的私人经营者收取的费用标准;

(4) 内政部部长应该考虑收取的游憩费用于支持的公共政策或管理目标。

国家公园管理局第一大收入来源是游憩费。该账户的资金主要来自公园门票,基本上都是以车辆为单位收取的。门票收入的 80%由收费公园留作自用,用于设施维护和访客服务项目。其余 20%由国家公园管理局在全局范围内进行竞争性分配,主要分配给那些不收费的国家公园,支持其设施维护和访客服务项目。

另外,在游憩收费项目中,国家公园管理局还出售国家公园年票,有针对单个国家公园的年票,也有"美丽美国"通用年票,可在联邦公共土地上通用。较之多次购买一次性门票,这两种年票可为访客提供不少优惠。联邦法律还规定,62 岁及以上老年公民一次性支付 10 美元就可以购得国家公园老年票,终生有效。

第二大收入来源是由访客服务特许经营商缴纳的特许经营费。2016 财年,国家公园管理局的特许经营费总收入约 9700 万美元。除了要向国家公园管理局中心账户缴纳特许经营费外,每个特许经营商还需向特许经营改善账户存款,用于特许经营商所在公园的重大基建项目。2016 年,这个账户的收入约 900 万美元。

收取的特许经营费存入国家公园管理局在国库的中心账户,用于改善公园的访客服务项目和补偿特许经营商的"租赁退保权益"。"租赁退保权益"就是特许经营商有权要求国家公园管理局对其按特许经营合约投资建设,但却不拥有对产权建筑物进行补偿的权益。特许经营商按"租赁退保权益"可获得的补偿资金等于投资额减去折旧费。"租赁退保权益"仅限于合约到期、其他公司竞得新一轮经营合同的情况。在这种情况下,新经营商需向老经营商支付后者在其经营期间积累的"租赁退保权益"。国家公园管理局有时也会用特许经营费收入买入"租赁退保权益",增加合同竞标的激烈性。

当某国家公园向私人公司发出特许服务竞标邀请时,国家公园管理局会按一定比例的预计年度总收入,确定最低的特许经营费(即标底)。评标因素之一就是投标人报出的特许费超过标底多少。

国家公园管理局其他永久性拨款账户还有营房账户、公园建筑物租赁基金、商业拍摄特别使用费账户。营房账户是国家公园员工缴纳的房租,2014 年的收入约 2400 万美元。国家公园管理局可以将一部分不用于国家公园用途,但属于历史建筑或因其他原因应予以保留的建筑物出租给私人,并为此设立国家公园建筑物租赁基金。2014 财年,该项收入约 780 万美元。2014 财年商业拍摄特别使用费收入为 140 万美元。营房账户和国家公园建筑物租赁基金收入用于国家公园设施的维护;商业拍摄特别使用费收入用于国家公园解说项目。

1.6.4 捐赠和慈善捐资

国家公园管理局设立了一个强有力的私募项目。近年来,在国家及地方国家公园管理局非营利合作组织的共同努力下,该项目每年可筹集到约 2.3 亿美元的资金。国家层面的捐赠和慈善活动由国家公园基金会管理。该基金会于 1970 年由美国国会特许设立,是国家公园管理局的私募机构。依据法规,内政部长任该基金会的董事会主席,国家公园管理局局长任财务主管。出任这两个职位的人可进行私募,否则,其政府官员身份不允许他们进行私募。董事会的其他成员则是来自美国私有部门各行各业的代表,协助基金会募集资金。该基金会的战略规划规定:国家公园基金会只能为国家公园管理局批准的项目募集私人捐赠。

为迎接 2016 年的国家公园管理局建局百年纪念活动,该基金会加大了募款努力,打算为百年庆典和相关的公园项目募集大约 2.5 亿美元的资金。

在国家公园层面,每个国家公园都有一个非营利"合作协会"支持方。"合作协会"由国家公园管理局特许设立,负责开发、管理、经营,通常位于园内访客中心的书店。"合作协会"把公园书店的销售利润捐给国家公园管理局,或者由公园自留,用于解说和教育项目。大多数访客量大的大型公园都建立了一个合作协会,专门服务于该公园或者分布较集中的几个公园。然而,国家公园管理局也有几个大型"合作协会",同时服务多家国家公园。例如,东部国家公园协会管理着国家公园体系内 175 个小型国家公园内的书店,这些国家公园大多数位于东部和中西部;而西部国家公园协会则管理着西部 12 个州共 67 个国家公园内的书店。

自 20 世纪 80 年代起,有些"合作协会"拓宽了业务范围,开始慈善募款,支持国家公园项目,其名称也做了相应的变更。例如,优胜美地博物馆协会成立于 1923 年,随着业务范围的适度扩展,于 1985 年更名为优胜美地协会;1988 年又单独成立了优胜美地基金会,主要为国家公园募集私人资金;2010 年,优胜美地协会和优胜美地基金会合并组建了优胜美地保护协会。2014 年,优胜美地保护协会向优胜美地公园捐款 1020 万美元用于国家公园的多个项目。

金门国家公园协会成立于 1981 年,最初经营金门国家休闲区的 7 家书店。后来,该协会迅速发展,于 2003 年更名为金门国家公园保护协会。该协会自成立后,共为金门国家休闲区筹集了 3 亿多美元的项目款。

国家公园管理局另有 200 个左右非营利友好团体,多与特定的国家公园结为伙伴关系。它们使用的名称也不尽相同,包括朋友、基金、保护协会、基金会等。多数合作伙伴为国家公园项目募集私人资金、提供志愿服务,宣传国家公园,为公众特别是周边社区提供享受国家公园的机会。

为弥补可用资金缺口,国家公园管理局越来越多地利用青年保护团体(如学生保护协会)和志愿者补充机构人员力量,以完成必要的资源管理和访客服务工作。法律和管理局的年度预算限定了国家公园管理局可以聘用的全职和兼职员工的数量,员工人数因资金变动而处于波动状态。国家公园管理局通常通过学生保护协会和其他青年保护团体来平抑时有发生的雇员人数波动。从 1957 年开始,国家公园管理局通过两个主要项目一直与学生保护协会保持着积极的合作关系。一是由 16~19 岁的青年组成 8~10 人的团队,在 1~2 名学生保护协会成年教师的指导下,在国家公园全职工作 3 个月,参与国家公园资源管理或者维护项目。二是由学生保护协会招收在校生或者刚毕业的学生，参与国家公园的教育、解说或者资源管理和研究活动，为期 3 个月至 1 年。例如，2015 年，1600 名学生保护协会的会员共为 224 个国家公园提供了 50 万小时的服务。

1.6.5 其他资金来源，特别是环境补偿/缓解

针对损害和损伤国家公园体系内的资源的民事行为，美国通过了 4 部联邦法律，允许国家公园管理局及其他部门收取民事损害赔偿金。这些法律是《环境反应、补偿和责任综合法》《石油污染法》《联邦水体污染防治法》《国家公园体系资源保护法》。前 3 部主要针对有害物质对国家公园自然资源造成的损害，第 4 部则涵盖国家公园包含历史和文化资源在内的所有资源。第 14 号国家公园管理局局长令及其随附的《损害评估和修复手册》给出了国家公园管理局管理公园受损资源的政策规定。上述 4 部联邦法律允许国家公园管理局申请民事损害赔偿，以支付事故应急反应、评估和确定资源损害、修复资源和访客服务设施等所需的费用。

最近的一个环境补偿案例就是 2010 年发生在墨西哥湾的原油渗漏事故。该事故对海湾岛屿的国家海岸公园及让·拉菲特国家历史公园造成了环境影响，虽然其造成的全面灾害仍处在评估中，但截至 2016 年，事故方已向国家公园管理局赔付了约 3000 万美元的损害赔偿金。

1.7 其他重要问题

1.7.1 国家公园建立和管理的趋势

政治会强烈影响传统意义上的国家公园的划建，结果有时一连数年公园数量不见增加，有时又突然猛增。2014 年末，国会通过了一项公园授权法，一次性新批建了 9 个国家公园，其中大多数公园在批建前经历了多年的艰辛论证。2014 年建立的多是具重要历史意义的公园，它们大多数是代表美国民族多样性的公园（如哈丽雅特·塔布曼国家公园、查尔斯·杨国家公园、凯萨·查维斯国家公园等）。在可预见的未来，政治会继续对国家公园的新建产生影响。

国会拨款不能满足国家公园管理局确定的重点工作所需资金，这已成为美国国会批建新国家公园的一项意愿影响因素，一些重要的国会议员据此反对建立新国家公园。一个趋势是，由于国会的反对，总统开始频繁地使用 1906 年颁布的《文物法》赋予的权力，宣布建立新的国家纪念地。新建国家纪念地不需要国会批准，前面提到的 3 个国家纪念地就是由总统宣布建立的。

另一个趋势是国会指定了 49 处"国家遗产地"。这些国家遗产地不归国家公园管理局拥有或管理，而由州政府、当地政府及私有土地者管理。国家公园管理局只能在教育、技术援助和社区协调方面发挥有限的作用，提供协调、部分资金和技术援助。

现有国家公园的管理呈现出两大值得关注的趋势。

首先，国家公园管理局越来越愿意依靠伙伴关系实施筹款和开展志愿者服务，管理访客（如"自然桥"项目）和直接参与共管（如"阿巴拉契亚山步道保护协会"）。

其次，前任联邦政府（布什政府）都力推跨部门合作保护大型景观的理念，协调流域或其他景观单元内的联邦、州、地方政府和私有土地的使用，力求实现更好的土地使用效益，实现共同目标，减少冲突。国家公园自身越来越不足以保护其特有的物种或水域，加之其面临的很多"威胁"来自其周边其他联邦土地的管理决策，所以，国家公园管理局十分支持跨部门合作保护这一新方法。

1.7.2 未来的国家公园管理面临的挑战

美国人口的年龄分布和移民带来的民族多样性是国家公园管理局面临的一项重大的管理难题，因为国家公园管理局有责任确保国家公园要得到未来美国人的认可和喜爱。现在，"婴儿潮"一代是国家公园的主要访客，他们的父母在20世纪50年代就开始带他们到国家公园消暑度假。这些人现大多已退休，有经济基础且有时间去国家公园游憩，但这种趋势是不可持续的。目前，参观国家公园的X一代（20世纪60~70年代初出生的美国人）、Y一代（60~80年代出生的美国人）和千禧一代的人数不断下降。

国家公园体系要在我们的民主生活中永续，就需要得到年轻一代的大力支持，需要他们珍视国家公园并置身其中。2016年是国家公园管理局成立100周年，国家公园管理局将培养年轻一代对国家公园的兴趣作为头等大事，但这些努力是否会成功，仍有待观察。

民选官员经常被激进和资金雄厚的特殊利益群体左右。他们有时会质疑国家公园体系的法律、法规和管理政策。他们偶尔还会向国会提出提案，要求减少国家公园管理局的自主决定权、将国家公园划转给其他机构、在国家公园开展各种不适当的活动（如开矿、放牧或伐木），甚至将土地私有化等。目前，美国西部一些州在进行政治斡旋，想把联邦公共土地转归州政府所有，以便能在这些土地上进行更多的经济开发。虽然到目前为止，这些努力都以失败告终，但对国家公园管理局的挑战始终存在。只有拥有见多识广、积极支持公园的选区选民，才能保护这些资源免受损害，供子孙后代享用。

与加拿大的一些国家公园内有乡镇（如贾斯帕国家公园和班夫国家公园）分布不同，美国国家公园的边界由国会划定，国家公园内没有城镇和村庄。在国家公园周边有城镇和村庄的情况下，国家公园管理局依赖他们提供大多数或全部的访客服务，且不会对这些服务进行管控。大多数情形下，如果访客不在国家公园内消费，这些城镇的规模将萎缩，如田纳西州大烟山国家公园外的加特林堡镇、落基山国家公园外的埃斯蒂斯镇、黄石国家公园外的西黄石镇。建立和维持与周边城镇之间的积极关系，也是国家公园管理局将持续面临的一项挑战。

1. 气候变化

毫无疑问，气候变化对国家公园资源的影响是国家公园管理局长期面临的重大挑战。气候变化的不利影响在海滨公园很快会反映出来，海平面上升将淹没海滨公园的自然和文化资源。气候变化也威胁高地公园和北极，那里的永久冻土层在解冻，水温在升高，冰川在融化。例如，在可预见的未来，蒙大拿州冰川国家公园的冰川会全部融化；约书亚树国家公园可能不再适宜约书亚树生存；红杉国家公园可能不再适合红杉幼树的生长。

国家公园管理局已经制订了应对气候变化的管理行动方案，但有些解决方案远非国家公园管理局自身职责和能力所能及。

2. 国家公园的经济效益

2014 年，全美国家公园的访客在国家公园入口处周边地区的花费估计为 157 亿美元，共支持了 27.7 万个就业职位，为国民经济贡献了 103 亿美元的工资收入，经济增加值为 171 亿美元，经济总量贡献为 297 亿美元。

1.7.3 权属信息不完整的应对和土地权属裁决

迄今为止，美国的土地记录基本上是齐全的。国家公园管理局清楚国家公园内的土地、水或其他资源的各种权属信息，包含由其他政府部门、私人或公司持有的土地或水域的完全产权或部分利益。

国家公园管理局的核心政策之一是获得各国家公园内全部土地的完整产权，国会在国家公园授权法中另有明确规定的除外。该政策的出发点在于：一旦国家公园管理局拥有完整的土地产权，就能充分支配所有的决策。事实上，这一目标尚未实现，尤其是在短期内，但国家公园管理局着眼于永续发展，倾向于长远考虑，所以可容忍现状并加以管控。

有些国家公园内有一些与国家公园管理局政策设定的长远目标不符的土地利用活动，就是因为这些土地是非联邦的，属私人所有。一些文化和历史景观类的国家公园，国家公园管理局采纳了新政策，不仅能接受"自然类国家公园应该是原始美国的护身符之外的其他类型的国家公园"的理念，而且力求维持某些历史上的生产生活方式，包括传统农业和印第安人的狩猎和采集方式。

1. 国家公园内自然资源的权属

国家公园内不归国家公园管理局所有的土地，国家公园管理局有权对这些土地的使用和进出进行规范，确保国家公园资源免受损害。但是，如果不能以公平的市场价对土地所有者予以补偿，国家公园管理局就不能阻止他们的土地利用活动，包括资源消耗类的活动。例如，佛罗里达州的巨柏国家保护地的石油和天然气的地下矿产权不归国家公园管理局所有。因此，油气产权所有者有权钻井和建泵，但国家公园管理局有权规范其开采手段，包括钻孔垫的选址、运输道路的设定、使用何种有毒化学物品等。

同样，加利福尼亚州死亡谷国家公园在建园前就有私人开设的硼砂矿，国家公园管理局有权管理其生产，避免对国家公园造成不利影响，但在以合理的市场价购买矿山之前，不能叫停生产。

另外，在 18 世纪和 19 世纪时，美国政府与印第安部落签订了许多条约，其中约定属于印第安部落的土地，其权属也不归国家公园管理局。这些条约是历时数世纪零零星星签订的，权利约定模糊或不明确，有些直至最近才被印第安部落承认，更多的仍未得到承认。例如，许多这类条约将部落土地转为联邦所有，但仍保留了部分权利，如狩猎、捕鱼和采集药用或食用植物、坚果、浆果和举行各类仪式所需物品（如某些用于绘画的矿物质）。

许多国家公园的土地曾经是私有的传统农业用地。国家公园管理局会把这类农地租给农民,维持国家公园内的文化景观。在一些国家历史战场地,国家公园管理局会恢复历史场景,包括清除大量历史事件发生时不存在的树木和其他植被等。

2. 土地权属/权利的调整

20世纪80年代美国在阿拉斯加建立的国家公园,占美国国家公园体系总面积的50%以上。这些国家公园还有一种专属的"土地权属",为保障阿拉斯加农村的狩猎者和渔民的"生存权",国会允许他们继续在这些国家公园里从事以维持生计为目的狩猎和捕鱼等活动。只有当他们的活动危及本土物种的健康时,国家公园管理局才会规范他们的行为。

无论是在阿拉斯加,还是在其他49个州的国家公园里,国家公园管理局都承认,印第安部落和夏威夷土著有权保留他们特定的宗教和习俗,允许他们前往国家公园内其传统习俗的仪式地。国家公园管理局最近也出台了新的规定,允许这些部落的成员"采集"平常作为食品、用于仪式或制作工艺品的植物原料。

近年来,一些印第安部落一直在寻求扩大他们在国家公园内的权利。当他们的保留地正好毗邻国家公园,或者其"祖先"的土地被划在国家公园范围内时,如尤洛克部落和红杉国家公园、黑脚人部落和冰川国家公园,这种呼声更高。

3. 所有权分割

在少数情况下,国会会介入并通过立法,将部落土地划给国家公园管理局,或允许其具有进出特定部落土地的权限,如大烟山国家公园的切罗基族部落,以及大沼泽地国家公园的米科苏基部落。

少数其他情况下,在印第安部落保留地内划建国家公园,如新墨西哥州的纳瓦霍印第安人保留地内的坎宁·谢利国家纪念地,以及派恩岭的奥格拉拉苏保留地内的南巴德兰兹国家公园,国会会要求国家公园管理局与印第安部落商谈,适当调整其管理方式及访客参观模式。2015年,国家公园管理局已开始与奥格拉拉部落对话,商谈把南巴德兰兹国家公园归还给这一部落作为部落国家公园,届时国家公园管理局会继续提供资金和技术支持。

第 2 章　新西兰国家公园体制研究

休·洛根（Hugh Logan）
新西兰林肯大学

作者简介

休·洛根（Hugh Logan）博士，环境公共政策专业客座副教授，任职于新西兰林肯大学（hugh.logan@xtra.co.nz；hugh.logan@lincoln.ac.nz）。

1991~1996 年，休·洛根博士任新西兰保护部地区主管；1997~2006 年，任保护部总干事（首席执行官）；2006~2008 年，任新西兰环境部国务秘书（首席执行官）；在保护部和环境部工作之前，休·洛根博士是新西兰南极项目的机构负责人。

作者感谢其保护部的前同事为报告撰写提供的支持。感谢保护部基督城办公室的技术专家帮忙梳理观点，协助地图绘制。报告编写还得益于新西兰保护部的数据库。

此报告及报告中的论述和评论仅代表作者本人，而不代表新西兰保护部或其员工的观点。

执行摘要

新西兰现有 13 个国家公园，总面积为 271 万公顷，占新西兰受保护陆地和海洋总面积的 25%左右。新西兰所有保护地的总面积占该国陆地面积的 33%和领海及专属经济区面积的 15%。

1980 年《国家公园法》的颁布促成了国家公园保护管理体系的形成。这一法律要求：保存国家公园的原生性；保护本土动植物并清除入侵动植物；保存历史遗迹及文物；维护国家公园保育土壤、水资源及森林资源的功能。国家公园只有完成这些根本使命，公众才可以自由到访和使用国家公园，"这样，公众才能全方位地感受山川、森林、自然界的声音、海岸、湖泊、河流和其他自然景观带来的种种益处，启迪心灵、品享美景、愉悦身心。"

保护部作为中央政府机构，几乎管辖着新西兰含国家公园在内的所有受保护的陆地、水域及原生物种。1987 年《保护法》规定：保护部的首要职责是"保存和保护资源"。保护部还应全力保护所有的天然淡水渔场、休闲淡水渔场及淡水鱼类栖息地。保护部只有切实履行其首要职责后，才能鼓励休憩娱乐并规范相关的商业性使用。保护部的三大业务包括应对入侵物种、保障公众休憩基础设施和保护历史文化遗迹。这三大业务是保护部根据部门专家及外聘专家的科学论证结果、参照国家标准和本土物种保护优先的原则确定的。保护部的年度预算为 3.15 亿新西兰元，其中约 80% 来源于税收，其他约 20% 来源于门票等收费、服务类项目收益和捐资。

所有国家公园均需遵照一般性法定政策实施管理。各国家公园的管理还应遵守其管理规划中列明的，且与一般性法定政策相符的具体政策和规定。保护部、公众和法定准许的商业运营项目都需遵守这些政策和法规。商业运营项目的审批需公众参与。由公众代表组成的新西兰保护局负责一般性法定政策和国家公园规划的审批。

国家公园和保护部的工作有广泛的公众基础。在新西兰，国家公园保护管理工作的一大特色就是鼓励毛利人参与。新西兰新推出的一项举措就是将一处国家公园"独立法人化"，在尊重当地毛利部族 Nga 吐荷人权益的基础上，按国家公园适用标准管理这一地区。

2.1 新西兰"保护地"的历史沿革

2.1.1 背景

乍看之下，新西兰国家公园的保护和管理与世界其他地方颇为类同。但是，新西兰独特的社会、文化、经济和自然环境条件却使新西兰的国家公园及其管理模式别具一格。

新西兰是一个岛屿国家，面积与日本或英国接近。新西兰的生物物理特征独具特色，物种特有度高，地质构造异常活跃，气候和地形多样。13 世纪末之前，新西兰这片土地只有鸟类、丛林、山川和三种蝙蝠，没有其他陆生哺乳动物。13 世纪末，人类到来。新西兰的景观和生态从此极速改变，但不少地方仍部分保留了原始的自然生态和景观，如近海岛屿、南岛和北岛的山地及小片的低地森林和湿地。新西兰人现在仍能体验未遭人类侵扰的近自然生态，促进了这个国家的"保护"文化的形成。

新西兰经历了两次人类活动导致的环境巨变。第一次是由波利尼西亚的毛利人在 14 世纪至 19 世纪初造成的。那时的毛利人掌握的技术有限，人口数量也不多（估计约 20 万人），他们到处砍伐森林，自然生境遭到破坏，大量本地动植物灭绝。以英国人为主的欧洲殖民者引发了 19 世纪早期的第二次环境巨变。他们定居、耕种、渔猎、伐木和采矿，进一步改变了新西兰的自然环境。"开荒"和"发展"一度成为新西兰制度和文化发展的主流，持续了将近一个半世纪。那时，政府和公众不重视自然保护和环境。随着时间的推移，他们的观念发生了转变。在观察到原始森林和鸟类的消失，体会到自然归属感，意识到原始自然和生态景观的价值之后，新西兰划建了保护地，并设立了自然保护项目。

同许多发达国家一样，今日的新西兰仍承受着土地利用、工业和人口不断增长带来的环境压力。新西兰目前人口约 400 万人，数量虽不多，但在持续增加，人们生活水平又高。新西兰制造业产生的环境压力居世界较低水平，但初级产业或自然资源使用强度在国民经济中占比较高。

重重环境压力下，新西兰大量土地仍基本保持原始状态，有些地区气候恶劣、地质构造不稳定，交通不便，不适宜人类永久居住。新西兰人珍视景观"原生性"，这是新西兰吸引国内外游人之本。

2.1.2 "前沿"社会、土地权属和保护地的发展

在 19 世纪,美国、加拿大、澳大利亚和新西兰的经济发展模式、土地权属和保护地的兴起非常类似。这几个国家幅员辽阔,人口稀少,只有少数原住民和早期定居者。不论是君主制还是联邦制,这四个国家都建立了类似的土地权属制度,包括向定居者出售土地、优惠出租大片土地用作农业或林业用地及留存剩余土地公用。新西兰土地权属的具体表现模式有广阔的畜牧业牧场、新西兰林业局辖管的大片经营性林场,以及崎岖险峻尚未开发使用的国有山地。这四个国家"未使用的"王室或联邦土地通常成为早期国家公园的发展基础。

美国和新西兰的国家公园创建也有相似之处。汤加里罗国家公园(Tongariro National Park)比黄石国家公园晚建 14 年。新西兰与美国最大的区别在于新西兰国家公园是由地方政府指定的公园委员会(Local Government-Appointed Parks Boards)负责管理。公园委员会负责为国家公园制定政策和聘用员工。土地与测绘部(Department of Lands and Survey)作为中央政府部门只对公园委员会实施宽松监管。新西兰直至 20 世纪 50 年代晚期才成立了综合统一的国家公园管理局。

跟美国一样,新西兰多家负责土地管理的政府部门,分别在各自所辖的土地上划建了保护目标各异的保护地体系。例如,新西兰林业局先后建立森林保护区(forest preserves)和森林公园(forest parks),实施森林多用途管理,这与美国林务局的管理理念类似。土地与测绘部负责管理国家公园和《保护区法》中界定的各类保护地,如风景保护区和其他类型的保护区。内政部(Department of Internal Affairs)负责管理各类权属土地上的鱼类、猎物和受保护的本土物种,以及各类野生动物庇护所。海洋局,即后来的农渔业部也划建了一些不同类型的海洋保护区。

这些机构从 20 世纪 50 年代起分别组建了各自的管理机构,如国家公园管理局、林业局环境处和野生动植物管理局。这些管理机构各自服务的政府部门机构庞大,职责众多,不仅仅局限于环境保护。批评者指出:这些部门职能众多,偏重发展非环保类事务,难免会不重视环保工作。

2.1.3 20 世纪 80 年代的环境管理改革及对保护地、国家公园和管理的影响

在 20 世纪 80 年代之前,新西兰的环保措施错综复杂,效果不一。在半个多世纪的发展进程中,这些环保措施发展的 50 多年里,这些措施鲜能自成体系,往往只能作为制度完善的补充。中央政府不乏土地管理专业人才,却分散在新西兰林业局、土地与测绘部、就业与发展部等部门。这些侧重资源开发的职责部门经常争夺资源,对保护地管理的重视程度也不同。20 世纪 70 年代建立的环境委员会,规模小,权限低。环境委员会、各级地区和地方政府,以及专门的环保机构都参与特定事物的立法,接受中央政府的监管和资助。20 世纪 60~80 年代,环境质量恶化越来越受到新西兰和整个国际社会的关注。这时,新西兰的环保非政府组织和越来越多的民众认为,政府

是资源开发者而不是环境守护者,这种不满情绪持续发酵。

1984~1991年,以改善环境管理为初衷的运动演变成了一场更大范围的政府改革。这场改革是以新古典主义经济学中的行政效率理论为基础的。那些庞大的、曾经阻止改革的管理多用途土地的部门,在数位有财政部支持的资深内阁部长面前变得无能为力。

最终,新西兰撤销了那些庞大的多用途土地管理机构,代之以新成立的环境部(Ministry for the Environment)和保护部,剥离原有机构的企业职能,将之转为国有企业或出售。此外,新西兰还增设了议会环境专员(Parliamentary Commissioner for the Environment)一职,专司环境稽查,向议会而不是总理和内阁负责,全面报告新西兰的环境管理并提出改进建议。

环境部负责制定一般性环保政策,并监管1991年颁布的《资源管理法》的实施。该法案用可持续管理的原则指导新西兰境内各类权属的土地、大气及水资源的管理。

保护部接管了自然保护方面的职责。非政府环保组织在保护部职能定位和立法构建方面发挥了重要的作用。这些非政府环保组织决心建立他们理想型的自然保护管理制度,这离不开创新和坚持。他们的努力带来的两大改变,一是1987年颁布了《保护法》,二是将自然保护确立为保护部的首要目标。《保护法》规定:凡是在公共保护地内开展的活动都必须严格奉行自然保护优先的原则。然而,原有的保护地和物种保护的相关法律,如《国家公园法》《野生动物法》《保护区法》《海洋保护区法》依然保留,但法律地位低于《保护法》。这就从整体上提升了公共土地的保护级别[①]。在新体系中,关键的监督者是整(组)改后的国家公园和保护地"委员会"。新设的各地区保护委员会及新西兰保护局的法定职责是制定公共保护地管理目标和政策,批准国家公园政策。这种做法时不时会让保护部的技术官僚产生紧迫感。

到1990年,新西兰保护地管理具备了国际公认的三大特点。首先,公共保护地内的所有活动都必须服从于自然保护和史迹地保护优先的原则。其次,建立了保护部这一中央政府部门,全权管辖新西兰公共保护地(占超过30%的全部陆地面积和一小部分海洋[②])所有相关事务,并在更广泛的环境领域内积极推动自然保护。最后,保护委员会和新西兰保护局依法对公共保护地的管理进行公众监督。第四个特点当时虽不明显,但在《保护法》第4节中有提到,即"该体系需遵循《怀唐伊条约》(Treaty of Waitangi)的所有原则",表明保护地的管理必须考虑毛利人的利益。

这些特点就是目前新西兰保护地和国家公园管理的基石。

2.1.4 新西兰的国家公园与保护地现状

新西兰截至2016年有13个已建的国家公园和1个待建的国家公园,总面积为271万公顷,约占新西兰陆地及海洋保护地总面积的25%。新西兰保护地的总面积占陆地面积的33%和海洋及专属经济区总面积的15%。新西兰国家公园的面积一般都很大,最大的是南

---

① 议会环境专员发现,某些类别的土地整体保护水平可能不足。
② 62万平方千米的克马德克(Kermadec)群岛海洋保护区建成之后,这一数据会有所变化。

岛南端的峡湾国家公园，面积为 125.1 万公顷；最小的是南岛北端的亚伯塔斯曼国家公园，面积为 2.25 万公顷。图 2-1 和图 2-2 分别为新西兰北岛和南岛国家公园。

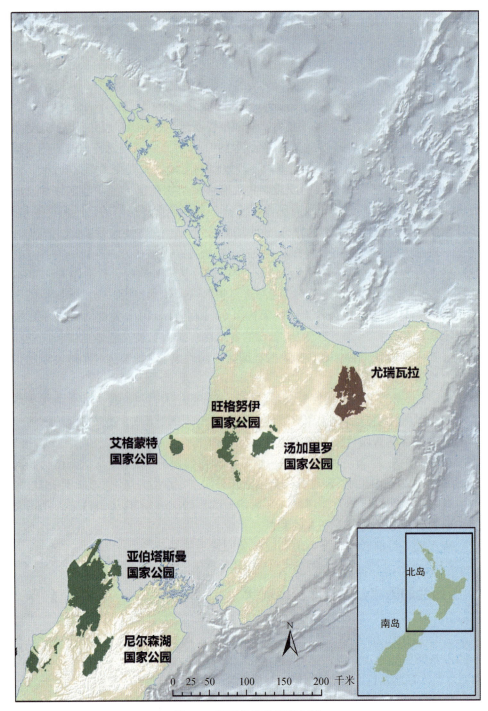

图 2-1　新西兰北岛国家公园

尤瑞瓦拉（Te Urewera）按国家公园标准管理，但不属于国家公园

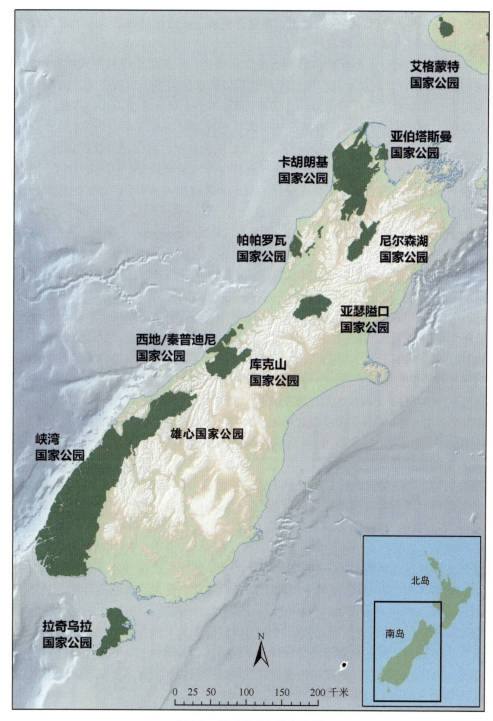

图 2-2　新西兰南岛国家公园

国家公园是新西兰自然景观和地域的"宝中瑰宝",至少新西兰民众这样认为。1980 年《国家公园法》第 4（1）节用充满激情的文字描述国家公园："国家公园是永久地保护新西兰境内罕见、壮观或具科学价值的,且能体现国家利益的独特美景、生态系统或自然特征,旨在保存其内在价值,供民众使用、游憩并受益"。这种描述强调了国家公园的自然保护、公众游憩和国家利益的属性。

国家公园的首要目的是保护自然和历史文化遗迹,保护优于任何形式的利用。《国家公园法》第4(2e)节规定,只有在首要目的得以保证的前提下,政府才能鼓励公众使用和进入国家公园游憩。公众可自由到访国家公园,"全方位地感受山川、森林、自然界的声音、海岸、湖泊、河流和其他自然景观带来的种种益处,启迪心灵、品享美景、愉悦身心"。与公众赏游不同,商业性使用国家公园要接受监管,确保符合保护目标。

国家公园内可进一步分区,划定允许开展特定开发活动或保护活动的片区。国家公园的分区可归为两类:法定分区和事实分区。法定分区是按《国家公园法》确定的分区;事实分区是管理规划中确定的分区。

法定分区有设施区(amenities areas)、原野区(wilderness areas)、限制出入的特别保护区(specially protected areas)和托普尼区(Topuni)。设施区是指公园设施、游客接待和服务所在区。原野区是指无任何人为设施的原始自然区域。限制出入的特别保护区是指为保护极濒危物种或受威胁地区而划定的区域。托普尼区是指具毛利特色的文化景观所在区。法定分区需按《国家公园法》规定的法律流程划分。有的国家公园还有国际命名。国际命名按相应的国际协议或公约规定的流程单独申请,不受新西兰国内保护地法限定。例如,汤加里罗国家公园是世界自然与文化双遗产地;峡湾国家公园和阿斯帕林山国家公园是蒂瓦希普纳姆-西南新西兰世界自然遗产的一部分。

事实分区是管理规划的过程之一。国家公园的管理规划通常以十年为期,拟定如何积极管理园内的生物多样性、不同片区的设施及游客入园途径,尤其是由空路入园的方式。这类规划也是某种形式的分区。在保护部编制管理规划时,公众会献计献策,力图对国家公园片区的具体管理细节施以影响。图2-3和图2-4分别为新西兰北岛和南岛的公共保护地(含国家公园)。

国家公园虽在新西兰人民心目中堪称保护地中的"瑰宝",但新西兰还有其他命名的国家级保护地。有些保护地的保护价值不逊于甚至高于现有的国家公园。尽管如此,国家公园才是新西兰具有极高保护价值区域的真正代表。

新西兰各类保护地的历史沿革在本书2.1.2节已做过介绍。《保护法》确立了当前保护地的管理体制,与保护地相关的原有法律仍得以保留。设立不同类型的保护地仍是管理大面积区域内多样化土地类型的一种有效手段。目前,新西兰正在重新评估面积最大的那类保护地。1987年之前,新西兰林业局和土地与测绘部负责大片土地的管理,包括其开发利用的可能性。1987年颁布的《保护法》从法律角度提高了这些土地的保护力度。《保护法》颁布实施时,人们认为政府会按保护地的自然价值和大面积保护地改建为国家公园或保护公园的可能性,重新评估和分类保护地。这类评估的确做过一些,但有些重要区域尚未被评估,也许保护部有其他重要考虑。议会环境专员近期开始关注这一问题,此类评估有望扩增新西兰的国家公园体系。

2.1.5 土地购买及鼓励保护私有土地的经济措施

新西兰有一整套措施和经济激励手段,鼓励私人土地所有者保护自然环境。按受法律保护程度,这些措施由高到低排列如下:

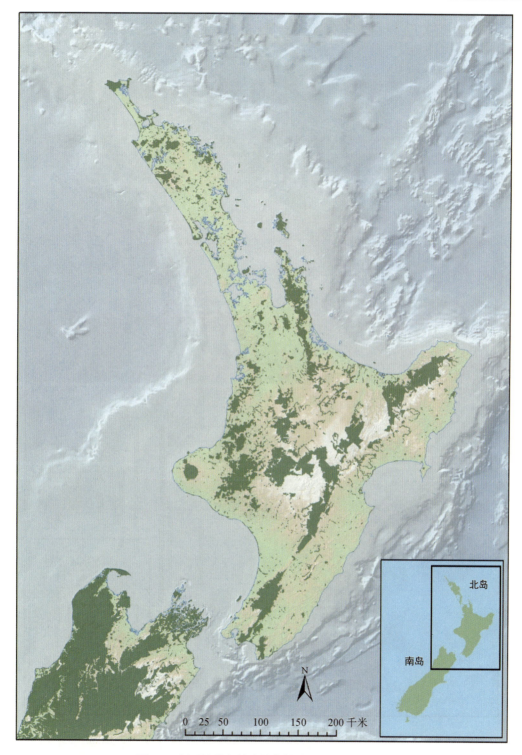

图 2-3　新西兰北岛的公共保护地（含国家公园）

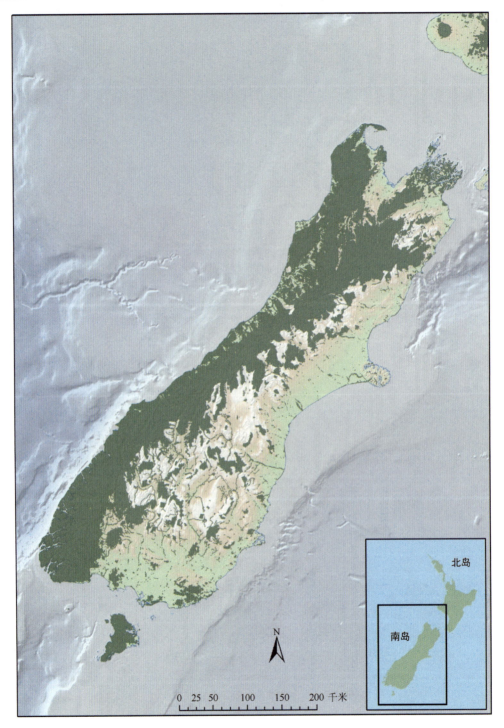

图 2-4 新西兰南岛的公共保护地(含国家公园)

(1) 政府出资购买;
(2) 签署限制土地使用的法律契约,保护自然或历史文化价值;

(3) 按照《保护法》相关规定,与私人土地所有者签署土地管理协议,要求土地所有者按照自然保护的要求管理其全部或部分土地;

(4) 私人土地所有者与保护部签订管理协议。

保护部是执行这些措施的国家主管部门。地方政府机构也采用管理协议和限制性契约等部分措施。

保护部购买土地的资金有两大来源:土地收购基金(land acquisition fund)和自然遗产基金(nature heritage fund)。土地收购基金规模较小,由保护部负责管理。自然遗产基金用于政府购买大宗土地,进行保护,由保护部部长委任的董事会负责管理。自然遗产基金董事会的职能是为土地购买交易评估贡献外部专家建议,提供非政治视角下的决策建议。新西兰特别设立了伊丽莎白女王二世信托基金,负责与私人土地所有者签署限制性契约和管理协议。该信托基金的董事会成员有六人,其中四人由保护部部长指定,两人由信托基金成员选举产生。信托基金成员通常为限制性契约的持有人。新西兰还设立了 Nga Whenua Rahui 信托基金,负责与毛利人土地拥有者签署限制性契约和管理协议。

自 1991 年以来,新西兰用自然遗产基金共购买和保护了 340 449 公顷的土地;依托伊丽莎白女王二世信托基金共限制使用和保护了 18 万公顷的土地;借助 Nga Whenua Rahui 信托基金共签署了总面积为 18 万公顷的土地保护协议。

新西兰遗产(信托)委员会设有全国性的文化遗产保护激励基金,用于保护符合 2014 年《新西兰文化遗产法》规定的私有土地上具较高历史价值的场所。新西兰还有大约 1000 个由中央、地区和地方各级政府、遗赠及慈善信托等运营的地方性小额基金,支持社区和个人开展保护项目。具体信息请参见 http://www.doc.govt.nz/get-involved/funding/other-funding-organisations/。

2.1.6 对比新西兰保护地与世界自然保护联盟自然保护地分类

世界自然保护联盟(IUCN)1994 年出版的《自然保护地管理类型指南》确定并描述了六类自然保护地。新西兰的自然保护地不能与之一一对应,有些单一对应,有些多个对应,有些无对应类型。"保护地"一词在新西兰有时不限于自然类型的保护地。

国家公园大致是 IUCN 归类体系的第Ⅱ类,但国家公园的特别保护区(数量极少)、原野区和设施区则分别类似于 IUCN 归类体系的Ⅰa 类、Ⅰb 类和Ⅴ类。

依《保护区法》分类的保护地不仅涵盖了 IUCN 归类体系中的六类自然保护地,还包括 IUCN 未涉及的其他类型的保护地,如历史保护区或野生动物保护区。《保护区法》旨在归类许多用途各异的零散土地。许多游憩类、历史类及野生动物类保护区的面积很小。从自然保护、史迹地和游憩三方面综合来看,《保护区法》的分类与 IUCN 体系的对应关系为:自然和科学保护区相当于 IUCN 的Ⅰa 类和Ⅰb 类,国家保护区相当于 IUCN 的Ⅱ类,风景保护区多数属 IUCN 的Ⅱ类,游憩保护区属 IUCN 的Ⅴ类。

《保护法》界定的保护地分类与 IUCN 归类体系如何对应存在争议。有些保护地面积大,有人认为应归为 IUCN 的Ⅱ类,有人认为应算作 IUCN 的Ⅲ类或Ⅳ类。这种不确定性促使议会环境专员提议评估《保护法》适用的土地,重新分类,准确体现其蕴含的自然和历史价值,加强保护。

依《海洋保护区法》划建的海洋保护区属于 IUCN 的 Ⅰa 类,海洋哺乳动物保护区则属于 IUCN 的 Ⅳ 类。

2.2 新西兰国家公园的管理

2.2.1 新西兰环境事务中央主管部门

新西兰是一院议会制民主国家。议会和法院分拥立法权和司法权,总理领导内阁行使行政权。内阁最多有 20 名内阁部长,分管不同事务。新西兰直接负责环境事务的内阁级部长有两名:环境部部长和保护部部长。环境部部长主要负责一般性环境政策,保护部部长主要负责自然保护,即管理国家公园、由政府管理的保护地和自然保护事务。两名内阁高官专抓环境问题的做法在国际上也很少见,这的确抬高了环境事务的地位,提升了内阁对环境事务的重视。新西兰中央政府直管众多的土地和越来越多的水域,需要将自然保护事务单列,允许总理和内阁对自然保护事务进行一定的监管。

环境部由环境部部长主管,主要负责一般性环境政策的制定,包括气候变化应对、材料和废弃物管理、空气和水质量。环境部还履行新西兰《资源管理法》这一主要环境法律规定的职责。《资源管理法》第 5.12 节规定,所有的土地、空气、水资源的使用都应遵循可持续管理的原则,兼顾自然保护。县市(镇)规划政策和制度,地区和地方政府的土地、空气和水资源使用规划均应遵照《资源管理法》的可持续管理原则。

保护部[①]对保护部部长负责。《保护法》第 6 节明确了保护部的职责,首要职责是保护和保育所有"资源",基本涵盖所有的自然与人类文化保护地和全部的受保护物种;其次是鼓励游憩和规范商业活动。保护部在工作时需考虑和尊重毛利人的利益。

其他分管环境工作的中央部门还有环境保护局(Environmental Protection Authority)、第一产业部(Ministry for Primary Industries)和文化遗产部(Ministry of Culture and Heritage)。第一产业部主要涉及海洋环境事务,特别是海洋渔业。文化遗产部与环境有关的职责是制定历史和文化遗产方面的政策。这三家中央部门都不负责国家公园的管理。

地区和地方政府负责监管《资源管理法》的空气、水资源和土地利用条例的实施,负有全面管理环境的重大责任。宪法规定,地区和地方政府直属中央,不负责国家政策,只负责辖区内的规划、环境事务监管和其他众多职能,如提供公共交通、地方服务、道路和基础设施(地方政府直管的游憩类公园和保护区、城市公共空地、游乐区、雨水存留区和公共便利设施等)。

新西兰中央层面还有两家独立于政府行政部门之外的重要机构:议会环境专员办公室(Office of the Parliamentary Commissioner for the Environment,PCE)和环境法庭

---

① 环境部和保护部是两家独立的中央"部委",分别对各自的分管部长"负责",即环境部对环境部部长负责,保护部对保护部部长负责。

（Environment Court）。议会环境专员办公室负责检查和评估政策、法律法规的实际或预估效果，对议会负责。环境法庭是司法体系的组成部分，专门裁决《资源管理法》适用的各类纠纷。法庭裁决属司法解释，会影响当局对环境管理的看法和处理。

环境部部长在内阁成员中排名居中靠前，保护部部长在后 1/4 靠后。环境部和保护部会给其他政府部门提供专业意见。这两个部的实力较新西兰所称的"中央政府部门"要弱。这些"中央政府部门"是指总理内阁府（协调政府的宏观政策事务）、财政部（政府财政咨询机关，尤其是关于政府机关的财政支出计划）和国家服务委员会（主管非政治类公共服务事务）。

就国家公园和保护地而言，新西兰中央政府架构中最重要的当属保护部部长和其分管的保护部。

2.2.2 国家公园的管理

国家公园的中央主管部门是保护部，设有中央和地方管理机构。国家公园的管理采用双重负责制。保护部拟定国家公园管理政策时，需与国家公园所在的地区保护委员会磋商。作为地区保护委员会的中央对口单位，新西兰保护局在收到公众意见和建议后，与保护部部长磋商，敲定相关政策。

新西兰保护局在国家公园管理方面的职能如下：
（1）适时制定及批准国家公园一般性政策声明；
（2）批准国家公园管理规划、管理规划增订内容和审议结果；
（3）向部长或总干事建议议会财政拨款优先安排；
（4）督察并向部长或总干事报告国家公园一般性政策的管理成效；
（5）研究并提议待扩建和新建的国家公园；
（6）就国家公园其他事务向部长或总干事提出建议。

新西兰对行政管理权实施这种罕见的督管，是因为国家公园被视为全民遗产，民众和专注保护国家公园价值的非政府团体必须对国家公园政策具有发言权。

2.2.3 保护委员会及新西兰保护局成员

《保护法》和《国家公园法》以法律的形式规定了保护委员会和新西兰保护局成员的专业背景、代表性和任命程序。新西兰还通过其他法律约束手段，确保任命程序的公正性，包括对部委或部门的任命决定进行司法审核，诉诸纪律检查部门确保任命程序合规，以及接受议会环境专员审核等。

保护委员会最多有 12 名委员，由保护部部长根据候选人在保护领域、地球和海洋科学、游憩、旅游和当地社区等领域的专业特长加以任命。政府和当地毛利部落为解决土地权属历史争议和纠纷而签署的协议也赋予毛利部落任命委员的特别权利。

新西兰保护局成员的任命由保护部部长与毛利事务部部长、旅游部部长和地方政府部部长共同磋商确定。新西兰皇家学会（或新西兰皇家科学院）、皇家森林与鸟类保护协会、联邦山地俱乐部和南岛毛利部族 Nga Tuhoe iwi 有权各提议一名候选人。这 4 名候选人在正式任命前,需面向公众征集提名。保护委员会和保护局需面向社会征集候选人,正式任命均接受公众监督。

2.2.4 国家公园的建立和除名

新西兰《国家公园法》第 7 节规定:国家公园由总督根据保护部部长提名,签署枢密令(译者注:相当于行政法令)而建立。保护部部长只能根据新西兰保护局的提名行事。新西兰保护局需按《国家公园法》第 8 节的规定,要求保护部总干事调研新建国家公园的可行性,经研究总干事提交的报告后,向保护部部长提交国家公园提名建议。保护部部长与旅游部、毛利事务部和能源部等主要部委的部长正式商议后,审阅新西兰保护局的提名,做出否决、修订或同意的决定。最后由总督签署枢密令,并在新西兰政府公报上公布。

国家公园一般性政策确定了新建或扩建公园的原则。备选区面积宜较大,最好能覆盖上万公顷且完整连片,通常应涵盖具国家重要性的自然风景、多样的生态系统或自然特征。符合下列一项或多项条件的自然区域将优先考虑:

(1)区内的遭侵扰地区可修复或恢复;
(2)区内资源具重要的历史、文化、考古或科学价值;
(3)区内独特的或具重要科学价值的资源未见于其他国家公园,值得建园保护。

新建国家公园或扩建现有公园时,边界的确定应遵循下列标准:

(1)国家公园内的生态系统应足以抵御周边土地可能带来的环境压力;
(2)周边土地的使用不会对公园的价值造成破坏性的影响或根本性的改变;
(3)边界应包含完整的景观单元;
(4)在公园价值得以保证的前提下,边界应尽可能便于公众到访;
(5)情况允许时,边界应尽可能以易于辨识的自然地理特征为界,如山脊线和溪流等。按自然地理特征划定边界通常较用植被、人工特征或直线划定边界更加合理。

现实中,环保非政府组织或其他利益团体的游说或宣传活动,通常也会促使政府新建或扩建国家公园。新建的国家公园往往是通过整合现有的公共保护地或公有土地建立起来的。新西兰自 20 世纪 90 年代以来创建国家公园的经验表明:保护部部长通常会同意新西兰保护局的一般性提议,但会略作改动,如拿掉某些地块,有权减少但无权要求增加地块。在新西兰,将私有土地纳入国家公园只能按协商价格购买或租用,别无他法。购买或租用私人土地作为国家公园用地的做法在新西兰十分少见。

国家公园除名或面积减,即使是高速公路改线带来的很小的面积调整,均需议会立法通过。这忠实体现了《国家公园法》要求国家公园内的土地得到永久性保护这一原则。国家公园大面积缩减的情况只在 2015 年出现过一次。按照《国家公园法》,尤瑞瓦拉国家公园(Te Urewera National Park)不再列为国家公园,而是作为独立的一片区域,按议会通过的特别法案,在尊重当地毛利部族 Nga Tuhoe iwi 传统文化和权益的基础上,参照"国家公园"的适用标准进行管理。尤瑞瓦拉现由一个吐荷部落代表任主席的委员会负责管理。

该委员会的大部分成员由吐荷部落任命。保护部的员工仍负责管理这一地区的实地工作，日后也将逐步移交。议会特别法案保留了公众免费进入和在这一地区进行游憩的权利。这种做法已成为缓解吐荷部落对政府过去没收土地等行为不满的一种方式。

2.3 新西兰国家公园管理的法律和政策背景

2.3.1 愿景和理念

新西兰在立法中明确了保护地的愿景和理念。1980年《国家公园法》和1987年《保护法》这两部议会颁布的关键法案，明确描述了国家公园和大多数保护地的管理理念。

《保护法》第2节中关于"保护"的定义概括了管理保护地的目的。保护是指保护和保存自然和历史资源，维护其内在价值，供当代及子孙后代欣赏和游憩。这一定义落在"保护谱"的保存/保护端，指导着新西兰国家公园的管理实践。

《国家公园法》第4节给出了类似的国家公园愿景和理念。

（1）在此声明，本法旨在以国家公园的形式，永久性地保护新西兰境内罕见、壮观或具科学价值的，且能体现国家利益的独特美景、生态系统或自然特征，保存其内在价值，供民众使用、游憩并受益。

（2）在此进一步声明，除（1）中确定的一般性目标，还应依照本法案管理和维护国家公园，确保：

（a）最大限度地保持国家公园的自然状态；

（b）最大限度地保护公园内的本地动植物，尽可能清除外来动植物，当局另有规定的除外；

（c）最大限度地保存有考古和历史价值的文化遗迹和文物；

（d）保护国家公园的土壤、水资源和森林；

（e）在遵守本法案相关条例、其他必要的保护本土动植物或国家公园健康状态的其他规定和限制性规定的前提下，公众享有自由进入和使用的权利，全方位地感受山川、森林、自然界的声音、海岸、湖泊、河流和其他自然景观带来的种种益处，启迪心灵、品享美景、愉悦身心。

2.3.2 适用于国家公园的一般性政策和指南

国家公园和自然保护地适用的政策有两类：法定政策和非法定政策。这两类政策均需遵循《国家公园法》的规定，但法定政策是依法强制执行的。

法定政策的制定有两套体系，一套适用于国家公园，另一套适用于其他类型的保护地。两套体系的运行程序大致相同，仅有一处明显不同。保护部部长负责批准《保护法一般性政策》，而新西兰保护局则负责批准《国家公园法一般性政策》。这一不同之处体现了"国家公园是新西兰全民公共财产"这一观点。

《保护法一般性政策》，特别是《国家公园法一般性政策》，其主旨都是保护，用预先防范的原则应对各种可能影响自然和历史文化地区的活动。目前，国家公园的管理使用的是2006年完善后的《国家公园法一般性政策》。

有关一般性政策的详细内容请参阅：

（1）http://www.doc.govt.nz/documents/about-doc/role/policies-and-plans/general-policy-for-national-parks.pdf——此文本清晰列明了指导建立国家公园的相关政策，便于阅读，是理解现有国家公园管理政策的必读文件。

（2）https://www.doc.govt.nz/about-us/our-policies-and-plans/conservation-general-policy/——此文本列出了指导其他类别保护地管理的相关政策。

法律规定了《一般性政策》的编制过程。国家公园一般性政策由保护部与新西兰保护局磋商后，负责起草。政策草案随后面向公众征求意见。保护部必须考虑所有公众意见，说明处理方式及原因，以及据此对草案做出了哪些修改。新西兰保护局也会研究公众意见，了解保护部在修改政策草案时在多大程度上考虑了公众意见，并根据公众意见和保护部的回应对政策草案做进一步的修改。根据编制过程相关要求，新西兰保护局必须征求并斟酌保护部部长的意见。这一规定虽强有力，但新西兰保护局不必囿于保护部部长的意见，不过需要公开他们对保护部部长意见的答复并阐明理由。制定《保护法》衍生的一般性政策遵循类似的过程，保护部部长在征求新西兰保护局的意见后，负责定稿政策草案。保护部部长不必局限于保护局的意见，但同样要公开其意见答复并陈述理由。

除法定政策之外，还有非法定政策。非法定政策可以是政府一般性政策、保护部部长颁布的部长令，或保护部高层领导批准的规范本部门运作和资源使用的部门政策、规程及计划。非法定政策必须与法定政策相一致。本书将在 2.5 节中对非法定政策做进一步的介绍。法定与非法定政策之间的关系如图 2-5 所示。法定政策确定了保护地和国家公园管

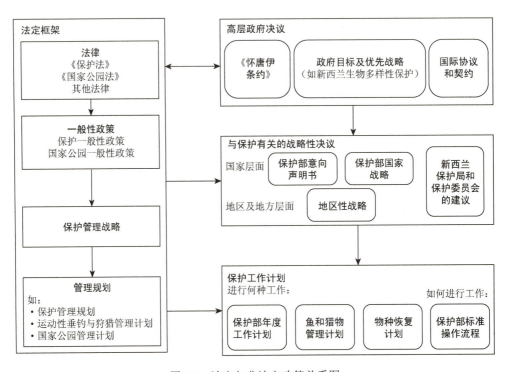

图 2-5　法定与非法定政策关系图

理的一般性原则和框架，规定如何管理、允许和禁止开展的活动类型。非法定政策确定可使用的资源及资源的日常调配优先安排。

2.4 新西兰保护地体系和单个保护地的规划

2.4.1 法定战略和规划

1987 年的《保护法》列有协调管理的总体流程和各层次的政策与方案，指导保护地管理。《一般性政策》的法律地位最高，其次是地区《保护管理战略》，最后是含国家公园管理计划在内的地方《保护管理计划》。

《保护管理战略》是保护部如何管理某一地区内的土地、植物、鸟类、野生动物、海洋哺乳动物和历史文化场地的规划。规划期通常为十年以上。《保护管理战略》确定管理内容、原因，以及特许活动的确定标准，但不规定管理方式和时间。管理方式和时间留待安排年度、跨年度人员和经费时确定。《保护管理战略》编制旨在整合较大地理范围内保护地/区群的保护管理活动。新西兰现有 12 册《保护管理战略》，规划范围涵盖了新西兰及其附属岛屿。《保护管理战略》范例请参见 http://www.doc.govt.nz/about-us/our-policies-and-plans/conservation-management-strategies/auckland/。

《保护管理计划》仅适用于特定保护地，较《保护管理战略》中对相关特定保护地的具体政策、目标和规定的描述更为具体。国家公园管理计划是《保护管理计划》的一种，每个国家公园均需编制，每十年评估一次。国家公园管理计划可将国家公园分区为不允许公众进入的特别保护区、无任何人为设施的原野区，或允许较大规模开发的设施区。事实上，新西兰国家公园中几乎没有特别保护区和原野区。设施区只有在负面影响最小，且园外不具备开发条件的情况下才允许划建。与《保护管理战略》和《保护管理计划》不同，国家公园管理计划的审批部门是新西兰保护局而不是保护部，具体原因在 2.2 节专门作过解释。国家公园管理计划相关范例请参见 http://www.doc.govt.nz/about-us/our-policies-and-plans/statutory-plans/statutory-plan-publications/conservation-management-strategies/stewart-island-rakiura/。

目前非国家公园类的保护管理计划约有 15 份。与国家公园不同，新西兰法律往往不要求其他类型的保护地编制保护管理计划。

2.4.2 公众与社区参与

法律规定：法定战略和包括国家公园计划在内的规划需公开征询意见。保护部在编制战略和规划时，会咨询其他政府机构、地区和地方政府、毛利人、社区团体和行业协会的意见。战略或规划初稿需征求公众意见。公众提交的反馈意见应予以考虑。意见提出者可在保护部和保护委员会召集的战略或规划所涉及区域的公众听证会上陈述自己的意见。

2.4.3 毛利人的参与

毛利人参与国家公园事务可追溯到 1887 年汤加里罗国家公园的建立。当年，Ngati

Tuwharetoa 部落的大酋长蒂修修图基诺（Horonuku Te Heuheu）为避免祖先土地被其他部落夺走或被殖民者购走，最终赠出北岛中央的火山山峰，建为国家公园。这为蒂修修图基诺大酋长在汤加里罗国家公园委员会中赢得了一席之位。同样，艾格蒙特山国家公园建在当地毛利人崇拜的塔拉纳基神山上。

1840 年签署的《怀唐伊条约》被看作新西兰的建国文献。这一条约和条约生效后的土地充公引发的不满在 20 世纪成为毛利人的抗议主题。他们主张自己对国有土地的所有权，要求保存这些土地承载的传统文化。

安抚毛利人不满情绪的工作始于 20 世纪 80 年代后期，原因多是质疑保护地内的土地归政府所有。在平息毛利人不满的过程中，有些不连片的小片土地正在或已被退还给了毛利人。至于那些包括国家公园在内的大片土地，毛利人则被赋予诸多特权，包括磋商土地管理、在管理委员会中拥有特定代表席位等。具体措施因被安抚对象所在地、毛利部落文化传统和具体的主张事宜不同而不同。迄今为止，所有争议得到彻底和圆满解决的当数尤瑞瓦拉国家公园。

2.5 国家公园的管理、保护部及其优先工作领域和主要项目

1987 年，新西兰根据《保护法》设立了保护部，为国家公园和保护地带来了全新的管理思路。公有保护地的管理不再是以单个保护地，而是以整个保护地体系为管理单元实施统一的人员和资源管理。保护部的运营模式与国家公园的管理方式相辅相成。

保护部负责管理国家公园和所有的国有保护地。保护部运营管理人员职位高低依次为保护部部长、总干事、分管运营的副总干事、地区运营主任、地方运营经理及下属（详见 https://www.doc.govt.nz/about-us/our-structure/organisation-chart/）。

2.5.1 保护部的职能

《保护法》在第 6 节规定了保护部的职责。保护部部长负责依法落实保护部的职能，即不允许越权或违法（如《国家公园法》）行事。保护部的职责是：

遵照《保护法》适用范围，保护管理所有土地、其他自然和历史资源，以及其他经土地所有者同意且由保护部管理的所有土地及自然和历史资源。

（1）最大限度地保育所有本土淡水渔场、保护休闲淡水渔场及淡水鱼栖息地。

（2）全面促进自然和历史资源的保护。

（3）提升当代及后代子孙的福祉，通过以下方面展开：①全面保护自然与历史资源，尤其是新西兰境内的自然与历史资源；②保护新西兰境内的亚南极岛屿，并按国际约定全面保护罗斯属地与南极洲；③开展保护方面的国际合作。

（4）制作、提供、传播、推广、出版保护主题的教育宣传资料。

（5）鼓励利用自然和历史资源开展游憩和旅游活动，但以不损害资源保护为前提。

（6）就职责范围内事务或保护类事宜向保护部部长提出建议。

2.5.2 保护部是综合性的自然保护管理部门

保护部是综合管理部门，下设运营、技术和科研团队，分支机构遍布全新西兰。该部可以向研究机构和高校等其他机构购买技术服务，但可用预算有限。保护部设为综合部门，履行单类职能，可以减少同时履行社会或经济发展等职能可能产生的内耗，避免不同机构争抢资源，整合中央政府部门相关专家，提高机构运行效率。1987年之前的机构职能庞杂，经常会导致环境保护不受重视。

机构职责单一还是多样效率更高，文献结论不一。国际经验表明，职责单一的综合性机构从长远来看，似乎更能带来积极的环保效果。管理这类综合部门挑战重重，既要制定政策、规范他人活动，又要管理偏远地区的机构运营，还要维护公众和政治支持。这些挑战保护部全都要应对。事实上，自1987年成立以来，在技术有限和经费紧缺的情况下，保护部一直就在克服这些挑战，履行自然保护的使命。

2.5.3 保护部的组织结构

除庞大的临时性志愿者队伍外，保护部共有正式员工1600名，夏季可攀升至2300人。保护部总部设在首都惠灵顿，便于部门高层与保护部部长、总理和内阁保持密切联系。在新西兰政府体系中，执政党当局与永久公共服务机构有一定的区别。执政党当局由当选的政党官员组成，其中来自多数党的政党官员可出任总理和内阁成员。部长由国家服务委员会按固定任期聘任，不由执政党当局任命。保护部总干事及保护部全体工作人员是公务员，不由执政党当局任命。所有高层管理者（次官）均在惠灵顿办公。保护部下设六个职能部门，分管运营、对外合作关系、战略与创新、科学与政策、企业服务和毛利人事务与关系。惠灵顿办公室主抓政策和保护部其他办公室的全面管理。从某种意义上来说，运营部门的规模最大。保护部的技术与科学人员主要集中在三个地区的地方办公室。

新西兰北岛共设有33个地方办公室，南岛有30个。此外，位于北岛东北海岸1000千米处的拉乌尔岛和位于南岛以东680千米处的查塔姆（Chatham）岛也均设有办公室。位于南岛以南640千米处的坎贝尔（Campbell）岛还设有季节性办公室（图2-6）。

2.5.4 地方办公室组织结构

保护部地方办公室的规模取决于辖区土地面积和辖区内社区规模。例如，保护部下设的峡湾国家公园管理办公室，管理着100多万公顷的土地，从事野外工作的人员数量很多。奥克兰地区的各地方办公室则分管着数量众多、分散在大都市和城市周边离岸岛屿上的小片土地，野外工作人员数量不多，但从事社区保护事务的工作人员不少。总的来说，地方办公室的工作基本可分为三大块：生物多样性保护、游客资源及休憩/旅游管理、社区支持/信息/教育支持（图2-7）。

图 2-6 保护部办公室在新西兰的分布图

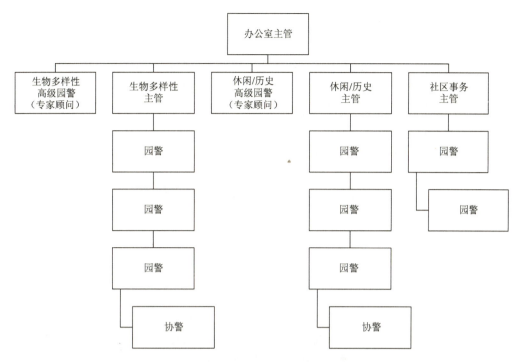

图 2-7 保护部地方办公室组织结构

2.5.5 分权式管理机构：组织架构、政策、计划和标准

保护部是高度分权式的管理机构，借助各种保障制度进行管理，包括管理制度、问责管理、法定及非法定政策、规划及国家工作布署，以及指导现场工作的各种强制执行标准。

这种模式能有效推广、优秀实践，确保全国各地和所有保护地使用统一的公共服务设施建设管理标准，能给员工提供明确的指导，因而效率高，效果好。未采用这种模式时曾导致灾难和/或引发公众争议。1995 年，保护部修建的一处未达标的观景台坍塌，造成 14 人死亡。这一事故影响很大，保护部险些被撤，从而加大了其对标准和问责制度的重视。

保护部首先明确了全体员工的岗位职责，让每位员工确切地知道自己的工作及应负的责任。其次，保护部参照最佳实践，为大多数工作制定了《标准操作规程》（*Standard Operating Procedures*，SOPs），规定所有地方办公室应完成的任务或遵守的标准。《标准操作规程》实例可参见 https://www.doc.govt.nz/get-involved/run-a-project/our-procedures-and-sops/。所有地方办公室均必须严格遵守《标准操作规程》，尤其要确保工作环境安全（世界各地，国家公园的外业工作都很危险）。确保管理和安全标准双达标是保护部全体员工应尽的职责，不按规程操作会被惩处。保护部有内部审计和合规团队，规模不大，负责审计并直接向总干事及其直接下属汇报。

2.5.6 保护与保护部的经费和资金机制

目前，保护地和自然保护工作所需经费主要来自议会批准的政府财政拨款。年度支出预算和所有新增预算由财政部负责审查，且受政府工作重心的影响。

所有政府部门的支出均由议会通过的年度拨款决定，保护部也不例外。议会通过特别委员会，审阅各部门的工作计划书（即"预算说明"）、经费使用和完成的工作（即"年度报告"），监管财政拨款的使用。保护部的"预算说明"相当于年度计划，第二年及未来三年的详细计划列在"商业计划书"中。财政拨款用于恢复哪些物种、在哪些地区进行病虫害防治及维护和修缮哪些地方的游客设施，则需按保护部内部的政策和规划及法定的战略和规划，按轻重缓急进行安排。

保护部2015年的年度收入为3.586亿新西兰元，其中，3.15亿新西兰元来自财政收入，其余0.436亿新西兰元来自其他收入。其他收入中，1470万新西兰元为旅游类收入，50万新西兰元为租赁收入，260万新西兰元为零售收入，930万新西兰元为捐款，90万新西兰元为资源使用费，450万新西兰元为许可证费用，1110万新西兰元为回收的管理费。

2.5.7 主要项目

1. 自然保护框架

新西兰的法律规定：自然和史迹地的保护是保护地体系和保护部的工作重点。自然保护工作占保护部业务量和经费支出的50%以上，远高于世界其他国家同等机构的水平，这是因为新西兰动植物灭绝程度一直较高。栖息地丧失和外来动植物入侵持续引发本土物种生物多样性下降，这是新西兰面临的一个严峻的环境问题。需要指出的是，目前，新西兰栖息地的丧失速度有所下降，但过去栖息地丧失造成的破坏性影响持续至今。

当前，《新西兰生物多样性保护战略》是应对生物多样性丧失的总体框架，主要由保护部落实。《新西兰生物安全战略》确定了根除和控制新西兰过境、边境、境内各动植物及动植物病原体的总体框架，其重点工作内容之一就是为经济和人类健康保驾护航，保护本土物种的多样性，这有助于《新西兰生物多样性保护战略》的实施。

保护地内的本土生物多样性价值往往是最高的，所以保护部主要在保护地内开展自然保护项目。但是，无论是否在保护地范围内，只要生物多样性受到威胁或生物安全面临严重风险，保护部同样有责任开展或支持这类项目。

保护部自然保护工作的总体目标是维持或恢复新西兰自然遗产的多样性，其中，部分具体工作目标如下。

（1）完好地保存新西兰各类生态系统的生态功能：为实现这一目标，保护部的生物多样性专家与其他业内专家在新西兰境内共选取了约1000片"生态系统管理区"，囊括了新西兰所有的陆地和淡水生态系统类型。每片"生态系统管理区"的面积从1公顷到5万多公顷不等，且多分布着数个生态系统类型，如滨海波胡图卡瓦生态系统、丛生草原生态系统和河流网络生态系统等。这些"生态系统管理区"是从典型的特定生态系统、已确定的具重要生态价值或已被保护的区域（确保保护工作的成果得以延续）中筛选出来的。筛选时还采用了先进的制图软件，通过综合分析生态系统类型、长期管理所需费用、有无重要濒危物种，以及成本效益产出等系列因子，最后按重要性对这些生态系统管理区进行排序。

（2）保护国家级濒危物种，确保物种续存：保护部以前往往是将生态系统和物种分别加以保护，现在强调两者同时保护，同时保护同一地区的生态价值和受威胁物种的做法，保护效果更好，也更经济划算。当然，并非所有的濒危物种都生活在需优先保护的生态系统内，这些物种仍需单独保护。

（3）维持或恢复国家自然地标和物种"明星"：国家自然地标和物种"明星"是新西兰的象征。为提升新西兰象征物的品质，保护部已经明确了工作方向，借助新西兰物种受威胁程度分类定级体系，分析了新西兰大部分已知动植物的受威胁状态。2011年开展了一项关于"最能代表新西兰的生物"的正式调查，约3600人接受了调查，其中约1000人提交了有效问卷，大部分答案都集中在少数新西兰本土物种上，包括鹬鸵、蕨类植物、贝壳杉、波胡图卡瓦树、簇胸吸蜜鸟、鸮鹦鹉、啄羊鹦鹉、陆均松、科槐和喙头蜥。这些物种大都得到了保护部、哈普和毛利部落、社区合作伙伴或赞助商的积极保护，陆均松和大部分蕨类等其他物种的数量众多，没有灭绝风险。国家自然地标的调查结果虽不如物种"明星"的调查结果那般明确，但迄今为止，新西兰境内14处国家公园获得的关注度仍最高，因而成为保护部的关注重点。保护这些公园内的自然特征应开展的具体工作，有些被列在国家公园管理计划中，有些则纳入了这些地区的生态系统和受威胁物种的管理工作中。

（4）合作保护或恢复社区珍视的自然遗产：这一目标为社区创造机会，允许社区结合国家层面的工作重点，确定他们珍视的自然遗产的保护目标和重点保护活动。

（5）为当代与后代保存公共保护地、水域和物种：这一目标涵盖的工作为基础性工作，包括林火管理、病虫害管理、法定的土地管理和监测生物多样性所处状态与变化趋势。

保护部还调用新西兰国家研究机构的数据库信息，如全国生境分类体系（即"新西兰陆地环境数据库"）及类似的淡水和海洋分类体系。这些数据库与其他全国性的数据库提供了物种稀有度、所受威胁状态和物种代表性的信息，支持上述保护管理行动决策标准的制定。

保护部实施的许多项目在世界范围内都具有示范意义，尤其是恢复濒危鸟类和爬行动物的种群数量、大面积清除有害动植物（如坎贝尔岛清除面积为1.13万公顷，雷索卢申岛清除面积为2.1万公顷）及在数万公顷范围内大面积清除有害动物。保护部目前正在实施的两个项目，一是鸮鹦鹉种群恢复，这种极度濒危的大型陆生鹦鹉，现存种群数量为120只；二是清除离岛上的有害哺乳动物，恢复和保护生物多样性。

保护部自然保护的核心是管理保护地，特别是那些拥有最高自然价值的保护地。在国家公园的实际管理工作中，这往往极具挑战性，且会引发利益团体和公众的争议。法律明确指出，在条件许可的情况下，国家公园内所有的本土物种都应得到保护，有害物种均应被清除。恢复生物多样性和清除有害动植物在技术上不成问题，但工作量之大、费用之高，远非保护部现有经费水平或志愿者团体或慈善机构力所能及。所有国家公园都是新西兰本土生物多样性的重要分布区。因此，保护部的自然保护框架明确指出要加强对国家公园的管理。

人们希望更多的地区和物种得到保护，因此，对保护部确定的优先保护区域和物种常存有争议。同理，保护部的某些管理手段也会引发争议。新西兰的本土生物事实上并不包括哺乳动物，因而在新西兰，哺乳动物是最主要的有害生物。这意味着保护部等有关管理部门可使用化学药剂，通常是在原始林区，采用飞机空中大面积喷洒的方式清除外来哺乳动物。这样会杀死哺乳动物，包括有些体型较大，常作为猎物的哺乳动物，如鹿、麋和喜马拉雅塔尔羊。保护部和狩猎团体之间有时相安无事，有时则摩擦不断。现在，保护部与狩猎者的关系，表面看似还算和谐，这归功于政府支持成立了全国狩猎者联盟——（狩）猎（动）物管理委员会（Game Animal Council）。该委员会目前负责部分可供狩猎用的外来物种的管控。

直至今日，保护部很好地向新西兰社会传达了确定重点管理领域和管理手段的不易，这种沟通与公众参与需投入大量的精力。

2. 景观保护机制

《国家公园法》涉及景观保护。《保护区法》规定，设立风景保护区主要是保护景观。保护部的一项保护目标就是维持或恢复国家自然地标，重点是保护国家公园内的景观。新西兰还建有一个全国性的具国家重要意义的地形地貌保护数据库。

《资源管理法》规定，全国层面的景观保护对新西兰非常重要，地区和地方政府部门在规划土地利用时应将景观保护纳入考虑范围。

新西兰的保护体系中，没有类似英国的受保护的文化景观和生活社区，也没有其他国家的非自然类的国家公园。有观点认为保护地之外的景观保护在新西兰较为薄弱。

毛利式文化景观开始得以推广。汤加里罗国家公园是世界自然和文化双遗产地。尤瑞瓦拉国家公园不再算是一处国家公园，而只是按国家公园的方式进行管理，一个原因是对文化依附的考虑，另一个原因是平息毛利部落对政府征地行为的不满。在这些实例中，景观的"文化成分"属精神依附，不似世界其他地区，如欧洲和中东某些地区国家公园中常见的、经人工改造的生态系统或自然景观。

许多风景园林师认为，新西兰的景观保护重自然景观而轻人为景观。这种做法也不乏支持者，他们认为新西兰生态景观仍保留着人类到来之前的近自然状态，若不加以保护将面临威胁。

3. 访客服务

保护部管理着旅游点内数量非常庞大的资产，含游客中心、道路、轨道、桥梁、全国原野区内所有的简易木屋和露营地。这些资产的资金投入与用于多样性保护的投入几乎相当。此外，还有一些供公众徒步、滑雪和登山用的设施。有些地方的商业旅馆和徒步间歇期间用的简易木屋归导游公司所有。

所有保护地内的固定资产是20世纪头十年，新西兰为鼓励旅游和提供游憩机会而投建的全部游客服务设施。这些服务设施，有的建在保护地内，有的建在高山上，有的是新西兰林务局以前使用过的。1987年以前，他们曾在此地从事采矿、农垦、野生动物管理等土地开发活动。

保护部和任何负责提供并维护这些设施的国家公园管理机构都面临着一项艰巨的任务，即确保设施建设达标，维护得当，停用及时，妥善管理游客和设施设备，有效地保护保护地。

保护部根据《目的地管理准则》来决策游憩机会和游客需求,用"游憩机会谱"的形式将目的地细分为标志性地区、(保护地)入口区、当地人户外休闲区和原野区。保护部每年会为员工提供详细的资源分配指导,其中,2015年的指导就是确保"任务清单"上的全部事项得到落实,具体内容如下:

(1) 员工露营地;
(2) 大型步道(利用度高的标志性步道,如米弗峡湾步道);
(3) 游客安全;
(4) 污水-卫生间保洁;
(5) 建筑许可规定的实施要求;
(6) 标志性地区和(保护地)入口区。区分这两类地区不是为了满足消费者的意愿,而是要以经济划算的方式,营造恰当的游客体验。

保护部管理着330处营地、960间原野简易木屋、1.4万千米的步道、27所游客信息中心(包括13个国家公园游客中心)和众多的解说教育点。这些保障游客体验的设施仅占保护部所管实物资产的一小部分。保护部资产表中,所有资产(土地除外)的总价值为6亿新西兰元,不过,保护部年度报告称很难按市场价准确地估算这些资产的价值。保护部分管的土地资产登记在国家而不是保护部资产表中。保护部用"资产管理信息系统"(asset management information system,AMIS)这一全国性的资产管理数据库,管理资产和游客信息,所有办公室都可访问。设施的维护和建设均需达到使用设计标准,接待量大、通达便利地区的设施维护标准较偏远地区要严格。保护部制定了细致的游客统计数据、设计标准、游客信息和解说教育标准,以及游客信息安全标准,帮助确定标准及费用支出。

新西兰人口不多,但国家公园、其他公共保护地和水上航线的访客却很多。70%以上的新西兰人表示,他们每年至少去一次保护部辖管的保护地,不限于国家公园。40%以上的公民,即130多万人每年会去一次国家公园;若考虑多次到访,该数字会更大。国家公园也是境外游客喜欢光顾的地方,每年到新西兰的300万国际游客中,有约120万人会去国家公园。2009~2013年,超过100万的国际游客曾在新西兰徒步旅行,平均每年为25.4万人,他们最喜欢去的五座国家公园分别是峡湾、库克山、瓦纳卡湖/阿斯派林山、西地/泰普迪尼和汤加里罗国家公园。

新西兰民众认为,国家公园是供他们徒步、垂钓、露营、游泳、滑雪、登山及开展其他游憩活动的特殊场所。《国家公园法》和《保护法》规定,国家公园免费向公众开放,允许公众"全方位地感受山川、森林、自然界的声音、海岸、湖泊、河流和其他自然景观带来的种种益处,启迪心灵、品享美景、愉悦身心"。

《保护法》还规定:在不违背保护自然和史迹地这一根本任务的前提下,保护部有责任鼓励发展休闲游憩活动,不论是主动游玩还是被动消遣,大多是允许和鼓励的,但对资源造成严重破坏(在人多或环境脆弱的地方驾驶机动车或骑驶山地自行车)或对他人造成伤害的活动(人类活动密集的地区禁止狩猎)会受禁或受限。商业使用及附属设施的规范和管理属"特许经营"使用,具体内容详见《保护法》第5.7节。

保护部为访客提供的机会也包括旅游。早期建立的一些国家公园的目的之一就是发展旅游。国家公园是新西兰境外游客的重要观光地。业界对"游客""休闲者""访客"这三个词的理解不一。有观点认为，新西兰民众不是国家公园的"访客"或"游客"，而是新西兰全民公共利益之公有土地的"所有者"。保护部尽量不参与这类争论，对赏游国家公园的人们一视同仁，但按《保护法》第 17 节的规定，在特许经营活动项目上实行国内外游客双重资费标准。

4. 人文历史景观与资源

新西兰原打算将保护部建为遗产保护机构，负责保护全国的自然资源和重要的人文历史景观及资源。虽然在 20 世纪 80 年代政府改革时曾将新西兰史迹地基金会（New Zealand Historic Places Trust）并入了保护部，但最终，保护部并未成为史迹地的国家主管机构。新西兰史迹地基金会经政治游说后重建。因此，新西兰国家级重要历史文化遗迹的管理稍显散乱，公共保护地之外的史迹地的保护法律机制也较许多其他国家薄弱。新西兰将自然保护作为国家建设的内容之一，但还未像其他国家一样将历史遗产也纳入国家建设。

保护部管理着 1.2 万处经认证的考古和历史遗迹点，大部分不在国家公园内，而在历史保护区、保护区（即指自然保护区）等其他保护地内。但是，国家公园内重要的历史遗迹的数量也颇为可观。

保护部管理着 660 处重要遗产地，反映新西兰历史的众多方面，包括毛利人和早期欧洲移民、早期资源掠夺（捕杀海豹、鲸鱼和采矿）、农垦、新西兰 19 世纪中期的战争遗址和新西兰旅游发展史。

遗产管理的三大内容：构造、故事和文化。构造是保护和保存可见或可触实物，如建筑物、文物和建筑结构；故事是用叙述的方式赋予遗产活力；文化是连接人与场所的纽带。遗产管理以最佳实践经验和国际古迹遗迹理事会批准通过的《新西兰宪章》为指导。如同根据游客需求，参照《目的地管理准则》确定休闲和旅游类工作重点一样，保护部采用同样的方法确定古迹遗迹的工作重点。

5. 合作、赞助与志愿者活动

《保护法》第 5.6.1 节和第 5.6.4 节介绍了保护部在国家公园和其他保护地开展的主要项目。保护部并非独自完成这些项目，他们寻求合作。合作对保护部来说非常重要，原因有四方面：一是保护部辖管的地区属公共资源，某些民众愿意积极参与管理。较之新西兰不多的人口，其志愿者项目非常庞大。二是保护部资源有限，志愿者的工作有助于增强保护力量。三是合作能加强公众对保护工作的支持。公众对保护工作持积极态度。2015 年的一项调查显示，81%的民众认为自然保护很重要；74%的民众满意保护部的工作。四是合作可引入第三方资金，否则，无法引入这类资金。引入第三方资金的途径很多，如企业赞助特定的项目，恢复鸮鹦鹉和鹬鸵的种群数量和保护活动推广宣传（如新西兰航空公司的机上宣传项目）。所有赞助都应诚实透明，防止谋取任何特殊优待，如申请商业特许。此外，慈善信托资金和捐（赠）款也会资助保护项目，有的资助数额可观［就新西兰而非其他国家（如美国）的情况而言］，有的仅为一般性的个人遗赠或捐赠。

保护部设有专门的合作部门，负责保护合作，员工遍布新西兰。

2.5.8 权衡保护与"合理利用"及"商业特许经营"所存争议

《保护法》的第 17 节和《国家公园法》的第 49 节都规定：在公共保护地（包括国家公园）内开展任何活动，都必须获得特许授权，不以营利为目的的游憩活动除外。依活动种类不同，特许授权可具体分为租约、执照、许可和地役权①。开矿不受此限，因历史和法律原因，矿业活动受《皇家矿产资源法》（*Crown Minerals Act*）管辖。不过，该法案禁止在国家公园内进行矿产资源的勘探和开发。

特许权背后的逻辑是：凡利用公共保护地内的资源获取私益，都必须支付资源使用金，因为公共保护地内的资源属新西兰全民所有。

特许授权从常见的、一次性的科研特许到重大特许申请，内容广泛。国家公园鼓励科研活动，为环境影响小的科研特许提供便利。重大特许授权时，要审查环境影响报告、进行意见征询和公众听证。保护部部长可依法进行特许授权，但在日常工作中，常将这一权力下放给总干事或保护部其他员工。

《保护法》规定了特许权申请流程和必要条件。任何违反《国家公园一般性政策》或国家公园管理计划的特许申请均不能获批。

特许权发放条件非常严格，《保护法》和《国家公园法》均有详细规定。简单来说，特许申请不能发放给那些会严重破坏保护价值，造成无法补救的后果或可在其他地区实施的项目。任何可能造成重大环境影响的特许申请需在全国和地方性报纸上向公众通报。民众可反馈意见，也有权在公众听证会上陈述自己的意见。

国家公园内的特许经营权多授给了那些对环境影响小的活动，如由导游带队的远足。现在，大型许可主要发放给酒店、汽车旅馆、滑雪场和无线通信设施，它们大多在 20 世纪 60 年代就存在。

特许经营费交至保护部，先存入财政部监管的皇家账户上，然后通过年度财政预算返还给保护部。

特许经营费可补贴公共保护地管理年度预算。特许经营权也具有争议。一方面，特许经营权申请程序烦冗、制约经济增长和限制私有收益；另一方面，社会团体，尤其是致力于环保和游憩的非政府组织也质疑保护部有可能牺牲自然保护，换取商业机会。他们还怀疑政府会大力提倡特许经营，减少自然保护的财政投入。因此，非政府组织密切审查特许经营许可申请，一旦觉察出任何有损国家公园内自然保护、历史遗迹和游憩者利益的迹象，他们就会站出来反对。他们尤其关注商业性旅游类特许经营的申请。这也解释了《保护法》为何在第 6 节要指出保护部的职责是鼓励而不是允许开展旅游，即保护部应积极倡导游憩休闲，但要毫无偏倚地审查商业性旅游项目。

2.5.9 合规与执法

保护部负责执行相关保护法，如《保护法》《国家公园法》《野生动物法》《海洋哺乳

---

① 租约、执照、许可和地役权是保护部作为授权主体与第三方机构签订的不同形式的、具法律约束力的协议。租约允许受许方在指定期限内使用土地；执照允许受许方在指定期限内从事某类活动；许可允许受许方从事一次性活动；地役权允许受许方可依法取道于陆地或水域。

类动物保护法》《保护区法》《海洋保护区法》《银鱼条例》等。涉及其他法律的违法行为，即使发生在公共保护地内，也不归保护部处理，但保护部员工作为政府雇员有责任密切配合其他调查机构（如新西兰警察局）的工作。

保护部野外办公室的所有工作人员，皆可记录触犯法律的行为，正式调查归持执法许可证的执法官负责。执法官要接受证据采集、记录及诉讼文件准备等方面的正式培训。负责调查违法行为只是执法官日常野外工作的内容之一。保护部各田野办公室均配有 2~3 名执法官。国家办公室还设有合规协调小组，人数不多，负责与其他国家执法部门一起，联手处理野生生物走私和边境保护等事务，配合外业执法官的工作并提供建议。合规协调小组还配备了一名律师，全面代理保护部提起的诉讼。

诉讼类型因违法行为不同而不同。常见的违法行为包括猎杀或捕杀受保护的物种（以鸟类和爬虫类动物居多）、未经许可的商业活动和在海洋保护区内垂钓等。

2.5.10 科研能力

保护部的业绩和公众声誉取决于其专业水准，涉及自然保护、访客与游憩管理、历史/考古和文化认知等众多领域。保护部努力确保野外办公室员工能熟练掌握相关领域的必备技能。不同领域的专家坐镇不同的技术支持办公室，为野外办公室和保护部履行部门职责提供业务支持。该部负责中央政策编制、法律事务、执法过程、特许权申办、管理计划、环境教育与倡议、土木工程和设计等事务的员工，大多拥有本科及以上学历，精通自己的业务。保护部还有一支科研团队，人数不多，负责种群或生态系统、病虫害防控和游憩/访客管理等重点工作领域的研究工作。保护部与新西兰公立和私立研究机构及大学联系密切，委托研究项目和寻求建议。保护部还可影响其他科学基金资助项目的选取，使用这些项目的研究成果。

2.5.11 能力发展

保护部面向所有员工，积极开展内部培训项目，内容涵盖保护部履行职能所需的各类主要技能，如外业技能、内业技能、人际关系及领导技能。具体内容请登录保护部网站，点击"能力建设"目录查看。保护部还为有志加入保护部的人员提供实习机会，允许员工脱产学习和参加高等教育。

2.5.12 汇报与合规

同所有政府部门一样，保护部每年需向议会汇报工作。年度报告需列明保护部的工作目标、考核指标、目标任务完成情况和当年的财务报表。新西兰政府的会计原则是权责发生制。保护部 2015 年的年度报告请参见 http://www.doc.govt.nz/documents/about-doc/role/publications/doc-annual-report-2015.pdf。

保护部还提交工作计划书，拟定为期四年的工作目标、重点工作内容和预期重大产出。

保护部 2015～2019 年的工作计划书请参见 http://www.doc.govt.nz/documents/about-doc/role/publications/statement-of-intent-2015-2019.pdf。

保护部和保护部部长每年需两次面见议会特别委员会（Parliamentary Select Committee），就《工作计划书》和《年度工作报告》回答议会特别委员会的提问。通常情况下，《年度工作报告》的报告会无需保护部部长出席。

除议会问责外，保护部还向新西兰保护局汇报工作，保护局负责向保护部部长和总干事汇报保护部执行总体政策的情况。就国家公园而言，该局"有权就议会拨款的重点向保护部部长或总干事提出建议，落实《国家公园法》"，肩负着较重要的汇报和合规督察之责。

新西兰审计总长（New Zealand Auditor General）负责按保护部的《工作计划书》和《年度工作报告》，对保护部的工作进行年度外审，由审计总长办公室实施。该办公室直接向议会汇报，不属于政府管理部门。审计总长可随时对具体事务进行审计。保护部另有内部审计和合规制度。

2.5.13 将国家公园纳入保护地综合管理体系

在新西兰，国家公园管理是保护地体系管理及广义环境保护的组成部分。

新西兰依据可持续管理的原则管理广义的环境。1991 年《资源管理法》对可持续管理的描述为"自然和地理资源的使用、开发和保护，既要让人民和社区获得社会、经济和文化方面的福祉，又能为后代子孙守住这些资源（矿产资源除外）；保护空气、水资源和生态系统的生命支持力；避免、补救或缓解负面环境影响"。新西兰所有的陆地和水域，不分权属都应遵守这一原则。地区和地方政府根据此原则，因地制宜地制定土地、空气和水资源管理规划，指导或影响人们对这些资源的利用。从法律上，《资源管理法》的这一原则同样适用于公共保护地，但保护地立法要求的保护严格程度更高，故实践中应以保护地立法为准。

保护地综合管理方法对国家公园有哪些影响？首先，与其他国家不同，新西兰国家公园的管理不是基于单个国家公园的管理模式，外业工作人员需要辗转多个保护区，实行跨区作业。这种管理模式丝毫不会降低国家公园的价值。保护部自然保护框架特别指出：国家公园是"标志性"地点，管理时应予以高度重视。其次，国家公园的使用程度往往相对较高。再次，有证据表明，公众视国家公园为"国家财富"，应予以特别关注，并希望保护部能在国家公园管理中担当主角。最后，国家公园"底子厚"，有保护部设立之前建造的游客中心、员工宿舍、高标准铺设的步道、野营地和简易木屋等基础设施和游客服务设施。保护部有些技术官员会倾向认为，有些其他类型的公共保护地的自然价值和访客利用程度更高，舆情常促使管理部门认可国家公园的特殊价值和赢得公众支持。

尽管如此，综合管理的优势远高于其潜在的弊端。这种模式有以下优势：①更高效；②能催生更好的统一标准；③凸显小国大机构（保护部）的群聚效应；④可确保新西兰保护局和各地区保护委员会能在更大范围内关注保护，而不局限于单个国家公园的保护；⑤避免出现土地管理机构之间竞夺资源和争抢政策"红利"的倾向。综合管理未能完全消除这一倾向，这是全世界所有官僚体系的通病。

2.5.14 保护部携手其他管理部门管理国家公园内的文化遗产

新西兰遗产（信托）委员会属王室下设机构，不属于政府部门，其董事会由文化和遗产部部长任命。该委员会依 2014 年颁布的《新西兰历史遗迹信托法》(*Heritage New Zealand Pouhere Taonga Act*) 组建成立，主要职责是鉴定、记录、调查、评估、登记、保护和保存史迹地或史迹区，以及对毛利人具重要历史文化意义的地点（wāhi tūpuna）、圣地（wāhi tapu）、圣区，并且负责编制新西兰遗产名单。该委员会虽负责某些场所和建筑的管理，但在新西兰，历史遗产通常是由其所在土地的所有者负责管理，即个人抑或全体民众，后者由政府代为管理。

国家公园内的重要地点，有些进入国家名录，有些则是保护部和管理计划确定的，其管理也存在着主动和被动之别。法律规定，国家公园内所有历史场所的保护都应遵照《国家公园法》。

在实际管理中，如果了解到某一地方具有历史或文化价值，保护部提议管理行动时就会听取与这些地方有历史渊源的、已知家族成员的意见。

2.6 关键问题

新西兰国家公园和保护地面临的挑战包括（不以重要性排列）：

（1）设法遏制生物多样性下降和应对严重的外来物种入侵时，面临的技术、社会和经济难题；

（2）游客增加，尤其是境外游客激增带来的管理难题；

（3）新西兰在成为一个多民族移民国家的过程中，新移民是否认同时下主流文化对国家公园的认定；

（4）管理大量公共产品的成本投入（国家公园就是公共产品）；

（5）缓和紧张苗头，即毛利社会对保护地管理的分歧与公众对保护地管理和使用期望之间的矛盾；

（6）保护部这一综合性管理机构能否克服挑战，保持高效运转，获得民众支持；

（7）公众是否会继续认同（国家公园内应）严格限制商业使用的做法；

（8）气候变化的影响。

短期内最严峻的问题是生物多样性下降，主要是由外来动植物造成的。这是新西兰最紧迫的环境问题之一。新西兰不吝巨资，积极开发和使用创新科技方法，保护物种和栖息地，引领世界保护潮流。新西兰将优秀的科研成果转化为实用技术，惠及保护实践，教育公众，赢得他们对某些争议性保护手段的支持，如使用已知和新型的化学药品，或可能使用转基因生物。遏制生物多样性下降还需有一套有效的境内和边境生物安全管理机制。有些部门和政府有时会重经济和贸易发展，有意淡化生物安全问题。人为因素诱发的气候变化会进一步影响生物多样性。现有气候条件下，原来不能生存的外来物种能在新的气候条件下存活，可能会加剧本土物种受威胁的程度。气候变化还会改变栖息地和生态特征，变化的速度可能快于许多现有物种的适应速度。

　　1980年，新西兰的境外游客数量为50万人，截至2016年为300万人，预计到2020年将攀升至400万人，以中国游客增长为主。境外游客多会去国家公园。目前，保护部用一些常见的手段管理游客对环境的影响，如场地建设规划。将来的管理需加大游客服务设施投资，采用新的管理技术，如硬化场地、配套交通接驳系统、限定游客量、可能对设施使用实行差异化收费等。新西兰人可自由到访国家公园，这一认知在新西兰已经深入人心，且近期不大可能改变。

　　新西兰越来越成为一个多民族国家。有迹象表明，迄今为止，新移民尊重时下新西兰关于自然保护的主流认知。保护部在奥克兰实施的许多社会参与项目表明，重视自然是吸引新移民到新西兰定居或避难的原因之一。

　　有迹象表明，当前的社会规范对保护地内的商业行为持审慎态度，这一点变化不大。目前至少对采掘业是这样的。2009年，在国家公园内勘探矿产资源的动议引发了罕见的大规模街头抗议，这些动议很快就被弃置。新西兰民众强烈反对矿业勘采动议，恰恰说明他们高度珍视国家公园，将之视为公共性遗产。不过，这些社会规范还未经受过严重的经济低迷和重大国际冲突的考验。

　　毛利社会对保护地的看法不一，表明各部落和部族的风俗与信仰不同，反映了他们对自然的崇拜、对纯商业利用和对非毛利人应接受多少毛利传统文化的认识有不同看法。毛利社会内部经常会为区分传统利用和"纯"商业利用争论不休。尤瑞瓦拉是目前唯一较好地解决了这一问题的地区，他们能吸纳不同的观点和意见，问题处理结果很令人振奋。尤瑞瓦拉可能被作为样本，也可能只是特例，因为这个地方的毛利部落很好地保留了他们的传统文化，加之与土地疏离且部落和王室联合形成的管理集团领导能力出众，这些难以在其他地方复制。在非毛利人占大数的地区，如汤加里罗国家公园、塔拉纳基区或迫于压力待重新商议的南岛主要国家公园内的耐塔胡定居点，这种管理模式是否可行依然值得探讨。

　　现有的体制（含组织架构）是怎样的呢？《毛利人安置条约》带来的改变前面已经介绍过。公众更认可新西兰原生自然的价值，应对生物多样性下降的工具更为先进，某些地方的生物多样性保护工作成绩喜人，这吸引了更多的个人和团体直接参入自然保护活动。这两大变化趋势改变了体制（如保护委员会有毛利人代表、直接征询毛利人的意见）和组织机构安排，鼓励社区参与。但这种改变只是获得代表席位和发言权，并未从根本上改变保护和管理的组织架构。此外，保护地管理的财政拨款仍是一个问题，有人认为财政拨款太少。历史数据表明，中左翼政府比中右翼政府安排的财政拨款更多。2008年政府换届后，保护部的年度预算被大幅削减，有人辩称这是因为2008年全球经济危机爆发，政府需要收紧支出，但保护部的经费削减远超其他部门。2015年，政府才稍微放宽了对保护部的预算限制，可能是认可了保护地的经济价值并满意保护部的工作。尽管如此，保护地管理成败在很大程度上取决于保护部的专业水准、分支机构数量及保护部的实力。保护部日后工作出现闪失或管理失败（如某物种"明星"灭绝）都可能导致公众对其丧失信心，要求机构调整，不过，这将取决于当时的政治气候和决策者是否想重新评估新西兰现行的保护地和自然保护机构的宗旨。

2.7 新西兰国家公园和保护地的经验

新西兰是一个经济发达的岛国，人口不多，社会团体众多。其保护地和国家公园体系就是在这样特定的生态、社会文化和经济条件下逐渐形成的。新西兰的政府管理模式属中央集权式，其管理成本低于联邦制。因此，新西兰管理保护地的经验虽不宜被其他国家完全照搬，但下述经验仍值得借鉴。

2.7.1 新西兰经验的优点

（1）新西兰保护地法及其管理部门目标明确，将保育与保护作为首要职责，这能避免措辞含糊而不断导致的利益权衡纷争，减少自然和历史资源保护中的羁绊。

（2）立法和管理部门确保保护优先，目的之一就是保护部可以将大部分资源配置给生物多样性保护，用于治理入侵物种和保护物种，而不是兴建游客设施或发展旅游等。

（3）环境部和保护部单独设为两个部门，能让保护部管好运营，环境部抓好政策。

（4）全国所有重要的公共保护地由单一的国家机构负责管理，能提高人力和资源使用效率。

（5）操作规程标准化和保护管理方法统一化，既能提高保护效率，又能让保护地管理人员和使用者对保护管理工作和保护地内的设施设备状况的期望保持一致。

（6）新西兰保护局和保护委员会的角色巩固了保护地战略与管理规划体系，因为他们既是政府征集政策和管理活动民意的渠道，又是民众表达对保护地工作不满的渠道。有时，他们还在政府机构/部长与公众之间积极扮演调解人的角色。

（7）《怀唐伊条约》及新西兰政府解决毛利人权益历史遗留问题的做法，是使原住民在保护地和物种管理中充当重要角色的重要机制。

（8）新西兰管理保护地和国家公园内商业活动的方法清晰明了。新西兰特许经营机制的依据是，凡是在保护地内开展的商业活动都应向"保护地所有者"支付租金。此外，新西兰严格管控特许经营权的发放，确保公平、维持公信力和防止腐败。

（9）保护部建立了一个良好的、全国性的资产管理、设施和场地维护系统。另外，还有一名管理高层负责安全健康事务，主要是设立管理标准、确保管理达标和提高员工与公众健康安全风险管理意识。这些构成保护地管理部门的核心特色。

（10）与其他国家相比，新西兰部门间的合作密切。政府重视部门间合作，部门设置较简单，方便各机构间人员的交流。

（11）新西兰保护地体系的两大根基是公众参与和管理科学化。保护部外业人员技术熟练，内部专家和全国各领域科学研究人员在需要时辅之以技术支持和指导，这种组织架构比其他国家要么完全建立自己的专家团队，要么完全以合同外包的形式寻求科学和技术支持的做法更加有效。

（12）新西兰保护地管理重视公众参入和参与，这能增强公众主人翁意识和责任感，吸引更多的保护专业人才和可用资源。

2.7.2 缺陷和风险

(1) 较其自然保护,新西兰的历史与文化资源保护模式较含糊零乱、不统一。在将卓越的保护地管理模式上升为自然、文化和历史地点统一管理模式,诠释和增强民族自豪感方面,新西兰没有美国和加拿大做得那般成功。

(2) 保护地综合管理这一全球领先的创新方法会让新西兰的机构形成"唯我独尊"的风气。国家部门若内部交流不畅,不能有效地分配职责,就会限制地方的积极性和主动性,对基层经常最先意识到的风险不能做出快速的反应,如高度利用区出现人群拥挤或出现严重的物种入侵风险等。

(3) 保护地综合管理必须明确工作重点,优先保障重点工作所需的资源。中央,即保护部确定工作重点有助于资源的有效分配。这需要一个有效的内部管理系统来贯彻中央精神,因地制宜地确定各地区的工作重点,并全部加以落实。保护部确定工作重点的方法随时间而变,方法变来变去就会产生风险。保护部若能明确确定工作重点的方法,这种做法就会有优势。

(4) 与其他国家相比,新西兰保护地的总体管理规划明显不足,尤其是国家公园这种利用程度高的保护地。这就导致保护部倾向于疲惫应对游客管理或商业开发计划,而不是主动采取行动或了解开发商的预期。因此,一些常用手段,如公共交通系统、备用地、差异化收费机制和资源使用招投标等都未得到广泛使用。

(5) 保护地综合管理系统容易让人感到"什么都要保护",这不利于保护广义的自然环境。在新西兰,自然保护应仅限于保护地还是广阔的乡村地区,人们对此存在着严重的认识分歧。公众总体上支持保护地保护,但连乡村地区都要保护,他们不会那么赞同。

(6) 保护地体系管理资金有限,这种说法看似并不成立,因为从保护地总面积和国内人口数量来看,新西兰保护地的资金投入与澳大利亚、美国和加拿大在伯仲之间。但从生物多样性面临的风险(尤其是外来物种的威胁)来看,新西兰自然保护面临的挑战更大,且所需资金投入更多。

(7) 将国家公园作为保护地体系的组成部分进行管理,这会分散民众对国家公园的关注度,还会让员工在忙于保护生物多样性价值并鼓励游憩性利用时,忘记保护地的法定管理目的,以及国家公园在公众心目中的象征意义。

总的来说,新西兰管理保护地的方法优点多于缺点。新西兰保护地管理以创新和高效而闻名世界,尤其是生物多样性保护、游客设施管理标准高且统一、公众参与策略和政策的制定,以及不断设法解决毛利人的权益。

该报告介绍了新西兰保护地体系的背景、发展和管理,旨在向国际读者解释这一体系的运作模式和建立的原因。报告最后举荐了新西兰保护地管理模式值得推广的内容,列出其正在或有待完善的方面,确保这一体系能历久弥新,在21世纪继续保护自然、历史和文化。

第3章 南非国家公园体制研究

克里斯皮安·奥利弗（Crispian Olver）
南非 Linkd 环境咨询服务公司

作者简介

克里斯皮安·奥利弗（Crispian Olver），现任南非 Linkd 环境咨询服务公司总裁。曾任南非总统办公室国家重建局负责人，1999～2005 年任南非环境事务与旅游部部长（colver@iafrica.com）。

执行摘要

南非有着悠久而光荣的保护历史。早先的殖民统治和种族隔离政策环境下开始的自然保护，留有排斥与敌意的"烙印"，至今仍困扰着公园管理者。南非共有 1487 个保护地，占地 3890 万公顷。这些保护地的类型包括：

（1）联合国教育、科学及文化组织"人与生物圈计划"认可的生物圈保护区；
（2）南非国家生物多样性研究所辖管的植物园；
（3）国家和省级各管理机构管理的海洋保护地（通常包括沿海陆地公园）；
（4）水务和环境卫生管理部门或其代理机构管理的山区集水区；
（5）南非国家公园管理局直管的国家公园；
（6）省级或地方政府管理的专为保护而划建的自然保护区；
（7）保护程度较高，可作多用途使用的建在私有或国有土地上的环境保护地；
（8）依据《拉姆萨尔湿地公约》管理的国际重要湿地；
（9）特殊自然保护区（数量有限，仅是指南大西洋爱德华王子群岛和一些特殊的物种保护地）；
（10）农林渔业部或其代理机构管理的特别森林保护地、森林自然保护区和原野地组成的国家森林；
（11）1999 年《世界遗产公约》[①]认可的，由众多管理机构或其指定的专门机构管理的世界遗产地。

这些分类互有重叠。许多保护地适用两种甚至多种分类法，因此，需遵守多种不同的保护监管体系和保护标准。这些保护地还可依其管理机构的政府级别而划分。管理机构依相关的国家或省级保护地立法予以指定，并行使保护职能。保护地也可以分成：

[①]《世界遗产公约》全称为《保护世界文化和自然遗产公约》，本书简称《世界遗产公约》。

（1）国家级保护地，由中央机关，如南非国家公园管理局或中央政府部门，负责管理国家级保护地。

（2）省级保护地，由省级机关，如省级保护地管理机构或环保部门管理。

（3）地方级保护地，由市级政府部门管理。

总体而言，保护地管理职责的划分是历史原因形成的，而不是按生态系统或生物地理区域划定的。随着更为先进的保护规划工具和基于生态系统的生物多样性规划方法的出现，职责的划分也在缓慢地转变。保护地管理职责分散，许多同类质资源保护地毗邻却隶属不同的管理机构。在生物多样性丰富的开普省地区，以及从东开普省至林波波省的东部陡崖一带，这一问题尤为突出。

不同的保护地管理机构在以下方面存在着明显的差异，如立法与管理机构的关系、管理部门的规模与组织架构、管理机构的法定职责、保护地之外的管理权限，以及保护地的调整难易。

保护地的生物多样性价值评估包括以下方面：生态系统的代表性、重要的生态系统功能区、适应气候变化的重要区域、受威胁的生态系统和处于"保护空白"的生态系统的保护程度。保护地的生态功能众多。目前，不同的管理机构辖管的各类保护地几乎都算是保护地资产，至少能提供一种生态系统服务功能。

南非国家公园管理局是法定的负责国家公园运营和管理的中央机构，管理着全国21处保护地，占南非保护地总面积的10.2%。该管理局依法分管南非的国家公园事务，与其他的保护地管理机构不存在职能交叉。该机构共管理着南非7个省的144个生态系统，总面积达400万公顷，是该国生态保护地管理机构的排头兵，其中，73个生态系统仅分布在国家公园体系中。南非在特有种和生物多样性热点地区都建有国家公园，因此，国家公园体系的生物多样性很高。

依1976年和2003年先后通过的《国家公园法》和《国家环境管理之保护地法》（简称《保护地法》），南非组建了国家公园管理局这一公共组织，经依法授权，可与国家机关、当地社区、个人或其他组织签订保护地共管协议。国家公园管理局由一个14人的委员会管理。在南非所有的保护地管理机构中，该委员会的组织结构灵活，人数最多，法定职责最为宽泛。

截至2016年，国家公园管理局70%的预算来自国家公园的自创收入，保护工作支出占总预算的70%。长久以来，国家公园管理局的经费主要靠自创收入解决，这有别于其他保护地管理机构，那些机构的自创收入平均只占预算的16%。通过商业化、特许经营、公私合作等形式，国家公园管理局将其主要保护资产"货币化"，尽可能地增加机构收入。猎物出售也是国家公园创收的主要途径之一。

省市层面的保护资金缺口严重，很大程度缘于保护要同健康、教育和社会福利等其他重要的社会事务争夺资金。平均来看，省市级保护部门的资金预算，75%来源于当地财政拨款，21%来源于自营收入，人力资源支出费用最高，占总预算的60%。人员支出过度增长会挤压运营支出，这一趋势令人担忧。

南非公园体系的建设有许多值得其他国家借鉴的地方，如国家公园"非核心管理业务"的商业化、生物多样性规划体系（特别是保护地发展计划）、新建公园整合保护地管理碎片化，以及土地权属诉求和公园周边社区权利的管理流程等。

3.1 国家公园与保护地体系简介

3.1.1 保护地的历史与概况

南非重视和保护野生动物的历史悠久，可追溯至游牧时期和殖民时期。保护一直与主流的政治制度和意识形态密切相关。最悲惨最极端的例子就是南非为划建某些大型自然保护区而迫使土著居民迁离世代祖居的土地。保护地圈定后，社区居民随之丧失了对其内资源原有的所有权和使用权。

最初的保护主要是用来控制自然资源的使用。1656年，简·万·瑞贝卡殖民时期，开普地区殖民地制定了规范狩猎的法令。开普地区南部的森林对英国海军价值重大，所以自1811年起，普莱特伯格湾周围的森林就开始实施保护措施。到19世纪中叶，开普地区已经活跃着一批非常有影响力的保护组织。他们关注狩猎、森林、土壤和草原的保护，并于1886年在克尼斯纳和齐齐卡马林区建立了非洲第一批狩猎保护区[①]。

在19世纪，殖民者不断瓜分土地，南非可明显分为欧洲殖民区、非洲部落（聚居）区和早期的保护地三类地区。非洲黑人被迫挤到少量的土地上。1913年和1936年颁布的《土地法》以立法的形式承认了这种土地划分，占人口多数的黑人只拥有南非土地总面积的13%。

1910年，"南非联邦"成立，（下设的）四个省都建立了狩猎保护区和一般意义上的野生动物保护区。保护先驱史蒂文森·汉密尔顿游说当局，提议将萨比和森德温兹两个狩猎保护区合并，建成一个国家公园（即后来的克鲁格国家公园）。当局为此成立了"狩猎保护区调查委员会"。该委员会在1918年8月发表了调查报告，但报告中关于"这些重要的保护区仅仅用于动物保护简直是暴殄天物"的结论使其深受抨击。（荷裔）南非白人民族主义运动在20世纪20年代开始兴起，许多人视成立国家公园为实现南非白人保罗·克鲁格的梦想，并将保罗·克鲁格的名字作为政治工具，争取群众支持。1926年，议会最终通过了《国家公园法》，正式建立了克鲁格国家公园和南非国家公园管理局。

1994年，南非实现民主化，这开启了公园管理的新纪元。自1994年以来，南非政治变革从根本上改变了保护地管理机构和所有者的态度。此前，社区被拒在环境保护事务之外，现在保护地管理创新实践的局面正逐步形成，尽管仍有一些遗留问题。

截至2016年，南非共有1487处保护地，总面积接近3900万公顷。随着历史的发展，这些保护地的法律地位和类型多种多样，具体如下：

（1）生物圈保护区。联合国教育、科学及文化组织"人与生物圈计划"倡建和认可的保护地，旨在"借助社区和科学的力量，促进可持续发展"，包括核心区、缓冲区和外围过渡区三类保护程度不同的区域。

（2）植物园。根据2004年颁布的《国家环境管理之生物多样性法》第33节划定的国家植物园，用于保护迁地植物，由南非国家生物多样性研究所负责管理。

---

① 详情可参考南非环境事物部官网有关"保护历史"的介绍. https://www.environment.gov.za/projectsprogrammes/peopleparks/southafrican_conservationhistory[2016-01-25].

（3）森林自然保护区。根据1998年颁布的第84号《国家森林法》划建的，主要用于保护乡土林的国有林或其周边土地。

（4）森林原野地。根据1998年颁布的第84号《国家森林法》划建的，荒原景象出众的国有林或其周边土地。

（5）海洋保护地。根据1998年颁布的第18号《海洋生物资源法》第43节划定的海洋或海岸保护地。

（6）山区集水区。根据1970年颁布的第63号《山区集水区法》第2节划建的任何用于保护、使用、管理和控制山区流域土地的地区。

（7）国家公园。根据1976年颁布的第57号《国家公园法》或2003年颁布的《保护地法》第20节划建的保护地，由南非国家公园管理局分管。

（8）自然保护区。根据2003年颁布的《保护地法》第20节或省级相关立法划建的专门用作保护的地区，由省级或地方管理机构负责管理。

（9）环境保护地。根据2003年颁布的《保护地法》第28节或省级相关立法划建的可用于多种用途的私有土地和国有土地，保护标准按省级法规执行。环境保护地比国家或省级自然保护区低一级，但保护严格程度不低，保护贡献不小。

（10）国际重要湿地。列入国际重要湿地名录的湿地。《拉姆萨尔湿地公约》将湿地分为三大类：海洋/滨海湿地、内陆湿地和人工湿地。

（11）特殊自然保护区。根据1989年颁布的第73号《环境保护法》或2003年颁布的《保护地法》第18节划定的区域。

（12）世界遗产地。根据1999年颁布的第49号《世界遗产公约法》划定的对全人类具有普适价值，且有助于保护人类自然文化遗产的重要区域。

图3-1为南非法定的（国有）保护地。

必须指出的是，这些保护地分类互有重叠，许多保护地适用两种甚至多种分类法，因此，需遵守多种不同的保护监管体系和保护标准。南非法定的（国有）保护地的汇总情况见表3-1。

表3-1 南非法定的（国有）保护地的汇总情况

保护地类型	数量/个	面积/公顷	面积占比/%
生物圈保护区	8	8 348 171	21.43
植物园	5	6 410	0.02
森林自然保护区	51	172 511	0.44
森林原野地	12	274 489	0.70
海洋保护地	25	18 588 146	47.73
山区集水区	16	624 572	1.60
国家公园	21	3 975 509	10.21
自然保护区	1 274	3 574 837	9.18
环境保护地	19	291 764	0.75
国际重要湿地	22	567 607	1.46
特殊自然保护区	2	33 603	0.09
世界遗产地	32	2 487 888	6.39
总计	1 487	38 945 507	100.0

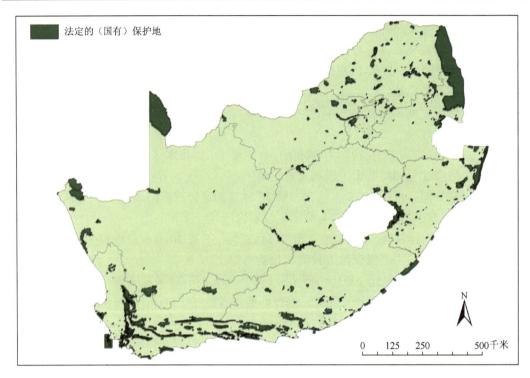

图 3-1　南非法定的（国有）保护地

据估计，南非有多达 10% 的保护地没有获得国家或省级立法的正式认可。目前，南非环境事务部正在一一核查这些保护地的法律地位，为正式认可这些保护地收集必要的信息。这项工作仍在进行中。

保护地管理部门涉及多个中央政府部门、9 个省级政府及一些地方政府。保护地立法和制度安排，形式多样，保护地管理机构纷繁复杂，有点"各自为政"。除南非国家公园管理局外，南非全国还有 6 个省设有法定的保护委员会。

图 3-2 是南非中央和省级保护地管理机构的组织架构，不包括市级机构，市级保护地在南非保护地体系中所占比例极小。

南非各部门也出台部门法规，从不同侧面规范保护事务，包括保护地管理、流域管理、森林保护、海洋保护和世界遗产地保护等。省级层面还出台相关的法律法规。这样一来，保护地管理部门和机构过多，且不同的保护地适用的法律法规相互间会存在着冲突和矛盾。一般而言，保护地管理职责的确定多沿袭历史划分，而不是按生态系统或生物区方法予以确定的。南非保护地体系中的众多保护地虽由不同的管理机构实施多头管理，但至少可促成一项国家保护目标的实现。

管理机构开展工作时必须兼顾多重法律体系，有时同一保护地要同时满足不同的立法要求。不同的保护地管理机构在以下方面存在着明显的差异，如立法与管理机构的关系、管理部门的规模与组织架构、管理机构的法定职责、保护地之外的管理权限，以及保护地的调整难易等。管理机构层级繁多，增加了统一、协调、高效管理的难度，减弱了保护资金的保障力度。

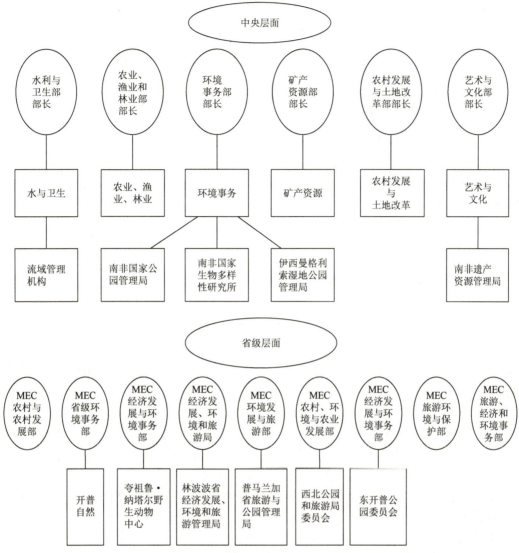

图 3-2 南非中央和省级保护地管理机构的组织架构图

MEC 是指省级行政人员（member of provincial executive council）

例如，桌山国家公园（详见 3.7.1 节）含海洋保护地、森林自然保护区、国家公园和山区集水区等多类保护地。伊西曼格利索湿地公园（详见 3.7.2 节）包括海洋保护地、森林自然保护区、国际重要湿地和省级自然保护区。保护地管理机构实施管理时必须遵守以下保护立法和标准：《国家森林法》（1998 年）、《海洋生物资源法》（1998 年）、《山区集水区法》（1970 年）、《保护地法》（2003 年）、《拉姆萨尔公约》（1999 年）和《世界遗产公约》（1999 年）。

3.1.2 保护地和国家公园的定义

2003 年第 57 号法案《保护地法》给出了南非的保护地定义。根据该法案，保护地是指《保护地法》列明的任何一类区域，包括特殊自然保护区、自然保护区、国家公园、原野地（属国家公园的组成部分，单独列出特别用来指国家公园或自然保护区中呈荒原景象的片区）、环境保护地、世界遗产地、森林自然保护区、森林原野地和山区集水区（详见3.1.1 节有关这些保护地的定义）。

南非国家级、省级和地方级保护地的划分主要取决于负责辖管各保护地的政府机构的行政级别，具体界定如下。

（1）地方级保护地是指由市一级政府管理的自然保护区或环境保护地。南非全国各生物区系内分布的地方级保护地共有 94 处，占全国保护地总面积的 0.1%。

（2）省级保护地是指中央政府省级派出机关或省一级政府管辖的自然保护区或环境保护地。在南非，省级政府辖管的保护地共有 337 处，占全国保护地总面积的 9%，由不同的法定管理机构和分管部门按《南非共和国宪法》第 5 节实施管理，共同服务于自然保护。大多数自然保护区是依省级立法批建或确选的，当然，有些也可能是依《保护地法》第 23 节相关规定批建的。

（3）国家级保护地是指由中央政府机关或部委管辖的自然保护区、特殊自然保护区、国家公园或环境保护地。国家公园是国家级保护地最典型的代表。此外，还有许多由其他中央各部委和其他政府部门分管的其他类型的保护地。国家公园生物多样性和文化价值出众，值得予以最高程度的保护。

特殊自然保护区是早先按照 1989 年颁布的《环境保护法》建立的，近些年多是依照《保护地法》第 18 节批建的。这类保护地数量极少，其中最知名的就是位于南大西洋的爱德华王子群岛。

原野保护地这一术语用法广，含义多。《保护地法》第 22 条或第 26 条定义的原野保护地是指为保护原始荒野景观和特征或有条件恢复到荒野状态的区域而划定的区域，其内未经开发，不通道路，无任何永久性基建设施，也无人类定居。

保护地体系既可指南非全国所有的保护地，也可指某特定管理机构辖管的所有保护地。保护地网络是指彼此接壤的一组保护地。全国保护地体制是指包括所有类型的保护地及其管理机构和相关立法保障机制在内的各种制度的总称。

管理保护地的政府机构和部门，被称为管理机构。《保护地法》给出的管理机构是指依《保护地法》或先前的国家或省级立法的相关授权，管理某保护地的国家机关、其他机构或个人。保护地管理是指按照《生物多样性法》，在兼顾保护地内生物资源的使用和获取、社区生产生活及利益分享的情况下，管理、保护、保育、维护和改善保护地。

《保护地法》还对保护地（protected areas）和保育区（conservation areas）进行了区分，保育区包括私人狩猎场和私人所有的环境保护地，通常不算作法定的保护地。保护地是指依《保护地法》正式批建的保护区域；而保育区则大多是私人拥有且未正式命名批建的区域。

3.1.3 与世界自然保护联盟保护地管理类别的比较

南非《保护地法》给出的保护地分类术语与世界自然保护联盟保护地管理分类体系无

直接的对应关系。南非的大多数保护地是由资源利用和生物多样性价值各异的多个片区组成的,而且有的保护地可对应世界自然保护联盟的多种保护地类型。表3-2大致列出了南非保护地与世界自然保护联盟保护地管理体系之间的对应关系。

表3-2 南非保护地与世界自然保护联盟保护地管理体系之间的对应关系

世界自然保护联盟保护地类别	描述	对应的南非保护地
Ⅰ类	此类保护地主要是服务科研或荒野保护(严格的自然保护区和原野地)	特殊的自然保护区、部分国家公园、森林特别保护地
Ⅱ类	此类保护地主要是保护生态系统和服务(公众)游憩(国家公园)	国家公园、世界遗产地、部分自然保护区
Ⅲ类	此类保护地主要是保护特定的自然特征(自然纪念地)	世界遗产地、部分国家公园和自然保护区
Ⅳ类	此类保护地主要是借助干预性管理实现保护	自然保护区、环境保护地、海洋保护地
Ⅴ类	此类保护地主要是保护陆地景观/海洋景观和服务(公共)游憩(受保护的陆地景观/海洋景观)	部分国家公园和自然保护区、海洋保护地
Ⅵ类	此类保护地主要是实现自然生态系统的可持续利用(管理资源保护地)	自然保护区、森林特别保护地

世界自然保护联盟的保护地分类是按保护地管理目的划分的,表示各类保护地在管理方面存在的差异,但实践证明,其不适宜作为正式划建保护地的立法基础。

3.1.4 国家公园的管理理念

南非的生物多样性在世界排名第三。南非陆地面积占世界的2%,却分布着世界上近10%的植物、7%的爬行动物、鸟类和哺乳动物及2.4万多种植物。南非的海洋生物多样性也很丰富,全球近15%的海洋植物和动物分布在南非,其中12%属南非特有种类。全球公认的生物多样性热点地区(生物多样性高,但受到严重威胁的地区)在南非有三处:开普省植被带(相当于小灌丛生物区系)、肉质植物高原台地(与纳米比亚共有)和马普托兰-蓬多兰-奥尔巴尼热点地区(马普兰托与莫桑比克和斯威士兰共有)。世界上仅有的两个生物多样性热点地区分布在干旱地区,一是肉质植物高原台地生物区系,二是非洲之角。

生物多样性保护和管理因而成为保护地管理的首要目标。相应地,保护地管理从保护单一物种逐步转向保护完整的生态系统,自2015年起开始朝着在可持续的宏观发展模式下实现生态系统保护的方向发展。现在人们认识到,只有较综合全面的方法才是真正可持续的,才能保障千年发展目标和国家发展目标的实现。

人们越来越重视保护地提供的生态服务功能——提供洁净水、调控洪水、减少全球变暖带来的极端天气、防止水土流失、储存碳、提供清新的空气和优美景观,进而刺激旅游产业的发展。

《全国保护地发展战略》是扩大保护地网络的主要规划依据,列出了以下四项保护地的主要作用:

(1)生物多样性保护和生态可持续性;

（2）气候变化应对能力；

（3）土地改革和农村生计；

（4）社会经济发展，包括生态系统服务。

保护地的这四大贡献直接依赖于较少提及的生态系统的调节和支持功能。管理保护地旨在保护和维持这些服务。

生态过程非常复杂，往往涉及长时间内大空间尺度的各种复杂关系。保护地管理旨在实现陆地、淡水、河口、近岸、近海各类保护地之间的"无缝对接"，尽可能扩大保护地的生态可持续效益。

截至2016年，南非能提供非常重要的生态服务但却严重保护不足的区域包括：

（1）山区集水区。在维护南非的水资源供应方面发挥着非常重要的作用。

（2）海洋保护地。可以缓解渔业严重过度捕捞的问题（58%的沿海和近海生态系统受到威胁）。

（3）河流和河口生态系统。在南非，52%的河流生态系统受到威胁。

越来越多的人意识到，保护地保护生物多样性的效果已远超出了其地理边界。"生物多样性管理项目"已阐明了这一点。通过该计划，保护地管理机构向私人和社区合作伙伴提供支持，包括专业的技术规划支持、运营支持、火灾管理、帮助清除外来入侵物种，以及提供可持续采收建议等。保护地管理机构还与经营大自然（原生态）产品的社区企业增进合作，向他们提供高档猎物和市场营销资源，协助执法和安装围栏，共筑社区安全。

3.2 国家公园立园之本及法律保障

3.2.1 愿景和理念

根据上述以生态系统为基础的方法，南非《保护地法》列出了该国建立保护地的目的，分别是：

（1）保护地体系就是保护南非具代表性的生物多样性及其自然的陆地和海洋景观所在区域的生存力。

（2）保护这些区域的生态完整性。

（3）保护这些区域的生物多样性。

（4）保护南非所有具代表性的生态系统、物种及其自然栖息地。

（5）保护南非的珍稀或濒危物种。

（6）保护生态脆弱或环境敏感区域。

（7）协助确保生态产品和服务的可持续供应。

（8）酌情考虑自然和生物资源的可持续利用。

（9）营造或增加以自然资源为基础的旅游目的地。

（10）协调自然环境生物多样性、人类定居和经济发展之间的相互关系。

（11）全面促进人类、社会、文化、精神和经济的发展。

（12）修复和恢复退化的生态系统，促进濒危和易危物种的恢复。

《保护地法》指定南非国家公园管理局管理所有依法设立的国家公园，责成其保护、保育和管控国家公园及法定授权管理的其他类型的保护地，包括生物多样性。

南非国家公园管理局本身的愿景——一个凝聚社会的国家公园体系。该局通过建立和管理国家公园体系，守护南非具有本土代表性的野生动植物、植被、景观及其附属的文化遗产，来实现这一目标。多年来，该局形成了一套保护价值体系，并公开向社会承诺：

（1）尊重各国家公园及其所在地区的社会-生态系统的复杂性、丰富性和多样性。

（2）尊重和善用各系统构成要素、附属的生物和景观多样性，以及美学、文化、教育和精神属性之间的相互关系，进行创造性和有价值的学习。

（3）努力维系生态系统的自然过程及其文化遗产的独特性、原真性和价值，保持这些生态系统及其构成要素的复原能力，以便永续存在。

（4）管理法定职权范围内应辖管的保护地，了解并影响其所处区域的社会和生态大环境。

（5）努力维持国家公园内生态系统及其文化产品和服务完好无损（特别是保护文化文物），供人们休闲游赏，造福人类。

（6）为实现其职能，南非国家公园管理局应本着负责任的态度，按可持续发展的要求，适时实施生态干预，尽可能还原自然过程。

（7）在上述基础上，允许生态系统随时间演化并加以保护，造福子孙后代。

3.2.2 法律基础：法律、法规和政策

作为南非顶层法律，《南非共和国宪法》第 24 节规定南非政府负有管理保护地的职责。

"人人有责……为当代及后代保护环境，通过采取合理的立法和其他措施：①防止污染和生态系统退化；②促进保护；③在合理促进社会经济发展的同时，确保生态可持续发展和自然资源的可持续利用"。

宪法附表 4 和附表 5 将《南非共和国宪法》第 24 条的总体要求解读为"立法权限的（职能）范围"，属中央和省级政府职责。有些立法权限是共有的——共有立法权可由中央和省级政府同时行使。当两者颁布的立法出现不可调和的矛盾时，就需按照《南非共和国宪法》第 146 节列出的系列标准和规定，确定以国家立法还是省级立法为准。保护地管理相关的所有职责都是（中央和省级政府）共同事权，具体包括：

（1）乡土林管理；

（2）环境；

（3）自然保护，不包括国家公园、国家植物园和海洋资源；

（4）土壤保持。

自然保护职责不含国家公园、国家植物园和海洋资源的管理。这三类事务的立法权专属于中央政府[①]。表 3-3 列出了与保护地有关的立法权的划分情况。

---

① 国家植物园和海洋资源均不属于此范围。

表 3-3 与保护地有关的立法权划分

共同立法权	中央专属立法权
乡土林管理	国家公园
环境	国家植物园
自然保护（是指省级保护地和保护地之外有关保护的一般性法规）	海洋资源
土壤保持	

就表 3-3 中"共同立法权"事务而言，在中央和省级法律法规出现矛盾，且国家利益受到威胁或者各省独自立法无法有效规范时，应以国家立法为准。

2003 年通过的《保护地法》旨在创建一个完全统一的规范保护地管理的法律体系，授权中央和省政府部门依法建立不同类型的保护地，并指定管理机构管理保护地。实践时，《保护地法》和现有的省级有关保护地的立法有很多是重复的，法律规定之间易相互矛盾。省级保护地主要是依据 1994 年以前的法律建立的，包括 1994 年前原有四省颁布的省级法令和独立的班图斯坦共和国颁布的立法。自 1994 年以来，大部分省份制定法律，建立省级保护机构，各省的保护地依各省相关法律进行管理。

生物区系往往横跨多个省份，与各省的辖界不重合，各省的管理要求和保护标准有时也差别很大。有的省份，若辖区内有根据早先的法律划定的保护地，这些省份在行使管辖权时，需兼顾多种不同的保护地立法规定，这增加了管理困难。

问题不止这么简单，南非还有许多其他有关保护地的国家立法。1998 年通过的第 18 号法案《海洋生物资源法》单独有一节是关于海洋保护地划建的。海洋保护地分管部长有权对海洋资源的利用进行规定和控制。1998 年通过的第 84 号法案《国家森林法》是包括"特别保护地"、森林自然保护区和森林原野地在内的各类国有乡土林保护地的建区依据。这类保护地由林业部门辖管，但其大多由各省管理机构按照有关协议按"自然保护区"进行管理。1970 年通过的第 63 号法案《山区集水区法》用于山区集水区保护地的划建，其内可含公共和私有土地。为落实《世界遗产公约》，1999 年通过的第 49 号法案《世界遗产公约法》用于划建或保护《世界遗产公约》批准的或正在审核的世界遗产地。

3.2.3 保护地和国家公园的适用政策与指导原则

《保护地法》和《生物多样性法》颁布后，南非开展了许多重要的研究项目，并制定了多项政策。项目之一就是分析了南非全国的生物多样性的空间分布，这为制定《国家生物多样性战略与行动计划》和《南非生物多样性框架》奠定了基础。

利用这些项目积累的经验方法，综合对生态系统保护和保育效益的了解，南非制定了《全国保护地发展战略》，并新近补充制定了生物多样性管理计划和国家公园缓冲区政策。

1. 南非国家生物多样性评估

2011 年，南非在 2004 年第一次全国生物多样性评估的基础上，实施了第二次评估，采用生物多样性系统规划技术，全面分析了全国生物多样性的现状，确定生态系统的保护现状、全国优先保护区域和优先规划区域。该评估确定的六大主要生态系统，包括陆地、河流、湿地、河口、海岸和沿海、近海。

表3-4评估结果显示：南非440个陆地生态系统中，40%受到威胁，仅22%受到良好的保护。湿地、海岸和沿海及近海生态系统，以及河流、河口生态系统受威胁程度较高，近海生态系统保护最弱。

表3-4 南非生态系统的现状　　　　　　　　　　　　　　单位：%

生态系统	威胁状态	未得到保护	保护良好
陆地	40	35	22
河流	57	50	14
湿地	65	71	11
河口	43	59	33
海岸和沿海	58	16	9
近海	41	69	4

南非的保护历史较悠久，但保护地创建都是从原定划作农业或其他用途的用地上抢建起来的。这一情况直至2005年才有所改观。此外，现有的保护地体系并非涵盖了南非所有的生态系统，代表性不足。河流的保护严重不足。即便保护地内的河流，往往也只是作为保护地边界的界河，部分而非全部划入了保护地，整条河流不能完全得以保护。沿海和海洋生物区系，特别是西海岸的，也极少得到保护。

2. 南非《国家生物多样性战略与行动计划》

《国家生物多样性战略与行动计划》是《生物多样性法》法定要求的文件，同时也是《生物多样性公约》的指定文件之一。该文件2005年首次制定，最近完成了更新和再版，详细确定了南非生物多样性保护和可持续利用的长期战略，包括确立了未来15年的发展目标。长期战略确定的总体目标是："保护和管理陆生和水生生物多样性，供南非人民世代公平可持续地惠益共享。"

《国家生物多样性战略与行动计划》承认，保护地网络虽然对保护生物多样性很重要，但其自身不足以实现生物多样性保护的关键目标，主张将生物多样性主流化，纳入经济发展中，让影响生物多样性的部门，特别是农业和城市规划部门，在制订各自的政策、计划和规划时考虑生物多样性。南非建立了综合规划体系，整合并调整了生物多样性规划和发展规划（包括减贫和当地经济发展规划），在国家、省级和地方各个层面的空间规划中要考虑生物多样性保护优先区。该战略还探索明确了出入保护地和可持续利用其内生物资源的权利，确保惠益共享。

该战略也提出需注重陆地和水生生态系统的综合管理，开展流域有效管理；缓减土地退化、外来入侵物种、污染等威胁（对生物多样性）造成的不良影响。为了实现这一目标，南非正在构建相关的扶持政策和立法体系，整合生物多样性管理与经济发展目标。

截至 2016 年，资金短缺、管理结构低效和保护地生物资源管理协作不畅，妨碍着《国家生物多样性战略与行动计划》设定目标的达成。只有进行机构重整、提高管理有效性和加强协调管理，才可能提高保护地管理机构有效落实《国家生物多样性战略与行动计划》的能力。

3.《南非生物多样性框架》

《南非生物多样性框架》旨在搭建合作框架，协调参与南非生物多样性保护和管理工作的众多组织与个人。在该合作框架的指导下，南非规划了生物多样性行动，确定了全国 33 个保护优先区的行动方案，指导保护多样性分管部门的工作，努力实现《国家生物多样性战略与行动计划》确定的保护目标。优先保护行动反过来又有助于缓减南非生物多样性面临的压力。现确认的目标主要包括自然生态系统的损失和退化、外来入侵物种、物种尤其是海洋物种的过度利用、水资源尤其是灌溉用水的过度抽取和气候变化。

《南非生物多样性框架》还确定了南非和南部非洲其他国家，实施跨区域生态合作的优先领域，包括制定战略，加强和改善跨境保护地和跨国世界遗产的综合管理和旅游计划；开发和实施适当的生物多样性保护激励机制、国际科技合作项目和增强社会各界认识、了解和珍视生物资源的宣教项目，最终提升跨国界保护地体系的研究和发展水平。

截至 2016 年，南非在审查更新《国家生物多样性战略与行动计划》时，参考了《南非生物多样性框架》确定的行动规划和责任机构信息。《国家生物多样性战略与行动计划》现正面向公众，公开征询建议，目前已进入最终出版阶段。在解决区域性生物多样性问题和制定区域性管理策略时，其有望提高管理机构间的合作效率。

3.2.4 保护地分类

南非国家公园管理局是国家公园的法定管理机构，分管 21 处保护地，占全国保护地总面积的 10.2%。该管理局是南非国家公园的唯一管理机构，管理着 7 个省份总面积达 400 万公顷的 21 处保护地，保护了 144 个生态系统，是南非生态保护部门的排头兵。这 144 个生态系统中的 51%，即 73 个仅国家公园体系中有分布。南非在特有种和生物多样性热点地区都建有国家公园，因此，国家公园体系的生物多样性很高。

如表 3-5 和图 3-3 所示，南非国家公园管理局管理的生态系统的数量是最多的。其中，79%的生态系统能提供重要的生态系统功能，19%对适应气候变化较重要。南非国家公园管理局辖管的区域只有 2%属受威胁的生态系统，说明国家公园多建在土地利用冲突少且生态系统大多保持完好的地区内；16%的地区分布的生态系统处于保护不足的状态，表明该管理局辖域广，往往含有可代表完整生态系统的大型保护地。

表 3-5 国家公园及特点

公园名称	生物多样性特点	建立年份	面积/公顷
阿多大象国家公园	以灌木丛为主的生物区系,包括半干旱的台地高原	1931	133 522
厄加勒斯国家公园	开普省植被带,包括稀有的低地小灌丛生物区系	1999	20 131
奥赫拉比斯瀑布国家公园	干旱的奥兰治河树木草原	1966	48 254
邦特博克国家公园	瑞纳斯特威尔德("犀牛草原"意思),开普省植被带的一部分	1961	3 416
肯迪布国家公园	有灌木型肉质植物干旱的台地高原	2005	18 686
花园大道国家公园	开普省植被带	1964	125 788
金门高地国家公园	高地热带稀树草原与高羊茅亚高山灌丛草原	1963	34 799
格鲁恩克沃克夫国家公园	南非国家公园管理局总部	1968	7
卡鲁国家公园	纳马干燥台地高原生态区草原灌丛带和河岸灌丛	1979	82 227
卡拉哈迪跨境国家公园	纳马干燥台地高原沙漠和灌丛	1931	958 956
克鲁格国家公园	古夷苏木草原和金合欢草原	1926	1 917 459
马篷古布韦国家公园	林波波河的河岸与古夷苏木草原	1998	15 237
马拉可勒国家公园	沃特堡湿润型灌木草原	1994	58 928
莫卡拉国家公园	金伯利金合欢树丛和稀树大草原的瓦伯斯(Vaalbos)岩生灌丛带	2007	25 984
山区斑马国家公园	上东部干燥高原台地、干燥高原台地陡崖草原和东开普省陡崖灌丛	1937	20 365
纳马夸国家公园	纳马夸兰省树木草原	2001	136 813
理查德斯维德国家公园	肉质植物干燥高原台地和纳马干燥高原台地东部加利普中心区	1991	170 280
桌山国家公园	开普省植被带	1998	22 112
坦科瓦卡鲁国家公园	肉质植物高原台地生态区和生物多样性热点地区	1986	142 185
西海岸国家公园	海岸植被	1985	35 382

南非保护地名录登记在册的自然保护区有1274个,占南非保护地总面积的9.2%。这些自然保护地大多归省级政府辖管。《南非共和国宪法》第5节规定:负责管理这些自然保护区的众多法定机构和直属部门共享自然保护的立法权。除了省级自然保护区外,省级政府还管理其他类型的保护地,并按委托或合约安排,管理国有林和集水区。

市级政府管理着全国分散于各类生态区系内的94个地方级保护地。大多此类保护地未列入南非保护地名录,主要是因为其法律地位不明、管理安排和保护标准差异较大。

其他参与保护事务的中央部门主要包括农林渔业部及水务部。水务部分管着16个集水区,主要分布在西开普省,占全国保护地总面积的1.6%。大量的山区集水区由南非国家公园管理局和省级管理机构代管,也算作这些机构分管的保护地。

依据1998年第84号法案《国家森林法》,森林特别保护地、森林自然保护区和森林原野地也是南非国家公园管理局辖管的保护地,但大多交由省级政府管理部门托管。农林渔业部直接管理着位于夸祖鲁·纳塔尔省、林波波省、东开普和普马兰加省的44个国有乡土林。根据2005年的《全国林业报告》,南非约半数的天然林属私有或者社区集体林地。全国52.8%(266 710公顷)的乡土林在一定程度上得到了保护。

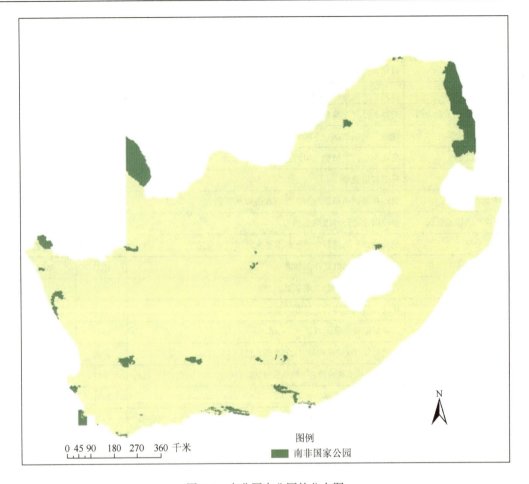

图 3-3 南非国家公园的分布图

南非划建了 25 个海洋保护地，总面积为 1860 万公顷，占保护地总面积的 47.7%，是总面积最大的一类保护地。南非的海洋保护地类型众多，包括多管理目标的海洋保护地，禁捕区，国际重要湿地，世界遗产地，联合国教育、科学及文化组织生物圈保护区的核心区。

根据《世界遗产公约》，南非的世界遗产地有 8 个，保护了各种各样的文化和自然遗产景观。这些世界遗产地包括人类的摇篮——古人类化石遗址、罗本岛、理查德斯维德国家公园、马篷古布韦国家公园、开普植物王国、乌卡兰巴-德拉肯斯堡国家公园、伊西曼格利索湿地公园和弗里德堡陨石坑。这些遗产地富有生物多样性，其中 6 处含已建的国家公园或自然保护区，并由原有的国家或省级公园管理机构负责管理。与此不同，伊西曼格利索湿地公园是依南非的《世界遗产公约法》划建的，故设有专门的管理机构。

南非国防和退伍军人部管理着全国大片的土地，粗略估计有 49.2 万公顷，占全国领土总面积的 0.4%。南非军方对这些土地及附属军事设施实施正式或非正式的管理，其保护潜能巨大。该部委正式管理的保护地有 6 类，总面积为 45 589 公顷，其中仅 91 处弹药库列入了南非保护地名录。

保护地的"贡献"可通过以下五大因素加以衡量：生态系统的代表性、保护重要的生态系统服务区、保护气候变化重要适应区、保护受威胁的生态系统、严重保护不足的生态系统的面积占比。表 3-6 列出了各管理机构辖管的保护地生物多样性状况。

表 3-6 各管理机构辖管的保护地生物多样性状况

管理机构	至少管理了95%面积的生态系统的数量/个	受威胁生态系统的面积占比/%	重要的适应气候变化的保护地面积占比/%	提供重要的生态系统服务的保护地面积占比/%	含保护不足的生态系统的面积占比/%
开普自然	22	26	85	48	18
农林渔业部	1	16	90	88	80
东开普公园委员会	13	1	55	40	28
夸祖鲁·纳塔尔野生动物中心	22	11	64	82	50
自由邦省经济发展与环境事务部	7	2	5	36	95
豪登省农业与农村发展部	3	57	11	92	94
伊西曼格利索湿地公园	2	18	30	100	6
林波波省经济发展、环境和旅游管理局	13	6	45	94	72
当地保护地	5	47	60	74	60
普马兰加省旅游与公园管理局	8	40	73	97	45
西北公园和旅游局委员会	7	6	26	87	69
北开普省环境与自然保护部	17	2	71	12	25
南非国家公园管理局	73	2	19	79	16
西开普山区集水区	4	22	100	54	5

表 3-6 充分展示了南非各保护地管理机构分管的保护地对该国生物多样性保护的贡献大小。

首先，南非国家公园管理局管理的保护地面积是最大的，随后依次为开普自然、夸祖鲁·纳塔尔野生动物中心、东开普公园委员会、西开普山区集水区。

若以生态系统数量计，南非国家公园管理局以 73 个拔得头筹，其次是夸祖鲁·纳塔尔野生动物中心和开普自然各 22 个；北开普省环境与自然保护部 17 个；东开普公园委员会与林波波省经济发展、环境和旅游管理局各 13 个。这些管理机构分管的生态系统均占各生态系统总面积的 95%及以上。

上述数据是以面积为准的。但若以各管理机构所辖的严重保护不足的生态系统来看，排名发生逆转。自由邦省经济发展与环境事务部，豪登省农业与农村发展部，农林渔业部，林波波省经济发展、环境和旅游管理局，当地保护地辖管的保护地所含的未得到充分保护生态系统的数量依次递减。

就威胁严重程度而言，豪登省农业与农村发展部（57%）、当地保护地（47%）及普马兰加省旅游与公园管理局（40%）所受威胁的生态系统的比例排名前三。

上述分析清楚地表明，各保护地管理机构管理的生物多样性都有一定的独特性，其保护都具有特定的国家重要性。鉴于此，各保护地管理机构在生物多样性保护中都发挥着重要的作用。

3.2.5 保护地的建立与除名

《保护地法》要求遵照规定的程序新建保护地，包括开展公众参与及与待建保护地内私人土地所有者签订书面协议等。中央部委部长、省级部长（即指执行委员会委员）或私人土地所有者可提议新建保护地，但最终是否批建由政府决定。环境部部长负责正式宣布保护地的成立，自然保护区除外，其由省级执行委员会正式宣建。

国家公园只能由南非环境事务部部长宣建。国家公园必须满足以下条件：具有国家或国际生物多样性保护重要性，含有可代表南非自然环境、自然和文化景观，或能完整保存所在区域的一个或多个生态系统。如果待建保护地内含私人土地，土地所有者必须与南非环境事务部部长或南非国家公园管理局签署书面协议，同意将其私有土地纳入保护地内。

部长虽然可以划建环境保护地和在私有土地上宣建保护地，但在除名保护地时需事先征得国民大会，即议会的同意。这将除名保护地的权力从行政部门剥离，移交给了立法部门。保护地除名需以磋商的方式进行，并征询公众意见。按照《保护地法》，经省级议会同意，省级执行委员会委员可撤销其批建的自然保护区。根据各省省级立法，各省调整省级保护地地位的难易程度各异。大多情况下，省级执行委员会可决策此类保护地的调整，但有时也需省级内阁的同意、相关省级"委员会"决议或省级议会通过省级立法方可。

3.2.6 国家、社区集体及私有土地权属的处理

经分管土地事务的内阁成员的同意，南非环境事务部部长拿地或取得土地权属，划建保护地。在省级层面，执行委员会掌握着此类法定授权。根据1975年通过的《土地征用法》，这些机构可征购、交换或征用土地或土地权属。当与土地所有者协议失败时，政府可征用土地，但必须按市场价格补偿土地所有者。在日常管理中，土地征用较为鲜见，因为大多数土地交易都是基于"买卖自愿"的原则完成的。

《南非共和国宪法》第2章《权利法案》对财产条款作出规定：公民法定财产不容任意剥夺。征用财产用于公共目的或公共利益，必须予以补偿，补偿方式、金额和时间可按与财产所有者达成的协议或法院裁定结果执行。

经协商负责公共事务的内阁成员，（环境事物部）部长可撤销拟建保护地内国有土地

的使用权或私人所有权。《保护地法》还授权（环境事物部）可以土地征用的方式，收回或撤销发放的矿产开采权，但需征得负责矿产资源事务内阁成员的同意。

绝大多数保护地建在国有土地上，私有土地所有者若愿意，私有土地上也可划建保护地。私有土地一旦正式被划定为法定保护地，其土地所有者可享受税收优惠和免交财产税。

越来越多的私有土地所有者报名参加《生物多样性管理项目》，参与保护。生物多样性管理扩充了土地管理概念，将土地管理与可持续利用上升到土地所有者和使用者对自然资源和生物多样性的可持续利用、管理和保护的新高度。在南非，生物多样性管理倡导土地所有者和利用者与政府和/或非政府保护机构自愿盟约，是实现《国家生物多样性战略与行动计划》的重要手段，同时也可视为促进私有土地所有者和社区（适用于涉及集体所有土地的情况）投资生物多样性的方法之一。他们参与生物多样性管理项目不是为了获得直接的利益回报。该项目最终旨在降低拿地成本，组建帮扶联盟，统筹安排资源，腾出资源投资环保友好型生产活动。

表 3-7 给出了各类生物多样性管理协议涉及的立约方，包括土地所有者、社区和管理机构。

表 3-7 生物多样性管理协议类别

协议类别	法律依据	描述
自然保护区	《保护地法》（2003 年第 57 号法案）	适用于生物多样性最高的地区，对土地（地契限制）和土地所有者具长期/永久的约束力
环境保护地	《保护地法》（2003 年第 57 号法案）	可拓展至多类土地，对土地（地契限制）和土地所有者具有中长期的约束力，比对自然保护区的限制少
生物多样性管理协议	《国家环境管理之生物多样性法》（2004 年第 10 号法案）	短期约束性协议，比《保护地法》的约束低，限制较宽松，需编制《生物多样性管理计划》
生物多样性协议	《合同法》	与土地所有者签订 5~10 年短期合同协议，比《保护地法》的约束低，限制较宽松
生物多样性协作区	非正式协议	非约束性协议，有时会签订协作谅解备忘录

缓冲区[①]旨在缓减公园周边及公园之外的活动对公园带来的负面影响，使公园与周边环境更好地融合。缓冲区还可保护保护地之外生物多样性丰富的地区，帮助保护地周边或受影响社区能从国家公园和缓冲区中持续获得相应的效益。联合国教育、科学及文化组织在"人与生物圈计划"中首次提出了缓冲区这一概念，后来该组织在《世界遗产公约》操作指南中推出了这一概念。设立缓冲区的建议因此被广泛认可和接受，该建议旨在将国家公园与周边景观一体化，造福公园毗邻社区，加强公园的保护。在缓冲区，中央、省级和地方政府通力合作，支持公园的保护。缓冲区需纳入城市空间发展计划，其管理倚仗公园管理机构、社区及市政当局的积极合作。

为纠正种族隔离时期的土地剥夺，南非制定了土地争议与和解协议流程。大量正式受理的土地纠纷涉及保护地内的土地。2007 年，南非环境事务部、旅游部和土地事务部签

---

① 针对缓冲区的国家公园政策草案：讨论文件（2009 年）。

署了《保护地内土地纠纷谅解备忘录》，就土地纠纷涉事社区和保护地管理机构共管具争议的土地应遵循的原则达成共识，并依据 1994 年通过的《土地权益归还法》（简称《归还法》）明确了解决土地争议时各相关部委应承担的角色和职责。

归根结底，只要纠纷和解协议就补偿金额和方式达成共识，《归还法》就可考虑解除对保护地内纠纷土地的占用。协议约定就成为土地纠纷诉求者与相关管理机构合作共管的基础。双方达成的共管协议允许保护地管理机构对具争议的土地实施管理，维护其保护价值。共管协议形式多样，包括租赁协议和积极参与。前者允许使用保护地管理机构辖管的资源；后者允许土地纠纷涉事方以股东身份入股生态旅游活动或应聘保护地工作职位。

（保护地）管理机构往往视合作协议为金融风险而非机会，部分原因是各保护地的资源状况和基建设施配备情况不同，旅游收入水平也参差不齐。

社区参与重大保护地发展惠益分享项目可显著带动当地经济的发展。惠益共享协议经典实例包括理查德斯维德国家公园、克鲁格国家公园的马库莱克区、伊西曼格利索湿地公园。

马库莱克部落土地争议折射了土地纷争历史和社区的政治环境。马库莱克部落讲聪加语，原居住在克鲁格国家公园周边。1969 年，其土地被划入克鲁格国家公园，从此被迫远离原有家园。1997 年，马库莱克部落财产协会代表 1.5 万名土地索赔者正式提交土地权属申请，要求索回鲁格国家公园 2.2 万公顷土地的所有权。历经 18 个月的谈判，该土地索要事件最终和解落幕，包括签订了南非具标杆意义的共管协议。该协议规定：

（1）帕富里区归还给部落；
（2）未经南非国家公园管理局许可，禁止任何采矿、农业生产或永久居住活动；
（3）建立一个为期 50 年的"契约式公园"，协议各方要在协议签署 25 年之后，重审合同内容；
（4）建立一个联合管理机构，全面负责争议土地的管理；
（5）所有的旅游和创收活动都必须按管理计划安排，南非国家公园负责监督；
（6）南非国家公园管理局负责日常保护活动，部落负责所有的旅游活动；
（7）部落成员要接受保护和旅游方面的培训；
（8）南非国家公园管理局起初全权负责出资管理这一地区，当旅游创收时，部落要分摊保护管理成本；
（9）公园外属于部落财产协会的 5000 公顷土地将纳入克鲁格国家公园。

该协议的签订是双赢的，既让马库莱克部落成为帕富里地区保护的直接受益者，又扩大了克鲁格国家公园的面积。

3.3 国家公园体系的规划

3.3.1 战略/规划

2008 年以前，保护地和国家公园虽都是应当时的政治和政策命令划建的，但最终起决定作用的，大多是各保护地管理机构的决策者。直到2008年，南非才首次根据该国的生物多样性管理总体战略，系统地创建保护地网络。2008年，《南非保护地发展战略》正式出版，标志着这一转变的开始。该战略为南非扩建保护地，实现《生物多样性公约》确定的保护地目标奠定了科学基础。

在分析保护地的生物多样性重要性时，南非摒弃了原来仅用保护地面积衡量的做法，转而注重不同生态系统的代表性和可持续性。保护地网络要能充分保护各类不同的生态系统及其主要生态过程，维护生态系统的可持续性。

为确保足够的代表性，《国家生物多样性评估》设定了生物多样性目标。该评估认为：南非作为生物多样性大国，国际通用的10%的保护目标显然偏低。生物多样性保护目标就是根据受关注的生物多样性的生态特点，充分保护具不同生物多样性特征的景观，使之永续。《南非保护地发展战略》确定的20年发展目标是《国家生物多样性评估》确定的生物多样性目标的子目标之一。

《南非保护地发展战略》的最终目标是用最划算的方式，拓展保护地，实现生态可持续发展，增强适应气候变化的能力。该发展战略重点强调了南非如何高效地分配有限资源以拓展保护地，设定了保护地发展目标，圈定了保护地优先发展区，给出了保护地发展机制建议。

该发展战略一方面指出南非的"生态基础设施"包括许多天然的生境节点和廊道，其不仅能提供各种各样的生态系统服务，还能缓解气候变化和自然灾害；另一方面指出生物多样性的长期维持不仅要保护各类生物，更要维持复杂的生态过程，如河流功能的正常发挥、物种可在高原和低地间自由活动。

在确定保护地优先发展区时，该发展战略采用了重要性和紧迫性这两个指标。根据两指标矩阵分析结果，最后共确定了42处保护地优先重点发展区，投入少，效果好。

由表3-8可知，该发展战略分别列出了南非保护地2016～2020年和2016～2035年的发展目标。在2016～2020年，南非将使陆地保护地面积增加30%。

该发展战略力图给出有效地整合陆地、淡水、河口、近岸和离岸海洋保护地的发展战略，旨在尽可能扩大保护地生态效益的可持续性。值得一提的是，河口是连接陆地、淡水和离岸海洋保护地的重要区域。

表3-8 按生物区系划分的陆地保护地发展目标

生物区系	面积/10^3公顷	2016～2035年,保护地发展目标/%	保护地现状		2016～2035年目标,需保护的各植被类型		2016～2020年目标,需保护的各植被类型	
			面积/10^3公顷	占比/%	面积/10^3公顷	占比/%	面积/10^3公顷	占比/%
奥尔巴尼灌木丛	2 913	10	211	7	107	3.7	27	0.9
非地带性植被	2 898	14	227	8	282	9.7	71	2.4
沙漠	716	18	160	22	96	13.4	24	3.4
森林	472	23	176	37	8	1.7	2	0.4
高山硬叶灌木群落	8 395	15	1 667	20	669	8.0	167	2.0
草原	35 449	14	753	2	4 249	12.0	1 062	3.0

续表

生物区系	面积/10³公顷	2016~2035年,保护地发展目标/%	保护地现状		2016~2035年目标,需保护的各植被类型		2016~2020年目标,需保护的各植被类型	
			面积/10³公顷	占比/%	面积/10³公顷	占比/%	面积/10³公顷	占比/%
印度洋沿海植物带	1 428	14	97	7	110	7.7	28	1.9
纳马干旱台地高原	24 820	11	198	1	2 600	10.5	650	2.6
热带稀树草原	41 266	10	3 803	9	2 442	5.9	610	1.5
肉质植物干旱台地	8 329	12	435	5	715	8.6	179	2.1

3.3.2 保护框架

作为生物多样性管理战略工作内容之一,南非每五年对全国生物多样性实施一次评估,最近一次的评估是2011年启动的。评估结果能准确反映南非生态系统的完整程度,可用来指导《国家生物多样性战略与行动计划》和《南非保护地发展战略》的编制。

如图3-4所示,南非的生物区系共有9类,其内分布着全球公认的34个生物多样性

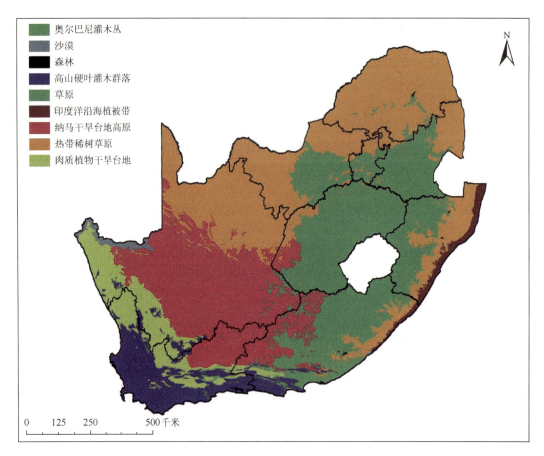

图3-4 南非9类主要的生物区系

热点地区，包括开普省植被带、肉质植物干旱台地、肉质植物高原台地和马普托兰-蓬多兰-奥尔巴尼热点地区。

如图 3-5 所示，南非物种丰富度高，生物多样性丰富，分布着全球 6%的植物和哺乳动物、8%的鸟类和 5%的爬行动物，其中许多属南非特有种。

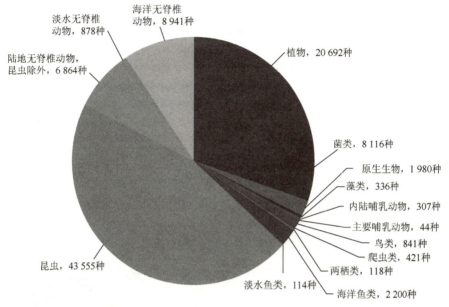

图 3-5　南非的物种多样性

用基于生态系统的方法，全国生物多样性评估分析了各生态系统的受威胁状况——极度濒危、濒危、脆弱和威胁最少，如图 3-6 所示。该标准是按生物多样性临界值划定的。生物多样性临界值是指生物多样性进一步丧失就会严重破坏生态系统的服务和功能时的生物多样性水平。保护地内极度濒危的生态系统比例越高，其在保护地体系中的地位就越特殊。

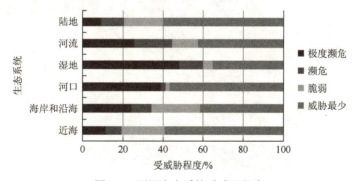

图 3-6　不同生态系统受威胁程度

如图 3-7 所示，南非对全国 440 个陆地生态系统的生物多样性的空间分布评估结果表明：34%的生态系统受到威胁。其中，5%极度濒危（主要是森林和高山硬叶灌木群落生物区系），13%濒危（多是草原和热带稀树草原生物区系），16%脆弱（主要是高山硬叶灌木群落和草原生物区系）。南非正式划建的保护地占该国陆地面积的 6%，但这些保护地多建在稀树草原分布区，草原分布区已建保护地少，保护力度不够。

该评估还分析了各类生态系统受保护的程度，即各类生态系统既定的保护地目标实现的程度。

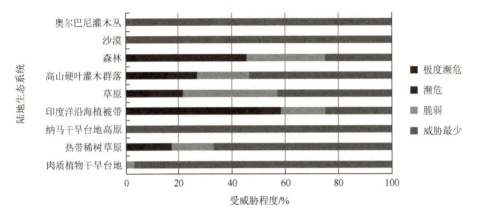

图 3-7　陆地生态系统受威胁程度

图 3-8 给出了南非各生态系统的受保护程度，其中：

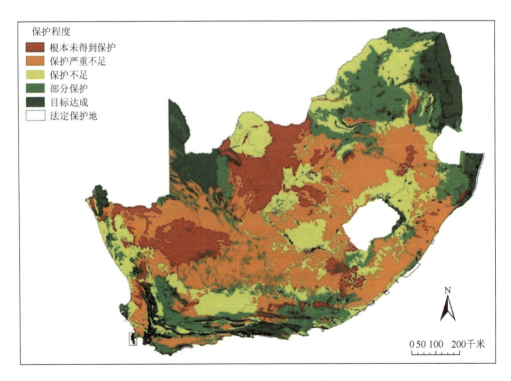

图 3-8　南非各生态系统的受保护程度

根本未得到保护=未正式建立任何保护地；
保护严重不足=保护地目标实现率不足 5%；

保护不足=保护地目标实现率介于 5%~25%；
部分保护=保护地目标实现率介于 25%~100%；
目标达成=保护地目标全部实现。

该评估分析了 440 种植被类型，某些生物区系所含的植被类型"根本未得到保护"和"保护严重不足"的程度较其他生物区系严重，这主要与各生态区系的植被类型数量有关。图 3-9 为不同生态系统的保护水平。

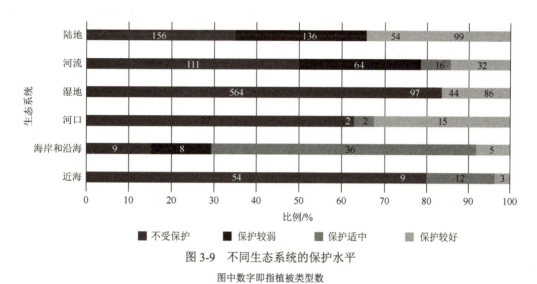

图 3-9　不同生态系统的保护水平

图中数字即指植被类型数

图 3-10 体现了保护地网络的陆地生态系统的多样性，即含一种、二种、三种及以上陆地生态系统数量的保护地数量。

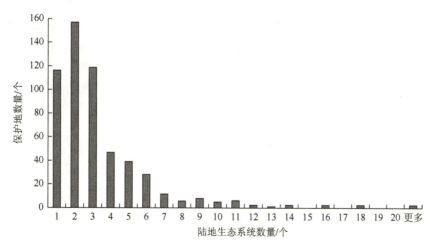

图 3-10　含不同陆地生态系统数量的保护地数量

全国生物多样性评估就生物多样性保护的多项内容设定了国家目标，如为全国各类植被类型设定的生物多样性目标是以物种丰富度为基础的。物种丰富度最低的植被类型，其生物多样性目标是保护原有植被类型总面积的 16%；而对物种丰富度最高的植被类型，其生物多样性目标是保护原有植被类型总面积的 36%。在设定海洋和淡水生态系统的生物多样性管理目标时，在没有相关生态信息的情况下，评估时统一设定的生物多样性目标是 20%。保护地有望承担 54.8%的总保护目标的实现，其他则通过其他保护手段加以实现。

需要强调的一点是，保护地所含的生态系统的数量和独特性与其重要性不成正比。一个面积不大的保护地可能保护了其他保护地未保护的生态系统，因而具有重要地位。各保护地在保护地体系中扮演着不同的角色，必须全部予以妥善管理，确保其能正常发挥作用。

3.3.3 景观与区域概念

南非国家公园管理局采用了包括景观在内的一系列与保护地有关的社会和区域联动原则。其管理保护地，以全面增强整个生物区域范围内各景观组分部分的连通性。购置和恢复土地时，尤其要遵守这些准则和原则。

在管理跨境受威胁的重要生态系统时，南非国家公园管理局同样遵守这些原则。因此，在南非国家公园管理局与和平公园基金会的支持下，南非环境事务部建立了多个跨境保护地，旨在增强区域生态管理、提高当地社区对资源的可持续利用、鼓励旅游发展，推动地区经济发展。

根据政府间签署的国际条约，联合管理委员会负责跨境保护地的共同管理，但各国可保留各自的管理机构和相应的管理权限。此类条约还约定：各国享有国家主权，分别负责国境内跨境保护地管理计划的编制，指导其管理和发展。事实上，有些跨境问题的处理需采取"联合管理"手段。

南非国家公园管理局在保护时纳入了社会包容理念，其管理旨在体现社会转型、平等和赋权等社会重大问题。该管理局清晰地认识到其他价值体系对生物多样性的影响，并用V-STEEP 这一英文缩写，代表"价值观（value）-社会（society）、科技（technology）、生态（ecology）、经济（economic）和政治（polity）"这些共同影响未来愿景的多元价值体系。南非国家公园管理局要对其做出的保护地/管理局内外事务管理决策对当地、区域或全球的其他价值观体系产生的影响负责。为更好地满足社区需求，在切实可行的情况下，应以合作共治（或译为"协同治理"）为本，实施合作。

3.3.4 管理政策

南非国家公园管理局的管理是以"适应性管理"为基础，借助"适应性战略管理"履行其生物多样性管理之责，提高对生态系统的认识。适应性管理是"一种管理哲学，侧重以目标为导向，融规划、管理和系统监测于一体，并根据新掌握的信息适时加以调整"。除用于常规的管理工作之外，该方法也用于复杂生态系统的管理。从根本上讲，适应性管理就是某机构制订行动计划，确定决策，并跟踪生物物理的社会经济和政治变化，以便及时妥善地调整行动和决策。

南非国家公园管理局的生物多样性规划和管理旨在保护各类生物多样性，提高生态系统的复原能力，保持其完整性。其对所有生物多样性组分——所有的物种、生态系统及组成、生态过程等同等重视，既要确保（生物多样性的）代表性又要兼顾独特性。为履行其生物多样性的保护职责，该管理局可实施必要的人工干预，包括较高程度的管理干预。有时他们也会"放任不管"，但这却是根据具体情况做出的慎重选择。

南非国家公园管理局综合自身资源、环境事物部年度土地购置款，以及众多机构和个人慈善捐赠，购置土地，扩建国家公园。该战略中包含了一系列整合机制，分别是：

（1）接管其他中央机构或部门管理的保护地，按国家公园保护级别实施管理；

（2）收购私有土地，扩大、巩固或建立新的国家公园；

（3）在不改变土地权属的情况下，在私人所有土地和集体所有土地上划建的"契约式"国家公园。

自 1994 年实施上述"组合拳"以来，南非已将 40 多万公顷保护不足的生物区系纳入了国家公园体系。南非国家公园管理局按《南非保护地发展战略》的总框架开展工作，实施保护地扩建和巩固策略，在能代表南非生物多样性、景观和附属遗产资源的地方，扩建和新建国家公园。事实上，他们同样关注划出大片保护地，维持基本的生态格局和过程。大尺度空间还会提升一个地区的美学吸引力，尤其是游憩和精神价值。为实现生物多样性保护这一根本目的，国家公园只有面积足够大，才能承载一个或多个自然生态系统。在拍板土地交易时，南非国家公园管理局会采用下列标准：

（1）维护生态完整性；

（2）提高生物代表性；

（3）增加生物多样性；

（4）提高经济活力；

（5）最小化威胁；

（6）提高管理有效性；

（7）保护和维护具普世价值的文化遗产。

国家公园扩张不可避免地会影响群众，尤其是资源匮乏、受教育程度不高的农业和渔业从业人员。南非国家公园管理局尽可能不实施移民搬迁，在需要移民安置时，会请受影响民众和具资质的工作人员参与《移民安置行动计划》的制定和实施，包括制定（移民）收入保障策略。南非国家公园管理局会尽量为因国家公园扩建受影响的群众提供各种创收机会。然而，国家公园正式成立、巩固和发展与就业全面攀升之间常常存在着一定的时间差。

数据与信息资源。2003 年颁布的《保护地法》第 43 节要求，公园管理计划要按照监测方法和指标，确定监测保护地管理绩效的方法。在编制年度战略规划时，南非国家公园管理局设定其绩效管理目标。这些目标是总目标，层级最高。低层级目标既受其影响，又是其具体体现。低层级目标既可以是针对单个保护地的，也可以是针对公园管理者和管理支持人员的。各目标都配有目标完成率测定方法和评估参考用的分目标。

单个公园的管理计划包括各公园的具体目标，以及必要的评估方法和分目标。国家公园一线员工和地区或总部员工的个人绩效测评与南非国家公园管理局和单个国家公园的管理目标挂钩。南非国家公园管理局按季度发布绩效综合报告，通报目标完成情况。该报告接受内部和外部审计。南非国家公园管理局管理计划中最重要的一个目标就是建立绩效考核制度,即建立起以管理目标为导向的绩效考核问责制度,该目标已经达成。

南非近来采用管理有效性跟踪工具评估保护地管理有效性,包括南非国家公园管理局分管的国家公园。该工具由世界保护地委员会和世界自然基金会(World Wide Fund for Nature,WWF)联合开发,用于确定并跟踪保护地管理有效性的变化趋势。南非在采用这一工具时,对其进行了本土化改造。此工具快捷易用,可供保护地管理者长期跟踪保护地管理有效性的变化趋势。该评估工具共设有 32 个指标和 10 个附加问题,最高得分为 109 分。所有指标按"适应性管理"各环节进行了分组,以便确定哪些管理环节需优先采取行动。

1)背景
(1)法律地位;
(2)保护地条例;
(3)边界划定;
(4)生物多样性资源编目;
(5)遗产资源编目。

2)规划
(1)保护地设计;
(2)战略管理计划;
(3)保护开发框架;
(4)保护地外的土地和水资源利用规划。

3)投入
(1)研究与监测计划;
(2)人力资源;
(3)现有预算;
(4)预算保障;
(5)收入;
(6)执法。

4)过程
(1)年度运营计划;
(2)生物多样性资源管理;
(3)遗产资源管理;
(4)人力资源管理;
(5)行政管理体系;
(6)运营设备和基础设施;
(7)运营设备和基础设施的维护;
(8)宣教项目;
(9)邻居;
(10)咨询委员会/论坛;
(11)社区合作伙伴;

(12) 商业旅游；

(13) 绩效评价体系。

5) 结果

(1) 访客设施；

(2) 生态状况评估；

(3) 遗产状况评估；

(4) 保护体系；

(5) 社会经济效益评价。

南非国家公园管理局对国家公园生物多样性保护这一重要目标进行特别审计，即对生物多样性状态实施年度评估，测评管理计划中设定的生物多样性管理目标的完成率，并参照评估结果，按适应性管理原则，调整管理目标。

人们难以对不同的保护地及其管理机构直接进行有效的比较，原因如下：

(1) 不同机构辖管保护地之外保护事物的法定权限不同；

(2) 缺乏可用于各类保护地的客观的且统一的管理标准；

(3) 不同区域的保护地机构面临的环境挑战不同，如外来侵扰、（生境）退化和偷猎、当地社区距保护地的距离和参与度、气候变化程度及影响等；

(4) （保护地）收入差距，保护地创收在各保护地、管理当局或省级财政或国家财政的分留比例不同；

(5) 保护和旅游投入的人力和运营资源未能清晰地反映在保护地管理机构的统计报表中；

(6) 保护地管理机构管理的级别、工资和薪酬水平不同，难以比较。南非各地区间的工资差异显著。

南非环境事务部已启动了专门的项目，解决数据兼容问题和开发通用的会计系统。

3.4 国家公园的管理

3.4.1 单个国家公园的总体管理规划

《保护地法》要求：经咨询各利益相关者，所有的保护地管理机构需为包括国家公园在内的所有保护地制订管理计划。管理计划旨在"确保目标保护地的保护、保育和管理方式符合《保护地法》确定的目标及其划建目的"。管理计划的目的包括以下几方面。

(1) 实现信息同步，公园各层面的管理人员——从公园主管、首席执行官一直到管理委员会和部长掌握同样的信息；

(2) 简化程序，包括：①根据《保护地法》的第 81 节规定，申请国家公园增购土地许可；②环境影响评价审查；

(3) 提供合理的预算列项理由，给出必要的预算增加原因，并列出预算支出核算指标，确保预算合理支出；

(4) 建立国家公园管理责任制；

(5) 指导能力建设和未来决策。

南非国家公园管理局创建了管理计划开发和实施框架，为感兴趣的公众、合作者及员工提供了解保护地管理，尤其是适应性战略管理的全过程服务。该管理局约每十年修订一次各公园的管理计划。

《保护地法》规定：各国家公园只能按其建区目的，实施管理。南非国家公园管理局同时也认识到：环境是不断变化的，并受社会经济、政治环境和社会价值取向的影响。因此，保护地管理计划应考虑环境的变动等各种影响因素。

《保护地法》规定，管理计划必须包含"规定（保护地）不同片区允许开展的活动类型及其保护目的的分区安排"。此外，该法还规定，管理计划可列出"保护地内及周边地区蕴含的经济发展机会"。目前，南非国家公园管理局的空间规划有两类：

（1）保护发展框架。国家公园的总体战略空间规划是国家公园管理局的保护发展框架。该总体战略空间规划对保护地内及其周边地区进行规划，涉及访客使用区、特别干预管理区、访客设施区及设施的性质和大小、入园点和（访客）活动路线等内容。此外，还会对公园边界一带的土地利用提供管理指导。

（2）公园利用分区。公园利用分区规划是保护发展框架的简化本，其主要目的是指导和协调公园内及周边地区的保护、旅游和游客体验等各类活动，实现空间规划的衔接。公园利用分区规划会直接采纳保护发展框架的部分内容，如生物多样性和景观分析方面的内容。但是，有些内容，尤其是旅游市场整体分析方面的内容不会全部纳入公园利用分区规划中。公园利用分区通常只是为小型的在建公园制定的，而保护发展框架则是为所有公园的总体发展制定的长远规划目标。

保护发展框架是通过分析生物多样性、文化遗产和景观保护对发展的局限及可提供的旅游机会而确立的。空间规划决策采用的支撑工具是敏感性-价值分析，在规划时纳入现有的生物多样性知识，以制定出透明可靠的决策。某地区允许开发的程度取决于该地的保护价值和敏感性。保护价值是指某保护地在全国保护地体系中的重要性。敏感性是指脆弱性，即应对各种干扰的能力。敏感性-价值分析通常包括以下内容：栖息地（包括特有栖息地）、生物多样性（包括地形/地貌）、土壤、水文、植被（包括特殊物种的敏感性）、美学价值、文化遗产（包括考古遗址、历史遗址、其他由南非遗产资源管理局辖管的地区、具有精神和宗教意义的地区、古驿道、传统资源、古道等）。

表3-9为卡拉哈迪跨境公园的分区实例。该公园使用分区将整个公园划分为不同的管理片区，并就各片区的管理活动、访客使用和基础设施给出了具体的指导原则。

表3-9　卡拉哈迪跨境公园的分区实例

使用分区		使用类型	基础设施	最大游客量	游客互动程度
体验	发展				
人迹罕至（有机会进入荒野区）	禁止访客进入	禁止访客进入	不适用	0人	无
	极低密度的徒步	仅限徒步进入，需预约，每次限一组人员	无基础设施，指定地点可搭设便携式帐篷，严禁留下任何带入的物品	8人/组	无
原始	极低密度的驾行	四驱越野车自驾，需预约，每次仅限一组人员	无基础设施，指定地点可搭设便携式帐篷，严禁留下任何带入的物品	12人/组	无

使用分区		使用类型	基础设施	最大游客量	游客互动程度
体验	发展				
原始	密度低	仅向预约了基础服务设施的四驱越野车自驾者开放	提供基础的带有卫生和淋浴设施的住所或帐篷,有的提供饮用水	24人	有限
低密度休闲	密度中等	向四驱越野车和轿车自驾者开放,限制车辆数	提供大型宿营地和小型的简易房(12~24个床位),配有全套独立的炊具	24~48人	中等
高密度休闲	密度中等	轿车自驾	提供中等大小简易房(50~120个床位),配有全套独立的炊具,外加小卖店和加油站	48~200人	中度
	密度高	轿车自驾	提供中等大小简易房(50~120个床位),配有全套独立的炊具,配备有餐馆、商店和加油站	200~300人	高

3.4.2 游客服务

1. 国家公园内的旅游

自建立之日起,南非国家公园管理局在实施其保护职责时,就或多或少地依靠旅游收入。目前,旅游已经是该管理局最主要的创收机制。该管理局通过适当开发自然和文化旅游活动,支持和补足保护用资。该管理局还通过提供各种各样的创收机会和产品及对特定人群实施补贴,保障惠益公平共享。

时光荏苒,就保护和生态旅游产品而言,克鲁格国家公园仍是南非国家公园体系的标杆性公园。如图3-11所示,其游客量虽受国际和当地市场环境的影响偶有短暂低走的情形,但自20世纪20年代开始,基本呈稳步增长态势。

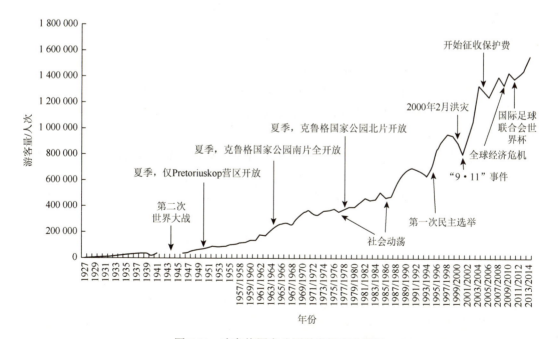

图3-11 克鲁格国家公园游客量变动情况

在选择旅游目的地时，除考虑公园的生物物理环境和公园的最佳状态外，游客还会考虑公园能否提供与众不同的独特体验。南非国家公园管理局借助旅游战略规划、"绿色环保"产品开发、公园分区及适宜的管理方式，维护公园的理想状态。各国家公园在制订其管理计划时，都会根据自然资源现状，确定旅游机会，指导旅游发展。南非国家公园管理局采用双重分区系统，公园全域内的访客使用区及各类访客使用区应实施特定的管理要求。

南非国家公园管理局同当地 200 多家和全球 100 家注册的旅游经营商建立联络，给国家公园介绍游客。这些注册旅游经营商根据各自的业务量多少，提取 10%～30% 的佣金。待熟悉这些公园后，旅客会放弃原来的旅游服务链，通过全国预约中心或在线预约系统自行安排旅行。南非国家公园管理局在全国主要大城市共设有 9 家散客预订办公室。

自 2000 年以来，南非国家公园管理局在旅游专业化管理方面取得了显著进步，包括：

（1）2003 年，推出新的门票收费标准；
（2）2003 年，南非国家公园管理局开始颁布"旅游管理综合报告"；
（3）实施原野年票通卡和积分计划；
（4）2004 年，推出"寻房者"房间预订、物业管理及报告系统；
（5）2007 年 11 月，实时网络预订系统上线；
（6）推出客户意见在线反馈机制；
（7）有效地实施与管理公私合作；
（8）实施商业旅游标准和审计机制。

自 2000 年以来，有效的运营和监测体系的建立和实施，为日后发展打下了坚实的基础。南非国家公园管理局很好地掌握了其旅游商业发展趋势和客户信息。

2. 商业服务

尽管南非国家公园管理局是南非旅游业众多资源大户之一，但多年来却一直深受旅游服务低质、市场占有率不高及定价不能按市场需求浮动这些因素的限制。1999 年，参照同类私营企业，南非国家公园管理局审查了其商业活动，剖析了自身的不足。因人员和资金有限，南非国家公园管理局做出了历史性决定，外包国家公园内所有的游客管理项目，仅保留公园内旅游设施建设和监管职能。这一举动旨在使南非国家公园管理局倾全力，专注保护地内生物多样性的管理。该举措分步实现。第一阶段的战略分三步走：

（1）出让克鲁格国家公园现有露营地的特许经营权，并开发新的用于特许经营的场所；
（2）外包所有国家公园内大型野营地的零售和餐饮服务；
（3）外包大型野营地的旅游服务项目，包括房屋清洁、园艺、洗衣、安保服务等。

南非国家公园管理局成立专门的商业发展司，负责根据国际金融公司的交易建议，设计、采购和管理（商业）合同。该局还制订了详细的"商业战略计划"。如今，南非国家公园管理局共管理着 39 个特许经营合同。南非国家公园管理局内部征集特许经营合同交易建议，这是南非唯一采取这一做法的机构。在征集交易建议时，（待交易的）产品被具体化，并遵循严格的国有资产公私合作管理规定程序。2015 年，该管理局完成了所有餐馆和零售点的招标，餐厅由原来的非特许经营转成特许经营，实现了无缝对接。图3-12为南非国家公园管理局特许经营年度收入。

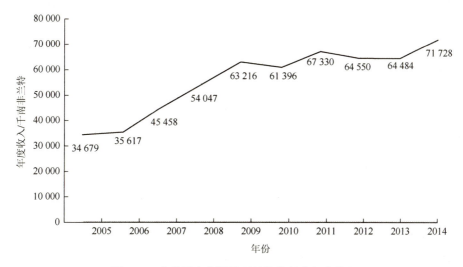

图3-12 南非国家公园管理局特许经营年度收入

南非国家公园管理局还肩负了振兴黑人经济和增进公园经营实力的职责。目前，在出让特许经营合同时，重点关注振兴黑人经济，旨在改变生态旅游行业的社会-经济格局。

3. 基础设施设计、美学及其他标准

考虑到环境的敏感性，南非国家公园管理局在公园实施开发时，遵循环境法规，减轻对生物多样性的影响。各项目或基础设施均需走完项目全程序，具体步骤包括：

（1）项目启动。启动任何项目前，均需根据公园的目标状态、保护发展框架和分区规划，对其环境影响进行评价。初评的目的是确定项目对国家公园的价值和目标的影响是否处在可接受范围内；公园内是否有适宜该项目落地的场地；是否会与现有的活动产生冲突；以及是否符合保护发展框架设定的各项限制。

（2）战略决策。环境战略评估方法用于评估公园内新建或对整个公园具有影响的开发项目或活动。高层管理者根据环境战略评估结果，确定目标公园是否适宜开展提议的开发项目或活动。若适宜开展，高层管理者会根据环境战略评估结果，确定开发项目或活动的适宜规模、类型、位置和实施标准。

（3）选址。选址采用认定的选址方法，既要兼顾公园的具体情况，又要解决环境战略评估中确定的所有问题，还必须考虑绿色建筑设计标准。

（4）场地布局。南非出台有国家公园管理局场点布局指南。各开发项目或活动实施地点需根据具体情况予以修改或调整。

（5）运营管理计划。运营管理计划列出开发项目或活动的实施标准，如废弃物、水、能源等的最低管控标准，是检查和审核开发活动或项目的依据。独立指派的环境监察官会按检查清单和审核清单，对开发活动或项目进行合规检查。

（6）环境影响评价。场地选定后，具相关资质的独立顾问负责实施环境影响评价，根据环境战略评估报告，比较各备选地的适宜性，拟建的开发项目或活动的规模、类型及其潜在影响。南非国家公园管理局内部具资质的工作人员先负责环境影响评价的管理和审查，随后递交至其高层审批，最后再递送至负责环境影响评价决策的南非环境事务部，申请最终批准。

（7）环境管理计划。为确保环境影响评价中确定的减缓措施得以执行，环境影响评价顾问会为部分或全部开发项目编制环境管理计划，供工程建筑开发商使用。环境管理计划是开发工程招标文件的组成部分。

4. 公众解说与教育方法

南非国家公园管理局开发了不错的环境教育项目，使国家公园成为学校开展参与式教学的场所。此举旨在培养尊重和认可国家公园价值的教师、学生和社区骨干。所有的国家公园悉数开展环境教育项目，每年吸引的学员数超过了 17 万人。

"儿童参观公园项目"是南非环境事务部、南非国家公园管理局和南非主要的零售商——"快捷取付"连锁超市开展的合作项目，截至 2016 年已经进入了第 8 个年头。该项目为学生和老师提供利用国家公园开展学习的机会。每年，大约有 5000 名来自欠发达社区的学生会因此而参观国家公园。此外，该项目还根据全国学校教学大纲，编制了辅助教材，强化小学生的学习体验。该项目还开设针对教师的专题讲座，如支持教员参加为期三天的以环境伦理学为主题的户外活动等。"儿童参观公园项目"由各国家公园的环境教育中心主持。

其他的环境教育项目包括：

（1）大羚羊绿色学校倡议。该项目旨在提升学生和教师的环境修养，并提供免费参观国家公园的机会。项目为学员配发学习材料，让学员通过正式和非正式的教学，学习环境问题。

（2）基于公园的环境教育项目。这是向在校学生和公众提供环境培训的项目，通常在学校放假期间举办。项目会为学员分发专门设计的互动学习手册。

（3）少年之星项目。该项目通过在野外组织露营活动，邀请当地的"智者"为少年传递知识，推广民族传统文化知识。截至 2015 年，该项目推广至马拉可勒、金门和纳马三个国家公园。

（4）南非国家公园管理局小小园警和克鲁格国家公园儿童项目。这是一个自愿型项目，旨在促进环境科学和自然保护职业的发展。

南非国家公园管理局设有"荣誉园警"体系，志愿花时间支持国家公园的公众可成为"荣誉园警"。自 1964 年设立以来，志愿者即开始无偿地投入他们的时间和技能，支持国家公园的保护工作。任何热爱保护工作和愿意支持南非国家公园事业的人都可申请为会员。所有的志愿者由一家注册的非营利公益组织实施管理。志愿者服务于南非国家公园管理局辖管的所有公园，全方位支持该管理局的工作，同时也是联系社区、企业和公园管理人员之间的纽带。

5. 公众可参与的管理活动

南非国家公园管理局辖管的国家公园不允许狩猎，但是某些地区允许钓鱼和开展各国家公园管理计划允许开展的众多的游憩活动和冒险旅游，包括远足、游泳、划船和滑水。

国家公园越来越需要提升相邻乡村社区的社会经济福祉。其中一种做法就是在管控的前提下，允许传统的、维持生计的和商业性的生物资源利用。目前，南非共有五个国家公园引入了可持续利用项目，情况如下：

（1）法利生态家具工厂，利用外来入侵树木和本土树木加工废材，为学校制作学生用木凳和为南非国家公园管理局制作宿营地休憩用设施设备。该项目主要是解决就业，最多能为100人提供工作机会。

（2）花园大道国家公园的迪普瓦拉苗圃繁育传统医师采用的植物，具体包括鳞芹属多肉阔叶玉翡翠、slccpad幼苗、采自枯倒木上的兰花，以及研究传统的树皮采收等。

（3）奥坦尼瓜生态蜜蜂养殖项目，允许当地接受过培训的蜂民将蜂巢安放在国家公园内，生产蜂蜜以增收。

（4）霍梅尼闪族人可凭许可证，从卡拉哈迪跨境国家公园内的特定地区采集药材。采集的药材和捕获的动物需登记在册。南非启动了由采集者和南非国家公园管理局员工共同参与的监测项目。

（5）克鲁格国家公园金鸡纳树苗圃是旨在降低濒危药用植物所受威胁的一个保护项目。该项目建立起该公园与传统医师之间的联系，并建立了一个社区苗圃，开展植物种植。

这些举措或多或少地增进了社区和公园之间的关系，增加了社区群众对国家公园生物多样性价值的认可。

3.4.3 守法、执法和报告体系

国家公园任命的环境监察官负责国家公园的监管工作。他们需与负责国家公园监测和执法的园警密切合作。园警的职责包括根据检查清单进行检查、向环境监察官报告检查结果和执法。较大型的公园通常设有保护标准与合规部门，负责保护监测和管理项目的实施协调。这些部门管理、协调和汇总从公园园警和公园其他部门收集的保护信息，将其上报并存档管理。

环境监察官负责推动合作决策，如代表园警出席有关公园所受潜在威胁的会议，并协调保护管理项目在公园内的实施。其职责要求他们应与公园内包括园警部门和其他部门及员工在内的众多利益相关者，建立联系，并保持有效的沟通。按照南非国家公园管理局的政策及程序，他们也承担着行政管理任务。

园警保障公园的安全，确保游客、工作人员和环境资源安全。有些公园地处偏远、有些地处国境线、有些地处滨海、有些坐落在城市或都市中，其安全保卫和保障工作千差万别。园警常碰到的问题包括暴力犯罪（尤其是大都市地区公园内的暴力犯罪）、偷猎（生存和集团盗猎）和跨境犯罪。南非国家公园管理局力图将公园创建为安全有保障且零犯罪

的场所，为游客营造一个实实在在且安全的旅游环境。公众同时希望生物多样性资源，特别是动物能得以保护。南非国家公园管理局与其他执法机构开展合作，包括国防部和南非警察总署。

3.4.4 职业发展/培训

南非国家公园管理局的技能培训项目据称已完成了 80%的培训目标。每年，南非国家公园管理局都制订年度培训计划。最近一期的培训计划全面得以落实，该管理局 4307 名员工中有 2862 人参加了各类技能的培训。南非国家公园管理局员工奖学金贷款计划向 172 名员工发放了奖学金。该管理局所有员工悉数参加了全国住宿服务资格认证体系"学员级别"的认证考试，考试未达标者需参加下一阶段的"成人教育"项目，学习识字和计算。培训支出大约是 1000 万南非兰特，占工资总支出的 1.4%。

南非国家公园管理局还有专向高年级或应届毕业生开放的实习项目。2015 年，该管理局各机构及辖属公园共安排了 149 名实习生。该管理局还与南非国家植物研究所、南非环境事务部、开普自然和旅游学院合作，提供生物多样性保护及相关领域的实习项目。

就广义的保护机构而言，其人力资源成本占其保护地管理预算的 42%～80%，是最大的保护地管理支出项目。此外，保护职位平均空置率至少为 40%，这与资金不足和人员流动率高有关。人员流动率高导致机构知识流失和技术人员短缺。人才挽留是机构得以高效运营管理的关键。领导力是机构成功管理的关键要素。管理能力强的领导，即使生物多样性知识有限，也能激发员工的积极性，有效地配置资源。

3.4.5 公众和社区参与

促进利益相关者参与并增进彼此关系是南非国家公园管理局的法定职责。该管理局为有些利益相关者参与国家公园决策积极创造条件。南非国家公园管理局认为，利益相关者参与是一个持续的过程，能增进利益相关者之间的沟通和互动，可加强利益相关者对问题的全面了解，有助于就他们特别关注和重视的问题给出更好的解决之策。然而，南非国家公园管理局也强调参与者要本着负责任的态度给出建设性意见，并尊重其他人的意见。参与程度随社会地理环境及问题复杂性而异。

一直以来，公园论坛是实现利益相关者参与的首选方式，大多数国家公园都设有公园论坛，旨在让利益相关者参与对公园及其周边社区有影响的事务。公园论坛无决策权，但其成员可参与并将影响公园管理计划的编制。论坛每年至少举办四次会议，定期分享信息。所有国家公园都设有公园论坛，仅理查德斯维德国家公园除外，其设有共管委员会。

凡是对国家公园直接或间接感兴趣或有利益关系的人，都可算作国家公园的利益相关者，均具参与公园论坛的资格。公园附近的社区、活跃在公园或邻近社区的非政府组织、特殊利益群体，如观鸟者、自然资源保护者、商业合作伙伴、邻近的私人土地所有者，以及周边城镇地方政府代表是公园论坛最常见的利益相关者。公园论坛成员是主要选区关注公园的民意代表,因而在编制公园管理计划时发挥着主要的作用。

南非国家公园管理局编制了整套的利益相关者参与指南,供该管理局官员和利益相关者根据当地具体情况,明确各自角色、职责和参与部分。例如:

(1) 利益相关者参与需明确陈述参与目的和选定的参与部分;

(2) 清楚地沟通好利益相关者的参与程度和决策参与程度;

(3) 参与时,利益相关者需事先做出承诺,愿本着正直、相互尊重、公开透明和包容原则参与,尽可能找出最好的解决方案;

(4) 参与过程的设计也很重要,应该在时间允许的情况下为所有的利益相关者提供参与机会;

(5) 及时并充分地披露信息对建立信任很重要;

(6) 同样重要的是,要对利益相关者的意见建议予以反馈,说明如何在最终决策中加以体现。

南非国家公园管理局特别重视弱势社区、重点社区或者在公园内拥有合法权利的社区的参加,确保他们的参与。

社区参与南非国家公园管理局保护工作的一个较好案例就是"大象回家发展信托"。该信托最初是阿多公园与当地社区发生冲突后建立的公园/社区论坛,后来发展为手工艺者在公园入口处出售手工艺品的"艺术和手工品项目"。再后来,周边八个社区有代表加入了该组织,民意代表性更强,该组织正式发展为社区发展信托。该信托与南非国家公园管理局签订了伙伴协议,同意公园新建营地收益按一定比例划拨给该信托,用于社区项目。该信托定期召集开会,与惠益利益相关者展开讨论并制订计划。

3.5 国家公园体系和单个保护地的资金机制[①]

3.5.1 国家公园的支出

南非国家公园管理局每年要花大约 25 亿南非兰特用于其辖管的保护地,在所有的保护机构中支出最高。该管理局约 67%的支出直接用于各类保护活动,相当于每公顷的保护花费为 600 南非兰特,单位保护面积投入在所有的保护机构中垫底。就其辖管的保护地面积而言,南非国家公园管理局显然在成本效益的提取上要超过那些单一公园。

任一特定保护地的实际管理成本不仅仅取决于其大小,还取决于该保护地的物种和栖息地、需辖管的保护地的边界长度等。此外,相较于省级管理机构的管理支出,其职责范围从空间上讲不一定仅局限于保护地范围,还可延展至整个省域。

表 3-10 显示了南非国家公园管理局经费支出情况。

---

① 本节所有货币单位均为南非兰特,1 美元=16 南非兰特(2015 年)。

表 3-10 南非国家公园管理局经费支出

项目	2015 年		2014 年	
	经费/千南非兰特	比例/%	经费/千南非兰特	比例/%
人员支出	871 215	34.74	885 530	39.42
折旧及分期的债务偿还	71 380	2.85	82 521	3.67
财务支出	1 088	0.04	1 153	0.05
经营性租赁支出	112 974	4.51	99 175	4.42
维修支出	76 963	3.07	63 438	2.82
运营支出	1 373 875	54.79	1 114 751	49.62
总支出	2 507 495	100.00	2 246 568	100.00

图 3-13 给出的是不同的保护地管理机构人员支出和基建支出占总支出的比例。大多机构的基建支出占比极低。

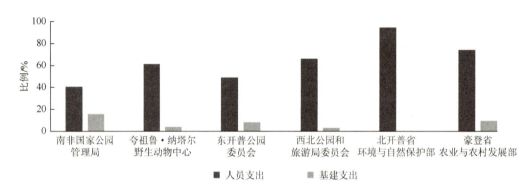

图 3-13 不同的保护地管理机构人员支出和基建支出占总支出的比例分析

南非国家公园管理局的人员支出占总预算的比例超过 1/3，较其他保护地管理机构偏低。就所有保护地管理机构来看，人员支出占比最高，占总预算的 60%；运营支出占 37%，基建支出仅占 3%。就保护地整体而言，人员支出过度增长会挤压运营支出，尤其是当人员支出的增长超过了政府拨款的增长时会更明显。这导致了运营支出和人员支出差异悬殊。

经营性租赁支出主要是因为南非国家公园管理局整体外包了其车队的运营管理。

运营支出占总预算的 54.8%，主要用于表 3-11 的支出。

表 3-11 2014 年和 2015 年南非国家公园运营支出　　单位：千南非兰特

运营支出	2015 年	2014 年
物业费和市政收费	46 648	45 857
审计人员酬劳	9 361	6 910
银行手续费	20 344	17 582

续表

运营支出	2015 年	2014 年
专家咨询费用	21 750	17 920
耗材	50 393	46 169
保险	30 749	8 202
信息技术（IT）费用	12 247	10 480
机动车辆费用	16 021	16 486
推广活动	11 893	14 386
软件支出	6 933	7 227
津贴补助	47 838	38 227
电话和传真	23 386	23 886
其他营业性支出	202 378	134 147
特殊项目费用	673 934	516 864
零售店运营成本	200 000	210 408
总计	1 373 875	1 114 751

在表 3-11 中，特殊项目费用支出最高，很大程度上是因为用于创造就业机会的公共工程项目资金投入大。公共工程项目资金主要用于支持保护地内的基础设施项目和劳动密集型的海岸管理及外来物种清除项目，培训技能，创造就业机会，造福社会。作为专门支持环境事务的公共工程后期项目，南非环境事务部发起了"自然资源管理项目"，将公共工程项目资金引入保护地项目，为保护地管理机构提供财源创建了实用机制。诚然，公共工程项目资金引入需要配套大量资金，并对管理能力和业务水平产生一定的影响。

同时，在财政资金趋紧的情况下，依赖短期就业项目实现持续的保护工作有潜在风险。

3.5.2 政府拨款

表 3-12 中，2015 年南非国家公园管理局的收入基本可分为两大块：自营收入（51.6%）和捐款拨款收入（48.4%），其中，特殊项目（主要是公共工程项目）占拨款收入的一半以上。若剔除公共工程项目资金，中央政府拨付给该管理局的运营资金比例就更低，约占其总收入的 30%。

表 3-12　2014 年和 2015 年南非国家公园管理局的收入情况

项目	2015 年		2014 年	
	收入/千南非兰特	比例/%	收入/千南非兰特	比例/%
自营收入	1 444 623	51.6	1 344 450	58.9
捐款拨款收入	1 353 813	48.4	938 281	41.1
总计	2 798 436	100.0	2 282 731	100.0

相比其他保护机构，南非国家公园的资金来源较少依赖财政资金。平均来讲，保护地管理机构 75%的资金来自财政拨款，21%来自自营收入。省级保护地资金来自省级预算，资金来源于按照国会每年颁布的《税收分配法案》界定的税收公平分享机制能分到的财税金额。在各省预算分配中，保护地的优先级往往排后，这使得保护地管理机构要与其他重要的非环境类社会事务争夺省级财政资金，这一情况在省级层面尤为突出。尽管如此，如图 3-14 所示，自 2010 年以来，南非环境事务部和各省整体加大了对省级保护地管理机构的财政拨付。图 3-15 为 2013 年和 2014 年政府拨款和赠款情况。

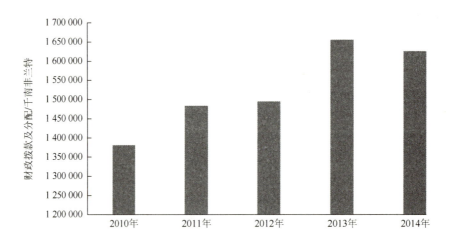

图 3-14　保护地获得的财政拨款及分配情况（考虑通货膨胀影响因素）

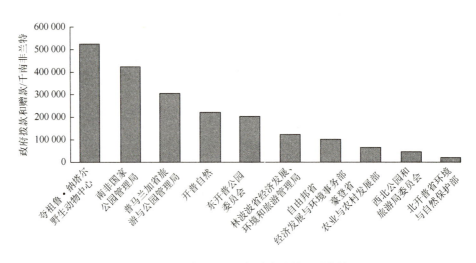

图 3-15　2013 年和 2014 年政府拨款和赠款情况

表 3-13 显示了 2014 年和 2015 年南非国家公园管理局获得的拨款和其他资金。

表 3-13 2014 年和 2015 年南非国家公园管理局获得的拨款和其他资金

单位：千南非兰特

政府拨款和其他资金	2015 年	2014 年
道路	19 277	10 526
保护	559 716	382 211
土地收购	16 034	34 040
特殊项目收入	746 142	506 113
总计	1 341 169	932 890

道路拨款用于公园内道路的修建和维护，资金来源于运输部征收的燃油费。保护拨款是南非国家公园管理局拿到的主要政府拨款，主要用于运营费用支出。土地收购拨款是专项资金，拨付给南非国家公园管理局，用于收购土地或公园内原土地所有者持有的使用权，是该管理局自有资金"国家公园土地收购基金"的有力补充。"国家公园土地收购基金"，亦称"公园发展基金"，资金来源于猎物出售和生物多样性产品，如象牙一次性销售。这种土地收购专项资金仅限于南非国家公园管理局，增加了其资金的灵活性。特殊项目收入来源于出售猎物和生物多样性产品。

在南非，人们对保护机构管理资金，特别是政府拨款是否充足一直存有不同的看法。明确量化整个国家的保护地资金缺口是很困难的，这是因为资金需求优先顺序主观性很大，并且各保护地管理机构规划水平和信息可用性水平参差不齐。

不可否认的是，如图 3-14 所示，2010～2013 年，尽管保护地管理机构收到的财政拨款有所增加（考虑通货膨胀因素后），但是仍有资金缺口。有研究曾试图量化保护地资金缺口，分析得出南非国家生物多样性框架实施所需的资金缺口为 34 亿南非兰特，缺口比例高达 47%。所有的保护地管理机构都没有足够的资金，满足其完成《保护地法》确定的目标所需。保护地管理机构资金不足，资源短缺，难以完成其使命。即便是资金相对充裕、管理相对不错的南非国家公园管理局，同样也为资金所困，如面对偷猎犀牛这一威胁就难以全力抵制。

在环保部门内，没有"专项补助"（或译为"有条件补助"）保证从全国到省级的资金配置。"专项补助"形式多样，划定专用资金，支持各种各类的活动。补助条件也不尽相同，允许各省市可以灵活安排资金使用和资金使用目的。南非专项补助通常可分为三种：①补充，补足现有的预算；②特定目的，拨款是基于特定目的的国家利益，不需要额外的省或市的资金配套；③实物配套，可以为指定省市特殊项目进行特定的实物配套——如通过"大型地区基建补助"对市政府投资大型基础建设给予实物配套。

尽管许多省级保护地的生物多样性价值具有国家乃至世界重要性，但省级政府保护优先是短期行为，这些保护地的价值正不断流失。解决方法之一就是将这些保护地的保护纳入国家可持续发展优先战略中，通过专项补助，加大这些保护地管理机构的中央财政拨款比例，降低省级财政拨款压力。这种做法可扩大全国保护地项目的影响和保护成效。

3.5.3 国家公园自营收入

南非国家公园管理局的自营创收历史悠久。自 2011 年起，其创收收入平均占到其总收入的 70%。自营收入不亚于其保护预算，说明其支出高是有原因的，即支出高和创收能力强不无关系。这些数据表明，南非国家公园管理局与其他保护机构相比在自营收入方面优势明显，其他保护机构的自营收入平均占比只有 16%。显然，通过商业化、特许经营、公私合作等形式，南非国家公园管理局将其主要保护资产"货币化"，尽可能地增加收入。

表 3-14 显示了 2014 年和 2015 年南非国家公园管理局的自营收入分类。图 3-16 为 2009～2013 年南非国家公园的收入来源。

表 3-14　2014 年和 2015 年南非国家公园的自营收入分类

交易类型	2015 年		2014 年	
	收入/千南非兰特	比例/%	收入/千南非兰特	比例/%
旅游、零售、特许及其他	1 355 861	48.50	1 257 587	55.10
动植物产品出售	31 368	1.10	42 525	1.90
其他营业收入	26 324	0.90	20 499	0.90
利息和特许权使用费	31 070	1.10	23 839	1.00
总计	1 444 623	51.60	1 344 450	58.90

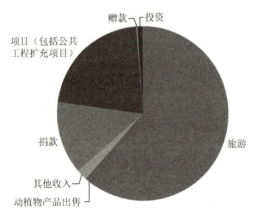

图 3-16　2009～2013 年南非国家公园的收入来源

旅游业是收入大头，2014 年的旅游总收入为 6.59 亿南非兰特，以住宿收入为主。南非国家公园管理局自豪地宣称其为南非最大的酒店运营者之一。其他旅游收入包括驾车费、步道费和其他一些小额的旅游收费。其次是保护费用和门票费，2014 年的金额高达 3.52 亿南非兰特。保护费用是按访客在公园的停留天数向所有入园者征收的，通常并在门票中一块收取。最后是南非国家公园管理局出售的原野年票通卡。持该通票的访客前往任一国家公园时均可享受一定的折扣优惠，因而备受欢迎。

2014 年，南非国家公园管理局的零售业收入为 2.38 亿南非兰特，主要来源于为访客和该管理局车辆加油的加油站的商业收入。南非国家公园管理局在某些公园内还开设有商店和餐馆。此外，2014 年的特许经营和公私合作为该管理局带来了 8550 万南非兰特的收入。这部分收入包括基础设施租赁费用，特许经营商只能租用，对南非国家公园管理局来说这是一个最合适的风险共担安排。

旅馆特许经营允许私人运营商在国家公园内建造和运营旅游设施，通常需要签订 20 年以上的、期限固定的特许经营合同。通过签订特许经营合同，投资者可接管、投资改造现有的住宿设施，也可投资建造新设施。特许经营合同这一合约机制，允许私人运营商在合约规定的时间内，通过支付特许经营费的形式，使用约定范围内的土地及地上附属建筑物。享受让人享有占用和商业使用这些设施的权利，也让人承担一定的财务、环境管理、社会目标和赋权等方面的义务。违反这些约定将受到相应的处罚，在合同结束时从交付的履约保证金中扣除。转让这些设施时，南非国家公园管理局会按这些资产剩余价值进行收回。

此外，南非国家公园管理局还出售有限的动植物产品，销售收入用于保护生物多样性和扩大国家公园体系。

实现收益最大化以确保财政可持续和履行保护职责之间存在着固有的矛盾。日常管理中，管理层和委员会出台了各种监督机制，严格管控这两者之间的平衡。

作为国家公共部门，南非国家公园管理局拥有一定的资金灵活度，可通过各种渠道筹集资金。与其他部门相比，南非大多数独立的公园委员会更能"多元化"筹融资。专门负责保护管理的独立委员会似乎能更好地自筹资金，分配所筹资金，直接用于保护和创收活动。相反，省级部门很少或根本没有增强收益最大化的激励，加之部门职责广泛，各职能间存有竞争，保护职能只能与其他环境和非环境类职能分争资源。这是持续性融资的一个深层阻因。然而，新近合并后的公园委员会，作为省级部门的同级机构似乎同样无法筹得自用资金。这似乎与机构分裂和机构重组重心转移有关。

此外，持续性融资的另一个深层阻因是省级部门（或省级机构代管的部分公园）缺少相应的机制规范管理未用完资金的保留、旅游收入和其他自营收入等。这意味着，公园管理者和省级管理机构：

（1）没有直接的旅游创收激励；
（2）基础设施投入不足不会给他们造成直接的经济后果。

作为半官方的机构，独立的公园委员会可保留收入，因而也能更好地通过多种渠道增加收入来源。一般来说，专门负责保护管理的机构更有能力筹集资金，并做到保护资金专用。省级部门似乎很少或没有直接的激励机制来实现收入最大化。

3.5.4 捐赠和慈善捐款

南非国家公园管理局 2015 年收到的捐款达到 1250 万南非兰特，用于支持运营支出的不限用途的捐款仅占其保护资金的一小部分。捐赠资金的性质各异,且直接捐给指定项目,所以不视为常规运营资金的一部分。

私人捐赠逐渐成为重要的保护地管理资金来源。私人捐赠包括企业和慈善基金会、非政府组织、保护信托基金和个人(高净值人士)捐赠。虽然因报告和信息不全,难以估测私人捐赠的保护资金量,但是近几十年来私人捐赠的保护资金呈增长态势。这主要归因于公众意识的提升,同时与社会也在倡导保护的重要性,引导企业创建"企业"社会投资项目,倡导道德和绿色价值有很大关系。

南非设立了保护信托基金,管理或增加保护地管理机构资金。保护信托基金通常是应高净值人士、捐助机构或非政府组织的一次性大笔捐赠而设立的。私营部门捐资、财政资金和保护地自然资源与生态服务价值按市场价所获收益也可配捐和增捐此类基金。保护信托基金的资金可支持国家公园和其他保护地,包括特别自然保护区。

常见的保护信托基金为以下三种。

(1) 捐赠资金。该类资金只支出资产净收益而尽量维持或升值本金,因此,只要管理适当即可长期提供稳定的收益。

(2) 偿债基金。该类基金会在特定期限内清算所有资产,因此,最适合资助期限确定的项目或计划。对初始资本投入比例较高的项目来说,该基金是有效的财务管理机制。

(3) 循环基金。该类基金允许管理机构的成本回收账户可定期拿到补充资金,通过留存收益补充资金。

美国私人基金会——霍华德·巴菲特基金会向南非国家公园捐赠了2.55亿南非兰特的大额资金,用于支持克鲁格国家公园一个为期三年的抵制偷猎犀牛的活动,考察项目所用的抵制偷猎的方法是否可推广至南非其他地区。因捐赠金额巨大,南非国家公园管理局为此还专门制定配套的监督机制。现在,该赠款的使用正处于第三个年头。

3.5.5 其他资金来源

南非正在探索生态系统服务付费机制,试图认识到保护地提供生态系统服务的内在价值,或通过实施土地可持续利用管理提升生态系统服务价值,恢复已退化的土地和流域的生态系统功能。利用生态系统服务付费为保护地带来资金是近期才出现的现象,大多数项目都是在2005年左右出现的。

目前,达巴非亚斯和齐齐卡马森流域靠提供水资源进行创收就是一个实例。这两个流域约30%的面积属东开普省保护地区域。研究结果表明:该项目强调了土地利用方式从边际粗放农业转为可持续利用的好处。保护机构一方面支持农民寻找碳市场和旅游市场,另一方面通过与水利部签订碳汇和水资源供应协议,获得额外的保护收入。斯坦陵布什大学一直与一家名为沃土的非政府组织合作,为东开普省的达巴非亚斯、库加和克姆河流域开发生态系统服务付费项目。除世界遗产地达巴非亚斯的马齿苋灌丛固定了大量的碳之外,上述流域可为经常出现水资源危机的纳尔逊·曼德拉都市地区提供80%的用水。

南非国家生物多样性研究所的新近研究指出了市场化生态系统服务付费体系的难

度。在实地大范围推广生态系统服务付费体系和提升土地管理或水资源保护时，尤其要先解决那些重大的政策挑战。在当地政府、国家部委和企业未就生态系统服务定价形成明确的政策框架的情况下，按"自愿买卖"的模式为生态系统服务标价困难很大。因此，南非国家生物多样性研究所正在向受益的政府部门推广生态基础设施投资的概念，涉及水资源供应、降低灾害风险和适应气候变化等重要的生态系统服务。

3.5.6 财务管理系统

保护地管理机构的财务管理面临着许多系统性的问题，包括：
（1）财务管理能力面临挑战，财会岗位的平均空置率超过40%；
（2）支出效率低和重复支出多，尤其多家保护地管理机构可共用物资和服务，IT部门、市场推广部门、预订系统部门和采购部门这类问题较突出；
（3）（保护地管理机构间）行政支出差异悬殊，部分原因在于汇报方式不同，无法设定统一的基准；
（4）部分保护地管理机构内部管理不到位；
（5）缺乏现代化的、系统的资本运营预算管理体系；
（6）保护地管理机构在财务账簿中人力资源与运营资金项下未明确区分保护与旅游支出。

保护地管理机构的会计制度未能清楚地将保护支出与访客管理支出等其他支出分拆，因而很难准确地分析保护支出额度。另外，由于现有的财务管理体系没有一个有效的支出归类体系，许多保护地管理机构不能将各项支出正确地归类到相应的资金类目，因此，无法评估特定资金使用效果或某筹融资项目的融资成效。

3.6 政府和其他组织的特征

3.6.1 保护地管理架构

南非环境事务部部长负责任命国家公园管理机构，省级执行委员会委员负责指定各省级保护区的管理机构。管理机构一经任命，即负有管控、保护、保育、维持和修复保护地的法定职责。《保护地法》规定，保护地管理机构可以是政府机构、其他机构或个人，赋有管理保护地的权限。事实上，保护地管理仍限于政府机构。根据各类保护地管理机构的级别，《保护地法》将保护地分为国家级、省级和地方级三类。相应地，管理机构可以是：
（1）中央机构。例如，负责管理国家级保护地的南非国家公园管理局或其他中央部门。
（2）省级机构。例如，负责管理省级保护地的省级保护机构或环保部门。
（3）市级机构。负责管理地方级保护地。

若有下列情况发生，可终止管理机构的授权。大多情况下由南非环境事务部部长宣布，省级和地方级保护地则由省级执行委员会委员宣布。
（1）管理机构未能按所辖保护地的管理计划履行工作职责。
（2）管理机构对所辖保护地的管理或生物多样性保护不达标。

明确区分保护地的管控和管理是十分重要的。保护地管控是指中央或省级负责特定法规制定的部门，根据有关立法，划建某保护地予以管制。保护地管理是指国家、省级或地方三级政府机构实施保护地看管，多以中央和省级机构管理为主。通过委托或契约形式，保护地管理可交付给另外的管理机构，这些受托的管理机构并不一定要接受相关立法部门的辖管。在许多情况下，保护地管理部门属于省级机构，而法规制定部门属于中央机构。森林自然保护区和森林原野就是这种情况。这两类保护地是由农林渔业部依法划建的，但大多交由省级保护机构实施代管。有时，国家或省级机构会同时承担立法和管理的双重角色。例如，南非环境事务部直接管理南大西洋的爱德华王子群岛，同时又负责制定南非的自然保护标准。

南非国家生物多样性研究所是从事生物多样性科学研究的政府机构，负责独立监管生物多样性事务，并就重大的生物多样性问题向环境事物部部长和省级执行委员会委员建言献策。此外，还负责生物区域规划和项目的协调推动，如"人与环境开普行动""亚热带灌丛生态系统规划""多肉植物干旱台地生态系统规划""南非草原生态系统规划"等。

3.6.2 南非国家公园管理局组织架构

南非国家公园管理局是依 1976 年《国家公园法》成立的法定的公共实体。《国家公园法》随后被《保护地法》取代。2009 年，《保护地法》经修订，允许南非环境事务部部长授权南非国家公园管理局管理任何国家级或省级保护地和世界遗产地，并指定南非国家公园管理局为国家公园的唯一法定管理机构。南非国家公园管理局有权与国家机构、当地社区、个人或其他团体签订保护地共管协议。

南非国家公园管理局由一个 14 人组成的委员会负责管理，所有委员由南非环境事务部部长直接任命，委员会的规模在所有的保护地管理机构中是最大的。委员会属结算机构，负责机构的正常有效运行和绩效考核，确保整个机构的运行符合所有适用的法律法规和政府政策。为此，委员会可自由访问南非国家公园管理局的任何信息。通过制订、监测和评估机构战略、重大行动计划、风险政策、年度预算和商业计划，委员会对南非国家公园管理局实施管控，并制定了委托授权框架，明晰了不同授权的授权范围。委员会要确保预算报表适时编制，并实施财务监管。对首席执行官、委员会高层管理人员、委员会主席及整个委员会进行个人或机构绩效评估，也是委员会的职责之一。图 3-17 为南非国家公园管理局组织结构。

与其授权内容和范围相比，南非国家公园管理局在所有管理机构中组织结构最为灵活。南非国家公园管理局由南非环境事务部直管，承担着最高标准的法律问责。

南非环境事务部部长负责南非国家公园管理局的监管，需要考核其管理绩效，确定（管理）规范和标准，发布部长令，制定收费标准上限，批准新建或扩建国家公园的用地。如果南非国家公园管理局委员会停摆，部长需介入。部长本质上代表了国家所有权的利益，行使管理机构的"股东"之责。部长必须出台政策，控管该管理局，明晰其管理目标。

此外，财政部对南非国家公园管理局实施财政监管。

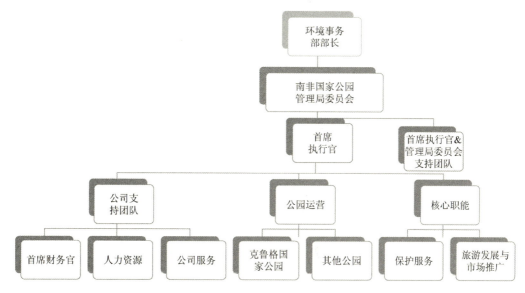

图 3-17 南非国家公园管理局组织结构

南非国家公园管理局委员会向议会提交年度报告。公共账户常务委员会负责审核南非国家公园管理局的年度财务报表和审计报告，可就审核发现的任何差池传唤该管理局员工。环境事务专门委员会则负责审核管理绩效和非财务类信息。

最近，南非环境事务部部长通过了南非国家公园管理局管理规定，列明了南非环境事务部和南非国家公园管理局的法律及其他合规标准、职责和参与机制，便于部长有效地履行其监管责任。南非国家公园管理局需按季度向南非环境事务部提交报告，以便后者能对其管理和规划实施有效的监测。

3.6.3 管理原则

南非国家公园管理局委员会成员需遵循相关的法律条款开展工作。《保护地法》写明了他们的角色、职责及应恪守的管理原则。《公共财政管理法》规定了一系列的职责和责任，要求该委员会成员尽可能地保护资产和账簿安全。董事会成员行事应尽责、诚实、正直，维护机构最大利益，防止任何有损国家经济利益的行为，并向该委员会披露所有直接或间接的个人或公司利益。

该委员会还需遵从《国王三世公司治理准则》《公司法》《公共部门公司治理准则》。

南非国家公园管理局还致力于遵守第五届世界公园大会提出的、国际社会普遍认可的良好治理五大原则，即

合法性和发言权：参与和共识导向；

方向：战略远景，包括人类发展、历史、文化和社会等诸方面；

绩效：机构代表性，利益相关者参与过程，有效性，高效性；

问责：对公众和利益相关者负责，透明性；

公平：公正，法治。

3.6.4 社区参与

参见本书 3.4.5 节。

3.6.5 环境教育和遗产处理决策

参见本书 3.4.2 节环境教育相关内容。

《国家遗产资源法》包含南非国家公园管理局负责的遗产资源管理有关的原则。法案规定，对南非的遗产资源进行确认、评估与管理，必须：

（1）考虑所有相关的文化价值和传统知识体系；
（2）考虑文化遗产价值，避免造成改变或丧失；
（3）根据文化遗产重要性和保护需求，提倡使用、欣赏和接触遗产资源；
（4）守护当代和后代子孙使用遗产资源的权利；
（5）充分研究、记录和归档。

在南非，遗产资源是许多社区历史和信仰的重要组成部分。遗产资源管理时，要认同各社区的利益，吸纳社区参与遗产资源，这是很重要的。国家公园内遗产资源丰富多样，因此，南非国家公园管理局费心确保这些遗产资源得以珍视和尊重。南非国家公园管理局认为自己肩负守护自然和文化遗产资源双重职责。该管理局出台了文化遗产资源管理政策，管理和维持文化遗产资源的重要性、原真性和完整性。文化遗产资源管理是国家公园环境管理的工作内容之一。

2009 年，基础教育部、国家遗产委员会和南非国家公园管理局就遗产教育达成合作关系。九个省的学校都可在遗产项目中介绍各自地区的文化遗产资源。此后，这类活动每年举办一次。进入前十名的学校会在选定的国家公园内露营一周，探索和发现国家公园内的文化遗产资源，加以研究并写出他们的发现报告。排名前三的学校会获得奖励。

3.7 代表性公园

本书选取了两个实例，说明国家公园与保护地建设面临的挑战及取得的成就，从而说明创建具标志性的保护地应提供的资源和做出的承诺。

3.7.1 桌山国家公园

历史上，对沿着开普半岛山脉的桌山砂岩山的管理分散，后其被合并到 1989 年成立的开普半岛自然环境保护地内。这一举措最初希冀 14 家国家、省级和地方政府部门与 174 名私人土地所有者能携手合作，但未成功，导致这一保护地持续退化。1995 年，经过长时间的调查和与利益相关者磋商，西开普省政府决定采纳建立国家公园这一建议，以尽可能多地保护开普半岛自然环境保护地。

南非国家公园管理局将建园任务派给了时任该管理局首席执行官罗比·罗宾逊博士和主动请缨的项目经理戴维·戴特斯。南非国家公园管理局在该公园建立之初广泛征询公众意见，在 1996 年 2~9 月，共召开了 63 次公众会议。南非国家公园管理局设立共同论坛，同中央、省级和地方三级政府部门谈判，最终认可南非国家公园管理局有能力筹集资金，达成协议，同意将土地租给其使用 99 年，并在租约到期后将土地所有权全部归还给原所有者。1998 年 4 月，该协议得以签署。原地方级工作人员被调入南非国家公园管理局，愿意维护公园内的市政基础设施和保障当地纳税人免费进出公园及为公园命名的权利。公园的运营管理在全园区范围内全面进行重组，社会生态（人与生态）与游客管理职能由国家公园工作人员统一承担。

经征询公众和地方管理机构的意见，桌山国家公园论坛最终汇集了多方利益相关者，包括当地各社区、私营企业、非政府组织和政府组织及城市-公园双边组织。城市-公园双边组织是南非国家公园管理局和开普敦市间的会晤机制，发挥咨询作用。该论坛后来瓦解并被新公园论坛取代。新公园论坛保留了原论坛的所有利益相关者，并吸纳了新成员及 17 个代表不同利益集团的专业委员会代表。城市-公园双边组织也更新换代，新组织中议员、城市与公园官员代表共同管理日常事务。

公园论坛的工作小组由世界自然基金会南非分会、桌山基金、开普敦市火灾预防和管理行动小组组成。他们制定了土地合并战略，任命了一名土地谈判员，提供了土地处置的供选方案——土地捐献、土地合同、土地收购或土地共管协议及相应的激励。这种方法，将超过 1/3 的私有土地纳入了桌山国家公园，更重要的是收购了 450 公顷的诺特虎克-科美杰湿地，连通了公园南北两岛。截至 2016 年，约有 2.45 万公顷的土地被纳入了桌山国家公园。

采取以人为本的管理方式和开展劳动密集型生物多样性保护活动，使员工的工作技能得以发展，合同得以发展，青少年受到教益。同时，引入了公共工程后期项目，雇用了 43 位林业园丁，收集本土植物种子，然后在恢复区播种繁育，目前已移种了 3 万株幼苗。南非国家公园管理局从"水资源保卫项目"持续获得资金。这一项目让其随后获得由全球环境基金支持的外来物种清除项目。在南非环境事务部的资金支持下，桌山国家公园现在共雇用了 630 名的合同员工和超过 135 名的正式员工。

2004 年根据《保护地法》和《海洋生物资源法》划建的 1000 平方千米海洋公园属桌山国家公园连续组成部分之一。长期计划是将福尔斯湾纳入海洋保护地。桌山国家公园正在探索是否可建立福尔斯湾滨海廊道，连通福尔斯湾两岬角、好望角（国家公园管理局）及科格尔贝格—汉克利普角。1998 年，科格尔贝格—汉克利普角被联合国教育、科学及文化组织"人与生物圈计划"认定为生物圈保护区，其核心部分由开普自然这一组织负责管理。

分析桌山国家公园成功之因时，值得一提的是共同战略兼顾了保护的三大维度——人、商业和环境，这是很重要的。围绕着国家公园的核心业务，即生物多样性保护，恢复生态系统，维持其稳定状态，可减少支出和维护成本；清除外来植物，降低火灾风险；修建小路，降低水土流失；划定海洋禁猎区，复壮鱼类。当公园开始巩固保护成就时，惠益周边社区的问题也变得越来越重要，因为公园管理开始积极解决谁应该获得就业和投资机会这一问题，确保微小企业、小企业与大型企业在公私合作进行特许经营时能获得平等惠益。

开普敦大学商学研究生院受托调查该公园最初5年的影响。研究发现，该公园5年共为当地经济直接投资1.78亿南非兰特，通过影响宏观经济拉动的经济价值可达3.77亿南非兰特。自2013年起，这类回报率至少增加了30%。恢复自然资本和构建社会资本产生的回报更加难以衡量，但现在可用平衡计分卡算出。

桌山国家公园的建立极为不易，大量的私人和公共土地统一交由单一的保护机构管理，斡旋平衡了各级政府间关系。该项目的成功部分归功于项目经理戴维·戴特斯，在他的推动和努力下，公园最终得以建成。南非环境事务部部长投入大量的精力，促成了许多与其他中央、省级和地方政府机构的土地交易，扩大了"战果"。

3.7.2 伊西曼格利索湿地公园

虽然伊西曼格利索湿地公园本身不是一个国家公园，但却是国家和省级政府的重点发展项目。作为近期最为成功的保护项目，在多个方面都可圈可点。1996年，南非开始将以前片断化的自然保护区与其他公有土地整合，建立伊西曼格利索湿地公园，那时南非政府发布了一系列的空间发展计划以刺激发展潜力未充分挖掘地区的经济增长。卢邦博空间发展计划涉及夸祖鲁·纳塔尔北部、莫桑比克南部和斯威士兰东部，是南非、莫桑比克和斯威士兰三国联合开发的项目，旨在通过深化旅游和农业带动这一曾被发展"遗忘"的地区。伊西曼格利索湿地公园被看作卢邦博空间发展计划中南非的主打旅游项目，可建为旅游集散中心，创造大量的就业岗位，刺激地区经济增长。

1999年，伊西曼格利索被列入世界遗产名录。同年，依1999年第49号《世界遗产公约》，南非开始整合各类地块形成一个单一的保护地，建立伊西曼格利索湿地公园，由此提供就业机会与促进经济发展。2003年，在德班举行的世界公园大会上，联合国教育、科学及文化组织认可了伊西曼格利索湿地公园为全球保护实践做出的创新贡献；南非政府整合世界遗产保护与地区发展的做法也赢得了赞赏。

为了协调公园的管理与发展，管理方制订了一系列的相关计划。综合管理规划是管理伊西曼格利索湿地公园的指导性文件，综合了保护、旅游发展及伊西曼格利索湿地公园内和周边欠发达社区的经济发展等内容。该规划尽量和相关的国家、省、地区及地方管理与发展规划保持一致，并遵守了《世界遗产公约》的相关规定。

根据《世界遗产公约》《国家环境管理之生物多样性法》《海洋生物资源法》确定的（保护）目标，综合管理规划给出了伊西曼格利索湿地公园管理与发展指导原则。该指导原则囊括了多项推动各方合作的计划和战略。"保护行动计划"是该公园与夸祖鲁·纳塔尔野生动物中心及海洋沿海管理部门的协议合作方案；"片区计划"给出了公园内不同区域的经济可持续发展框架；"社会、经济和环境发展战略"是为惠益公园内及周边土地索赔者开发的综合战略。

伊西曼格利索是当地政府区域规划框架的组成部分。为促进区域一体化，伊西曼格利索湿地公园管理机构积极参与市政规划过程，特别是综合发展计划和旅游计划。反之，市级各政府部门也参与公园各类规划的编制,包括伊西曼格利索湿地公园。市政当局也参与了各个公园规划过程,包括综合管理计划。

土地索回是公园建立过程中急需解决的关键问题。土地索回管理过程已经程式化。土地索回一经地区土地索回委员会调停,伊西曼格利索湿地公园管理机构和土地索回者就签订共管协议,框架性地约束双方的共管关系。各调停的土地索回都会给出补偿方案,包括经济、培训和就业机会、旅游设施的股权合作、进出公园的权利、利用(园内)自然资源的权利,以及建立教育信托支持土地索赔者子女接受教育等。共管理协议带给土地索回者的收益还包括自然资源获益和旅游、基础设施建设及地方经济发展带来的福利。各类收益的分配发放由土地索赔信托和伊西曼格利索湿地公园管理机构共同负责。伊西曼格利索湿地公园管理机构委员会需有土地索回者的代表。

伊西曼格利索战略转型的关键之一是与邻近社区和土地索回者商议,包括定期举行社区会议,必要时,安排相应的共管。转型战略的主要内容就是大力支持地区土地索回专员解决土地索回问题。一旦土地索回问题得以解决,伊西曼格利索湿地公园管理机构即负责落实协调达成的赔付方案和共管安排。

该湿地公园管理机构确保各层面公众的参与。其中,最主要的利益相关群体就是土地所有者,如伊西曼格利索湿地公园建立过程中土地索回者是受益方。公园内及周边的其他社区也从众多的公园相关项目中获益,因而也算是重要的利益相关者。参与的方式包括共管和股权合作,以及参加一些扶贫和创收活动与项目等。借助公园门票定价机制和提供适当的住宿、游憩设施与活动等手段,公园实现了平等入园。公园管理机构还专门为学生和周边社区开设了特别项目。通过公私合作的形式,管理当局与私有企业合作,共同开发和提供旅游产品与服务。

伊西曼格利索湿地公园已成功地建立起来,尽管仍留有一些待解决的极其复杂的问题,如土地所有权、社区利益者参与及对省级和中央政府不信任加深等。这一公园的成功创建,在很大程度上取决于该公园所在地在空间发展计划中占据的重要的经济发展战略地位和为当地社区提供的实惠,包括提供就业岗位、发展基础设施建设和提供经济发展机会等。该项目的成功还得益于项目经理安德鲁·扎娄米斯的出色管理。他现在是伊西曼格利索湿地公园管理机构的首席执行官。另外,项目的成功还离不开有效的土地索回解决方法,土地索回问题解决不好,所有的艰苦谈判努力都会付之东流。

3.8 关键问题

3.8.1 未来发展趋势和面临的问题

保护地变化趋势明显且要求其与所在地的社会经济互惠互益的呼声日益高涨,这让原本就资源不足的保护地管理机构更是捉襟见肘。南非保护地变化的四大驱动因素如下:

(1) 政治转型和民主变革;

(2) 人口变化,如人口增长、艾滋病、城市化、难民;

(3) 经济变化,如经济体制潮、民族主义和市场经济之间的紧张关系;

（4）气候变化。

除非保护地政策能很好地解决上述四方面驱动因素对南非农村地区的社会和经济影响，否则在政治、法律和经济变化不定的情况下，保护地仍将继续面临资源持续吃紧的状况。

卡明归纳了南非保护地目标和职责的演变，指出自 1985 年左右，保护地管理复杂性呈指数增长。经济与社会效益和生物多样性保护全部加在保护地上面，保护动植物、保护野生生物并提供游憩和公众享用公共利益的机会。

在能力有限且机构改革无望的情况下，保护地管理机构需要靠自身能力消化增多的职责。《国家生物多样性框架》《保护地发展战略》《国家公园缓冲区政策草案》《生物多样性管理计划》等政策都是在 2008 年以后才出台的，尚未落地实施，形成制度支持，许多仍处在审查阶段。保护地管理机构如何在当地社会经济发展中履行职责，也未有成形的指导框架。这被视为优先行动领域，除了专门针对社区的自然资源管理政策之外，未见其他任何具体的政策性指导方针。

在提高保护地管理机构能力方面，南非的机构改革持续面临着两大挑战。一是发展与保护目标之间的冲突。无论如何措辞，都改变不了短期的经济利益与长期生物多样性目标之间存在冲突这一事实，政策也未能提供实用的替代性指导原则。保护地的发展与保护通常被当作农村生计问题，事实上，商业活动（尤其是采矿业及商业性林业采伐）和农业对生物多样性的威胁更大，会与生物多样性保护目标形成竞争。图 3-18 为 20 世纪南非公园和保护地目标与职责演变概念。

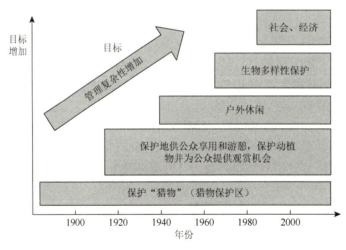

图 3-18　20 世纪南非公园和保护地目标与职责演变概念图
矩形的高度表示随着保护职责的增加，管理复杂性增加的程度

二是较少提到的资源控制和分配权力"中心"与"外围"存在的冲突。这些冲突越发激烈。在南非，暴力抗议服务交付事件越来越多，贫富差距不断拉大（不单纯是种族原因，而是政治和教育资本差异）就是当地资源使用者、被剥夺权利的农村人口、中间派政治方与资本之间冲突日益明显的例证。

任何改革，只要想提高保护地管理有效性，实现其日益复杂的社会经济职责，都需围绕着这两大冲突展开谈判。四大利益集团——开发方、保护方、中间派政治方、当地利益需求方，若不能有效地参与，都可能影响、阻碍或破坏机构改革实践。

3.8.2 生物多样性管理面临的挑战

南非在采用科学方法管理生物多样性方面走在世界前列，但对各类生物多样性知识认识和了解程度不一。管理机构内部和各机构间掌握的生物多样性数据及数据质量参差不齐，这是迫切需要解决的问题。此外，正确引导保护努力，也需要收集更多的数据。

保护地名录信息不全，如管理机构信息的交叉引用、数字化的保护地边界和法律地位等。时时更新保护地管理的常用空间工具非常关键。该数据库已完成了重要数据的增补工作，但尚待正式录入官方名录信息库中。

在估算保护地生物多样性价值方面，南非国家生物多样性研究所做了一些开创性的工作，其成果被用来评估保护地生物多样性价值和保护状态。这些科学工具能为未来确定重点保护工作提供有用信息。生物多样性价值估算方法及用于分析的数据都需进一步研究完善。该研究所估算的生物多样性价值已圈定了生物多样性高价值地区，现需要根据各地区的重要性，采取特定措施，确保其得到了应有的保护。

生物多样性管理框架提出了各种可推动保护地管理目标实现的公私合作形式。在管理生物多样性和扩大保护地网络方面，公私合作的空间巨大。例如，保护地管理机构资源短缺无法有效地管理其所辖保护地时，为避免保护地管理不善的状态持续存在或保护地被除名，可考虑引入特许经营。撬动私营部门力量，赢得他们对保护地管理改革的支持和参与，是获取管好公园必要资源的关键一步。

制定考核保护地管理机构绩效的保护标准也是有必要的。不同的机构，如世界自然基金会与世界自然保护联盟开发了《保护地最佳管理实践指南》及管理绩效监测系统。世界自然基金会与世界银行合作开发的管理有效性跟踪工具和保护地管理的快速评估与优先级确定两个工具包，已被南非环境事务部整合进了自己的绩效管理体系中。这些工具包朝着支持管理改革、标准化绩效管理迈出了重要的步伐，但仅靠这些工具包还远远不够。

保护地管理机构制定保护管理决策时需要查看各种各样的信息，包括保护成效、生物多样性、财务、人力资源、法律和空间信息等，任何一类信息都是必不可少的。正如前面提到的，保护地管理机构缺乏跨机构的信息管理系统。有效地收集、存储、共享和分析从财务到动物管理等全部数据是实现保护地有效管理的核心。鉴于信息管理系统具有共性，有必要标准化所有信息系统，实现保护地体系绩效管理全覆盖，减少数据管理工作量。管理机构负责从工资单到预约再到库存管理等所有事项，整合信息管理，可显著减少机构间的重复工作，节约运营成本。

本书介绍了所有管理机构的财务管理存在的缺陷，主要原因是没有一个基于活动的财务系统，因而无法区分访客管理费与保护支出。明确保护支出是评估管理机构保护支出模式与保护成效的关键。财务管理改革与更大范围的管理改革有着内在联系。所有保护地管理机构统一采用标准化的基于活动的财务系统是非常有必要的，这既有利于各保护地管理机构实现财务有效管理，又有利于监测所有保护地管理机构的整体表现。

本书还指出南非保护地立法分散与立法重复的问题突出，阻碍了保护地的有效管理。同时，还指出了某些保护地划建的法律保障缺位。合理"瘦身"国家和省级保护地管理相关立法，精简重复的法定职责和管理规定，为保护地管理机构有效地履行职责创造法律条件。近期需解决的是那些已建的，但尚未得到法定认可的保护地这一问题。

生物区内连片保护地合并，建立大面积生物多样性管理区，保护整个生态系统，从生物多样性管理的视角来看是有意义的。从经济角度来看，这种做法的好处也不小，规模经济可降低成本，提升管理有效性，在规模经济条件下，提高资产使用效率，带动更多的经济活动。这样一来，更多资源可用来配置高价值资产，如专业技术人才和资本密集型设备，增加资产使用年限，降低单位资本损耗。

与多职能部门相比，专门的保护地管理机构能更好地管理保护地。多职能部门作为保护地管理机构，保护地管理事务要同该部门其他环境和非环境类事务竞争预算。此外，部门机构官僚主义也限制其使用激励，增加保护地创收。

随着保护地管理职能转移到专门的管理机构，规管保护地管理机构和具体管理保护地等管治职能需进一步细分，合理明确监管和问责，最终提高保护成效。

区域性管理走向及高绩效保护地管理机构的经验均表明：保护地管理机构兼顾旅游推广和其他非保护类职能的做法效果欠佳（如南非国家公园管理局、开普自然、夸祖鲁·纳塔尔野生动物中心）。只有访客接待管理和旅游两类职责似乎应由保护地管理机构负责。这两类活动虽关系着保护地管理机构的资金创收，但不可损害保护这一核心职能。

第4章 巴西国家公园体制研究

塞尔吉奥·勃兰特·罗查（Sergio Brant Rocha）
巴西奇科·蒙德斯生物多样性保护研究院

作者简介

塞尔吉奥·勃兰特·罗查（sergiobrantrocha@gmail.com），1981年毕业于巴西维索萨联邦大学，1994年在美国密西根大学研究生毕业，主修自然资源组织管理。现任巴西奇科·蒙德斯生物多样性保护研究院（Chico Mendes Institute of Biodiversity Conservation，ICMBio）保护地建立管理中心环境分析师，曾先后担任多种职务，包括新保护地建立与保护地体系建设项目协调员、新建保护地项目经理、保护单元建设与管理部主任、保护部主任、生态系统管理局副局长、巴西保护部建立管理中心项目经理、生态系统部主任，以及土地权属部主任，还担任过巴西环保部部长及保护部主任的咨询顾问。

塞尔吉奥·勃兰特·罗查拥有丰富的国家公园和其他保护地管理经验及知识，包括边界划定、为保护地引入资源、保护地建立和扩大、土地权属、旅游设施的设计和维护，以及建立新保护区（巴西第一个世界遗产地——伊瓜苏国家公园）。

此外，他还审阅并协调了多部保护地相关法案的制定，包括全国保护地体系法案。他在国内外发表过多篇关于国家公园和保护区的论文和专著，包括世界自然保护联盟1992年出版的 *Espacios sin Habitantes* 和1995年出版的 *National Parks Without People*。

他曾荣获2005年野生动物摄影大赛二等奖，有多幅照片被《国家地理》杂志（地球特刊）和英国广播公司（British Broadcasting Corporation，BBC）出版的《地球》（*Planet Earth*）等选登。

执行摘要

巴西是地球上生物多样性最丰富的国家，其国土面积约850万平方千米，人口数量超过2亿人，主要城市集中分布在不足50%的土地上。巴西在1937年建立了第一个国家公园。事实上，国家公园的概念在世界上一经出现，便受到了巴西人的青睐。如今，巴西各类保护地的总面积超过1.55亿公顷，其中，国家公园的总面积为2530万公顷。这些保护地每年能吸引成千上万的游客。

自第一部《巴西国家公园法》颁布以来，保护自然价值在巴西就成了最重要的目的，并在最近被写入《巴西联邦共和国宪法》，成为《巴西联邦共和国宪法》基本原则之一。除规定国家有义务划建保护地外，《巴西联邦共和国宪法》还禁止任何会破坏保护地完整性的开发利用活动。这是指导保护地体系管理的重要原则。即使公众参观和使用保护地是推动他们认可和支持保护地的一项重要策略,这些活动及其他利用方式也不能破坏保护地的资源价值,这一点很重要。

2000年,巴西国会梳理并整合了巴西所有关于保护地的法律法规,最终通过一项法律,要求合并联邦、州、市各自所辖的各类保护地,建立巴西保护地体系。

该法规定,巴西的保护地体系旨在:①保护巴西疆域内所有具代表性的物种、栖息地和生态系统;②确保公众参与国家层面保护地政策的制定;③确保当地社区真正参与保护地的创建、保护和管理;④尽力保障保护地的经济可持续性;⑤设法将保护地的管理纳入周边土地和水资源的管理政策中;⑥保障因保护地建立而受影响人群的生计或其受损资源获得公平补偿;⑦设法保障保护地管理所需资源;⑧运用适合管理大型保护地的法律和行政手段。

凡是不能归类到巴西保护地体系中的其他任何现有保护地,巴西保护地体系还制定了相应的程序和工具,依法对这些保护地重新评估,进行分类或废除。这样就可以在新框架内处理和解决新旧体系衔接中出现的矛盾和冲突。

巴西的保护地体系可分为"严格保护类"和"可持续利用类"两大类,共11种,其中,国家公园的知名度最高,面积也最大。巴西保护地体系的联邦政府主管机构是奇科·蒙德斯生物多样性保护研究院。该研究院创建于2007年,共有2000名正式雇员,管理着7500多万公顷的保护地,年预算接近2亿美元,其中1亿多美元为人员工资,其余的为其他运营经费。该研究院的主要收入就是巴西保护地的创收收入,金额虽不大,但未来增长潜力不小。部分经费来自国外政府和机构捐款,最重要的补充来源是环境补偿金。2015年,环境补偿金为巴西保护地提供的经费,相当于奇科·蒙德斯生物多样性保护研究院2016年财政预算的两倍。

巴西民众越来越踊跃地参与自然保护,尤其是保护地方面的工作。

4.1 国家公园和保护地体系的背景

"1872年3月1日,美国总统尤利西斯·格兰特签署了一项建立黄石国家公园的法案。从此,人们认为世界上最美的地方不再只属于土地所有者。这看似简单,其实人们以前从未这么想过。"

马可仕·萨·科雷亚(Marcos Sá Correa)

1. "保护地"和资源:历史和背景

巴西国土面积约850万平方千米,位居世界第五位。巴西全国共分为26个州和1个联邦区,州下共设有5570个市。2016年,巴西人口总数为2.05亿人,多集中在东南部、南部、东北部沿海地区和中西部的局部地区。全国87%的人口集中分布在41%的土地上。1950年,巴西农村人口开始减少,全国近85%的人口居住在城市。

巴西人口格局的演化可以追溯到殖民开发时期。1500年,巴西被葡萄牙"发现"后,成为其殖民地。殖民者最初沿海岸线拓展其殖民统治,主要是依照殖民时期的"经济周期"掠夺自然资源。他们在沿海地区掠夺可提取植物染料的巴西(红)木,在东北地区种植甘蔗（因为欧洲糖料市场利润丰厚），在东南地区掠夺黄金和钻石，在南部地区养牛和加工牛肉干，后来还在东南部地区种植咖啡，不断地进行殖民扩张，影响着人口的分布变动。殖民扩张严重破坏了巴西的自然资源，巴西沿海地区繁茂的热带森林——大西洋森林几乎被毁之殆尽。

1960年，殖民扩张至巴西中部地区，首都随之迁至巴西利亚。20世纪70年代，政府开始在亚马孙地区修建道路，给成千上万的移民分土地，拉开了侵占开发这一地区的序幕。

殖民者掠夺巴西的土地及自然资源也深深地影响和推动着这个国家的自然保护。

从18世纪下半叶开始，巴西大帝唐·佩德罗二世不得不采取环境保护措施，当时的首都——里约热内卢周边的森林全毁，首都出现水荒。他的智举保护了这一地区的原始森林。100多年后，这些原始森林又被划建为多个国家公园。

18~19世纪，里约热内卢港西南部的蒂茹卡马西夫地区，森林大面积遭砍伐，加之大面积种植咖啡等单一农作物，导致里约热内卢出现了许多严重的环境问题。其中最严重的是水资源短缺，塞拉达卡里奥卡和阿尔图达博阿维斯塔两个山区的森林蓄水开始枯竭。政府启动"人退绿进"工程，开展移民搬迁，恢复自然植被。这是自然环境生态系统服务重要性的一个早期实例。

1861年，唐·佩德罗二世将迪居甲和帕内尔拉斯两地的森林列为"保护森林"，随后征用了这里的农场和牧场用地，提倡植树造林和森林天然更新。短短13年，人们在保护森林内就种植了10万余株树木，大多是大西洋森林的林分物种。巴西曾聘请一名法国景观设计大师，帮助把该地区改建为一个集喷泉和湖泊于一体的休闲娱乐公园。经过多年的恢复和天然更新，原来的森林现如今终于变成了茂密的丛林。1961年，该地区被划为里约热内卢国家公园，现为迪居甲国家公园（或译为"奇久卡国家公园"），是巴西游客最多的国家公园[①]。

阿根廷于1922年建立了南美洲第一座国家公园。1937年，巴西创建了自己的第一个国家公园。自美国1872年创建黄石国家公园之后，巴西就不乏国家公园理念的支持者。

1876年，巴西工程师安德烈·瑞布卡斯深受"黄石河源头"事件的影响，前瞻性地提出应当在"帝国"（当时巴西属帝治）建立国家公园。他提交了一份长达112页的报告，提出划建两处大型保护区。一处建在巴拉那河畔，包括从塞特克达斯瀑布到伊瓜苏瀑布之间的所有地区。塞特克达斯瀑布所在区在几十年后建为国家公园，后因修建伊泰普大坝而被淹没；伊瓜苏瀑布所在区如今成为伊瓜苏国家公园的一部分。该国家公园是巴西第二个国家公园，同时也是巴西第二大受欢迎的国家公园。安德烈·瑞布卡斯希望，"在数百年后"，子孙后代"能够看到上帝在巴西缔造的两处胜地"，那里"动物种类繁多""植物见所未见"。他在报告中指出，"我们能给子孙后代留下的最宝贵的礼物，就是阿拉瓜亚河和巴拉那河上两座未经刀耕火种破坏的美丽岛屿，这一点毋庸置疑"。可惜的是，那时的大帝没有采纳他的建议。

1）1921年巴西林务局

总统1920年致函国会，表达了他对巴西森林惨遭破坏的担忧。他在信中写道，"在森

[①] http://www.parquedatijuca.com.br/#historia.

林资源丰富的文明国度里,巴西或许是唯一一个未制定森林法的国家",并呼吁国会议员"推动立法,保护这些珍宝"。

1921年,国会在农业部下设巴西林务局。这是巴西首个负责自然事务管理的联邦机构,负责"保护、改善、重建、培育和使用森林"。巴西林务局《组织法》首次考虑出台各类环境保护措施,包括"在风景优美、山川秀丽的地方建立国家级、州级和市级公园,永远保护那里的原始森林"。

值得指出的是,巴西在那时就树立了"国家公园的保护应优于游憩利用"的理念。现在,巴西用立法夯实了这一理念。

2) 1934年第一部《森林法》

埃皮塔西奥·佩索阿总统从20世纪20年代初就提议制定森林法,但巴西直到1934年才颁布了第一部《森林法》。那时,过去400年间对自然资源的肆意利用,加之东南地区咖啡种植园扩张,巴西森林资源已惨遭破坏,城市薪柴供应出现紧张。种植园扩张蔓延,森林离城市越来越远,薪材运输越发困难,运输成本增加。《森林法》的目标之一就是减少薪柴成本增加和供应困难对社会和政治产生的负面影响,确保20世纪30年代革命后的新政府能深得人心。该法规定,所有私人土地的原生林覆盖率都应保持在25%的水平。这一条款后虽有修改,但仍沿用至今。1934年的《森林法》吸纳了1921年巴西林务局《组织法》中有关森林保护的所有原则和措施,并再次强调要依法建立国家级、州级和市级公园,让这些"自然公共纪念地的自然美景不断谱写巴西壮美山河的绚丽篇章"。

3) 1937年第一个国家公园

1913年,居住在巴西的瑞典植物学家阿尔伯托·洛夫格伦建议农业部在伊塔蒂艾亚山区建立国家公园。那里的生物价值极高,自然景观宜人,原始森林未受咖啡种植的影响。1908年,联邦政府购得这片地区,计划在那里建两处殖民定居点。在里约热内卢召开的一次地理学会上,阿尔伯托·洛夫格伦的提议赢得了地质学家、植物学家和地理学家的支持。1937年6月14日,巴西终于在《森林法》颁布后的第三年,划出1.2万公顷的土地,成立了巴西第一个国家公园——伊塔蒂艾亚国家公园。阿尔伯托·洛夫格伦1918年去世,生前未能看到他的提议变成现实。

总统签署的建立该国家公园的法案指出,拟建的国家公园位于1914年建立的植物园内。那里的海拔落差近2000米,原始植被茂密,河流纵横交错,特有植物多,国内外的地质学家、植物学家等众多科学家在这里开展过广泛的研究。该法案最后归纳总结道,该地区改建为国家公园能保持其原生性,满足科学研究的需要,同时强调该地区的旅游资源会吸引国内外游客。法令签署一周后,总统参观了伊塔蒂艾亚国家公园。

4) 1940年《华盛顿公约》

受1933年《伦敦公约》,即《保护自然环境中动植物的公约》的启发,同年,殖民国家在伦敦签署了一项保护非洲自然的协议。美洲各国决定签订《西半球自然和野生动物保护公约》(又称《华盛顿公约》),保护那里的自然和野生动物。

1940年12月,巴西成为《华盛顿公约》的签约国。该公约是泛美地区首个关于自然保护和建立保护地保护野生动物的国际条约。1948年,巴西国会批准通过该公约,但直到1965年11月才正式生效。该公约定义的国家公园是"为保护和保存非凡美景和具

国家代表性的动植物而划定的区域,实施公共治理,资源可供公众享用"。该公约具体规定如下:

(1) 尽快研究在各疆域内建立国家公园、国家保护区、自然遗迹区和严格的原野保护区的可能性。公约生效后,(缔约国)应尽早在适建地区划建相应的保护地。

(2) 若某缔约国现时建立上述四类保护地的条件不成熟,则应视本国具体情况,听取相关部门意见,尽早根据关注的对象或动植物,选取适宜地区,将之转变为国家公园、国家保护区、自然遗迹区和严格的原野保护区。

(3) 各缔约国需向泛美联盟通报各自建立国家公园、国家保护区、自然遗迹区和严格的原野保护区的情况及立法进展,包括采用的行政管理办法。

(4) 未经相关授权立法机构同意,不得改变国家公园边界或转让国家公园的任何一部分。

(5) 保护地资源不可用于商业性的开发利用。

(6) 未经国家公园管理局指导和管理,禁止在国家公园内猎杀动物、毁坏或采集植物,合法审批的科研活动除外。

(7) 以符合本公约宗旨的方式,为公众在国家公园内游憩和教育提供公共设施。

(8) 尽可能地杜绝对严格的原野保护区的干扰,合法审批的科学调查、政府视察和其他符合该类保护地设立宗旨的活动除外。

(9)(各缔约国)制定或函请相关的立法机构制定相应的法律法规,保护和保育各疆域内分布在国家公园、国家保护区、自然遗迹区和严格的原野保护区之外的动植物。法律法规应有专门的条款,就个人和机构因科学和调查工作需要,合法取用动植物予以明确的规定。

(10) 出台或建议相关的立法机构出台法律,保护自然美景、壮丽的地质地貌及具有美学、历史或科学价值的地区或自然景点。

(11)(各缔约国)应相互合作,实现公约目标。美洲各国的科学家应在法律许可的范围内开展研究和野外调查互助。在条件成熟的情况下,科学家之间或研究机构之间可签署合作协议,提升合作有效性,合作成果应以出版物等形式向美洲各国同等开放。

(12) 应当采取适当措施,保护具经济或审美价值的候鸟,防止任何物种因受威胁而灭绝。

22 个国家在华盛顿的泛美联盟[①]办公室签署了《华盛顿公约》,后来只有玻利维亚和古巴没有按照公约要求正式履行该公约。1965 年,巴西才正式履行该公约。

5) 1962 年机构变动

1962 年,巴西撤销了林务局,管理国家公园等职责被并入农业部某部门。一切都变得更加困难。

6) 1965 年修订《森林法》

随着新燃料和水电等新能源的出现,薪柴的经济重要性逐渐衰减。反之,公众更加关注环境问题,森林保护意识不断增强。1960 年,国会提议修订 1934 年颁布的《森林法》。

---

① 泛美联盟现为"美洲国家组织"(Organization of American States,OAS)。

1965年，新修订的《森林法》将原来"所有乡村土地保留的25%原生森林"划定为"法定保护区"（legal reserve，RL），旨在保护不同的生物区系内的自然环境。按此规定，亚马孙地区一半的乡村土地应得以保护，但该法还规定允许开发利用这些土地，只要承诺日后重新造林即可。

新修订的《森林法》最大的创新亮点在于，提出了建立"永久保育区"（permanent preservation areas，APPs）。国会批准通过的该法规定，下列地方分布的森林和其他自然植被都应得到永久性的保护：

（1）河道沿岸；
（2）泉水周边；
（3）湖泊、潟湖、水库和湿地周边；
（4）山顶和海拔1800米以上的地区；
（5）坡度超过45°的山坡；
（6）盐生沼泽、固定沙丘和红树林；
（7）高原周边。

政府宣布永久保护这些森林和其他自然植被，旨在：

（1）减少水土流失；
（2）稳定沙丘；
（3）沿公路和铁路形成防火带；
（4）配合军队部署，协助国防；
（5）保护具有观赏、历史和科研价值的场所；
（6）保护濒危动植物；
（7）维持森林健康；
（8）为公众提供健康的生活环境。

除非经联邦政府同意且出于公共利益目的，否则不允许全部或部分砍伐这些受保护的森林或其他自然植被。巴西现行法律仍认可法定保护区和永久保育区。

新修订的《森林法》还规定，政府应建立国家级、州级和市级公园和生物保护区[①]，维护各种自然特征，全面保护动植物和自然美景，服务于教育、游憩和科研活动。政府也可根据经济、技术和社会需求，建立国家级、州级和市级森林，包括指定林业用地。该法规定，国家级、州级和市级公园内禁止任何形式的自然资源开发。

到1965年，巴西的国家公园只有15处。

7) 1967年《动物保护法》

这是巴西第一部专门关于动物保护的法律。该法规定，所有非圈养的野生动物，不论老幼，以及其巢穴、庇护所和天然繁育场所均属国家财产；禁止使用、虐待、破坏、猎杀或捕捉任何动物。

8) 1967年成立巴西森林发展研究所

1967年，环境部下设巴西森林发展研究所，享有行政和财务自主权，主要负责森林事

---

① 1967年修订的《野生动物保护法》对生物保护区有更严格的规定。

务,如松树和桉树造林。该研究所的自然保护司,负责动植物保护和管理国家公园与相当于"保护区"的保护地。该司面对种种局限,顶着重重困难,彻底改革了巴西的保护地管理。

9) 1973年环境特别秘书处成立

1973年,巴西内政部设立了环境特别秘书处,负责管理其他国家机构未管辖的环境事务,特别是污染和城市环境。该机构很快就着手推进保护区的建立,最终与巴西森林发展研究所形成职能交叉。这给巴西森林发展研究所带来了巨大压力和沉重负担,许多保护地措施最终以失败而告终也可能与此有关。这个教训很值得中国借鉴。中国保护地管理机构众多,要建立合理有效的国家公园体系,显然也会面临同样的问题。

10) 1970~1982年国家保护地体系的发展

20世纪70年代,巴西政府推出了强有力的刺激政策,加快开发亚马孙地区。大型道路建设项目纷纷上马,大量土地分给了愿来此定居的新移民。雷达项目,即后来的巴西雷达项目,启动实施。这一项目主要借助亚马孙号雷达,进行地形和地质测绘、植被和土壤调查,以及地区发展规划等多项活动。机载雷达可透过浓密的云层和茂密的植被采集地表影像。雷达项目最终覆盖全国。现在,亚马孙不少地区唯有的数据就是雷达项目收集的数据。雷达项目的重大成果之一就是提议在亚马孙地区建立总面积近1亿公顷的保护地。

巴西森林发展研究所的国家公园司和其他政府部门对鼓励开发亚马孙忧心忡忡,担心开发活动带来的环境影响。那时,"(社会)发展"活动产生的环境影响无人关注,环境许可的概念也压根儿没有。忧虑之下,巴西于1979年推出了国家保护地体系规划项目,在世界上首次科学地制订了保护地体系总体方案。亚马孙地区优先保护片区的筛选,采用了更新世避难所理论(theory of pleistocene refugia),那是当时最前沿的科研成果。这一理论后来虽颇受非议,但在生物多样性数据缺乏的情况下,以此理论为基础在广袤的区域内划建保护地,能科学地确立保护地筛选标准,减少筛选的主观性,亚马孙的保护取得了重大突破。

国家保护地体系规划项目完整地构建了巴西全国的保护地体系,确定了保护地发展国家目标、5类管理级别(国家重要性、辅助类、附加类、地区或地方级重要性、全球重要性),以及全国16类保护地类型。

巴西,尤其在亚马孙地区,众多保护地的划建都是以此项目为基础的。2000年,国会通过的《巴西保护地体系法》也是以此项目为基础的。1970~1982年是保护地领域公共部门最有作为的辉煌时期之一。

11) 1979年《巴西国家公园条例》

1979年,总统批准《巴西国家公园条例》,采纳了1969年印度新德里第十届世界自然保护联盟大会上通过的国家公园的概念,确立了有关国家公园规划、设立和使用的各项基本规则。

12) 1988年《巴西联邦共和国宪法》

《巴西联邦共和国宪法》首次用整整一章规定环境保护,包括保护地。

13）1989 年创建巴西环境和可再生自然资源研究所

巴西合并所有负责环境事务的机构，即将巴西森林发展研究所、环境特别秘书处、渔业署（Sudepe）及天然橡胶生产促进署整合，成立了巴西环境和可再生自然资源研究所。该研究所负责联邦政府所有环境事务，包括检查环境许可、管理保护地、开展科研和监测。该研究所最初几年步履蹒跚，后来跻身于巴西最被认可和尊重的公共管理机构行列。2007 年，该研究所不再负责保护地管理、生物多样性保护和传统社区的管理。这些职能全部交由新成立的奇科·蒙德斯生物多样性保护研究院。但这一做法现仍饱受批评。

14）1992 年《生物多样性公约》

巴西和中国都是《生物多样性公约》的缔约国。该公约是目前世界上关于生物多样性保护、生物多样性可持续利用，以及遗传资源获取和惠益分享的重要国际协定之一。

15）1998 年《破坏环境罪法》

这一法令完善和更新了所有破坏环境的行为应承担的刑事和行政处罚。

16）2000 年《巴西保护地体系法》

国会批准通过了《巴西保护地体系法》。对巴西国家公园和生物多样性保护来说，该法具里程碑式的意义。本书会进一步介绍相关内容。

17）2006 年《公共森林管理法》

该法案所涉及的政策允许私营部门借助特许经营的形式，在国家森林等公共森林内采伐林木。巴西还依该法在环境署下设巴西林务局，促进林业经济和森林可持续利用。

18）2007 年创立奇科·蒙德斯生物多样性保护研究院

如前所述，奇科·蒙德斯生物多样性保护研究院的成立引起了很大争议。时至今日，人们对是否有必要保留这一环境管理机构仍莫衷一是。该研究所的设立极大地干扰了巴西的保护地管理和生物多样性保护事务。虽然该研究所仍在正常运营，但巴西仍在探讨是否要将其与巴西环境和可再生自然资源研究所合并。当初机构设置时考虑欠周，造成该研究所与巴西环境和可再生自然资源研究所及巴西林务局之间职责不清，职能重叠。

19）2012 年新《森林法》

经过紧张的辩论和投票，国会通过了新《森林法》，新法会取代 1965 年出台的《森林法》。事实上，新法完全保留了原法所有的核心内容。例如，有关永久保育区和法定保护区的内容稍经改动得以保留。保护地方面，因为巴西在 2000 年就出台了专门的法律，新《森林法》未再涉及此类内容。

新《森林法》最大的创新是农村环境地籍（rural environmental cadastre，REC），这是巴西全国农村地籍电子系统，依法登记所有农村地籍，汇总农村地区土地资产相关环境信息，建立数据库，旨在控制和监测森林采伐情况，服务环境和经济规划。土地所有者和棚户区居民必须借助植物和其他可识别物来界定其土地边界，至少取地块边界某一点的地理坐标，记录此地块现存的原生植被、永久保育区、限制使用区和法定保护区的位置。

2. 基本情况：保护地的数量、分类、使用情况等

表 4-1 中，国家公园、州立公园和市立公园的总面积占巴西国土面积的 4.0%+0.1%（4.0%为占陆地面积的比例，0.1%为占海洋面积的比例）。

表 4-1 巴西保护地数据

巴西	保护地数量/个	面积/平方千米	占国土面积比例[①]/%
总计	1 940	1 551 196	17.2+1.5
严格保护类	586	528 007	6.1
可持续利用类	1 354	1 023 189	11
联邦级	954	763 844	8.7+0.5
严格保护类	143	369 163	4.3+0.1
• 国家公园	71	252 978	
• 生物保护区	30	39 034	
• 生态站	32	74 691	
• 野生动物庇护所	7	2 017	
• 自然纪念地	3	443	
可持续利用类	811	394 681	4.5+0.4
• 国家森林	65	163 913	
• 环境保护地	32	100 101	
• 传统利用保护区	62	124 362	
• 可持续发展保护区	2	1 026	
• 特殊生态价值区	16	447	
• 私有保护区	634	4 832	
州级	781	760 849	8.4+1.0
严格保护类	329	158 472	1.8
可持续利用类	452	602 377	6.6+1.0
市级	205	26 503	0.3
严格保护类	114	372	
可持续利用类	91	26 131	0.3
印第安土地	703[③]	1 157 343[②]	13.6[③]

[①] 前者为国土面积占比，后者为海域面积占比；
[②] http://www.funai.gov.br/index.php/indios-no-brasil/terras-indigenas[2016-02-22]；
[③] http://pib.socioambiental.org/pt/c/terras-indigenas/demarcacoes/localizacao-e-extensao-das-tis；
注：印第安土地不属于严格利用类和可持续利用类，因此不计算在总计里

各类保护地的数量自 1975 年开始显著增长（图 4-1），图 4-2 显示了巴西保护地和印第安土地的地理分布。表 4-2 列出了巴西保护地分类及主要特征。表 4-3 和图 4-3 统计了 2006~2015 年巴西保护地、国家公园和其他联邦保护地的游客数量。从中可以看出，国家公园的游客数量占全部保护地的绝大部分，并且呈逐年显著增长的趋势。

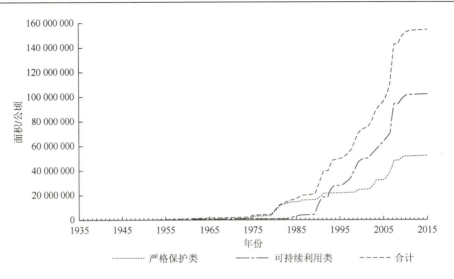

图 4-1　巴西保护地增长图（1935～2015 年）

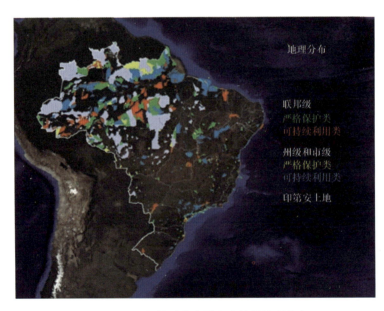

图 4-2　巴西保护地和印第安土地的地理分布

表 4-2　巴西保护地分类及主要特征

类型	保护地	主要目标	主导创建方	土地所有权	是否有居民	公众使用	委员会	矿业	伐木	捕鱼	打猎
严格保护类	国家公园	保护自然生态系统中具有重要生态价值的生态系统和自然美景，供科学研究、环境解说、教育活动、游憩和生态旅游用	政府	公有	N	Y	咨询	N	N	N	N
	生物保护区	充分保护生物保护区内的生物区系及其自然特征	政府	公有	N	N	咨询	N	N	N	N

续表

类型	保护地	主要目标	主导创建方	土地所有权	是否有居民	公众使用	委员会	矿业	伐木	捕鱼	打猎
严格保护类	生态站	保护自然和开展科学研究	政府	公有	N	N	咨询	N	N	N	N
	野生动物庇护所	保护植物、留居或迁徙动物及其生长或繁衍所需的自然场所	政府	公有/私有①	仅个别保护区	Y	咨询	N	N	N	N
	自然纪念地	保护稀有、独特和壮丽的自然景点	政府	公有	N	Y	咨询	N	N	N	N
可持续利用类	国家森林	确保森林资源可持续、多用途的利用，并为科研服务	政府	公有	Y②	Y	咨询	Y	Y	Y	N
	环境保护地	保护生物多样性，规范利用程序，确保自然资源的可持续利用	政府	私有和/或公有	Y	Y	咨询	Y	Y	Y	Y
	传统利用保护区	保护当地社区传统生计和文化，确保自然资源的可持续利用	社区政府	公有	Y	Y	决策	N	Y	Y	Y
	可持续发展保护区	保护自然，提高原住民的生活品质，改进自然资源的开发模式，提高、保护和改进传统社区发展的知识和环境管理技术	社区政府	公有	Y	Y	决策	N	Y	Y	Y
	特殊生态价值区	维持地区或地方的自然生态系统，规范允许开展的利用	政府	私有/公有	Y/???	Y/???	???	N	N	N	N
	私有保护区	保护自然	土地所有者	私有	N	Y	N	N	N	N	N

注：Y-是；N-否；???-不确定；
①仅在某些特殊情况下，允许包含私有土地；
②只有保护地划建时已在此居住的原住民

表 4-3 巴西保护地的游客数量统计（2006~2015 年）　　　单位：人次

年份	国家公园	所有保护地总计
2006	1 802 010	1 905 530
2007	2 997 450	3 181 817
2008	3 383 794	3 591 620
2009	3 914 709	4 150 841
2010	3 990 658	4 187 451
2011	4 781 139	4 965 664
2012	5 431 319	5 703 706
2013	5 951 642	6 411 870
2014	6 594 870	7 305 178
2015	7 149 112	8 071 018

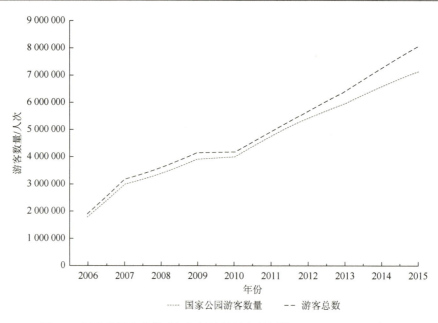

图 4-3　国家公园和其他联邦保护地的游客数量统计（2006~2015 年）

4.1.1　保护地和国家公园的定义及相互关系

历经十多年的争论，2000 年 7 月国会批准的《巴西保护地体系法》给出的"保护地"定义为：保护地是政府依法划定的、采用适当保护措施予以保护的、特定的陆地（含水域）及其自然资源。表 4-2 详细介绍了包括国家公园在内的巴西保护地体系的分类及其特征。国家公园曾是巴西最早且仅有的保护地类型。许多其他的保护地类型也经常打着"国家公园"的名号。随着保护地体系的壮大，巴西对不同类型的保护地进行了更加明确的界定。事实上，国家公园仍然是保护地体系中名号最响和重要性最高的保护地命名。

4.1.2　与世界自然保护联盟保护地分类体系的对比及异同

表 4-4 给出了世界自然保护联盟（IUCN）保护地分类体系和巴西保护地分类体系间的对应关系。首先，有些巴西的保护地类型在世界自然保护联盟的保护地分类体系中找不到相对应的保护地。例如，国家森林虽允许商业性采伐和采矿活动，但受到管控，且其边界内仍保留着一些重要的、未经开发利用或严格保护的区域。巴西目前最大的铁矿就位于一处国家森林内。其次，私有自然保护区的管理模式与国家公园和州立公园相似，但大多数面积都不大。最后，特殊生态价值区与世界自然保护联盟保护地分类体系中的多类保护地相似，但往往面积较小，因此也无对应的类型。

有些巴西保护地类型，国家森林、私有保护区和特殊生态价值区在世界自然保护联盟保护地分类体系中找不到对应的类型（表 4-4）。

表 4-4 与 IUCN 保护地分类的对比

IUCN 类别	说明	对应的巴西保护地
Ⅰa 类 严格的自然保护区	为保护生物多样性或地质地貌而严格保护的区域，为了确保各种价值的保护，区内严格控制和限制人类进入、资源利用及其影响，可作为科学研究和监测的重要"对照"区	生物保护区和生态站
Ⅰb 类 原野地	大面积保持原有自然状态，没有或仅有轻微改变但没有永久或明显人类居住的保护地，保护和管理的目的是保存其自然状态	无直接对应的保护地类型，某些保护地分区相当于 IUCN 的 Ⅰb 类
类别 Ⅱ 国家公园	划建的大面积的、自然或近自然的用于保护大尺度生态过程、代表性物种和生态系统的保护地，在不破坏环境和文化的情况下，提供精神、科研、教育和休闲娱乐机会	国家公园
类别 Ⅲ 自然纪念地或自然地貌	为保护地貌、海山、洞穴等独特的自然遗迹、洞穴，甚至仅存的小片古树等地质特征而划建的保护地。这类保护地的面积往往不大，但旅游价值较高	自然纪念地
类别 Ⅳ 栖息地/物种管理区	为保护和管理特定物种或栖息地而划建的保护地，大多需根据物种或栖息地的保护要求，定期予以积极的干预，但这也并非必需的	野生动物庇护所
类别 Ⅴ 陆地/海洋景观保护地	划建这类保护地是保护那些人与自然协同演进而造就的具重要的生态、生物、文化和美学价值的独特特征。保护和维持这类保护地及其自然环境和价值是守护人与自然良好互动的根本	环境保护地
类别 Ⅵ 资源可持续利用区	划建这类保护地旨在保护生态系统、栖息地及其附属的文化价值和传统的自然资源管理体系。这类保护地面积通常较大，大部分地区处于原始自然状态，部分地区允许低强度、非商业性的自然资源利用。自然保护是这类保护地的一项主要管理目标	传统利用保护区 可持续发展保护区

4.1.3 国家公园的管理理念

森林生为人用，人们用时当懂得细水长流而非竭泽而渔。

奥尼·杜阿尔特·佩雷拉（Osny Duarte Pereira）

美国的非政府组织——保护国际（Conservation International，CI）在 1998 年提出"生物多样性巨丰富的国家"这一概念，包括了全世界物种数量最多且特有性最高的 17 个国家。2015 年，在第八届巴西保护地大会上，保护国际执行副主席罗素·米迈特尔博士，即"生物多样性巨丰富的国家"概念的提出者之一，公布了全球 18 个生物多样性巨丰富的国家名单。这 18 个国家分布着全球已知的 2/3 的陆生、淡水及海洋生物。巴西的生物多样性居全球之冠。进入世界前十的其他九个国家分别为印度尼西亚、哥伦比亚、墨西哥、澳大利亚、秘鲁、中国、墨西哥、马达加斯加和菲律宾。此外，全球 35 个生物多样性和濒危物种最丰富的陆地生态区中，巴西占了两个，分别为赛拉都和大西洋森林生态区。

生物多样性丰富既是一份荣耀，也是一份重任：巴西必须保护和利用好生物多样性。保护地是保护生物多样性最经济有效的方式。当然，任何一个国家光靠保护地，尤其是国家公园和其他严格保护类的保护地，来保护其生物多样性也是不够的，必须借助其他策略。尽管如此，任何策略或政策在保护生物多样性和防止生物多样性大量丧失方面都不能取代保护地的地位。

自有国家公园立法以来，巴西就认为自然价值的保护高于其他任何目的。这一理念延续至今，并被写入《巴西联邦共和国宪法》。如 4.2.2 节的介绍，保护地的创建是巴西的国家义务。《巴西联邦共和国宪法》同时禁止任何破坏保护地价值完整性的资源利用行为，这成为管理巴西整个保护地体系的根本出发点。即便为了提高这些保护地的知名度和认可度，允许公众游赏和参观也需确保这些活动及其他活动不会损害保护地的自然价值，这一点是至关重要的。有了法律保障并不意味着万事大吉，不出任何问题，因为外来压力无处不在，利益诉求众多，甚至政府管理机构内部对"保护绝对优先"也存有质疑。幸运的是，持这种想法的人不多。

现在人们对保护地的作用及其对周边地区的影响有新的见解和认识。生态服务价值越来越受到社会的认可。例如，酝酿立法，让下游水电站受益者（如水电开发者）向上游保护水资源的保护地缴付水资源使用费。新挑战需要解决，老问题同样需要处理。即使按最温和的气候变化情景预测，其对生物多样性的影响也是最难以应对的棘手问题，因为目前几乎没有可纳入保护地体系的陆地和水域空间。在气候变化的情况下，管理保护地并非易事，需要采取有效的管理行动。

4.2 国家公园的基础和法律背景

4.2.1 愿景和理念

2000 年，巴西回顾和整合了所有与保护地相关的法律法规，最终国会批准通过了一部新法，提出建立巴西保护地体系，整合联邦级、州级和市级所有的保护地。巴西各州、市政府拥有保护地自治立法权。事实上，他们往往直接沿用联邦法律，某些后来依联邦法律的指导原则出台了地方性法律法规的州市，也只是因地制宜，对联邦法律稍做细微调整而已。

巴西保护地体系的目标包括：

（1）致力于维护巴西疆域（含领土和领海）内的生物多样性和遗传资源；
（2）保护国家级和地区级受威胁的物种；
（3）致力于保育和恢复自然生态系统的多样性；
（4）促进自然资源的可持续发展；
（5）促进自然保护原则和实践在社会经济发展中的应用；
（6）保护自然或近自然的壮丽风景；
（7）保护保护区内地质、地貌、洞穴、考古、古生物、文化等各类特征；
（8）保护和恢复水土资源；
（9）修复与恢复退化的生态系统；
（10）提供科研与环境监测机会及激励；
（11）珍视生物多样性的社会经济价值；
（12）营造条件，推动环境教育、解说、自然游憩和生态旅游；
（13）保护原住民生存所必需的自然资源，尊重和认可其传统知识与文化，促进其社会经济的发展。

《巴西保护地体系法》规定，巴西的保护地体系应做到：

（1）保护巴西疆域内所有具代表性的物种、栖息地、生态系统；

（2）确保公众参与制定国家层面的保护地政策，确保当地社区真正参与保护地的创建、保护和管理；

（3）尽力保障保护地的经济可持续性，设法将保护地管理纳入周边土地和水资源的管理政策中；

（4）保障因保护地建立而受影响人群的生计或其受损资源获得了公平补偿；

（5）设法保障保护地管理所需的资源；

（6）运用适合管理大型保护地的法律和行政手段。

这部法律中值得中国借鉴的方面可能是，针对新法未涵盖的保护地类型开发评估工具，编制评估流程，重新实施评估，参照新法按评估结果对其重新分类或直接除名。这种做法可以妥善研究与解决新保护地法与原有法律法规在保护地分类方面存在的矛盾和冲突。

4.2.2 法律基础：法律、法规与政策

与美国等政局稳定的国家不同，自1889年巴西联邦共和国建立以来，巴西先后于1891年、1934年、1937年、1946年、1967年和1988年颁布了六部宪法。除第一部外，其他五部宪法都明确提出要确保原住民拥有其居住土地的地权。1988年的最新宪法首次明确提及了环境问题，规定所有公民都有权在健康的生态环境中生活的权利，并将保护地作为有效实现这一权利的必要条件。因此，原住民土地与保护地"出身"不同，不应将两者混为一谈。原住民土地有专门的适用法律。这种情况在拉美地区并不多见。大多拉美国家未将保护地与原住民土地加以区分，结果导致大量土地纷争，且有愈演愈烈之势，最终往往牺牲的是保护地。巴西的体制能较好地避免土地纷争和减少保护地流失，但不能完全杜绝冲突的出现。目前，巴西许多地区各种利益交叉重叠，土地纠纷日益激化。

值得注意的是，1988年以前，国会独享环境立法权。1988年的最新宪法拆分了这一立法权，规定联邦政府负责制定一般性规定，州和市政府负责制定细则，享有就保护地事务颁布地方性法律的权力。

宪法有效地引入了重要的概念和规定，巩固了现有环境立法相关标准的法律地位，为出台新法律和项目提供了法律保障，包括提出建立国家保护地体系。

宪法条文为保护地带来的最大福音就是，保护地边界的调整需要立法批准，宪法中另有规定的除外。在巴西，不论过去还是现在，几乎所有的保护地都是总统以总统令的形式创建的，而非由国会批准设立的。过去，负责解决企业、"开发者"及现存保护地之间利益冲突的相关人员，只会调整保护地边界，简单了事。那时调整保护地边界很容易。1988年的最新宪法提出了更严格的要求，如保护地边界调整或保护地除名都需国会立法批准。

《巴西保护地体系法》的出台经历了漫长而艰难的过程。最新宪法实施后不久，巴西于1989年便着手起草与讨论该法，1992年正式提交国会，直到2000年7月才获得国会批准，并正式生效。

该法整合了所有有关保护地的法律。

4.2.3 指导国家公园统一管理的政策与方针：国家、地区和保护地层面

巴西设计的保护地体系管理架构，从理论上来说，有助于协调国家和各州市层面的保护地管理政策，多种方式使保护地管理更加顺畅。

遵照《巴西保护地体系法》，巴西保护地体系的组织架构分为三部分。其中，国家环境委员会是咨询和决策机构，负责保护地体系政策的落实和相关事务的决策，包括将某些达不到国家标准，但却满足地区或地方特定标准的州级或市级保护地全部纳入巴西保护地体系内。

环境部负责整个保护地体系的协调。联邦、州、市的保护地管理机构具体负责保护地体系的运营，编写新建保护地的项目书，管理各自辖区范围内的保护地。

这一组织架构虽然在较低层面的一体化程度未达到预期标准，但却有助于减少冲突，协调整个保护地体系的工作。州、市政府享有保护地立法权。因此，整合和协调联邦及州市政府的行动和政策，归根结底就是政治磋商。

目前，巴西未正式出台设立保护地的政策和指南。保护地大多是各部门依特定动议或需求，一个个划建起来的。

奇科·蒙德斯生物多样性保护研究院明显缺少有助于确保保护地能整齐划一、高效管理的指南和规定。大多数保护地的现有规定也仅限于《巴西保护地体系法》中宽泛的规定，缺乏指导细则。巴西仅制定了国家公园管理条例，其他保护地均没有此类管理规定。该条例更新不及时，尚未根据《巴西保护地体系法》进行修订。

1992年，巴西在里约热内卢地球峰会上签订了《生物多样性公约》。巴西联邦政府随后设立了"生物多样性国家计划"，启动与全球环境基金的商谈，争取资金支持，实现该公约的三大履约目标：保护生物多样性；可持续利用生物多样性组成部分；公平公正地分享因利用遗传资源而产生的惠益，包括通过适当获取遗传资源和适当转让相关的技术所产生的惠益，同时亦顾及对这些资源和技术的所有权，并提供适当的资金。国际复兴开发银行，即世界银行向全球环境基金提供了1000万美元的资金，加上巴西联邦政府配套的1000万美元，"巴西生物多样性保护项目的保护与可持续利用计划"于1996年正式启动。

该计划由环境部、巴西国家科学研究与技术发展委员会负责协调，旨在让公共和私营部门共同确定优先行动，获取有关生物多样性的信息与知识，实现"生物多样性国家计划"与《生物多样性公约》确定的目标。"巴西生物多样性保护项目的保护与可持续利用计划"确定的行动在执行前需提交生物多样性国家委员会进行审批。该委员会由学者和来自社会团体的专家与代表组成。

自1996年创建"巴西生物多样性保护项目的保护与可持续利用计划"以来，巴西推出了多项行动方案，全面丰富了巴西的生物多样性信息。这些行动方案涉及的主题较多，包括：①评估生物区系和确定优先保护区域；②生物区系内的土地利用和植被；③生物多样性和栖息地的保护与恢复；④保护与恢复物种；⑤生态廊道；⑥环境教育、生物多样性信息及传播；⑦受威胁的物种；⑧入侵物种；⑨经济植物；⑩生态系统破

碎化；⑪生物多样性编目；⑫气候变化；⑬传粉物种；⑭保护地保护；⑮生物多样性经济价值评估等。

"巴西生物多样性保护项目的保护与可持续利用计划"最重要的成果就是召开研讨会，确定了生物多样性保护优先区。该系列研讨会沿袭了20世纪90年代亚马孙生物保护优先区研讨会的做法，即汇集众多专家，创建基础数据库，确定目标生态区内的优先保护区域。具体分四个步骤落实，依次为：①准备阶段；②操作阶段，召开专家研讨会；③结果处理与汇总阶段；④结果传播与监测实施。

所有研讨会采用统一的分析方法，具体运用到各生态区时会按需略做调整。专家讨论分两步：准备期与研讨会。准备期主要是让专家根据自己的经验和掌握的大量信息，广泛收集目标区域的高质量信息资料。专家先是收集科学数据、计算社会经济指标，并更新地图。随后再将信息按专题分类，如非生物特征、植物、无脊椎动物、两爬类动物、鸟类、哺乳动物、水生环境、植被、社会经济与保护地等。

地图和报告上传至网络，供研讨会成员做下一阶段的先期评估。熟悉各生态区的主要专家要参加为期5天的会议。来自不同领域的科学家、熟悉政府管理的专家、社会经济与人口方面的专家、商业与非政府组织的成员代表，齐心协力为各生态区的优先区规划提供技术支持。首先，在确定保护优先区时，与会人员按各自的专业背景及对生物多样性知识的了解程度，组成不同的主题小组。优先级的划定参照两个基本标准：生物重要性和保护紧迫性。生物重要性主要评估从物种到大尺度景观等众多指标。保护紧迫性主要评估人口压力、自然区域对经济活动和城市扩张的承受力、各种正在实施的经济开发方案等。其次，与会人员汇总各主题小组的分析结果，按各地理区汇总出各区所有主题的分析结果。再次，由综合小组找出按主题确定的重要区域的"重合区"，以及需特别关注的区域。最后，在研讨会全体大会上，全员总结前述工作，细化选定的优先区，讨论保护战略。

所有评估结果请见"巴西生物多样性保护、可持续利用与利益惠享优先区"这一文件（http://www.mma.gov.br/estruturas/chm/_arquivos/Prioritary_Area_Book.pdf）。地图下载地址为：http://www.mma.gov.br/estruturas/chm/_arquivos/maparea.pdf。

4.2.4 保护地分类/命名及其特征

巴西保护地体系有两大类，各具特色，具体情况如下：
（1）严格保护类；
（2）可持续利用类。

严格保护类保护地的根本目标是保护自然，不允许直接性地利用资源，法律另有规定的除外。这类保护地都将生物多样性保护作为最高目标。

可持续利用类保护地的根本目标是，妥善处理好部分自然资源的可持续利用与自然保护之间的关系。这类保护地需满足多种需求，从原住民的"合理需求"到可持续的商业性采伐，类型多样。

严格保护类保护地可分为五种：
（1）国家公园；

（2）生物保护区；
（3）生态站；
（4）自然纪念地；
（5）野生动物庇护所。

国家公园的根本目标是保护重要的生态系统和景观，区内可以开展科学研究、环境解说教育、自然游憩体验和生态旅游活动。国家公园内所有的土地必须是公有的，政府需收购区内现存的私有土地。国家公园内是否允许开展科学研究和公众访问取决于各国家公园的管理计划及当地政府出台的规章制度。州政府或市政府建立的此类保护地分别被称为"州立公园"与"市立公园"。

生物保护区设立的目的是充分保护区内的生物区系及其他自然属性，禁止人为地直接干预或改造环境，但允许采取措施恢复退化的生态系统和实施管理活动恢复与保护自然平衡、生物多样性和自然生态过程。这类保护地对自然价值的保护程度最高。生物保护区内的土地必须是公有的，政府需收购区内现存的私有土地。生物保护区内不允许游憩性质的公众访问，但允许授权许可的教育性质的公众访问，科研活动需严格遵守各生物保护区的管理计划及其当地辖区政府出台的规章制度。

生态站的目标是保护自然和开展科学研究。生态站内的土地必须是公有的，政府需收购区内现存的私有土地。公众不允许到生态站进行游憩，教育类到访需申请授权。科研活动需严格遵守各生态站的管理计划及其当地辖区政府出台的规章制度。任何可能对生态系统造成破坏的科研活动，只要生态影响范围不超过生态站总面积的3%且最多不超过1500公顷时，都可能获得授权许可。

自然纪念地的基本目标是保护独特、罕见或是风景秀美的自然场所。区内的土地必须是公有的，政府需收购区内现存的私有土地。科学研究和公众访问都需严格遵守各自然纪念地的管理计划及当地辖区政府出台的规章制度。

野生动物庇护所的目标是保护自然环境，为其内的植物、留居或迁徙的动物及生态群落提供良好的栖息与繁衍环境。野生动物庇护所可建在私有土地上，只要土地所有者可同时兼顾土地和资源利用与保护地保护双重目标。科学研究和公众访问都需严格遵守各野生动物庇护所的管理计划及当地辖区政府出台的规章制度。为确保特定栖息地和/或特定物种的生存需求，这类保护地允许积极的管理干预。

可持续利用类保护地可分为六种：
（1）环境保护地；
（2）特殊生态价值区；
（3）国家森林；
（4）传统利用保护区；
（5）可持续发展保护区；
（6）私有自然保护区。

环境保护地面积往往较大，有一定的人类活动，其非生物、生物、美学或文化特征对人类生存及福祉都非常重要。这类保护地的主要目的是保护生物多样性，规范占地行为，确保自然资源的可持续利用。其土地可以是公有的或私有的。这类保护地的特点在于可对这类保护地内的土地，甚至是区内的私有土地及其自然资源的使用予以规定和限制。在环境保护地内，公有土地上的公众使用与科研活动，应遵守各环境保护地的管理规划及辖区政府出台的规章制度；至于私有土地，其所有者可根据各环境保护地的总体管理原则，自行规范此类活动。

特殊生态价值区面积往往较小，极少或无人类活动，具出众的自然特征或具区域重要性的珍稀动植物的栖息场所。其设立的目的是维持具区域或地方重要性的生态系统，规范与保护目标相容的资源利用方式。此类保护地内的土地可以是公有或是私有的，土地（含私有土地）及其内自然资源的利用方式需遵守相关的规定和限制。

国家森林设立的主要目的是确保森林资源的多重、可持续利用和提供科研场所，强调天然林的可持续开发。国家森林主要建在以本土植被为主的地区，区内的土地必须是公有的，现存的私人土地必须由政府收购，但建区时区内的原有居民允许在区内永久居住。科学研究和公众访问都需严格遵守各国家森林的管理计划及辖区政府出台的规章制度。区内允许采矿活动，但受到管控。巴西政府以特许经营的方式向私营企业出让国家森林的林木资源，前提是承让方能对出让的森林进行可持续性的管理。州政府与市政府划建的此类保护地则分别被称为"州立森林"与"市立森林"。

传统利用保护区是原住民从事资源采集、农作物种植与小规模放牧等副业活动，以维持生计的地区，设立的主要目的是维护区内当地居民的生计与文化，确保区内自然资源的可持续利用。传统利用区内的土地必须是公有的，政府赋予区内居民按传统方式利用资源的权利。区内现存的私人土地必须由政府收购。传统利用区允许公众到访，但必须尊重当地社区的利益且遵守相关管理计划的规定。这类保护地允许并鼓励科学研究，但需事先向其管理机构提出申请，按约定条件及管理标准开展科学研究。矿产资源开发和狩猎是禁止的。遵照传统利用区适用管理规定及管理计划，在特殊情况下，允许对林木资源进行商业性的可持续性采伐，作为居民传统生活方式的补充手段。

可持续发展保护区是原住民赖以生存的自然场所，他们世世代代可持续地利用那里的自然资源，与周围的环境和谐相处，在保护自然和维护生物多样性方面扮演着重要的角色。此类保护地的基本目标是保护自然，提高原住民的生活品质，改进自然资源的开发模式，增强、保护和改进传统社区发展的知识和环境管理技术。此类保护地的土地必须是公有的，允许公众到访，只要到访符合当地利益且奉守各可持续发展保护区的管理计划。这类保护地允许并鼓励科学研究，强调科研要为自然保护服务、区内居民与环境和谐相处，以及开展环境教育。只要管理计划有规定，这类保护地内的自然资源允许使用，其内的土地便允许种植和放牧。

私有自然保护区是为保护生物多样性而永久划出来的私人土地。这些保护地的保护只能由土地所有者提议，按政府要求提交申请，政府则负责认可和同意申请方案。这类保护地允许公众到访与开展科学研究。

生物保护区和生态站作为两类不同的保护地类型共存是出于某些政治原因。曾有技术类议案提出应整合这两类保护地，因为其主要管理目标交叉重叠。此外，生态站内允许开展对生态环境有影响的研究，这似乎没有必要，因为在其他类型的保护地内也可以开展这类研究。同样，有议案建议撤消特殊生态价值区，因为其目标完全可由其他类型的保护地替代。巴西决定不再新设风景河流等保护地,因为现有的环境保护地已涵盖了这类保护地。1979年,在首次提出巴西保护地体系草案时,巴西森林发展研究所同时提议了一份临时性的巴西保护地体系管理分类。巴西保护地体系草案为2000年保护地体系法的创建奠定了基础。环境保护地在巴西森林发展研究所的议案中被称为"资源保护区",主要是为保护亚马孙丛林而构思的,旨在在评估某大面积地区是否适合建为保护地时,对其予以临时性的保护,防止其环境资源退化。《巴西保护地体系法》从起稿到最终批准历时多年,当该法案呈至国会时,得到的结论是:不应再沿用临时性分类,保护地自建立那天起就应是永久性的而不是临时性的。

2005年,巴西保护地体系引入了一种新机制:任何活动,无论是否对现存的自然资源造成了极大的破坏,只要有可能引发实际或潜在的生态退化,政府就可以采取临时性的行政限制,为研究划建保护地争取时间。此类行政限制最长可达7个月,不允许延长。在《巴西保护地体系法》讨论期间,人们认为这一机制已过时,甚至无益;现在更是无用且无意义,7个月的临时禁令无济于事。

2011年,国会批准通过了"环境保护支撑项目",凡是亚马孙丛林区内最贫困的家庭,只要他们在传统利用保护区、可持续发展保护区、国家森林及其他乡村地区采用可持续利用的方式,使用自然资源,即可按季度从政府领取津贴。此项目旨在帮助保护自然资源。

4.2.5 保护地的建立与撤销:含准入、监测、评估和除名

《巴西保护地体系法》规定了国家公园及其他保护地类型的设立及法定程序。自1937年建立第一个国家公园以来,在巴西,国家级保护地要么是巴西总统以总统令,要么是国会以国会法案的形式设立的。在第一个国家公园——伊塔蒂艾亚国家公园成立后的前10年里,国家公园是随意建立的,没有系统规划。但总体看来,巴西的发展进程和开发占地状况直接影响着国家公园的建立。因此,直至20世纪50年代末,巴西中西部地区才有国家公园,亚马孙丛林区直至70年代初才出现国家公园。当时,巴西还没有建立新的保护地指导标准。

现在,法律要求:新建保护地前要开展技术研究,征求公众意见。公众咨询是将建立新保护地的想法告知当地居民及其他利益相关者,了解相关信息,更好地明确拟新建保护地的位置、大小和边界,因此是非决策性的。公众咨询往往是在拟建新保护地的地区,以公众大会的形式面对面进行咨询的。新设生物保护区和生态站时,公众咨询是非强制性的。

新保护地选址时,环境部会协调数家研究所组织一系列研讨会,联邦政府通过广泛地举办研讨会,确定巴西维护生物多样性保护和可持续利用的优先区和保护行动。本书4.2.3节对这些研讨会有详细的介绍。研讨会评估巴西疆域内包括滨海及海洋生态区在内的所有的生物区系。最新评估结果图是2003年11月完成的,目前正在进行新一轮的审改。

优先区清单只是一个指标,新建保护地不必分布在优先区内,即可能与优先区内圈出的区域毫无重叠。政府和社会(含学术机构、社会事业机构、非政府组织、社区或者公民等)都可发起建立保护地的动议。例如,原住民或土著居民社区可提议划建新的传统利用

保护区与可持续发展保护区。私有自然保护区的建立只能由业主向相关的环境机构提交必要的保护地申建材料，经环境机构确认合格后登记在册。

保护地建区法案需列明：

（1）保护地的名称、类别、目的、边界范围、面积大小、管理机构；

（2）传统利用保护区与可持续发展保护区，还应列明受益的原住民；

（3）国家森林、州立森林及市立森林中的原住民；

（4）涉及的经济、治安及国防活动。

保护地命名最好能根据受保护的重要自然特征确定，或沿用原来的地名。若是后者，最好能用沿用原住民的传统命名。

保护地撤销或边界调整唯有由国会特别立法通过方可。在不改变原有保护地边界的基础上，若只是扩大保护地的面积，设立该保护地的同级管理机构经征询公众意见后，即可发文予以调整。《巴西保护地体系法》规定，经征询公众意见，与可持续利用保护地的设立机构同级的政府机构，有权正式发文将可持续利用类的保护地升级为国家公园等严格保护类的保护地。

除环境保护地和私有自然保护区外，其他所有的保护地都必须在其周边区域划建缓冲区[①]。缓冲区内的人类活动需遵守特定的规定和限制，尽量减少对保护地的负面影响。划建缓冲区不是新建保护地，故其边界确定可列在缓冲区建区政府文件中或其管理计划中，边界应按技术标准确定，正式的定界法令与管理适用规定皆可由其管理机构的领导签署。这种做法赋予缓冲区管理机构一定程度的管理灵活性。缓冲区决定着环境许可发放、环境补偿资源的配置、城区扩张及涉及保护地管理的诸多重要事务。

联邦政府而非保护地管理机构负责发放环境许可。奇科·蒙德斯生物多样性保护研究院负责评估申请事宜是否会对目标保护地或缓冲区造成潜在影响，根据评估结果，拒绝申请或具体列明申请附带条件，最后将申请递至许可发放机构。州立保护地的环境许可发放程序类似。

巴西目前没有评估保护地规模有效性的方法，但可以借助本书4.2.3节介绍的巴西生物多样性保护优先区来评估是否建立了足够的保护地。本书的编写参考了巴西生物多样性保护优先区的评估结果。

这些年来，奇科·蒙德斯生物多样性保护研究院的重点工作之一就是监测保护地的管理。该工作是《生物多样性公约》在2004年提出的，要求签约国在2010年前完成保护地管理有效性的评估工作。

最初用来评估保护地有效性的方法采用了世界自然基金会开发的"保护地管理快速评估与优先性确定"方法。许多国家都采用了这一方法，巴西多个州属机构也不例外。该方法是专为大尺度范围内比较多个保护地网络而设计的，可以：

（1）找出管理上的优缺点；

（2）分析各类威胁和压力的影响范围、严重程度、蔓延和分布情况；

[①] 这里的"缓冲区"与中国自然保护区内的缓冲区完全不同。

（3）确定具有重要生态和社会价值的区域及生态脆弱区；

（4）明确单个保护地的保护紧迫性和优先性；

（5）帮助制定和优化适当的干预政策和后续措施，提高保护地的管理有效性。

巴西在 2005 年、2010 年和 2015 年先后三次，采用这一方法来评估联邦保护地。2005～2006 年，巴西对联邦保护地进行了首次评估，85%的保护地，共 245 处接受了评估。此次评估极大地改善了这些保护地管理，提升了其发展潜力。2010 年的评估涵盖了巴西 94%的保护地。

不过，奇科·蒙德斯生物多样性保护研究院出于某些原因，根据实际需求开发了一套保护地管理有效性评估工具，名为"管理分析与监测系统"。这套工具分析保护地的目标、自然保护目标和保护地使用之间的关系，评估保护地管理有效性和监测管理手段有效性，目前已在巴西 320 处联邦保护地投入了测试，初步评估报告在 2016 年底完成。

评估结果有望帮助单个保护地通过编制或更新管理计划、行动计划、保护计划等，快速地调整决策，或者让各保护地充分地认识其面临的管理挑战，提高其管理有效性，积极促进经济、社会、保护与管理等相关目标的达成。

4.2.6 土地权属［含州级、（社区）集体、私有土地］

为更好地理解巴西的土地所有权及其对保护地的影响，下面笔者介绍《巴西联邦共和国宪法》列明的联邦政府和州政府所有的土地。

联邦政府所有的土地包括：

（1）未被占用但法律规定用于以下目的的土地，即国家边境防御、军事建设与要塞、联邦通信线路及环境保护；

（2）辖域内或跨国界的河流、湖泊、水道及其滨岸地带；

（3）国境线上的河岛与湖岛、滨海沙滩、海岛和离（岸）岛，但市政府所在地、公共服务用地和联邦环境区除外；

（4）大陆架和专属经济区内的自然资源；

（5）领海；

（6）潮间带及新生出来的土地；

（7）具水电开发利用潜力的地区；

（8）矿产资源，包括地下矿产（即使私有土地内的地下矿产也属联邦政府所有）；

（9）地下自然洞穴、考古遗迹和史前遗迹所在地；

（10）印第安人历来占用的土地。

州政府所有的土地包括：

（1）流动的、涌出的或静止的地表或地下水，法律规定的联邦政府工程造就的水体除外；

（2）行政辖区内不属于联邦、市政府与第三方所有的海岛和离岛上的土地；

（3）不属于联邦的河岛和湖岛上的土地；

（4）未占用且不属于联邦政府的土地。

《巴西联邦共和国宪法》还规定：各州、市划定的环境保护用地不可用作其他用地。

尽管如此，仍有必要强调的是，在巴西，亚马孙地区以外的大部分土地为私人所有，公有土地极少且绝大部分为各州所有。亚马孙地区因 20 世纪 70 年代初开始实施土地占用政策，情况有所不同。土地占用政策规定，自1971年起，所有在建或规划公路两侧 100 千米范围内的所有公共土地全部收归联邦政府所有。那时亚马孙地区在建或规划的公路纵横交错，共有 18 条，总长度达 20 300 千米。许多被非法占用的土地，最终并未收归联邦政府所有。尽管目前对逆权侵占或在国有土地内棚居的行为进行处理缺乏法律依据，但政府已开始规范土地占用行为，承认符合法定条件的土地占用。在此过程中，联邦政府还顶着各州强烈反对的压力，划出数百万公顷的土地用于建立保护地。

在新建保护地时，向州政府做充分说明是重要的政治工作。从理论上讲，各权力机构拥有独立的环境管理权，实施决策时无需征得其他机构的同意。因此，州政府极少征询联邦政府的意见。然而，在过去的 10 年里，当联邦政府的某些决策引发政治问题后，巴西总统开始要求，决策时要广泛地向联邦政府、州政府相关部门及其他部委征求意见。如今，这一要求阻碍着保护地体系的扩展，提案走完批准程序后，往往变得"面目全非"。

所有保护地，不论其保护类型，其管理机构均需按《巴西保护地体系法》及依其制定的法律法规，管理保护地内的自然资源。除环境保护地外，其他保护地不存在交叉和多头管理的情况。只要在保护地范围内，即使是法律规定明确归属州、市分管的事项，也都由保护地管理机构进行管理与规范。保护地内的动植物利用与保护、渔猎、河流与水资源使用、矿产与林业资源利用等事务，由管理机构管辖或由管理机构依事先获得的同意和许可进行管理。

表 4-2 中要求土地权属全为公有的保护地类型，划建保护地时允许包含私人土地，但要将这些私有土地购买后变为公有。收购私有土地可通过行政或法律程序，且需按市场价预付土地收购款。私有土地所有者在获得赔偿前有权继续使用其土地，但开荒或开展保护地建区之前没有的土地使用和利用活动，需经保护区管理局批准。

传统利用保护区与可持续发展保护区的土地由联邦政府购得，但土地所有权以"使用权出让"的方式，转让给由当地的原住民组成的"居民协会"。土地所有权出让完全是免费的，但各类保护地的约定条件及土地所有权转让合同中另有规定的除外。社区使用这两类保护地内的自然资源时，禁止利用当地的濒危物种或破坏其栖息地；不得开展妨害生态系统自然恢复的活动；必须遵循法律、保护地管理计划与土地所有权出让规定。

若保护地内的土地权属只能为公有土地，且保护地内不允许有居民永久居住时，政府只能按与原住民达成的协议，赔偿或补偿他们的现有建筑，并进行妥善的易地安置。《巴西保护地体系法》同时规定，政府需出台具体的规定和措施，确保原住民在搬离保护地之前，其生产生活与保护地的管理目标相符。该法规定，各级政府土地管理部门都负有安置保护地外迁居民的责任。

土地收购是巴西保护地体系面临的主要瓶颈之一。巴西保护地体系中，大多数保护地类型都要求区内土地公有，虽然有些保护地（如野生动物庇护所）允许私有土地的存在，但这种情况极为少见。

巴西保护地土地所有权的统计数据不太可靠。除亚马孙地区之外，其他地区的国家公园等严格保护类的保护地内存在着一定数量的私有土地,这是危及保护地的一个主要问题。巴西保护地体系待收购的私有土地仍有数百万公顷,国会议员经常以此为由,动议减少或削减保护地,甚至阻止保护地体系的拓展。

巴西的土地注册制度向来不准,土地契约未注明地理坐标,因此,很难确定哪些土地与保护地有重叠交叉。

4.3 国家公园体系的规划

4.3.1 保护地体系战略/规划

巴西没有制定详细的指导保护地建设的国家战略。2013 年,巴西生物多样性国家委员会编制了 2020 年《生物多样性国家目标》。作为《生物多样性公约》的缔约国,巴西采纳公约建议,编制了《生物多样性战略计划》(2011~2020 年),根据公约的五大战略目标(即"爱知目标"),确定了 20 项子目标。

《生物多样性公约》指出,《生物多样性战略计划》(2011~2020 年)的使命就是:"及时采取有效行动,阻止生物多样性的丧失,确保到 2020 年生态系统得以恢复,继续发挥重要的生态服务功能,保护地球上的生物多样性,促进人类福祉和消除贫困。要实现这一目标,必须降低生物多样性面临的压力,恢复生态系统,可持续性地利用生物资源,惠益获取和分享遗传资源,提供足够的财政支持,提高保护能力,重视生物多样性及其价值,有效地实施合理政策,前瞻性地进行科学决策。"

该战略计划要求,各国政府应参照"爱知目标",根据各国的保护工作重点及能力,制定全国和区域性的保护目标。表 4-5 列有 2013 年 9 月巴西生物多样性国家委员会 6 号决议通过的《生物多样性国家目标》(2011~2020 年)。

表 4-5 巴西《生物多样性国家目标》(2011~2020 年)

战略目标 A 改变政府和社会主流价值观对生物多样性保护的认知,明确生物多样性丧失的根本原因	子目标 1:最晚到 2020 年,巴西全社会将了解生物多样性的价值、可采取的保护措施及可持续利用的行动步骤
	子目标 2:最晚到 2020 年,生物多样性价值、地质多样性和社会多样性将全部纳入地方和国家发展战略中;消除贫困和减少不平等将酌情纳入国家经济核算、规划和报告体系
	子目标 3:最晚到 2020 年,减少或改革包括不当补贴在内的激励措施,尽可能降低对生物多样性的负面作用;依照《生物多样性公约》,在兼顾全国和各地区社会经济条件的情况下,持续开发和应用有助于生物多样性保护和可持续利用的激励措施
	子目标 4:最晚到 2020 年,各级政府、企业和利益相关者已采取行动或已实施了可持续生产和消费计划,缓解或避免使用自然资源对大自然带来的负面影响
战略目标 B 减少生物多样性面临的直接压力,促进生物资源的可持续利用	子目标 5:到 2020 年,自然栖息地的丧失率较 2009 年的速率减半,条件具备的地区应将自然栖息地的丧失率尽量降到零;栖息地退化和破碎化显著下降
	子目标 6:到 2020 年,生态系统水生生物的管理和捕捞,应合法且遵循生态系统规律,避免过度利用;出台资源枯竭物种的恢复管理计划和措施,阻止任何会对濒危物种和脆弱生态系统产生的严重不良影响;科学划定生态安全界限,确保渔业生产对渔业资源、物种和生态系统的影响保持在生态系统的可承载范围之内
	子目标 7:到 2020 年,大力推广和支持对农业、畜牧业、水产养殖、林业、矿业,以及森林和野生动物管理实施可持续性管理,保护生物多样性

续表

战略目标B 减少生物多样性面临的直接压力，促进生物资源的可持续利用	子目标8：到2020年，降低污染程度和（土壤）养分流失水平，使其足以维持生态系统功能和生物多样性
	子目标9：到2020年，各州全面参与和落实《外来及入侵物种国家战略》，制定一套评估现有外来及入侵物种预防行动计划有效性的国家政策
	子目标10：到2015年，多种人为原因引发的气候变化和海水酸化对珊瑚礁、其他滨海及海洋生态系统的压力影响降至最低，保护海洋及其生态服务功能
战略目标C 保护生态系统、物种和遗传多样性，改善生物多样性	子目标11：到2020年，至少30%的亚马孙区域、17%的其他陆地生物区系、10%的海洋和沿海地区，即特别具生物多样性和生态系统重要性的地区将被纳入巴西保护地体系、其他法定的保护地（如永久保护地、法定保护区和原生植被土著居民领地）予以保护，明确其边界，制定法规确保其得到有效和公平的管理，维持其连通性、完整性和生态代表性，融入陆地和海洋整体景观
	子目标12：到2020年，濒危物种的灭绝风险大幅降至近零，改善保护，尤其是扭转物种下降的状况
	子目标13：到2020年，微生物、种植作物、野生和驯养动物，含具社会经济价值和/或文化价值的物种的遗传多样性得以维持，制定并实施策略将遗传多样性的损失降至最低
战略目标D 提升生物多样性和生态系统服务效益	子目标14：到2020年，恢复和保障生态系统，确保其能提供基本的生态服务，如水资源、人类健康、生计和福祉，同时要兼顾妇女、传统社区居民、土著居民、当地社区、穷人和弱势群体的需求
	子目标15：到2020年，实施保护与恢复措施，恢复生态系统和提高生物多样性贡献的碳储量，包括至少恢复15%已退化的生态系统，应优先考虑最能缓解和适应气候变化与预防沙漠化的生态区和流域
	子目标16：到2015年，依法实施《名古屋议定书》关于"遗传资源获取和惠益分享"的倡导
战略目标E 通过参与式规划、知识普及和能力提升，促进目标的实施	子目标17：到2014年，完成《生物多样性国家战略》更新，将之作为国家政策；通过多方参与，更新完善有效计划，包括定期监测和评估计划
	子目标18：到2020年，遵照传统习俗、巴西的法律法规及国际约定，尊重原住民、小农场主和传统社区传承的生物多样性保护和可持续利用的传统知识、创新理念和实践经验，在《生物多样性公约》的实施中纳入、整合并体现这些知识和经验，确保这些人群能充分有效地参与
	子目标19：到2020年，加深和分享对生物多样性、生物多样性价值、过程、变化趋势、损失后果、可持续利用，以及所需技术发展与创新的支持、转化和应用的认识。到2017年，完成已知陆生和水生动植物与微生物群的编目，建立永久免费的专业化数据库，分享编目数据，确定生物区系和动植物类群的信息空白
	子目标20：上述目标获准后，开展需求评估，计算实施这些目标所需的资源，并在2015年前完成资金的调配和部署，促进《生物多样性国家目标》（2011～2020年）的实施和监测，完成既定目标

实现国家目标需要联邦各机构行动一致，但巴西目前还没有制定或实施此类战略。就保护地而言，巴西确定的保护目标要比《生物多样性公约》战略框架设定的目标更加宏伟，并为各个生物区系设定了具体的保护目标。亚马孙地区的目标是保护其内30%的生物区系，而"爱知目标"第11条设定的陆地和内陆水体的保护目标为17%。巴西国家战略设定的目标含土著居民所有的土地及巴西《森林法》要求乡村地区要依法保留的、用于维持原生植被的林地，后者要么依法被划定为永久保育区，要么依法被划定为法定保护区。巴西完成巴西生物多样性国家委员会决议第11项子目标最大的困难在于海洋、南美大草原

和潘塔纳生物区系的保护。当前，各生物区系内保护地面积占比情况见表 4-6（注意：各生物区系内保护地的总面积不含原住民土地、永久保育区和法定保护区）。

表 4-6 各生物区系内保护地面积占比 单位：%

生物区系	保护地总面积占比	严格保护类保护地	可持续使用类保护地
亚马孙	27.1	9.9	17.1
塞拉多（稀树草原）	8.6	3.1	5.5
卡廷加（矮灌木林）	7.7	1.2	6.5
大西洋（沿岸）森林	9.9	2.5	7.4
潘塔纳（沼泽地）	4.6	2.9	1.7
南美大草原	2.7	0.3	2.4
海洋	1.5	0.1	1.4

由表 4-6 可知，巴西的保护地体系，尤其是联邦级的保护地分布广泛，但仍有很大的发展空间，尤其是亚马孙之外的其他地区。

4.3.2 保护框架：国家项目如何确定、监测、管理和保护自然及历史遗产

《巴西保护地体系法》创建了巴西国家保护地名录，旨在收录国内所有已建保护地的主要信息，包括濒危物种、土地权属、水资源、气候、土壤、社会文化和人类学等相关信息。环境部与联邦级、州级和市级保护地主管机构共同负责维护国家保护地名录，综合整理保护地标准化数据，包括相关的地理坐标信息等。这套数据平台向公共机构和社会大众开放，可以跟踪了解政府保护国家生物遗产的各项行动及实施效果。

巴西国家保护地名录也是监测保护地体系的一个工具，因为该名录能提供保护地官方信息；保护地现状详细报告，便于找出和确定问题，支持保护决策；设立国家保护地体系现状监测指标并实施监测；根据《巴西保护地体系法》确定的标准，评估保护地的管理规范程度；保护地规划、管理和监测信息。州级和市级保护地可自愿加入此名录。保护地管理机构鼓励辖管的保护地加入名录，最大的动力在于按国家环境委员会规定，定期注册登记的保护地有望拿到环境补偿资源。

在巴西，历史遗产的保护有专门的立法，由其他特定机构而不是环境机构负责管理。事实上，保护地内可能分布有古生物、考古或历史文化类资源。

自然和历史文化遗产的管辖权是独立的。但在保护地内，保护地管理机构可行使管辖权，它可以与文化遗产管理机构合作，但并没有合作义务。若偶有冲突出现，各机构需协商解决。

4.4 单个保护地（含国家公园）的管理

4.4.1 单个保护地的总体管理规划及分区

保护地内严格禁止与其管理目标、管理计划及管理规定不符的各类调整、活动或资源利用方式。《巴西保护地体系法》规定，管理规划是"基于保护地总体目标而制定的一份技术文件，确立了保护地分区和管理保护地自然资源利用标准，含构建保护地管理必需的基础设施"。所有保护地必须制订其管理计划，否则就不能明确区内允许开展的活动类型，严格保护类保护地更是如此。保护地各功能区内可开展的活动和项目必须与各功能区的设定目标相符，确保其内资源的生态完整性。

保护地管理计划的规划需涵盖整个保护地及其缓冲区，也包括设法将保护地纳入周边社区社会经济规划的措施。保护地需在建立之日起 5 年之内，完成其管理计划的编制。遵照适用的管理规定，管理计划还应制订在环境保护地及其他保护地类型的缓冲区内，放归和培育转基因生物的指南。编制保护地管理计划涉及内容广，公众参与机会多，尤其是可持续利用类保护地的管理计划的编制。

保护地管理计划由主管机构批准。传统利用保护区和可持续发展保护区还需保护地决策委员会批准。

管理计划的编制需遵循各类保护地的相关规定，确保规划的制定具连续性、渐进性、参与性和灵活性。保护地管理机构负责编制管理计划，但通常会邀请外部合作者参与，如外部专家、研究机构、大学、非政府组织和当地组织。所有保护地的管理计划遵循着同样的基本程序，即按保护地管理目标和具体标准对保护地进行分区。绝大多数严格保护类保护地的分区方案如下。

1. 无人为扰动区

该类功能区内，自然资源基本保持原始状态，无人为干扰，保护程度最高，是其他允许一定程度人类活动分区的"补给区"。这类功能区完全用于保护生态系统、遗传资源和环境监测，根本管理目标是自然保育和保障生物的自然演替。

2. 原始区

该类功能区没有或极少有人为干扰，分布着具重要科研价值的动植物或自然现象，介于无人为扰动区和低强度利用区之间。管理目标是保护自然环境，促进科研与环境教育，并允许"最原始"的游憩活动。

3. 低强度利用区

该类功能区虽受到一定的人为改变，但大体上仍保留自然状态，介于原始区和集约利用区之间。管理目标是尽可能地降低人类影响，保持自然环境，为公众提供教育和游憩机会。

4. 集约利用区

该类功能区呈自然或人为改变状态，建有游客中心、博物馆或其他基础服务设施，但环境尽量保持着自然状态。其管理目标是在不破坏环境的前提下，推动大众游憩和环境教育。

5. 历史文化区

该类功能区内分布有历史/文化遗产、考古和古生物学实物。管理目标是保护历史文化资源，在不破坏环境的前提下，服务于科研和解说活动。

6. 恢复区

该类功能区划定在受到严重干扰的地区，只是暂时性的，一经恢复即被永久纳入前四类之一。区内管理活动包括清除外来物种、恢复自然过程等。管理目标主要是阻止资源退化和/或恢复资源，区内只允许开展环境教育类活动。

7. 特殊利用区

该类功能区是保护地实施管理、维护和服务的所在地，设有办公室、住房、仓库等基础设施。划区时应避免破坏自然资源，在条件许可的情况下，尽量选在保护地边缘地带。管理目标是尽量少建新的基础设施，或管理建设工程对区内自然或文化环境的影响。

8. 利用冲突区

该类功能区是指保护地划建之前，允许开展与保护地管理目标不符的各类资源利用活动的区域，多为公共设施区，如燃气管道、输电线、天线、水塔、大坝、道路、光缆等。长期管理目标是消除冲突；中短期目标则是协调各类活动之间的冲突，尽量减少对保护地价值的破坏。

9. 临时占住区

该类功能区是指保护地内人类居住的区域，也是暂时性的，一旦占住人员搬离，该功能区即被并入其他永久型功能区。

10. 原住民交错区

该类功能区是指保护地边界内一个或多个原住民群体生产生活区。其管理目标需在巴西原住民管理局的支持下，与各原住民群体一一商量而定。该类功能区属临时区划，与所在保护地的交错重叠一旦合法化，即被并入其他永久型功能区。

11. 实验扰动区

该类功能区仅适用于生态站，内含因科研需要而允许自然或人为扰动的区域，最大面积不能超过生态站总面积的 3%，且不能超过 1500 公顷。管理目标是在保护地内开展对照性研究。

12. 缓冲区

该类功能区位于保护地周边，区内人类活动需遵守特定的管理规定和条例，尽量减少对保护地的负面影响。

国家森林管理计划所采用的分区与前面介绍的严格保护类保护地不同，其分区类型如下。

1）集体所有林可持续管理区

该类功能区大多属自然区域，可能有少许人类影响，介于原始区与低强度利用区之间，供保护地内或周边原住民/当地社区生存所需。管理目标是允许采伐森林、木材和非木材林产品，减少人类影响，维持自然环境，旨在实现国家森林与周边社区的社会经济生活的融合。该类功能区内允许开展教育和游憩活动，并允许对本土动物进行管理。

2）森林可持续管理区

该类功能区内分布有天然林或人工种植林，森林资源的可持续管理有望产生经济价值。管理目标是可持续性地利用森林资源，创建可持续的森林管理模式和工具，区内允许开展研究、环境教育和解说活动。

3）公众利用区

该类功能区内既有自然区域，也有人类扰动过的区域，区内分布着游客中心、博物馆及其他基础服务设施。区内环境应尽可能地维持自然状态。总体管理目标是在不破坏环境的情况下，推动大众游憩和环境教育。

4）人类聚居区

该类功能区是国家森林内原住民居住区，包括他们生产生活所需的土地资源和空间。管理目标是平衡自然资源保护与原住民的生产生活资源需求。经原住民社区许可，该类功能区内允许开展访客体验、环境教育和解说活动。

巴西尚未制定传统利用保护区和可持续发展保护区的分区指南。当然，这两类保护地在规划中已经采用了下列的某些规则和具体分区：

（1）集体所有的集约利用区。该类功能区旨在预留足够的空间，用于区内居民所需基础设施（如居住区、学校、医疗场所等）及农业活动（皆伐垦荒）用地。

（2）集体所有的资源管理利用区。该类功能区旨在确保社区居民对自然资源进行可持续性的合理利用。

（3）生物多样性保护区。该类功能区主要用于保护生物多样性，维持保护地内被社区利用的物种的种群数量。

这些功能区还应遵守奇科·蒙德斯生物多样性保护研究院与保护地内原住民就各类活动达成的保护地"管理协议"，如如何管理自然资源、土地利用和占用指导原则等，旨在按法定要求，平衡环境保护与各类资源利用需求。"管理协议"应规范原住民在保护地内的自然资源和土地利用，强调保护地允许和禁止开展的活动和行为，确保资源的可持续利用。在条件成熟的情况下，"管理协议"应定性和定量描述保护地内允许开展的活动。"管理协议"应与保护地管理计划相一致，约定的管理规定具有法定效力，违规者可能被暂停土地使用权和取消受益权。

4.4.2 访客服务

管理含国家公园在内的严格保护类保护地面临的最大的挑战就是访客管理,既要让每位访客都得到高品质的体验,又要确保其行为不影响保护地和其他游客。同一时间内访客过多,会导致人群拥挤、垃圾堆积、交通拥堵及外出休闲出行时不愿碰见的其他诸多问题,并会对保护地力求保护的那些资源造成损害。巴西法律规定:(保护地的)保护优先于任何形式的利用。保护地访客增加,保护资源承受的压力与日俱增,管理面临的挑战和问题更加严峻。保护地所在区域的本地企业和旅游集团做广告,想方设法地吸引游人[①]。

巴西最早建立的某些国家公园,尤其是里约热内卢周边地区的公园,基础设施条件普遍不错。然而,因多年缺乏妥善维护,这些基础设施现急需修缮和调整,以满足游客增长的需求,但却苦于无钱而无法实现。

其他公园的基础设施多破旧不堪,甚至根本没有。工作人员不足和缺少培训也是一个大问题。近年来,奇科·蒙德斯生物多样性保护研究院一直为本所员工提供公共使用管理方面的培训,从概念、哲学、经济挑战等不同角度进行培训。该研究所的培训工作得到了美国政府的大力支持,包括美国国际开发署(United States Agency for International Development,USAID)、美国林务局和美国国家公园管理局(正在磋商中)。其中,备受关注的内容之一就是关于保护地特许经营的构建与管理。

人们普遍认为,国家公园和其他保护地有必要引入特许经营,以便加快私营部门进入和投资保护地公众服务的步伐。现如今,巴西最受欢迎的保护地(如伊瓜苏国家公园和蒂茹卡国家公园)的大型特许经营合同几乎全签给了私营企业,往往是一家大公司已经拿到全部的特许经营权,或有意签下所有的大型特许经营合约。

奇科·蒙德斯生物多样性保护研究院想增加保护地的公共服务机会,促进竞争,但没有专项法律来指导保护地特许经营的构建与管理及其公私合作伙伴关系。为此,巴西不得不借用其他经济部门的相关管理规定,但在无形中将国家公园特许经营变得更加复杂,不利于未来发展。

目前,巴西保护地外包服务活动采用的措施和标准如下。

1. 授权

单边措施;
不允许独家经营(授权需发放给任何满足申请条件的当事方);
适用于运营投资较低的活动;
实例:导游、潜水、登山向导和游客租车服务。

2. 许可

需签订行政协议;

---

① http://www.huffingtonpost.com/trent-sizemore/how-were-loving-our-natio_b_8340980.html.

竞投标；

适用于运营投资较低的活动；

实例：露营、简易住宿设施、自行车租赁、快餐店、便利店和纪念品商店。

3. 特许经营

双边协议；

行政协议。

4. 竞投标

适用于运营投资较高的活动；

实例：投资大的基建项目、大批量的游客接驳、餐厅、大型住宿设施。

目前，巴西两大最受欢迎的公园（伊瓜苏国家公园和蒂茹卡国家公园）都有大量的特许经营项目，涉及大型酒店、园内游客接驳系统、便利店、小吃店和餐馆等。

奇科·蒙德斯生物多样性保护研究院尚未出台基础设施设计和美学指导标准或准则，以管理公园内基础设施的修建。然而，凡是建在保护地内的基础设施不能对保护地造成任何负面的影响，这是基本原则。此外，建筑需符合审美要求也是众多关注内容之一。

环境解说、宣传册和标识牌也是访客服务项目之一。巴西保护地这方面的工作亟待加强，目前正与美国政府合作，开展相关培训。

巴西任何类型的保护地都不允许狩猎。严格保护类保护地内禁止捕鱼。表4-2列出了各类保护地允许或禁止的活动类型。国家公园和其他类型的保护地可开展多种游憩活动。各类保护地内允许或禁止开展的活动类型，可依照自身条件确定并列入管理计划。在某些情况下，访客可自行开展某些活动，但有时则只能在服务提供商的引导下，开展相应的活动。

国家公园和其他联邦保护地的访客统计数据不能反映真实情况，因为许多保护地的出入口管理不规范或者根本没有。所以，实际到访数量较统计结果要高。无论如何，图4-3和表4-3给出的官方数据显示，2006~2015年，国家公园的访客数量持续稳定增长。

4.4.3 合规、执法和报告：基本理念和实践

保护地层面负责开展执法活动。各保护地先制订重要工作年度计划，然后与地区协调员及巴西利亚负责相关事物的部门进行讨论，在现有资源无法满足全部管理需求的情况下，保障保护地的重点工作，优化人力和资金配置。奇科·蒙德斯生物多样性保护研究院约有1080名专业的执法人员，但并非全部从事野外现场执法工作（仅有779人从事保护地执法）。由于人手不足，该所往往需与巴西环境和可再生自然资源研究所、巴西联邦警察、国家安全部队（类似国民警卫队），以及各州的警察部门密切合作。有时还需与武装部队联合行动。

保护综合协调办公室总部设在巴西利亚，负责协调和实施"国家战略行动"，重点打击亚马孙部分地区的环境犯罪、毁林、非法采矿和土地侵占等违法行为，并协调处理非法走私野生动植物和植物组织等具体事务。

环境违法者可就环境执法人员的处罚结果，向地区协调办公室或总部提请行政诉讼，两者均有权重新评估原处罚决定，并做出保留或更改的决定。

专业执法人员需不断地接受培训，包括使用枪支和非致命性武器。

保护综合协调办公室还负责森林防火。林火是保护地管理中的一项重要工作，特别是在有明显旱季或仍沿袭烧荒垦殖或垦牧做法的保护地。

《巴西保护地体系法》允许保护地聘用临时雇员，雇佣期为半年。但是，年度可用资金预算有限，人力空缺又多，所以为争取到林火消防队员及雇员名额，每年年初各保护地都围绕下列指数实施评估。

（1）灾害：评估林火易发性，考虑环境因素、人为压力（保护地内或周边居民用火情况）和预测当年的降水情况。

（2）条件：林火预防和扑救可用的人力、财力与基础设施情况。

（3）知识：依据林火综合适应管理方法，保护地管理团队制订和实施安保计划的技术能力。

（4）实际操作和管理：按林火综合适应管理方法，并结合当地实际情况，必要时引入其他管理工具，执行林火管理的能力。

林火消防队员要从当地雇佣，这是当地社区参与保护地管理的有效方式。消防队候选人需在保护地现场接受共40小时的培训，培训结束经考核出色的候选人可受聘，并按岗位分配到各保护地。奇科·蒙德斯生物多样性保护研究院的教官亲自进行培训。教官必须具有林火管理实战经验，受过为期15天的培训，涉及火灾预防、扑救、技能、态度和教学技能等内容。教官选拔和培训采用的标准同消防队培训标准一致，涉及体能、工具使用技能、预防和扑救林火的理论与实践知识等多项指标。

表4-7介绍了巴西2010~2014年消防队员参与的保护地林火预防与扑救情况。

表4-7 巴西2010~2014年消防队员参与的保护地林火预防与扑救情况

项目	2010年	2011年	2012年	2013年	2014年
受聘消防员人数/人	1 575	1 588	1 743	1 743	1 589
修建的防火带长度/千米	1 485	1 880	2 186	2 183	—
过火面积/公顷	1 679 000	630 000	1 157 000	612 000	990 000
当年的气候条件	干旱	湿润	干旱	湿润	干旱

在某些预先确定的区域，奇科·蒙德斯生物多样性保护研究院会与服务商签定协议，一旦需要服务商就要派出农用飞机，参与林火管理行动，协助扑救林火。

4.4.4 职业发展与培训：如何提升和发展员工专业能力（角色、职责和技能）

奇科·蒙德斯生物多样性保护研究院的工作内容之一就是始终围绕着机构使命，专门负责员工的技能发展与规划。主要手段就是年度培训计划。年度培训计划确定重点培训内容，定稿前需咨询机构员工及技术管理部门的意见。培训指导委员会由该研究所总部各技术领域的领导组成，负责审查和批准年度培训计划，确立能力建设标准和重点、审批技能发展合作伙伴关系及协议签署等事宜。年度培训计划的编制分三步：能力建设需求分析、能力建设规划，以及实施、监测和评估。该研究所建有一处全国培训中心，由 10 间教室、一处可容纳 200 人的礼堂、自助餐厅、洗衣房和可容纳 190 人的宿舍组成。培训中心还建有一处射击场，供持证执法人员申请和续延持枪证时开展培训用。

奇科·蒙德斯生物多样性保护研究院负责设计内部课程，通常在本所培训中心授课。除内部培训课程外，年度培训计划也倡导外部培训，提供参加研讨会和会议、攻读研究生学位的机会。年度培训计划的目标通常是：每年 20%的机构管理层人员得到培训，且最多 3%的员工可获批在职攻读研究生学位。此外，80%以上的员工至少每 5 年要参加一次本所培训。除内部培训外，本所培训中心还提供网上学习平台，培训课程面向所有工作人员开放。

奇科·蒙德斯生物多样性保护研究院组织的培训课程涵盖四大主题，包括：
（1）初步培训，适用于新入职的工作人员；
（2）专项培训，适用于所有工作人员，涉及语言课程、专业硕士学位、其他自主要求；
（3）管理培训，适用于领导岗位的员工；
（4）技术培训，适用于从事某些特定工种的员工或部门。
2015 年年度培训计划内容如下。

事故预防和急救、偏远地区的急救、联邦公共管理系统、预算和财务执行（规划、预算和财务）、投标和合同、机车机械入门和预防性维护、室内和开放水域船舶驾驶、生物多样性保护项目开发、使用世界自然基金会的标准评估沿海和海洋物种的保护状况、海洋空间规划能力建设、编制保护项目、介绍土地规范化过程、教师/导师培训课程、地理数据处理、经济工具和经济可行性研究、特许经营管理和监测、解说展示规划、水上步道规划、规划工具、小径和道路的规划和管理、开展公众使用、参与式管理和环境教育、生物多样性监测、海洋监测（如珊瑚礁普查）、保护统计学、保护空间分析工具、数据和信息管理、利用和解说、非致命武器组拆及使用知识更新培训（枪械牌照续领）、林火管理、协调和规划执法行动、野生动物监管、监管可导致保护地退化的活动、化学品突发事件、武器使用和射击方法、检查采矿活动造成的植被破坏、森林火灾调查、执法教官研讨班、环境许可、机构沟通、新闻服务和媒体培训、公共服务伦理、冲突管理、资金募集、领导力发展、国际重要湿地管理人员培训。

4.4.5 公众和社区参与：理念和实践

保护地方方面面的工作，从标准制定到保护地的创建和管理都离不开社区和公众的参与。

本书 4.2.3 节巴西保护地体系管理架构表明，国家环境委员会是该体系的咨询和决策推进力量。该委员会的主席由环境部部长出任，委员由联邦、州和市级政府代表，以及商界和民间团体的代表组成，其中 22 名委员具表决权。

法律规定，保护地创建时必须进行公众咨询，需邀请地方社区和任何有兴趣的公民参与相关讨论，提出相应的工作改进意见。公众咨询通常采用公开会议形式，但所有相关材料均可在网上查阅。此外，公众咨询结束后，还会留出一定的时间专门征集电子邮件或信件反馈意见。传统利用保护区和可持续发展保护区的创建，是由感兴趣的社区倡议创建的。

《巴西保护地体系法》要求，所有的保护地都必须成立某种形式的委员会，协助管理保护地。传统利用保护区和可持续发展保护区的委员会可参与决策，但其他类保护地设立的委员会则只负责提供咨询。该类委员会的领导由奇科·蒙德斯生物多样性保护研究院的员工出任。

委员会成员是来自联邦、州、市政府相关机构的代表，包括环境、科研、教育、文化、旅游、建筑、考古、原住民和农业改革等机构。各保护地委员会的人员组成可因各自的具体情况及地方利益的不同而不同。在条件许可的情况下，必须考虑民间组织代表的建议，包括科研领域、环保非政府组织、保护地内及周边居民、原住民社区、保护地内的土地所有者、保护地所在区域的私营部门及公司员工，以及流域委员会的代表，并尽可能做到对政府和社会组织一视同仁。委员会成员义务出任，任期为两年，可连任一次。

委员会会议对外公开，召集会议时会公开会议日程。委员会的主要职责如下。

（1）监测保护地管理计划的制订、执行和审查；

（2）力求将保护地工作纳入周边地区的发展规划中，给出指导建议和行动建议，协调、整合和优化保护地与周边地区的关系；

（3）协助协调保护地与各社会阶层的利益关系；

（4）评估保护地管理机构根据各自的保护目标制定的预算和年度财务报告；

（5）对缓冲区、生态斑块或廊道内任何可对保护产生潜在影响的工程或活动给出管理建议。

管理计划指导着保护地的管理，编制期间必须征询社区的意见，并在最终定稿、批准和发布之前正式向社区通报，征询意见。

志愿者服务也是公共参与形式之一。巴西保护地的志愿者服务虽未得到充分的发展，但已经出台了法定标准，规范保护地志愿者工作。志愿者的支持非常重要，特别是为保护地访客提供服务。许多保护地访客激增，多数情况下保护地管理机构唯一能做的就是招募志愿者，以解"燃眉之急"。保护地的林火管理也是志愿者支持的重要工作内容。

需要注意的是，全程参与保护地的创立和后期管理并非易事，常常会碰到许多难题。若政府管理机构能有效运行且工作人员专业尽责，公众参与会相对容易些。情形复杂多变时就容易出现问题，最终协调的结果并不总是最符合保护地的利益。就志愿者服务来说，奇科·蒙德斯生物多样性保护研究院的预算严重不足，一旦志愿者开始承担正式员工的工作时，就会出现问题。

4.5 国家公园体系及单个保护地的资金来源

4.5.1 运营费用和政府资金

奇科·蒙德斯生物多样性保护研究院与巴西保护地的运营经费主要来自国会预算，

并以规划部和财政部批准的资源分配为准。2011～2016 年,奇科·蒙德斯生物多样性保护研究院的预算保持稳定,因汇率原因,折算成美元时金额会稍有下降。因经济不景气和巴西货币贬值,2016 年的预算降幅较大,折算成美元降幅更明显。预算支出的重头是员工工资,其次是机构运营费。投资基本依赖于其他资金,如环境补偿金和一些特殊项目。图 4-4 是奇科·蒙德斯生物多样性保护研究院 2011～2015 年的实际年度支出及各类支出的总费用。

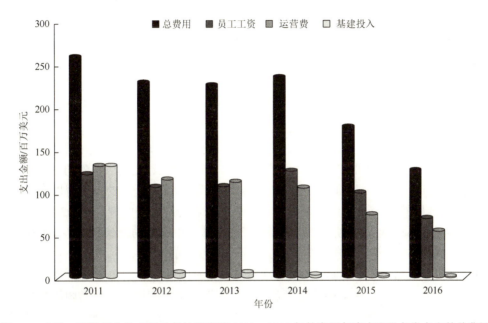

图 4-4　奇科·蒙德斯生物多样性保护研究院 2011～2015 年的实际年度支出及各类支出的总费用
2016 年的数据是根据国会批准的预算估计的,只计入了来自财政部的资金

4.5.2　国家公园自创收入(含门票收入)

2015 年,奇科·蒙德斯生物多样性保护研究院的总收入约为 2900 万美元(按 2015 年的平均汇率换算),相当于该机构当年总支出的 16.5%。其中,59% 来自国家公园征收的各种费用,包括门票、特许经营费和各种服务费等,其他则来自环境执照及其衍生的承付款,如在国家森林内开矿会抑制原生植被而需支付的承付款。

公园的收入不高,因为只有少数的保护地收取门票费。即使收取门票,费用也很低,而且许多游客可免票和买折扣票。巴西正研究是否可以改善这一体系,包括建立一个全国性的网上门票购票系统。

国家公园与其他严格保护类的保护地,必须根据《巴西保护地体系法》规定的标准,使用其自创收入,具体如下。

(1) 25%～50% 的资金必须用于保护地自身的运营、维护和管理;
(2) 25%～50% 的资金必须用于规范化严格保护类保护地内的土地权属;
(3) 25%～50% 的资金必须用于其他未收费的严格保护类保护地的运营、维护和管理。

4.5.3 捐赠与慈善捐资

20世纪90年代后期，在巴西热带雨林示范保护项目结束后，捐助者和巴西政府总结认为，努力构建保护地来保护亚马孙的生态完整性是至关重要的。为此，全球环境基金、世界自然基金会美国办公室、巴西政府三方承诺设计一套项目资金机制，为建立和巩固亚马孙保护地体系提供所需资金。这就是后来的亚马孙自然保护地项目。在环境项目资金吃紧的情况下，这几家机构做出了上述承诺。在全球环境基金承诺资金到位后，德国政府和世界银行（世界自然基金会后来加入）与巴西生物多样性基金会（原为一家与热图利奥·瓦加斯基金会有联系的非政府组织）合作，共同协助巴西政府实施亚马孙自然保护地项目。捐赠者、政府和第三方这种三方合作形式，能够在政府投入有限的情况下保证资金的稳定。2013年，亚马孙自然保护地项目进入第三期，其他联邦和州财政资金进入，这种资金机制才随之改变。

2002年8月8日，联邦政府颁布4.326号联邦法令，启动了亚马孙自然保护地项目，这是国际公认的全球最大的热带森林保护计划。该计划旨在通过提供长效的资金和运营保障，包括开展可持续性发展项目，使亚马孙生态区系内60万公顷的土地得以保护，增强和巩固这一地区的保护地体系。该项目将保护生物学与最先进的规划和管理手段完美结合。项目区内的保护地受益颇多，包括实现了管理计划中所列的基建和服务、土地调查和监管、借助成立的理事会和教育委员会实现与周边社区的一体化等。

亚马孙自然保护地项目与联邦政府确定的亚马孙地区发展的主要政策和战略方向一致。例如，借助该项目，亚马孙可持续发展计划可以让全国和地区的社会团体参与可持续利用技术实践、环境管理、土地利用规划、社会包容和公民权，以及基础设施建设等相关事务的决策过程。亚马孙自然保护地项目对《全国保护地规划》的贡献不小，包括确保生态系统的代表性、明确社会各界应开展的生物多样性保护行动等。通过与《气候变化国家行动计划》合作，该项目还对气候变化和缓解气候变化进行了研究。2003~2007年，巴西通过该项目在亚马孙地区新建了13处保护地。预计到2050年，不仅可减少4.3亿吨的二氧化碳排放，还有助于减少这一地区的毁林现象。

巴西生物多样性基金会负责亚马孙自然保护地项目的资金管理。资金来自全球环境基金、德国联邦政府（通过德国复兴信贷银行）、世界自然基金会、亚马孙基金（通过巴西国家发展银行）等各个机构。整个项目分三期，各期相互独立但具有连续性。

亚马孙自然保护地项目确立的四大目标如下：①在亚马孙地区建立严格保护类和可持续利用类保护地；②巩固严格保护类保护地的保护；③维持巴西保护地体系中可持续利用类保护地的保护；④为严格保护类和可持续利用类保护地建立长期的和可持续的资金保障机制。符合该项目资金支持的保护地类型包括生物保护区、生态站、国家/州立公园、传统利用保护区和可持续发展保护区。

该项目的组织架构为：①项目委员会，负责项目指导、最终决策，环境部执行秘书任主席；②科学顾问委员会，就新建保护地、保护监测和保护管理有效性向项目委员会提出建议；③项目协调单位，由环境部的生物多样性和森林干事负责；④技术论坛，项目协调机构的牵头组织，成员来自保护地管理机构和巴西生物多样性基金会；⑤保护地管理机构，共包括56处联邦级保护地和38处州级保护地；⑥巴西生物多样性基金会，是赠款接受方，负责项目财务的管理和项目执行，提供物资和服务。

项目规划和预算分配以两年为一周期，同时考虑项目以往管理表现、保护地分类及项目考核基准（表4-8）。根据保护工作、受威胁级别及运营挑战三个因素，将项目涉及的保护地分为Ⅰ级和Ⅱ级，每级又再划为1~5个亚级。保护地分级和保护地保护类别（严格保护类和可持续利用类）是项目支出分配模式的主要参考指标，Ⅱ级Ⅰ亚级的保护地得到的项目资金较多。

表4-8 亚马孙自然保护地项目设定的基准

编号	基准	Ⅰ级目标	Ⅱ级目标
1	管理计划	管理计划获批	完成管理计划更新
2	参与式管理	保护地委员会成立	保护地委员会运营
3	协议条款（严格保护类保护地）	不适用	制定和签署条款
4	实际使用权特许条款（可持续利用类保护地）	不适用	制定和签署条款
5	标识	在保护地主要入口点设立标识	根据管理计划，维护和完善保护地标识
6	定界	无	在战略位置树立物理边界标识
7	土地权属	无	评估土地权属状况，确立权属解决程序
8	年度保护计划	实施保护计划	根据管理计划，保护和管理保护地
9	设备	为保护地配备维持基本运营所需的设施（同时予以维护）	为保护地购置必要的设施并加以维护，以应对保护地面临的威胁和支持高难的管理活动
10	基础设施	至少确保现基础设施得以维护	管理和维护保护地总部或基地——行政区、临时宿舍、仓库和设备
11	研究	无	根据保护地面临的管理挑战，开展调查和研究
12	监测	至少对社会/环境类指标进行监测	实施亚马孙自然保护地项目采用的监测方案
13	更新国家保护地名录	更新名录	更新名录
14	保护地年度预算分配	根据维护保护地运转所需费用，进行年度分配（与亚马孙自然保护地项目互补）——增加机构的平均预算	根据维护保护地运转所需费用，进行年度分配（与亚马孙自然保护地项目互补）——增加机构的平均预算
15	保护地最低员工数	至少2名员工在保护地工作	至少5名员工在保护地工作

注：基准是为亚马孙自然保护地项目支持的所有保护地的管理活动设立的，并为严格保护类和可持续利用类保护地分别设定了Ⅰ级和Ⅱ级目标。实施这些项目的保护地，一旦达到某一"基准"，即表示该保护地进入了"巩固期"，完成了项目总体目标，项目支持将从原来的直接投入转为维持、再投入和实施管理计划

迄今为止，亚马孙自然保护地项目已实施了两期。第一期（2003~2009年），超额完成了原定的"新建1800万公顷保护地和巩固700万公顷已有保护地"的项目目标。第二期（2010~2015年），完成了近95%的原定目标，包括新建1350万公顷保护地和另外巩

固3200万公顷已有保护地。此外，在项目二期时，原计划筹资7000万美元，最后实际募得6000万美元用于设立"保护地基金"。截至2016年，亚马孙12.42%的生物区系已经因该项目得以保护。2014年，第三期项目启动，重点实施"亚马孙自然保护地-生命之光"项目确定的内容，即为未来25年保护6000万公顷的5类保护地进行融资。2015年8月，巴西总统颁布了修订后的"亚马孙自然保护地项目令"，更新治理程序，预测新建保护地的资金安排，展望了亚马孙自然保护地项目模式扩展至其他类型的保护地的前景。此外，"亚马孙自然保护地-生命之光"项目的实施也依赖现有合作伙伴建立资金机制，完善筹融资战略和资金分配。

亚马孙自然保护地项目是一个复杂的整体项目，巴西由此积累了大量经验，主要包括：①项目规划需由环境部统筹管理，围绕着项目目标，弥补保护地空缺；②项目工具，如保护地评估工具，Cerebro系统的设计应符合保护地的实际运营情况；③独立于联邦政府核心体系之外，亚马孙自然保护地项目的许多需求很难纳入联邦财政和管理框架中，如人员安排、合同、预算代换（budget substitution）和融资等。不过，若要在中长期内改善亚马孙自然保护地项目的成果还面临着许多挑战。例如，根据当地实际状况建立资源发放机制，以便取得良好效果，包括为保护地购置耐用的设备和优质的车辆；从当地社区优选当地的合同商和服务供应商，促进保护地的管理。再如，根据各保护地管理机构的情况，由保护地团队统一负责项目的规划和实施，这样可以确保保护地直接获得项目资源。政府有必要根据该项目的既得经验，探讨如何调整现有的保护地管理工具。

在巴西，公司的参与完全是自愿的，这也解释了为何只有英美资源集团参与。私营企业参与项目的投资回报可能包括作为亚马孙自然保护地项目的合作伙伴出现在广告宣传中、加入巴西私人捐助委员会等。环境补偿资金不直接用于此项目，但可算作巴西为此项目配套的资金。美国私人机构，如摩尔基金等的赠款是通过世界自然基金会美国办公室捐赠的，资金的使用需遵守美国相关的规定和标准。

除亚马孙自然保护地项目外，巴西还有其他四个由国际基金支持的项目正在策划或实施。其中两个由全球环境基金提供部分资金。

第一是通过新建保护地和扶持奇科·蒙德斯生物多样性保护研究院，保护海洋和滨海生物多样性。该项目全球环境基金出资1820万美元，巴西Petrobras石油公司出资2000万美元，并提供技术支持，2019年结束。

第二是划建新保护地，改善现有保护地的管理和提高当地社区参与生物多样性保护行动的积极性，加强巴西其他三个生物区系——卡廷加（矮灌木林）、南美大草原和潘帕纳（沼泽地）的生物多样性保护。项目周期预计为4年，正在规划，全球环境基金将提供3200万美元的资金。

第三是巩固巴西保护地体系的"生命之网"（life web）项目，目标包括：

（1）加强巴西保护地体系各保护地的管理能力，提高能力建设；

（2）应用适应性管理计划等现代化的管理工具，发展基础建设；

（3）在全国范围内开展宣传运动，让社会广泛认可保护地是自然遗产，激发整个社会的保护责任感；

（4）建立巴西保护地体系可持续资金战略与机制。

该项目的资金总投入约3100万欧元，其中，1600万为巴西的配套资金，项目2019年结束。

第四是"亚马孙生物资源保护项目",是美国政府通过美国国际开发署与巴西合作开展的项目。项目总资金为 5000 万美元,其中,3000 万美元用于与保护地相关的项目。该项目为期 5 年,部分项目活动已经开始实施,如培训和参与公共使用类资源开采活动的供应链。

4.5.4 其他资金:环境补偿金

2000 年出台的《巴西保护地体系法》规定,无论是国有企业还是私有企业,只要其负责的工程或生产经营活动会对环境造成严重影响,都应支持严格保护类保护地的维护和管理。

这套机制创立于 1987 年,由国家环境委员会决议通过。决议要求,大型工程许可必须要求建立和管理一处生态站,最好能建在工程作业区的周边,以修复工程对森林和其他生态系统带来的环境破坏;企业为此支付的环境补偿金取决于环境破坏的程度,但最低不能少于工程总预算的 0.5%。

1996 年,国家环境委员会修订了该决议,使之更加全面,环境补偿范围由原来的生态站扩至所有的严格保护类保护地,包括国家公园、生物保护区、自然纪念地、野生动物庇护所和生态站。

1996 年之前,这套机制习惯上称为"环境补偿",是指申请工程许可时,因工程实施可能会对森林等生态系统造成破坏,为修复受损环境而支付的补偿。计算环境破坏和补偿费用并非易事,任何计算方法的主观性都不低,所以公司常常会因此而诉诸法庭,争取延迟赔付。2000 年,国会通过了《巴西保护地体系法》,扭转了这种局势。赔付义务和金额取决于工程造成的环境影响程度,而不是环境修复费用。相关条款如下:

第 36 条:具资质的环保部门根据环境影响评估及报告,认定企业的行为会造成严重的环境影响,在发放相应的环境许可时,应要求企业依本条例及相关规定支持严格保护类保护地的维护和管理。

第 1 款:企业为此应安排的资金不能少于工程总投资预算的 0.5%,具体金额由环保部门根据企业行为造成的环境破坏程度决定。

第 2 款:参照环境影响评估报告的建议,经征询企业意见,环境许可发放机构负责确定环境补偿金应发放给哪些保护地,包括是否需新建保护地。

第 3 款:若企业行为直接影响某个保护地或者其缓冲区,该条款所指的环境许可只能由受影响的保护地管理机构进行发放。受影响的保护地,即使不属于严格保护类保护地,也有权得到本条款定义的环境补偿。

现在,法院仍经常就企业应付环境补偿款及其计算方法实施仲裁。2004 年,巴西最高级别的工业委员会——国家工业联盟向巴西最高法院提起诉讼,声称征收"环境补偿"费用违反宪法。2008 年,最高法院开庭审理此案,裁决宪法支持此类收费,但裁定补偿金额不应按工程投资预算,而应按环境破坏程度按一定比例缴付。这样一来,《巴西保护地体系法》旨在避免的关于计算方法存有主观性的争议又出现了。

最高法院的这一裁决引发了涉事各方的质疑。至 2016 年初,最高法院尚未给出一个明确的解决方案,且短期内不会有望得到解决。更多的讨论是关于《巴西保护地体系法》

规定的这一"义务"的本质和意义。在最高法院做出最终裁决前，企业缴纳的赔付金应按联邦政府2009年给出的公式计算。联邦和许多州在发放许可时都采用了这一算法。

根据已有的规定，在申请环境许可时，环境补偿金额的计算只能考虑申请项目对环境的负面影响，且不能重复计算，也不应包括为降低环境影响，依环境许可程序实施的计划、工程和项目费用，以及项目筹资阶段的各项费用支出，如抵押品、财产保险保单和保费支出等。

《巴西保护地体系法》有关环境补偿金的条款还规定，环境许可发放机构负责计算环境补偿金。环境补偿金的使用由环境补偿委员会分配，该委员会主席由奇科·蒙德斯生物多样性保护研究院环境许可部门的代表出任，委员来自巴西环境和可再生自然资源研究所、环境部和保护地主管部门（联邦层面的机构为奇科·蒙德斯生物多样性保护研究院）。该条款也确立了环境补偿金重点支持的申请领域，按重要性排序如下：

（1）规范土地权属及土地界定（在巴西，许多土地是私有的。因此，这一工作非常重要，但在中国可能并非如此）；

（2）计划、评估和实施管理计划；

（3）购买管理、监测、运营和保护保护地及其缓冲区所必需的物资及服务；

（4）开展新建保护地需开展的研究；

（5）管理保护地及其缓冲区需要开展的必要研究。

环境补偿金的具体使用可由企业按受赠保护地管理机构制订的使用方案、受赠保护地管理机构或企业自掏腰包雇请的第三方来执行。

这一机制虽存在许多问题，但2005年，单是联邦政府征收的环境补偿金就为巴西联邦级、州级和地方级各类保护地共带来约3亿美元资金，其中，2.3亿美元用于国家公园及其他联邦保护地的相关工作。仅凭此，该机制对任何国家，尤其是发展中国家来说都值得借鉴。

4.6 管理机构及其特征

4.6.1 国家公园组织架构：中央及地方管理机构的职责、架构和关系

奇科·蒙德斯生物多样性保护研究院是联邦政府机构，负责落实保护地国家政策中联邦政府应尽的义务，包括提议、实施、管理、保护、监测和监管联邦级保护地。该研究所成立于2007年，原为巴西环境与可再生自然资源研究所。正如本书1.1节介绍的那样，该研究所建立时，巴西环境与可再生自然资源研究所的工作人员强烈抵制，曾长时间罢工，建立过程充满艰辛。

作为巴西保护地国家政策的执行机构，该研究所还负责：

（1）落实可再生自然资源可持续利用政策，支持原住民使用联邦政府辖管的可持续利用类保护地内的资源；

（2）推进和实施科研与保护、生物多样性保护和保育，以及环境教育项目；

（3）赋予联邦保护地执法人员保护保护地的权力；

（4）与其他相关机构和部门合作，依法推动保护地内游憩、公众使用和生态旅游等项目的实施。

该研究所设立时，机构定位不明，使其饱受抵制，目前仍不能完全履行职能。

该研究所下设 4 个部门：保护地创建和管理部门；规划、行政和后勤部门；社会环境行动和土地资源整合部门，以及生物多样性、监测、评估和研究部门。另外，还在全国范围内设有 11 个地区协调办公室，代表研究所与各保护地进行工作对接。该研究所另有 15 个研究和保护中心。

该机构隶属环境部，但拥有行政和财务自主权，共有全职雇员约 2000 名、1200～1800 名季节性消防员和 2433 名合同员工（其中含 1181 名安保人员）。该机构管理着 320 处约 7550 万公顷的保护地，占巴西国土面积的 9%，承担着规划、解说、公共使用和执法等多项职能，负责保护地及周边地区环境许可的发放工作，负责全国濒危动植物的保护、特许森林使用权的发放和为原住民提供援助。要履行上述职责，现有员工队伍的规模远远不足。

该机构面临着许多问题，难以更好地履行职责，这不利于保护地的管理。普通公务员和管理者都"不喜欢"严格类保护地，这是主要的问题之一。此外，工作人员短缺和基础设施不足，如网络、电话、基础设施、车辆和船只等供应短缺。这种现象不仅存在于偏远地区的保护地，巴西所有的保护地都面临着这样的窘况。许多保护地全部工作人员共用的宽带网速仅为 512 字节/秒，通信设施落后，可供使用的电话数量非常短缺。如前所述，年度预算也远低于最低需求，日常运营资金尤为短缺。

现实需求和供给困难加剧了人力资源不足的问题，保护地难以留住员工，特别是地处偏远或基础条件较差地区的保护地。亚马孙流域的这一问题尤为突出。图 4-5 为奇科·蒙德斯生物多样性保护研究院组织结构。

4.6.2　社会组织参与使利益相关者更好地监管和认识国家公园（含志愿者项目）

详见本书 4.4.5 节。

4.6.3　国家公园共管或参与式管理及国家公园对当地社区的经济贡献

保护地管理是一项长期且专业性很强的工作。成功管理保护地离不开广泛地运用科学、技术和管理知识。当前世界格局风云变化，且愈演愈烈，气候变化带来的影响扑朔迷离，高质量地管理保护地是决定保护地成功管理和"幸存"的重要因素。毫无疑问，共管和参与式的保护地管理具有发展空间，但这并不是最终目的，而是追求更佳保护成效的一种手段。

本书其他部分介绍了巴西在这方面的创新，如严格保护类和可持续利用类保护地采用了咨询委员会和顾问委员会制度，社区参与保护地创建及其管理计划的制订。这些举措的成效明显，但也带来了不少问题，有时甚至是适得其反。事实上，保护地管理机构这些公共机构准备得越充分，组织得越有效，参与性管理带来的积极效果就越多。

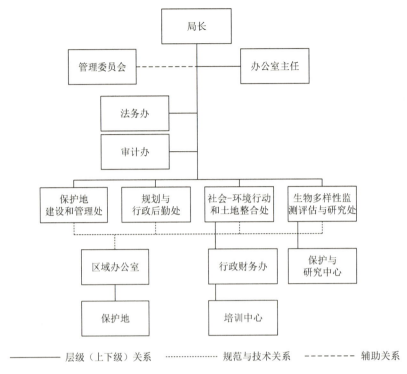

图 4-5 奇科·蒙德斯生物多样性保护研究院组织结构图

保护地可给当地居民带来多种经济利益，有些是可量化的，如为当地居民提供的就业岗位数量，或因保护地带来或组织的种种活动间接创造的就业机会；活动期间的清洁和维护服务；旅游服务带来的就业机会，如住宿、餐饮、交通、导览等。

有些经济利益不明显，但却非常重要，如保护地提供的环境服务也能为当地居民带来经济收益。近几年，巴西政府，主要是各州政府引入了兼顾保护地的税收分成指导机制，它或许对中国具有借鉴意义。这一机制被称作"商品贸易和服务交易绿色税"，类似于增值税，即政府在确定税收分成时，要将环境标准考虑在内。该税不是新税种，确切地说只是指导政府分配现有税收的一些规定，目的是消除已建或新建保护地给地方政府造成的影响，尤其是限制土地利用或限制开发保护地所在区域带来的"直接经济损失"。

该机制非常成功，大部分州政府都已经采用，极大地提升了这些地方政府对保护地的"接纳度"，使当地人从中受益。政府进行税收分成时，会考虑保护地的类型、保护地创建对其内各类资源直接利用的限制程度，以及保护地的保护状况。这样做可鼓励当地居民更好地管理保护地，因为这将影响保护地所在地的地方政府能直接分到多少税收收入。另外重要的一点是，某些州政府虽然会将部分"商品贸易和服务交易绿色税"直接拨给保护地，但一般情况下，其往往全部给了保护地周边的市政府，用于支持对当地社区发展至关重要的医疗、教育、交通等公共事务。

目前，国会正在酝酿一项法案，要求联邦政府采用"商品贸易和服务交易绿色税"的税收分成规定，对某些联邦税收进行分配时考虑各州和市政府辖区内的保护地。

早在1989年出现的"商品贸易和服务交易绿色税"，现如今已经成为许多重要保护地所在地的市政府最主要的收入来源。自该机制建立以来，某些市政府的年度预算已经翻了一倍多。1995年，世界自然保护联盟将"商品贸易和服务交易绿色税"评为拉丁美洲和加勒比地区生物多样性保护七大成功经验之一[①]。

1. 代表性国家公园

选取一个具代表性的国家公园并非易事，筛选标准需提前设定。各保护地的管理因其自身特点及具体情况而不同。该报告选取了伊瓜苏国家公园作为案例公园，因为其兼具正反两方面的特点，可代表性地反映巴西乃至世界其他地区保护地的共性：①是巴西境内亚马孙流域外面积最大的森林型国家公园；②位于国境线附近，同邻国阿根廷境内的伊瓜苏国家公园毗邻；③属世界遗产地；④是巴西第二受欢迎的国家公园；⑤国家公园内建有一家大型酒店；⑥是巴西最先引入特许经营的国家公园，许多游客服务以特许经营的方式运作；⑦与周边社区矛盾重重；⑧是孤岛型国家公园，周边全是农地和城镇；⑨区内非法捕猎和盗伐棕榈的现象严重；⑩区内有野生动物损毁种植园和攻击家畜等肇事现象；⑪距国家公园100米的地方正在修建水电站；⑫国会收到了提案，要求调整该国家公园的边界，允许修建一条穿越其核心地带的公路；⑬国家公园内设有一处州立警察局；⑭工作人员严重短缺。

坐落在巴西和阿根廷边境的伊瓜苏国家公园，差点成为巴西第一座国家公园。在安德烈·瑞布卡斯提交国家公园建园建议书之后，巴西知名的飞机发明家桑托斯·杜蒙特于1916年参观了伊瓜苏地区，并被那里的美景深深震撼。他向州长提出伊瓜苏瀑布一带应为公有。同年，该地区成为州有土地，用于兴建一处村庄和公园。事实上，直至1939年，即巴西第一座国家公园成立两年之后，州政府才将这片土地转交给巴西联邦政府。9年之后，即1948年，联邦政府才将伊瓜苏建为国家公园。邻国阿根廷的伊瓜苏国家公园早在1934年就建立了。巴西境内的伊瓜苏国家公园的面积为17万公顷，阿根廷境内的伊瓜苏国家公园的面积为6.772万公顷，两者合计超过23.5万公顷。这两处国家公园分别于1986年和1984年被列为世界遗产地。

巴西伊瓜苏国家公园位于巴拉那州，保存着巴西仅存的一片典型的半落叶林。伊瓜苏河的支流弗洛里亚诺河，全长110千米，整个流域全部位于该国家公园内。该国家公园内的主要景点是伊瓜苏瀑布群，由巴西和阿根廷境内的275处瀑布组成，保护瀑布群需要两国伊瓜苏国家公园管理机构密切合作，因为这两个国家公园相互依存，任何一方管理不当都会影响整个瀑布美景。

巴西伊瓜苏国家公园初建时，公园周围荒无人烟，没有任何城市、农场和牧场，整个公园周边全是原始热带森林。现如今，公园周边的森林已荡然无存。公园的边界从卫星影像上极易识别，因为这一地区仅存的、成片的原始森林全部分布在国家公园内。公园内偷盗猎活动猖獗，难以根除，造成的生态后果仍然很严重。

巴西伊瓜苏国家公园共有76名管理人员，包括15名奇科·蒙德斯生物多样性保护研

---

① 更多信息详见葡萄牙语网站 www.icmsecologico.org.br。

究院的雇员和 61 名合同员工。公园内有 4 家特许经营商。他们共雇用了约 875 名工作人员。特许经营活动包括管理一家拥有 193 间客房的酒店、旅客接送、停车场管理，以及经营餐厅、咖啡馆和便利店等。2015 年，该公园的访客人数约为 164.2 万人次。截至 2016 年初，其管理计划正在审核中。

2. 关键问题

巴西保护地体系的发展面临着严峻的挑战，维护这一体系需付出卓越的努力。

建立保护地是保护地球生物多样性最经济有效的手段。显然，任何一个国家单靠国家公园等严格保护类保护地保护其所有需要保护的生物多样性和景观是不现实的。这就需要其他措施予以补足。但是，若没有一个好的保护地体系，任何补足性措施都毫无作用。

保护地内是否能有居民？土地纠纷愈演愈烈。有些人将保护地，尤其是严格保护类保护地视为"禁止人为活动区"，有的则将之看作任人使用的"资源储备区"。许多人认为土地应为人类所用而不是用于保护生物多样性，或者认为保护地内无居民是过时的想法。当私有土地被侵占时，人们的反应迅速而强烈。相反，当严格保护类保护地被侵占时，人们往往无动于衷，即使有反应，也缓慢且无济于事。即使在环保机构内部，捍卫和支持侵占保护地做法的人也不少，他们不厌其烦，老调重弹，认为"国家公园完全是美国人的点子""保护地内无居民只适用于发达国家"。持这类观点的人认为，原住民①不会对自然环境造成影响，土地纠纷才是非常棘手的挑战。这种观点分歧引发的种种争议令保护地问题变得更加复杂，威胁着保护地的未来，也容易瓦解保护机构，妨碍其正常运作，造成巨大的内耗。

发展和保护间的矛盾已经成为巴西保护地体系数量增长和实施有效管理的"绊脚石"，是严重威胁保护地体系的一个因素。例如，巴西下大力气分析了该国动植物的现状，认为最佳的解决办法就是新建和扩建保护地。然而，政治动力不足，新建保护地的提议不易通过。很多情况下，即使提议通过，为给其他利益"让路"，保护地边界也往往改动较大。更多时候，则是新建保护地提议尚在调整，立法时机却早已消失。

气候变化会影响物种和栖息地，影响社会经济和环境，是严重威胁保护地体系的另一个因素。截至 2016 年初，巴西政府或学术界还没有组织开展过任何系统的研究，预测气候变化对保护地的威胁。更糟糕的是，巴西从未就保护地应如何应对气候变化开展过研究。亚马孙流域之外的保护地，其面积相对较小且"孤岛化"现象十分严重，气候变化条件下，其处境尤其堪忧。

确切地讲，巴西从未对保护地实施过积极主动的管理，巴西保护地的技术人员通常无意识也没能力这么做。亚马孙流域之外那些"孤岛化"的保护地的生物多样性保护，需要施以积极主动的管理。当务之急是找到有效的经济手段，能让保护地周边的土地所有者停止砍伐原有植被，减少土地利用方式改变给保护地带来的影响。

巴西在保护生物多样性中发挥着重要作用。巴西作为地球生物多样性最丰富的国家之一，回首过去，成绩不凡，展望未来，重任在肩。

---

① 巴西的一个术语，超越其字面意义，常是指农村贫困或不富裕的人群。

第 5 章　德国国家公园体制研究

卡尔·弗里德里希·辛纳（Karl Friedrich Sinner）
欧洲公园联盟德国分部

作者简介

卡尔·弗里德里希·辛纳（Karl Friedrich Sinner），1998 年起担任德国巴伐利亚森林国家公园园长 13 年，至 2016 年任欧洲公园联盟德国分部主席，是德国国家公园评估标准等的主要制定者（karl_friedrich.sinner@gmx.de）。

执行摘要

德国《联邦自然保护法》规定：国家公园的管理是行政机构的职责。国家公园的任务是保护自然动态演化过程，使国家公园核心区（占公园面积的 75%）免受人为影响。国家公园保护着德国的自然遗产，是最重要的环境教育"学校"。国家公园具双重使命——保护自然和提供体验自然的机会。

国家公园由各州实施管理，由州财政提供管理资金，不承担经济发展任务。

国家公园与地方协会、国家公园私人导游、志愿者和国家公园合作伙伴开展合作。

作为非政府组织，欧洲公园联盟德国分部牵头制定了德国国家公园质量标准，统一了德国的国家公园管理标准。该分会的成员单位包括国家自然景观会员单位和其他非政府组织，合作管理国家公园、自然公园和生物圈保护区这一特别保护体系。该组织还统一设计了国家自然景观的品牌形象。

5.1　国家公园和保护地体系的背景

5.1.1　德国"保护地"的历史和基本概况

19 世纪，德国开始将小片原始森林和原生沼泽划建为保护地。当时，保护地建立通常是由个人或早期的非政府组织发起的，后来才成为州政府行为。早期的保护地由土地所有者负责管理，即州政府或私有土地所有者。20 世纪上半叶，德国的自然保护以文化景观保护为主，如传统牧业景观、原始林及珍稀的自然纪念地等。

德国于 1934 年制定了第一部《国家自然保护法》。第二次世界大战之后，联邦德国于 1977 年 1 月 1 日颁布了《联邦自然保护法》，后于 2009 年 7 月 29 日修订后，沿用至今。该法是各州自然保护法律的指导框架，各州依此制定州级立法。《联邦自然保护法》列出了保护地的类别、保护目的、保护地内的禁限事项，以及新建保护地的规定。新保护地的建立属州立法管辖，有些类型的保护地甚至属州内辖县的立法范围。

1970 年，德国在与捷克共和国接壤的巴伐利亚州建立了第一个国家公园——巴伐利亚森林国家公园。该公园建在州有土地上，由林业部门管理。之后，德国陆续建立了一些其他的国家公园，包括贝希特斯加登国家公园、瓦登海国家公园，还有一些典型的山毛榉森林公园、一个河畔国家公园和几个沿波罗的海海岸的国家公园。截至 2016 年，德国共有 16 个国家公园。

国家公园、生物圈保护区与自然公园三者面积之和占德国总面积的 1/3。图 5-1 为德国的保护地。

图 5-1　德国的保护地

5.1.2　保护地和国家公园的定义及其相互关系

德国的保护地类型见表 5-1。

当同一地区分布着多种不同类型的保护地时，其管理如下：

国家公园和生物圈保护区设有完整的管辖权，即国家公园或生物圈管理机构对辖管范围拥有完全的决策权。自然保护区、景观保护区、自然纪念地、景观保护小区和保护小区由县级管理机构负责这些保护地的划建和管理。

表 5-1　德国的保护地类型

项目	类别	数量/个	面积/平方千米	法律基础和/或注释
国家自然景观	国家公园	16	2 145（不含海洋面积） 10 478（含海洋面积）	以联邦法律为框架，州法律为基础
	生物圈保护区	17	19 776	以联邦法律为框架，州法律为基础，以及联合国教育、科学及文化组织的适用规定
	自然公园	102	89 250	以联邦法律为框架，州法律为基础
保护区*	自然保护区	8 676	14 000	以联邦法律为框架，州法律为基础
	国家自然纪念地			尚未制定
	景观保护区	7 203	99 000	以联邦法律为框架，州法律为基础
	自然纪念地			以县级法规为基础，无统计资料
	景观保护小区			以县级法规为基础，无统计资料
	保护小区			以县级法规为基础，无统计资料
欧盟保护地体系	动植物栖息地	4 675	54 342	欧盟法规
	特别保护区	740	40 096（不含海洋面积） 59 980（含海洋面积）	欧盟法规
	合计	21 429		许多保护地有多重命名

* 为避免混淆，此处按内容译为保护区，不按字面译为保护地

动植物栖息地和特别保护区的自然保护管理机构只负责制订及评估这些保护地的管理计划，日常管理由相应的土地所有者负责，而其监管则属于自然保护管理机构的职责。

在德国，自然保护区和景观保护区的面积相对较小，其内常见有森林、草地和农地，主要是保护文化景观，维持森林或农业的正常用地。同样是保护文化景观，自然公园面积较大，管理时既要维持正常的土地利用，又不能破坏风景，以带动区域旅游，这是管理中最难平衡的。生物圈保护区的设立和管理遵循联合国教育、科学及文化组织"人与生物圈计划"的相关规定。生物圈保护区的核心区多属州有土地，旨在使私人土地所有者免受核心区限制规定的影响。

《联邦自然保护法》规定：国家公园的主要任务是尽量保护自然过程免受人为影响。德国的国家公园建在州有土地上，由各州环境部部长分管，联邦环境部部长提供协助。在德国，国家公园代表着最严格的自然保护。德国境内瓦登海国家公园（及丹麦和荷兰境内的瓦登海国家公园）和亚斯蒙德、米利茨、海尼希、克勒瓦埃德森这四个红榉木国家公园的部分区域同时也是联合国教育、科学及文化组织认可的世界遗产地。

德国各类保护地多是建在私有土地、社区集体土地和州有土地上，极少属联邦所有。保护地通常是由各州分管的，如巴伐利亚州。

根据《全国生物多样性战略》的既定安排，德国联邦政府启动了一个项目，力求到2020年让2%的国土及5%的森林呈现"原野"状态。

如欲了解德国保护地体系的更多信息，请浏览网站：http://www.geodienste.bfn.de/schutzgebiete。

网页上的地图标注了德国各类保护地，包括动植物栖息地、特别保护区、自然保护区、国家公园、生物圈保护区、自然公园和景观保护区。

5.1.3 与世界自然保护联盟保护地管理分类体系的比较与区别

国家公园相当于IUCN的II类保护地。IUCN将所有国家公园视为II类保护地。德国的国家公园与其他国家的国家公园的不同在于：德国的国家公园建在遭受过农业垦种或森林采伐等土地上，一经建立则限定其自然恢复期最长可达30年，用于自然修复人为影响，重塑自然过程，如林区公路经自然修复演变成林间小道。

自然纪念地类似于IUCN的III类保护地。

自然保护区类似于IUCN的IV类保护地。

自然公园和景观保护小区类似于IUCN的V类保护地，但只有少数自然公园真正相当于IUCN的V类保护地。

5.1.4 德国国家公园的管理理念

德国国家公园代表了各种各样的生物区系。米利茨千湖、贝希特斯加登高峰、汉堡瓦登海国家公园海岸、亚斯蒙德悬崖、哈尔茨山野、下奥德河谷的洪泛平原等都在国家公园内。如前所述，德国所有的国家公园都面临着大范围再塑自然景观这一共性问题。对任何一个国家公园来说，均非易事。景观应恢复到500年前还是1000年前的样子？景观恢复是否需辅以人为手段？若景观恢复有"适当"做法，那么就必然存在着"不当"做法。

显然，人类主导的景观恢复不适用于国家公园。人们想结束干预式管理，渐进地将非人工林的管理交给自然力量。这是林业工作者需铭记在心的沉痛教训，也是生活在国家公园内和周边地区的人们应记住的。这些人们通常无法摆脱"家园遭保护所毁"的悲惨感。当自然演化逐渐带走自己心爱森林的原有特色时，自然保护还有意义吗？答案是肯定的。自然保护最重要的是让人们认识和认同自然价值。

另外，还应当永远遵循"自然主导"这条原则。例如，德国中部的"原始林"绝不只是高耸的林木，而是时刻变化着的森林。在那里，食肉动物捕食食草动物，颜色鲜艳的菌类分解林中腐生生物，甲虫以朽木为生，鸟类取食昆虫，这些生物的生生息息给野生丛林带来了生机。同啄木鸟和猫头鹰一样，翔食雀将巢筑在枯腐的树干上。松鸡喜欢在枯木与矮灌木丛混杂的生境出没，有蹄类动物马鹿喜欢在那里繁育后代，而欧洲猞猁经常喜欢躲在其间养育幼崽。

喜欢光顾原野（荒野）的另外一个物种就是人类！背包客在那里徒步、滑雪或穿雪鞋健行。国家公园管理机构想方设法地确保游客免于干扰野生动物的基本需求。大多数情况下，沟通就能奏效，但有时也需在固定的月份关闭步道。人类和动物寻觅的同是"远离现代社会的噪声"，这一点非常有意思。许多人置身原野地时，才能意识到他们身处不同的世界。国家公园之旅不是时光回顾之旅，而是"异世界"探访——一个对野生动物和人类都至关重要的世界，这也是"让自然主导"的原因之一。

5.2 国家公园的法律依据和背景

5.2.1 愿景和理念

在全球各地，国家公园都是"自然之明珠"，在德国也是如此。国家公园里，"自然是纯天然的"，园内景观独特且未受（人为）干扰，生活着各种原生的动植物，是当代及后代最重要的自然遗产，留有一方净土让人们体验未经人为改变的自然，让访客体验自然，但又不干扰自然。

5.2.2 德国国家公园

德国国家公园是该国自然遗产的组成部分。《联邦自然保护法》第24条第1款将国家公园定义为依法划定的按统一方式加以保护的区域。国家公园具有以下特点：

（1）面积大，特征显著，大部分地区呈完整状态；

（2）大部分地区能发挥自然保护地的作用；

（3）大部分地区未遭受或只受到非常有限的人为干扰，或正在或已经恢复到未受干扰的自然状态，可自然演替。

在保护许可的情况下，国家公园也可用于科学环境观察、自然史教育、公众自然体验等，尽可能禁止农业、林业、水资源利用、狩猎、捕鱼等自然资源开发利用活动；若不能禁止，则必须严格遵守自然保护部门的管理规定。国家公园深受德国公众的欢迎，且能促进旅游。大多访客接受"限制访客随意进出敏感区域"的做法。

依《联邦自然保护法》第22条第5款的规定，国家公园由德国各州在咨询联邦环境、自然保护与核安全部及联邦交通与数字基础设施部后设立。

德国目前有16个国家公园，总面积为1 047 859公顷（含北海和波罗的海海域），其中，国家公园的陆地面积为214 558公顷，占德国国土总面积的0.6%（图5-2）。表5-2为德国国家公园。

·178·　　　　　　　　　国家公园体制的国际经验及借鉴

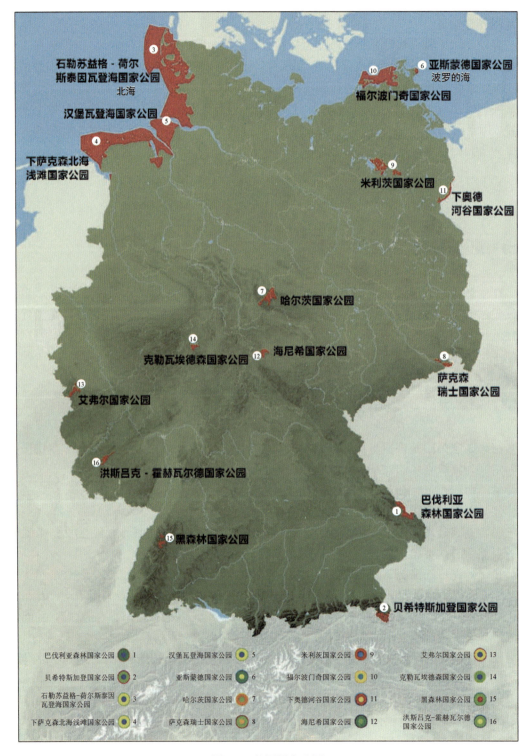

图 5-2　德国国家公园

表 5-2　德国国家公园（截至 2015 年 4 月）

国家公园	建立年份	面积/公顷	优先保护对象
1. 巴伐利亚森林	1970	24 217	山地混交林、山地云杉林、泥塘、沼泽、山地溪流、流石滩
2. 贝希特斯加登	1978	20 804	亚高山流石滩、高山草甸灌丛、亚高山、高山和亚高山森林、山地草甸、湖泊
3. 石勒苏益格-荷尔斯泰因瓦登海	1985	441 500，其中约 97%为水面*	瓦登海生态系统、前滨（潮间带）盐沼
4. 下萨克森北海浅滩	1986	345 000，其中约 93%为水面*	瓦登海、盐土草原、东弗里斯兰岛沙丘
5. 汉堡瓦登海	1990	13 750，其中 97.1%为水面*	受强潮汐和咸水影响的瓦登海易北河河口
6. 亚斯蒙德	1990	3 070，其中 22%为水面	生长在石灰性土壤上的山毛榉林、白垩海岸线、波罗的海近海海岸
7. 哈尔茨	1990/1994	24 732	山地云杉林、山毛榉林、泥（炭）沼、（低地）沼泽、山地石楠林、巨石和岩石滩、水道
8. 萨克森瑞士	1990	9 350	岩石森林复合体、亚高山旱生森林、河岸林和石生林
9. 米利茨	1990	32 200	松林和山毛榉林、桤木和桦木林、湖泊与泥沼、（低地）沼泽
10. 福尔波门奇	1990	78 600，其中约 83%为水面*	博登水域、各种海浪侵蚀的海岸景观及滨海生境和森林
11. 下奥德河谷	1995	10 323	河漫滩景观、河道 U 形漫湾和回水区、芦苇和芦苇床、湿草丛/甸
12. 海尼希	1997	7 513	梅西奇地区处于各演替阶段的落叶混交林和山毛榉林，有些地方的林龄差异很大
13. 艾弗尔	2004	10 770	大西洋气候条件下适宜酸性土壤的山毛榉混交林、从丘陵林地到亚高山林、泉水地带、溪流河谷
14. 克勒瓦埃德森	2004	5 738	亚高山酸性土壤山毛榉林、干旱石质山坡、近自然河道、林间沼泽
15. 黑森林	2014	10 062	山毛榉林、云冷杉林和石楠山地混生林
16. 洪斯吕克-霍赫瓦尔德	2015	10 230	山毛榉林、橡树林、云杉林、流石滩和低地沼泽

* 水面面积未计入土地面积统计结果中

截至 2016 年，德国大多数的国家公园仍处于"发展期"，即现在的国家公园与"大片区域处于不受人为干扰的自然状态"这一标准还有很大的差距。这些国家公园的管理计划要求，在今后的二三十年内，这些国家公园的陆地区域的管理措施要以"自然进程中动态变化"为主导。表 5-3 为德国国家公园的分区情况。

表 5-3　德国国家公园的分区情况（截至 2015 年 11 月）

国家公园名称	面积/公顷	自然无人为扰动区/%	发展区/%	管理区/%
1. 巴伐利亚森林	24 217	64	14	22
2. 贝希特斯加登	20 804	67	10	23
3. 石勒苏益格-荷尔斯泰因瓦登海	441 500	36	64*	

续表

国家公园名称	面积/公顷	自然无人为扰动区/%	发展区/%	管理区/%
4. 下萨克森北海浅滩	345 000	68.5	31*	
5. 汉堡瓦登海	13 750	91.5	8.5*	
6. 亚斯蒙德	3 070	87	12.5	0.5
7. 哈尔茨	24 732	52	47	1
8. 萨克森瑞士	9 350	53	41	5
9. 米利茨	32 200	61	36	3
10. 福尔波门奇	78 600	38	62*	
11. 下奥德河谷	10 323	22	28	50
12. 海尼希	7 513	94		6
13. 艾弗尔	10 770	57	25	18
14. 克勒瓦埃德森	5 738	91	6	3
15. 黑森林	10 062	33	43	24
16. 洪斯吕克-霍赫瓦尔德	10 230	24	52	24

* 这些国家公园的发展区和管理区合二为一

  三个公园还划定有"休闲区"，但面积占比很低，其中，巴伐利亚森林国家公园休闲区的面积比例为2%；下萨克森北海浅滩休闲区的面积比例为0.5%；而亚斯蒙德休闲区的面积比例为0.3%。

  2002年修订后的《联邦自然保护法》以法律的形式规定了国家公园划建条件，明确了新建国家公园的流程。

  世界自然保护联盟提出的保护地管理类别，将国家公园（Ⅱ类保护地）定义为主要用于生态系统保护和休闲的一类保护地。建立国家公园旨在保护一个以上的生态系统，保护其生态完整性，禁止与此相悖的各类开发和占用行为，提供精神、科学、教育和休闲游憩场所。

  按照世界自然保护联盟的指导原则，一个保护地至少3/4以上的面积需服务于其根本目的。欧洲公园联盟德国分部/世界自然保护联盟界定的国家公园，其75%的公园面积需保持着自然或近自然的状态，不得开展任何与公园建园目的相悖的各类利用活动。公园面积需足以维持一个或多个生态系统。德国提出：国家公园的面积应不小于1万公顷。

  位于巴登-符腾堡州的黑森林国家公园成立于2014年1月。该公园由两大片区组成，其中，吕恩施泰因片区面积为7615公顷，奥克森峰片区面积为2447公顷，其生态系统以山地山毛榉-云冷杉混交林为主。

  莱茵兰-普法尔茨州和萨尔州交界处的洪斯吕克-霍赫瓦尔德国家公园于2015年3月建立，结束了德国西南部无大型保护地的历史。

  德国仍未推出与国际保护地划分标准（如世界自然保护联盟的Ⅱ类保护地）相对应的具约束性的国家"管理标准"。这导致了德国国家公园的命名和分区数量缺乏统一性。土地利用、沿海保护、渔业、林业、狩猎、休闲及偶见的交通运输和农业等各类活动的影响，使得德国这样的人口大国很难满足保护地世界标准下设定的各项目标。

当然，德国仍有地方适宜建为国家公园，以保护该国的山毛榉森林生态系统。大型军事训练场转为民用后，可释放出更多适合建立国家公园的用地。

5.2.3 国家公园立法

德国国家公园的主要法律条文见于《联邦自然保护法》第 24 条。

（1）国家公园是依法划定并按统一标准予以保护的区域，其必须符合以下标准：

ⅰ）面积大，特征明显；

ⅱ）其大部分地区能满足自然保护地的相关标准；

ⅲ）大部分地区未遭受或只受到非常有限的人为干扰，或正在或已经恢复到未受干扰的自然状态，可自然演替。

（2）建立国家公园旨在确保其大部分地区基本能维持其自然动态演替，免受人为干扰。国家公园的保护目的还包括提供环境科研观察、自然史教育、公众体验自然场地等服务功能。

（3）各州应考虑国家公园的特定保护目的，可适度调整国家公园的面积和居民定居等标准，确保国家公园能获得与自然保护地同等程度的保护。

德国各州都将《联邦自然保护法》第 24 条作为其《自然保护法》的组成条款。

5.2.4 国家公园的建立和撤销

《联邦自然保护法》规定，各州建立的国家公园均应制定相应的建园法。遵照各州议会的决议，各国家公园建园法应载明该国家公园的建立日期、管理机构、经费、管理目标、分区划定、管理计划编制规定、开发利用时限和各种园内禁止与限制的事项等。

在德国，国家公园的建立由相应的州议会批准；州议会或法庭有权决议国家公园的撤销。

国家公园的建立并非仅仅是法律问题。大多数情况下，国家公园的建立始于当地人的动议，接着需与当地人、各种利益相关者和州里负责自然保护的机构就国家公园建立的相关问题展开深入的讨论，整个过程往往耗时多年。讨论的问题包括：①建立国家公园后允许公众进入吗？②国家公园对当地人有什么好处？③就保护生物多样性而言，设立的国家公园具有哪些价值？④国家公园建立后，当地人的薪柴问题如何解决等。政府通常会在拟建国家公园分析报告中对此类问题一一进行解答。经过此番解释和讨论后，拟建国家公园所在地区的乡村和县市有机会投票表决是否支持建园，州议会再酌情做出最终决议。

这种做法仅确保德国制定有国家公园最低国家管理标准，却不能保障各州都采纳同等管理标准或国际标准。因此，德国联邦环境部在 2005 年指定德国欧洲公园联盟德国分部制定了德国国家公园质量指标和标准。

5.2.5 德国国家公园的质量指标和管理标准[①]

目前，保护地质量管理是自然保护工作者在国内外场合热议的话题。在商界，质量管

---

① 本节摘自 Developing a procedure to evaluate management effectiveness: Quality criteria and standards for German National Parks，Europarc Germany 2008。

理是久经考验的提高效率的工具，但德国为何要制定全国自然景观，尤其是国家公园的质量管理战略呢？

国家公园是国际认可的一种保护地模式，且被世界自然保护联盟单列为一种保护地管理类别，对保护德国具全国和国际重要意义的自然遗产具有极其重要的全球意义。德国各国家公园的发展史、规模和建园条件各不相同。国家公园管理机构隶属于各州，所以各国家公园的资金机制和人员安排也各有不同。

国家公园管理需应付日益复杂的众多任务，涉及自然保护、科研、教育和地区发展等事务。因此，提高工作效率和不断改进管理方法就显得颇为重要。

2005年10月，德国启动了一项名为"德国国家公园质量指标和标准"的研发项目。该项目于2008年2月正式结束，提出了引入质量管理体系的基本要求。

该项目由联邦环境、自然保护与核安全部和联邦自然保护局资助，经德国自然保护、景观管理和休闲州际工作组批准后正式实施，旨在开发评估方法，做到既兼顾德国国内及国际相关规范，又考虑德国国家公园的具体情况，最终提出国家公园有效管理方法，维护和提升管理质量。评估方法还应简单易用，宜大范围推广。因此，众多机构在项目开始时即参与了适宜指标和标准及指标标准筛选方法和指标的确定工作。

（1）国家自然景观：德国推介"国家公园、生物圈保护区和自然公园"时统一采用"国家自然景观"这一称呼；

（2）德国联邦环境、自然保护与核安全部和联邦自然保护局；

（3）德国自然保护、景观管理和休闲州际工作组。

该项目主要成果如下。

2005年10月，在项目启动之初，项目发起方欧洲公园联盟德国分部组织国家公园工作组的专家，就项目工作方法达成如下共识：

（1）确定（项目）愿景，指导质量目标的设定；

（2）调查项目启动时已有的14个国家公园的现状；

（3）明确工作领域，给出量化准则和标准；

（4）明确标准考核时需设置的问题和指标。

5.2.1节给出了国家公园的愿景。据此，欧洲公园联盟德国分部确定了工作领域、准则和标准。其中，标准是指国家公园管理的目标状态。国家公园的质量准则应体现双重价值。

（1）准则和标准是评估管理效率的依据。2012年，欧洲公园联盟德国分部出版了《管理成效评估》。在该手册的序言中，联邦自然保护局的主席比特·杰赛尔（Beate Jessel）教授写道：

全球生物多样性下降幅度惊人。为此，1992年在里约热内卢召开的联合国环境与发展大会通过了《生物多样性公约》。1993年，德国加入该公约，成为该公约的成员国。

2004年，《生物多样性公约》各成员国在吉隆坡召开了第七次缔约国大会，通过了"保护地工作计划"（CBD Ⅶ/28），突出了保护地在完成公约目标中的重要性。该工作计划要求各缔约国建立并发展起包含全国各类具代表性生态景观的保护地体系，并实现保护地的有效管理。

2007 年 11 月 7 日,德国联邦议会批准了《全国生物多样性战略》,完成了《生物多样性公约》第 6 条规定的履约任务。《全国生物多样性战略》明确了德国的工作目标——大面积划建可完全自然演替的原野区。到 2020 年,德国至少 2%的领土应完全进入自然演化进程。作为德国自然过程的"核心代表成员",国家公园在这一目标的实现中发挥着重要的作用。

德国虽新建了保护地,但保护地管理落后,导致物种和栖息地仍在流失,下降趋势未得以逆转。德国建有 14 个国家公园[①]、16 个生物圈保护区和 100 多个自然公园,保护了德国 25%以上的陆地面积。在联邦政府的大力推动下,这些保护地近年来花大力气制定管理成效的评估标准和准则。

德国 14 个国家公园全部完成了初次评估。评估是由独立的评估委员会组织实施的,为日后提高国家公园管理水平奠定了基础。

联邦和各州的国家公园管理机构及欧洲公园联盟德国分部,现已将有效性管理纳入了国家公园的管理工作中,加大了国家公园保护栖息地和物种的力度。

《管理成效评估》这本手册介绍了评估过程、评估准则和节选的部分评估结果。要做到有针对性地优化国家公园的管理,最重要的就是要明确现有管理的优势和不足。

(2)提名建立新的国家公园时,联邦自然保护局的专家给出建园意见和新建国家公园建园法的制定均需参照德国国家公园入选标准。2014 年和 2015 年,德国建立黑森林国家公园和洪斯吕克-霍赫瓦尔德国家公园时,就是这么做的。

5.3 国家公园机构设置

5.3.1 国家公园的管理

在德国,国家公园管理机构属州政府行政机构,由各州的环境部长直接领导。表 5-4 列出了德国各国家公园人员数量。

表 5-4 德国各国家公园人员数量　　　　单位:名

国家公园	全职人员	非全职人员
1. 巴伐利亚森林	151	42
2. 贝希特斯加登	50	42
3. 石勒苏益格-荷尔斯泰因瓦登海	48	39
4. 下萨克森北海浅滩	35	
5. 汉堡瓦登海	3	1
6. 亚斯蒙德	20	
7. 哈尔茨	167	9

---

① 这是 2012 年的表述,当时德国只建立了 14 个国家公园。

续表

国家公园	全职人员	非全职人员
8. 萨克森瑞士	70	1
9. 米利茨	85	7
10. 福尔波门奇	53	4
11. 下奥德河谷	20	1
12. 海尼希	38	2
13. 艾弗尔	74	
14. 克勒瓦埃德森	38	5
15. 黑森林	81	
16. 洪斯吕克-霍赫瓦尔德	55	

5.3.2 国家公园管理机构与其他政府机构的关系

国家公园管理机构偶尔会设在州林业局下。这种情况下，国家公园的人员编制属州林业局在编人员；州林业局负责这些国家公园的管理，包括制订管理计划和评估公园的管理。萨克森瑞士国家公园管理局和艾弗尔国家公园管理局即属这种情况。

石勒苏益格-荷尔斯泰因瓦登海国家公园管理机构隶属于州海洋保护局。这种机构设置易平衡园内居民关心的海岸保护与自然保护两者之间的关系。

5.3.3 利益相关者（含公众）的参与

在德国，国家公园是重要的环境教育场所。作为政府努力目标，德国政府希望每名在校的中小学生都能参加"国家公园体验周"活动，住在国家公园的青年旅舍、简易宾馆或野外营地中，零距离感受国家公园。

为此，各国家公园与周边学校、从事自然保护的非政府组织和当地协会合作，开展"国家公园学校"这一项目。

此外，国家公园还携手从事自然保护的非政府组织和地方协会，开设了众多面向教师和家庭的项目、引导性参观、展览和讨论会等各类活动。

各国家公园都设有"少年园警项目"、"志愿者项目"及适宜残障人士参加的一些活动。少年园警项目是欧盟各成员国共同发起的一个旨在关爱"祖国花朵"的项目。凡是国家公园所在地区年满7~12岁的儿童，都有机会受邀前往国家公园，在园警的带领下，参加一次为期5天的环境教育之旅。少年园警随后即成为支持国家公园的协会成员，当他们年满15岁或16岁时，可选择成为一名国家公园义务园警。

国家公园与当地招待所、酒店、农户、公交运营机构建立了名为"国家公园合作伙伴"的合作机制。

欧洲公园联盟德国分部发起所有这些活动，并充当协调角色。

各国家公园管理机构都有自己的咨询委员会，支持其管理工作。咨询委员会成员多由地方政治人士、科学家、非政府组织代表、艺术家，以及狩猎者协会、渔业协会、徒步旅行者协会的会员等主要利益相关者组成。

有些国家公园还成立有代表当地人民利益的理事会，成员由县政府员工和市长代表组成。理事会不介入国家公园的日常管理，但参与国家公园发展相关的决策，如徒步线路安排、公园功能分区、旅游项目开发等。国家公园编制管理计划时，理事会也会予以重要支持。

这些活动帮助国家公园赢得（社会和公众的）认同和支持。若非如此，国家公园将失去存在的基础。

5.4　国家公园体系规划

5.4.1　基本要点

德国国家公园体系的规划兼顾以下内容：

（1）国家公园体系应涵盖德国从阿尔卑斯山到北海和波罗的海各种具典型代表性的景观和生态系统；

（2）国家公园必须足够大，不能小于1万公顷；园内不能建有道路、铁路、电站和输电线路等永久基础设施、村庄或永久性民居建筑，以免造成公园景观"破碎化"；

（3）国家公园内的土地应为州属而非私有土地；

（4）国家公园所在区域人为影响程度低。

以此为基础，国家自然保护机构和非政府组织确定了德国的国家公园宜建区。除已建的16个国家公园外，现符合国家公园适建标准的地区还有8处。规划时，文化因素并非决定性因素，但会纳入国家公园旅游项目的考量因素中。

国家公园体系规划是德国生物多样性保护的国家战略内容。德国生物多样性保护的两大战略任务是：

（1）实现全封式封山育林的国有林面积达10%，即全国5%的森林面积；

（2）实现原野区面积占德国国土面积的2%。

这些目标的实现并非朝夕之功，倚赖于与众多利益相关者，尤其是当地民众的充分沟通。为此，2005年11月，欧洲公园联盟德国分部整合国家公园、生物圈保护区和自然公园，推出了"国家自然景观"这一宣传新概念，旨在：

（1）统一德国大型保护地的形象；

（2）统一（保护地）形象品牌设计；

（3）提高公众对国家自然景观的认知度；

（4）提升国家自然景观的价值和社会认可度；

（5）强化国家自然景观对德国及全球生物多样性的保护贡献。

5.4.2　规划程序

国家公园的划建遵循下列基本程序：

（1）根据 5.4.1 节列出的 4 项要点，待国家公园拟建区确选后，当事州即可启动规划工作；
（2）国家公园划建之前需经所涉及的县政府及村庄初步投票同意；
（3）当事州发布政府令，听取专家对国家公园建立的利弊分析；
（4）公示专家意见，听取利益相关者和当地民众的意见；
（5）此轮意见征询结束后，当事州提出明晰的国家公园划建概念；
（6）县政府和乡民大会再次投票表决；
（7）投票结果显示大多数人赞成建立国家公园时，当事州政府向州议会提出通过国家公园建园令的议案；
（8）州议会批准议案且经联邦环境部部长确认后，当事州建立国家公园。

5.5 单个国家公园的管理

5.5.1 管理计划

每个国家公园均需编制管理计划。欧洲公园联盟德国分部制定了国家公园管理计划编制指南。

管理计划应涉及管理标准涵盖的各类活动，给出未来 10 年的管理目标和实施战略。管理计划的实施成效随后会予以评估，管理计划会随之续编。

管理计划明确国家公园的功能分区如下。

一类区（核心区）：严格保护（生态系统的）自然动态过程，杜绝任何人为管理。国家公园建园 30 年之后，此类功能区覆盖面积应不低于国家公园总面积的 75%。

二类区（发展区）：此区可开展许多临时性的管理活动，如关闭林区公路或清除外来物种，恢复受扰动区。二类区要在 30 年内逐步恢复为一类区。

三类区（管理区）：该区充当国家公园及其周边文化景观之间的缓冲区这一角色，允许实施永久性的管理活动。该类功能区的面积最多不能超过国家公园总面积的 25%。

咨询委员会、自然保护非政府组织、地方协会、国家公园周边的县乡和村镇、当事州环境部、林业部和经济部等相关部委要参与国家公园管理计划的编制。

5.5.2 游客服务

德国国家公园的游客服务要做到三点：基础设施到位、旅游项目品质高和导游业务精。

1. 基础设施

所有的国家公园都建有游客中心，展示各公园及其独特的生态系统。游客中心全年开放，问询处有专门的工作人员解答游客的问询。在游客中心，游客不仅可浏览公园主题展览信息，了解国家公园在保护全球自然中的地位，还可在园内的书店选购地图、画册、电影、幻灯片，或在园内餐厅就餐。

游客中心若由国家公园管理机构管理，游客可免费参观。若由非政府组织按其与国家公园签署的合作协议实施管理，游客可能需付费参观，单人票价为8~10欧元，家庭票价为15~20欧元，所收费用通常用于维持这些非政府组织管理游客中心的运营支出，州政府不再予以经费支持。

另外，还有一类基础设施就是散布于国家公园内的标注完善的各类步道，可供访客步行或骑行。这些步道是国家公园管理机构与当地利益相关者一起开发的，方便游客按需自行安排游览路线。步道并非通到国家公园各部分，三类区（管理区）内的步道路线较多。建立步道体系，旨在分散游客，防止园内游客聚集拥挤，损害自然资源。为此，有些公园禁止游客擅离步道，或将步道设计为单行步道。

德国的国家公园免费向公众开放。这一点很重要，通过免收门票，人们可前往公园散步、骑行或跟随导游泛舟。有些公园还允许人们在简易小木屋中宿营。德国的国家公园禁止机动车辆（如轿车和雪地汽车）行驶，也禁止野营、狩猎和钓鱼。

国家公园提供导游服务，部分属有偿服务，收费标准为每位访客3~5欧元。

2. 旅游项目

所有的国家公园都开展可持续环境教育、自然解说、原野教育类项目。除冬夏两季的常规项目之外，各公园还举办特别活动，分主题介绍国家公园的动物、蘑菇、枯木、小蠹虫和原野等。此外，国家公园还设有面向家庭、儿童和残障人士的特色项目。

3. 导游

国家公园的导游可以是国家公园的园警或是经国家公园管理机构培训的当地民众。当地民众需参加数周培训，考试合格后方能获得导游资质，有效期为一年。在此期间，他们需定期向国家公园管理机构索取国家公园的相关信息，并参加必要的培训。资质到期后，国家公园管理机构依其表现，决定是否续期，续期期限仍为一年。这种年审的做法可保障导游能向游客提供最新信息，保障服务质量，打造训练有素的自然解说员，增加当地民众收入。

5.5.3 商业服务

有些国家公园建有私营企业修建的林荫大道之类的特殊景点，属付费景点。此类景点由国家公园管理机构负责规划，经县政府和市长（见5.3.3节）磋商之后，确定可修建的景点，并最终以公开竞标的方式，选定景点修建私企投资方。

游客中心内或周边的餐馆、礼品店和书店也由私营企业管理，提供有偿服务。相关场所的产权如果归属国家公园管理机构，经营方需支付场地使用租金。

国家公园管理机构负责为国家公园内的私人导游和私企运营商提供培训和发放（营业）执照。执照办理无需付费。政府更看重的是，私营企业参与提供园内服务可增加公园所在地区的个人收入，体现国家公园的存在价值。

5.5.4 设施设计、美学与标准

德国国家公园内的建筑,如游客中心、旅馆或青年旅馆等,没有统一的建筑风格要求。各国家公园通常采取全球竞标方式,选定游客中心及其内布展的设计方案。国家公园将园内林业工人曾用过的小木屋等历史建筑,维修后重新加以利用。在条件许可的情况下,国家公园的取暖和用电均使用可再生能源,如太阳能。

国家公园内信息标牌的设计,大多是由欧洲公园联盟德国分部设计的。

经咨商各国家公园管理机构,欧洲公园联盟德国分部还为入选"国家自然景观"的保护地设计了风格统一的宣传册、宣传折页和网站。

5.5.5 守法、执法和报告:基本理念与实践

在德国,建立和管理国家公园是联邦各州州政府的职责。各国家公园管理机构属(州政府)行政机构,全权负责管理公园,实现公园法定目标。其首要职责就是确保自然过程免受人为干扰。为此,要确定各国家公园禁止事项并明确国家公园管理机构权限,尤其是园警执法权限。在大多数情况下,园警执法多是以批评教育为主,偶有惩罚,则多是因违规停车、擅离步道或违规生篝火等不法行为。例如,巴伐利亚森林国家公园的年游客量虽达 130 万人次(许多游客每年可 3~4 次游览),但处罚案件也只有 200 例。负责这些案件的园警会将违规者的相关信息及违法情况一一呈交给县政府有关部门,后者会依法实施处罚。

德国国家公园园警秉持的理念是:园警是访客对国家公园的第一印象,是自然体验的解说者,其介绍原野,宣传和推广"只带走印象和只留下脚印,唯此而已"的概念。

不仅是园警,国家公园管理机构的每位员工都有这样的自我认知——在国家公园工作,既要保护自然,又要与游客为友。

作为州政府行政机构,国家公园管理机构每年需向环境部部长汇报工作,并向公众提交年度汇报手册。此外,环境部每 5 年需对国家公园管理成效进行评估,每 10 年做一次全面评估,以评估环境部落实评估建议的情况。

5.5.6 职业发展与培训

国家公园管理机构作为行政单位,职位可分为两大类:要求大学/大专学历的职位和不要求大学/大专学历的职位。

国家公园员工涉各类专业人员,包括生物学家、教育人员、林业专家、市场管理人员、行政管理人员和自然解说专家等。所有这些人员唯有达到特定的专业水准和掌握特定的专业经验方能被录取为政府公务员。各公园都制订有各自的员工培训计划。

在欧洲公园联盟德国分部的协助下,各国家公园管理机构举办研讨会,编写员工培训手册。例如:

（1）自然和文化解说员培训手册；
（2）"国家自然景观"团队合作；
（3）"国家自然景观"与生物多样性；
（4）"国家自然景观"合作伙伴伴你度假；
（5）"国家自然景观"残障人士管理示范计划；
（6）"国家自然景观"的志愿者；
（7）"国家自然景观"的研究和监测；
（8）国家公园的野生动物管理；
（9）区域营销清单。

欧洲公园联盟德国分部组建了各类工作组，促进国家公园管理机构之间的经验交流，工作组成员每年集会两次。

各国家公园都拥有各自的以大学为支撑的研究和监测网络，服务各自的自然保护和社会经济研究工作。

5.5.7 公众与社区参与

国家公园的任何政策性决策均需全面征求当地和相关省份公众的意见。政府召集会议或借助电子和纸质媒体，向公众介绍国家公园拟议活动的情况，包括木材工业的作业场所、国家公园的旅游开发、国家公园如何惠益当地民众，以及狩猎、捕鱼等国家公园内法定许可和禁止的众多活动等。民意征询的目的自然是确保国家公园免受人为干扰，自然过程可维持自然演变。讨论过程中，当地民众需由支持和反对国家公园的两方人士参与。

国家公园建立之后，国家公园管理机构需持续与当地各利益集团等众多利益相关者保持沟通。游客对国家公园自然美景、当地民众、民宿条件和国家公园提供的各类服务的赞誉和肯定，就是对国家公园拥护者的最大认可。

同样，国家公园管理机构也与县级理事会的成员保持良好的沟通。有这样的合作为基础，国家公园所在地区才能建立起免费的游客公共交通接驳系统，进行统一的（国家公园品牌）市场营销推广。

5.6 国家公园体系和单个国家公园的资金机制

5.6.1 运营成本：政府资金

德国各国家公园的年度运营成本为200万～1200万欧元，年均运营成本为500万～600万欧元。德国16个国家公园的年度总运营成本为8000万～9600万欧元。表5-5和表5-6分别给出了北莱茵-威斯特法伦州艾弗尔国家公园和黑森州克勒瓦埃德森国家公园2005～2014财年、2005～2015财年的年度预算。

表 5-5　北莱茵-威斯特法伦州艾弗尔国家公园年度预算

财年	年度预算/百万欧元	占州预算的比例/%	北莱茵-威斯特法伦州的年度预算/10 亿欧元
2005	4.82	0.009 74	49.44
2006	4.58	0.009 49	48.23
2007	5.36	0.010 61	50.50
2008	5.39	0.010 52	51.23
2009	6.20	0.011 23	55.21
2010	6.42	0.012 08	53.11
2011	6.67	0.012 07	55.26
2012	6.99	0.011 86	58.90
2013	7.44	0.012 31	60.44
2014	6.68	0.017 02	62.31

表 5-6　黑森州克勒瓦埃德森国家公园年度预算

财年	年度预算/欧元	占州预算的比例/%	经费来源
2005	2 140 000	0.010	黑森州
2006	3 554 158	0.010	黑森州
2007	4 505 175	0.019	黑森州
2008	3 755 062	0.014	黑森州
2009	4 565 903	0.017	黑森州
2010	5 271 350	0.019	黑森州
2011	4 247 866	0.015	黑森州
2012	4 085 723	0.014	黑森州
2013	4 316 251	0.014	黑森州
2014	4 664 250	0.015	黑森州
2015	4 908 768	0.015	黑森州

预算资金用于支付员工工资、公园设施的修建和维护、科研、游客教育及其他服务等。

因各公园的员工数量不等，员工工资的预算占比也有较大差异，为30%~60%。例如，巴伐利亚森林国家公园在编员工有 193 名，包括公园管理人员、木匠、砖瓦工、兽医等技工人员。员工队伍构成多样，意味着众多工作都是由国家公园的员工自己完成的。

员工数量少的国家公园,就必须向私营企业大量采购特定服务,各国家公园视各自的情况而异。

除员工工资外,其余的预算一半用于公园设施的修建和维护,另一半用于科研、游客教育及其他服务项目的支出。

国家公园管理经费由州财政支出。各国家公园的年度预算作为所属各州的州财政预算列项,由各州议会批准。跨州(界)国家公园的预算支出,相关各州签订条约,协定预算分担。德国跨州的国家公园共有2处。

国家公园于国家有利,既能保护德国的自然遗产和生物多样性,助力德国践行国际履约(尤其是《生物多样性公约》)责任,又能借助自然资源,开发旅游,增加当地人的收入。这促使各州充分保障国家公园的运营经费。

某些情况下,如果州政府能提供更多的资金,国家公园管理机构的地区发展和旅游发展工作就会做得更好。

德国联邦政府不向任何国家公园提供财政支持。

波罗的海周边的梅克伦堡-前波美尼亚州共建有3个国家公园和2个生物圈保护区。该州为这些保护地提供的经费情况见表5-7。

表5-7 梅克伦堡-前波美尼亚州保护地经费投入

财年	保护地经费/欧元: (支出-收入=州财政经费)	占州预算的比例/% (州预算支出为72亿欧元/年)	备注
2005	10 716 500	约0.15	3个国家公园和2个生物圈保护区均列入州预算 (预算科目编号为0817)
2006	11 040 900	约0.15	3个国家公园和2个生物圈保护区均列入州预算 (预算科目编号为0817)
2007	10 418 500	约0.15	3个国家公园和2个生物圈保护区均列入州预算 (预算科目编号为0817)
2008	10 273 100	约0.15	3个国家公园和2个生物圈保护区均列入州预算 (预算科目编号为0817)
2009	12 287 800	约0.15	3个国家公园和2个生物圈保护区均列入州预算 (预算科目编号为0817)
2010	11 569 300	约0.15	3个国家公园和2个生物圈保护区均列入州预算 (预算科目编号为0817)
2011	11 074 800	约0.15	3个国家公园=7 362 491欧元 2个生物圈保护区=3 712 301欧元
2012	11 095 600	约0.15	3个国家公园=6 829 646欧元 2个生物圈保护区=4 265 977欧元
2013	10 687 200	约0.15	3个国家公园=6 647 492欧元 2个生物圈保护区=4 039 709欧元
2014	10 815 900	约0.15	3个国家公园=6 638 786欧元 2个生物圈保护区=4 177 152欧元

国家公园可向联邦自然保护局申请特定项目资金。此类资助极少，金额一般仅占公园年度预算的 1%。

在德国，保护国家公园内的自然遗产被视为各州的政府职责，这一共识奠定了德国国家公园的资金机制。

5.6.2 国家公园自营收入（含门票收入）

德国的国家公园实行免费政策，园内的大多数游客中心也可免费参观。国家公园培训的持证导游通常提供有偿服务，在每次服务前直接向游客收取。巴伐利亚森林国家公园每年收取的导游费可达 3 万~4 万欧元。国家公园的导游组织将部分收入回赠给相应的国家公园，用于支持自然保护或环境教育等特别公共服务的采购，但此笔费用在国家公园的支出中占比极低。

德国的国家公园不以经济发展为目标。在德国，国家公园具经济价值也是公认的事实。

德国国家公园的游客接待量每年约为 5100 万人次，创造的经济价值为 21 亿欧元，相当于提供了 6.9 万个全职工作岗位。其中，1000 万游客到访某一地区只是冲着那里的国家公园去的，这些游客直接消费近 4.3 亿欧元，相当于提供了 1.4 万个全职工作岗位。

国家公园通常被视为所在州农村地区的经济引擎。据估算，州政府财政支持国家公园，投资回报率可达 2~6 倍。

5.6.3 其他资金来源

1992~2013 年，德国联邦环境基金会累计向国家公园拨款 1620 万欧元，用于支持新建游客中心、儿童环境教育设施和开展研究项目等专项项目，作为联邦政府配套资金（配套比例为 50%），国家公园所在州的州政府相应地承担 50% 的地方配套资金。

国家公园实施项目也可获取资金，如欧盟的"环境与气候行动"（local initiative facility for urban environment，LIFE）项目或"欧洲联系"（inter region，INTERREG）项目。同德国联邦环境基金会一样，此类项目通常会要求国家公园配套至少 50% 的项目资金。国家公园争取到的此类资金通常占其年度预算的 1%~2%。

国家公园也会获得赠款和捐款，但数额很低。

5.7 代表性国家公园

从德国现有的国家公园中选出一个，作为其代表性的国家公园，这似乎并非易事。登录网站，感受下德国组织管理不错的国家公园，也许会有所助益。网址为：https://www.nationalpark-bayerischer-wald.bayern.de/english/index.htm。

5.8 其他重要问题

5.8.1 国家公园的建立和管理趋势

德国的国家公园都划建在州属公共土地,尤其是州属林地上。在德国建立国家公园看似轻而易举,实则不然。德国人口稠密,找出人为扰动少、空间未破碎化、适合划建为国家公园的大面积区域实属不易。

提议划建新的国家公园时,总会听到反对的声音。林业和木材(加工)行业往往反对的声音最高。他们担心划建更多的国家公园之后,锯木厂以后不能获得足够的生产原料,尽管该行业眼下产能过剩。林业和木材(加工)行业组织优秀的公关人员,展开政策游说,借助数字和纸质媒介大肆反对建立国家公园,却根本不介绍国家公园及其价值。有时,他们还会组织地方协会反对正在拟建的国家公园。

同样,拟建或已建国家公园周边区域的农户也公开声称,国家公园的野生动物会"光顾"和破坏他们的田地,造成巨大损失,为此他们深为忧虑。

目前,(野生)狼经东欧原野地扩散至德国境内。许多人认为这是建立国家公园恢复荒原的结果。(野生)狼重回自然会威胁国家公园周边的乡村民众,尤其是儿童。

为此,欧洲公园联盟德国分部与国内外非政府组织,如世界自然基金会、法兰克福动物协会、德国自然与环境保护协会和德国自然保护联合会等,建立一个与国家公园周边地方协会联动的工作模式,向当地民众介绍国家公园的价值,并协助地方开展相应活动。德国国家公园网站首页设有"国家公园知识"专题,访问者可以查阅国家公园的相关信息和获得不同的帮助。

综上所述,建立国家公园要有耐心,有的国家公园需要十多年才能建立。

就现有国家公园的管理而言,有些国家公园的人员和经费不足,难以与合作伙伴进行有效的合作,实现国家公园的法定目的。

有些国家公园面积太小,扩建会与新建公园一样,面临同样的困难和挑战。

5.8.2 国家公园管理面临的未来挑战

国家公园面临的第一大挑战永远都是要赢得公众的支持。国家公园管理机构、非政府组织和各利益相关者需让自己的项目获得家庭和年轻一代的喜爱。只有赢得下一代的支持,国家公园才有希望。

志愿者项目和少年园警项目是较成功的做法,重要的是要让"智能手机一代"接触真实迷人的大自然。

如何通过与高校合作在国家公园开展高水平的研究是国家公园面临的第二大挑战。有效的监测是支撑国家公园维护生物多样性这一重要功能的抓手。国家公园有助于德国落实国家生物多样性战略,践行 1992 年里约生物多样性大会德国承诺的国际义务,参与实施众多欧盟生物多样性保护项目,如"NATURA2000"和"欧洲原野保护愿景"等,帮助德国赢得政治支持。

国家公园面临的第三大挑战就是不断完善和发展自然解说项目,形成集环境教育、可持续发展教育、荒原体验于一体的自然解说体系,让人们可以亲身体验大自然,鼓励人们亲身感知自然,了解自然,进而因自然遗产激发民族自豪感。

5.8.3 气候变化

气候变化是国家公园研究中最重要的问题。国家公园是露天实验室,自然呈现着气温变暖时植物、动物、蘑菇、海平面、冰川、永久冻土等自然组分的种种反应。

5.8.4 减贫

如本书 5.6.2 节所述,作为非营利性机构,国家公园能为所在地区创收和增益,成为非工业地区当地民众收入增长的引擎。

5.8.5 应对和解决土地权属信息不完整的情况

德国国家公园属州有土地,国家公园管理机构全面掌握国家公园内地块及其权属的完整信息。

5.8.6 国家公园内自然资源的权属

国家公园自然资源的权属全部归其所有者,即国家公园所在州的州政府。国家公园专门立法明确规定:国家公园内的自然资源禁止用于商业性开发。贝希特斯加登国家公园的高山草甸牧场允许在一定的牲畜定载量下实施传统放牧。汉堡瓦登海国家公园内允许定量的拖网渔船。有些国家公园在划建之后,周边或园内村民仍保留着从园内取用水的权利。

第 6 章 俄罗斯国家公园体制研究

德米特里·卡茨（Dmitry Kats）
世界自然基金会

作者简介

德米特里·卡茨（Dmitry Kats），现任世界自然基金会全球北极项目专家，世界自然基金会俄罗斯项目部发展总监，并有二十多年在政府、企业、非政府组织和学术机构从事保护地、自然资源和土地保护等方面的工作经验（kats.dmitry@gmail.com）。

执行摘要

俄罗斯丰富多样的自然和社会经济状况造就了其独特的国家公园体系。俄罗斯的国家公园模式具有两大特点：一是制定了适用于整个保护地体系的专门立法；二是传承和发扬了俄罗斯自古以来积累的自然和文化遗产地管理经验。在借鉴美国模式将国家公园建为"露天博物馆"的基础上，俄罗斯将"保护自然和文化遗产（含精神遗产）且自然保护优先"作为国家公园的管理目标，形成了俄罗斯自己的特色。

1983 年，俄罗斯联邦开始建立国家公园，首先成立了索契和驼鹿岛两个国家公园，旨在保护自然和文化遗产、管理旅游和探索国家公园所在地区的可持续发展之路，建园目标众多。国家公园不仅有助于保护独特的自然区域和重要的历史与文化遗迹，还能让大量访客了解自然、历史和文化景点，在美景中放松身心。

到 2016 年底，俄罗斯共建立了 50 个国家公园，总面积为 2130 万公顷，占俄罗斯国土总面积的 1.25%。俄罗斯的国家公园大多分布在该国的欧洲部分。半数联邦主体[①]的辖区内都建有国家公园。

在俄罗斯，国家公园归联邦所有。国家公园是具有特殊的环境、历史和美学价值的区域和场所，用于保护自然、提高环境意识和服务科学、文化及可持续旅游开发等众多目的。

6.1 国家公园和保护地体系的背景

6.1.1 保护地及其资源的历史和概况

1. 俄罗斯保护地体系的发展史

俄罗斯保护地体系的发展史可追溯到遥远的过去。早在古代和中世纪时，人们就试着

---

① 联邦主体是俄罗斯的一级行政区，约相当于中国的省。目前俄罗斯共有 85 个联邦主体，其中包括 22 个共和国、46 个州、9 个边疆区、4 个自治区、1 个自治州、3 个联邦直辖市。

保护一些自然区域，主要是宗教仪式举办地或具有特殊历史和文化价值的地方（如库利科沃田野①）。这些被保护的区域通常风景优美，大自然鬼斧神工造就的湖泊、峭壁、森林、洞穴等美景随处可见，但禁止任何人在其内建房造屋、耕作、割草、开矿或狩猎。

基辅罗斯时代，俄国的保护地通常建在王子诞生地附近，是后来保护区和庇护所的原型。这类保护地多达数百处，主要供君王、诸侯、大地主等权势人物围猎。事实上，这些保护地自建立之日起就不仅有利于狩猎动物的保护，而且是尝试动物种群恢复和繁育方法的场所。当时俄国一些知名的自然保护区和国家公园，如高加索自然保护区、克里米亚自然保护区和驼鹿岛国家公园都是在这些早期的保护地上建立起来的。

伦理道德准则是中世纪保护地建立的主要驱动力。美与善、保护景观与圣地的完整性是激发自然保护的主要原动力。后来，各类务实的动机才出现。

20世纪初，在俄罗斯著名科学家V. 道库恰耶夫、D. 阿努钦、I. 鲍罗廷、G. 科热伏尼科夫和 A. 谢苗诺夫—天山斯基等人的倡议和努力下，俄罗斯开始建立现代保护地体系。这些科学家建议国家留出原野地，实施严格保护，任其自然演替，不予人为干扰。

他们主张的自然保护主要原则如下：

（1）保护未经人类改变的原始区域；

（2）保护地代表"纯自然标准"；

（3）保护地是研究自然过程演变的场所；

（4）保护地可作为研究经济开发对生态过程影响的参照区域；

（5）分析研究结果和结论可用于指导区域经济开发活动的调整。

这些保护原则与保护地体系中保护程度最高的"国家级自然保护区"的概念相一致。建议在俄罗斯国有土地上划建"国家级自然保护区"，形成保护网络的方案和建立一些小型保护区，保护各主要自然地理区域的方案纷纷被提了出来。这些保护区划建方案是最早的俄罗斯保护地体系发展的概念性框架。在俄罗斯建立首个国家公园以前，这些保护区曾是俄罗斯保护地体系的主要构成类型，这种情形共持续了60多年。

1916年12月29日（按现行日历法实为1917年1月11日），俄罗斯在贝加尔湖建立了第一个国家级自然保护区——巴尔古津国家级自然保护区。经过一个世纪的发展，俄罗斯的国家级自然保护区的数量已经达到了104处，其中，南乌拉尔自然保护区建于2014年，成立得最晚。

1983年，俄罗斯建立了索契和驼鹿岛两个国家公园，开启了该国国家公园体系建设的序幕。到20世纪90年代末，俄罗斯在风景宜人的知名旅游区共建有11处国家公园。

1991～1994年，俄罗斯的国家公园迅速发展。到1994年底，国家公园的数量已达27处。1994年，《俄罗斯联邦国家公园管理条例》正式生效，取代1981年通过的条例。立法同期得以重构。1995年，《联邦自然保护地法》正式生效，属现行适用法律。

随后，俄罗斯国家公园增速放缓。继2014年和2015年在外贝加尔边疆区和（符拉迪沃斯托克）海参崴分别建立了奇科伊国家公园和比金国家公园之后，直至2016年6月才在斯塔夫罗波尔新划建了基兹洛沃茨克国家公园。

---

① 库利科夫战役：金帐汗国军队与莫斯科德米特里王子统一指挥下的罗斯公国军队之间的战争。

截至 2016 年底，俄罗斯共建有 50 个国家公园，总面积为 2130 万公顷。应该注意的是，在俄罗斯，在国家公园出现之前，相当于国家公园的"自然公园"（natural parks）是由各个地区，而不是联邦政府负责划建的。

一个多世纪以来，俄罗斯的保护地体系一直是"经济领域"的一部分——仅涉及联邦保护地管理的联邦政府机构就聘用了 1 万多名工作人员。保护地体系的管理应遵循《联邦自然保护地法》及其他联邦和地区性法规等各类适用的立法。这些立法均是按基于实证的战略规划文件（包括联邦和地区性规划构想、战略和项目）进行编制和实施的。

在俄罗斯，保护地属国家遗产。保护地旨在保护独特和典型的自然复合体与自然特征、生物多样性及自然和文化遗产。保护地同时也是研究生物圈自然演化、监测其状态变化，以及开展环境教育的场所。保护地全部或部分禁止开发利用。保护地包括特别保护区和缓冲区两部分，其中，缓冲区内的陆地和水域可开展法定许可的一些经济活动。图 6-1 和图 6-2 分别为俄罗斯国家公园的数量和面积。

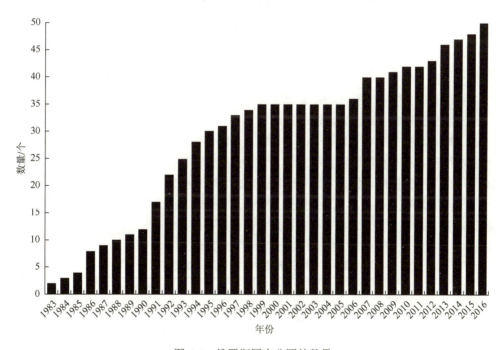

图 6-1　俄罗斯国家公园的数量

俄罗斯现有保护地体系包括以下几大保护地类型，其保护目标、法律地位和管理机构的地位各异。

（1）国家级[①]自然保护区（state natural reserves）；
（2）国家公园（national parks）；
（3）自然公园（natural parks）；

---

① "国家级"一词是《联邦自然保护地法》界定某些保护地类型时采用的法律用词，如国家级自然保护区和国家级自然庇护所。冠以"国家级"字眼的保护地是指其由联邦或地区级的国家机构负责管辖。

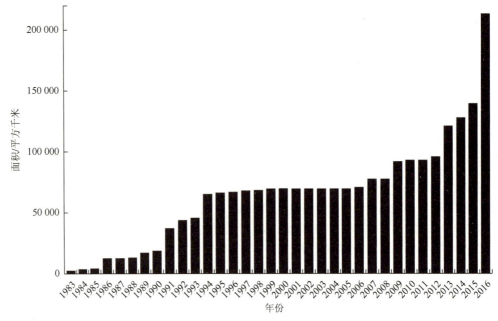

图 6-2 俄罗斯国家公园的面积

(4) 国家级自然庇护所 (state natural refuges);
(5) 自然纪念地 (natural monuments);
(6) 林木园和植物园 (dendrology parks and botanical gardens)。

在俄罗斯，保护地可以是由联邦、地区或地方行政机构辖管的具国家、地区或地方重要性的区域[①]。某些保护地，如林木园和植物园由公共研究机构和国家高等教育机构实施管理。

具国家重要性的国家级自然保护区、国家公园和国家级自然庇护所由联邦自然资源和环境部辖管。表 6-1 为俄罗斯保护地的类别和管理等级。

表 6-1 俄罗斯保护地的类别和管理等级

类别	管理等级		
	联邦	地区	地方
国家级自然保护区	+		
国家公园	+		
自然公园		+	
国家级自然庇护所	+	+	
自然纪念地	+	+	
林木园和植物园	+	+	
其他类型的保护地		+	+

---

① 俄罗斯的保护地实行分类分级管理。保护地分为具联邦重要性、地区重要性、地方重要性三级，分别由联邦、地区和地方行政机构予以管理。这里，地区是指州、共和国、边疆区、直辖市等联邦主体。为表述方便，中文译文将保护地管理级别分别简称为国家级、地区级和地方级。

2. 俄罗斯保护地体系的概况

俄罗斯目前约有各类保护地 1.3 万处，总面积（含海域面积）共 2.04 亿公顷，占俄罗斯国土总面积的 11.94%。这些保护地类型多样，管理级别不一。

上述众多保护地中，具国家重要性的各类保护地共有 297 个，包括：

（1）国家级自然保护区 104 个，总面积为 3390 万公顷，其中，海域面积为 650 万公顷，陆地面积为 2740 万公顷；

（2）国家公园 50 个，总面积为 2130 万公顷，其中，海域面积为 720 万公顷[①]；

（3）国家级自然庇护所 59 个，总面积为 1300 万公顷，其中，海域面积为 320 万公顷。

（4）自然纪念地 17 处，总面积为 2.3 万公顷；

（5）林木园和植物园 62 处，总面积为 7000 公顷。

除上述主要保护地类别外，联邦自然保护地还包括扎维多沃国家综合区，其保护地位类似于国家公园，总面积为 12.5 万公顷。

所有具国家重要性的保护地的总面积超过 6000 万公顷（含海洋面积），其中，陆地及淡水水域的总面积超过 4900 万公顷，约占俄罗斯陆地总面积的 3%。

在这些具国家重要性的保护地中，12 个国家级自然保护区、1 个国家公园和 6 个国家级自然庇护所（含有海洋生态系统），其总面积占俄罗斯大陆架总面积的 3%。在这 12 个国家级自然保护区中，有 4 个海域面积超过陆地面积，有 2 个设有海洋缓冲区，还有 2 个含有滨海区域。此外，有 2 个国家公园也含有滨海区域。另有 1 个国家级自然保护区和 1 个国家公园分别包含了贝加尔湖的部分水域，共计 5.38 万公顷。

俄罗斯具国家重要性的保护地的数量和面积分别占该国保护地总数量和总面积的 3% 和 39%，其他具地区和地方重要性的保护地的数量和面积则分别占该国保护地总数量和总面积的 97%和 61%（图 6-3 和图 6-4）。

具国家重要性的保护地中，国家级自然保护区、国家公园、国家级自然庇护所、自然纪念地及林木园和植物园的数量占比分别为 36%、17%、20%、6%及 21%（图 6-5）。其中，国家级自然保护区、国家公园和国家级自然庇护所的面积占比则分别为 48%、34%和 18%（图 6-6）。

俄罗斯全国保护地地籍显示，具地方重要性的保护地的数量为 985 处，总面积为 2580 万公顷，在该国保护地体系中占比不高。因《联邦自然保护地法》对具地方重要性的保护地较少提及，故地方级保护地的建设与运行受相应的地区性立法的约束。

自然纪念地与林木园和植物园较国家级自然保护区、国家公园和国家级自然庇护所这些大型保护地的面积要小得多。2015 年出版的《俄罗斯联邦环境现状与保护》这一报告显示：截至 2015 年，俄罗斯具国家重要性的自然纪念地的总面积仅为 2.3 万公顷，林木园和植物园的面积更微乎其微，仅为 7000 公顷。因此，在统计具国家重要性的保护地面积时，自然纪念地与林木园和植物园的面积忽略未计（图 6-6）。

---

① 2016 年，俄罗斯北极地区国家公园的面积扩至 740 万公顷，加上海域面积，总面积高达 880 万公顷，是目前俄罗斯最大的保护地。新建的基兹洛沃茨克国家公园的总面积为 9.6579 万公顷。

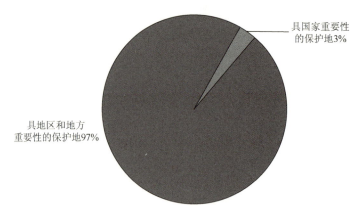

图 6-3 各类保护地的数量

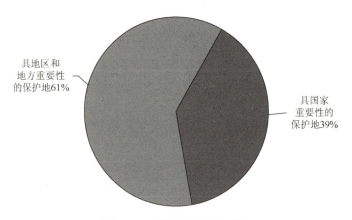

图 6-4 各类保护地的总面积

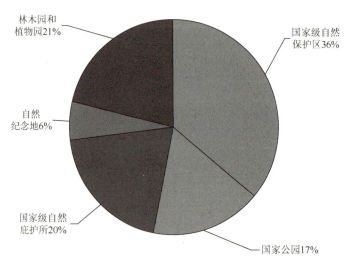

图 6-5 具国家重要性的各类保护地的数量

地区和地方即指省级和市级

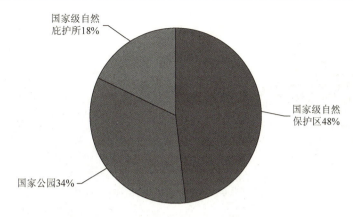

图 6-6 具国家重要性的各类保护地的面积

自 2007 年以来，俄罗斯在十年间共新建了 3 个国家级自然保护区、12 个国家公园和 2 个国家级自然庇护所，并扩建了 5 个国家级自然保护区和 1 个国家公园。具国家重要性的保护地面积增加了 10%，其中，国家公园、国家级自然保护区和国家级自然庇护所的面积分别增加了 175%、0.3%和 2.3%。

在俄罗斯，被联合国教育、科学及文化组织列为世界自然遗产地的区域共有 10 处，涉及 12 个国家级自然保护区、4 个国家公园、3 个具国家重要性的国家级自然庇护所和 12 个具地区重要性的保护地。另外，库尔斯沙嘴（Curonian Spit）国家公园是联合国教育、科学及文化组织指定的世界文化遗产地。

俄罗斯共有 44 个经联合国教育、科学及文化组织认可的生物圈保护区，涉及 35 处国家级自然保护区和 7 处国家公园，共 42 处具国家重要性的保护地和 2 处具地区重要性的保护地——自然公园。

俄罗斯有 35 处国际重要湿地，总面积为 1141.11 万公顷，占俄罗斯陆地面积的 0.67%，其中，保护地内国际重要湿地的面积为 530 万公顷，涉及 12 个国家级自然保护区、1 个国家公园、11 个具国家重要性的自然庇护所和 18 个具地区重要性的庇护所。

俄罗斯跨国保护地共有 4 个，均为国家级自然保护区，包括科斯托穆克沙（Kostomuksha）、达斡尔斯基（Daursky）、兴凯湖（Khanka）和卡通河（Katun）。

在环境领域，俄罗斯最骄人的成就之一就是建立了独具特色的保护地体系。图 6-7 为俄罗斯联邦保护地分布情况。

6.1.2 保护地和国家公园的定义及其相互关系

《联邦自然保护地法》将保护地界定为"政府全部或部分放弃经济开发而专门依法划定，予以特别保护的那些具有重要保护、科研、文化、审美、游憩等价值的陆地、水域及对应的空域"。

保护地属国家遗产。所有的保护地都是为了保护典型和独特的自然复合体和自然特征、生物多样性、自然和文化遗产而划建的，属依法特别保护的区域，全部或部分摒弃经济开发目的。保护地周边的陆地和水域可建有缓冲区，允许开展法定的经济活动。

图 6-7 俄罗斯联邦保护地分布图

各类保护地差异明显，主要体现在管理目标、立法体系、生物多样性保护的重要性及美学、科研和文化价值等诸多方面。

（1）国家级自然保护区（含生物圈保护区）：具国家重要性的陆地和水域，保护这类保护地旨在使区内的自然环境完全处于"自然状态"，区内完全禁止任何经济活动和其他类型的活动，法律另有规定的除外。

（2）国家公园：具国家重要性的陆地和水域，区内实施区划管理，确定哪些区域可依法开展游憩活动，哪些区域只能实施严格的自然和文化遗产保护。国家公园的自然环境应得以保护，维持其自然状态，区内禁止经济活动和其他类型的活动。

（3）自然公园：具地区重要性的区域，区内会根据生态、文化、游憩等目的实施分区管理，各分区设有相应的应禁止和限制的经济活动和其他类型的活动。

（4）国家级自然庇护所：具国家或地区重要性的陆地和水域。此类保护地对保护和恢复自然复合体或维持生态平衡尤为重要。

（5）自然纪念地：具国家或地区重要性的陆地和水域，区内分布着独特的生态、科学、文化、美学价值的自然复合体、自然特征或人造物。

（6）林木园和植物园：具国家或地区重要性的区域，用于特殊植物的保育，以保护植物及其多样性。

俄罗斯联邦政府负责根据联邦环境保护机构的提议，做出关于建立和扩建具国家重要性保护地的决议。

俄罗斯地区级管理机构负责具地区重要性保护地的批建。具地区重要性保护地的批建和调整需征得联邦环境保护分管机构，即联邦自然资源和环境部的同意。若保护地内的土地和自然资源具战备用途，地区级管理机构还需征得联邦国防和国家安全分管机构的同意。

6.1.3 与 IUCN 保护地归类体系的对比及异同

世界自然保护联盟建议将保护地归为以下几类。

（1）Ⅰa 类——严格的自然保护区：为保护生物多样性或地质地貌而严格保护的区域，为了确保各种价值的保护，区内严格控制和限制人类进入、资源利用及其影响，可作为科学研究和监测的重要"对照"区。

（2）Ⅰb 类——原野地：大面积保持原有自然状态，没有或仅有轻微改变但没有永久或明显人类居住的保护地，保护和管理的目的是保存其自然状态。

（3）Ⅱ类——国家公园：划建的大面积的、自然或近自然的用于保护大尺度生态过程、代表性物种和生态系统的保护地，在不破坏环境和文化的情况下，提供精神、科研、教育和休闲娱乐机会。

（4）Ⅲ类——自然纪念地或自然地貌：为保护地貌、海山、洞穴等独特的自然遗迹、洞穴，甚至仅存的小片古树等地质特征而划建的保护地。这类保护地的面积往往不大，但旅游价值较高。

（5）Ⅳ类——物种/栖息地管理区：为保护和管理特定物种或栖息地而划建的保护地，大多需根据物种或栖息地的保护要求，定期予以积极的干预，但这也并非必需的。

（6）Ⅴ类——陆地/海洋景观保护地：划建这类保护地是为保护那些人与自然协同演进而造就的具重要的生态、生物、文化和美学价值的独特特征。保护和维持这类保护地及其自然环境和价值是守护人与自然良好互动的根本。

（7）Ⅵ类——资源可持续利用区：划建这类保护地是为保护生态系统、栖息地及其附属的文化价值和传统的自然资源管理体系。这类保护地面积通常较大，大部分地区处于原始自然状态，部分地区允许低强度、非商业性的自然资源利用。自然保护是这类保护地的一项主要管理目标。

俄罗斯尚未根据 2013 年世界自然保护联盟推出的《保护地管理分类应用指南》，完成对该国保护地的管理归类分析，以下仅为初步归类分析结果（图 6-8）。

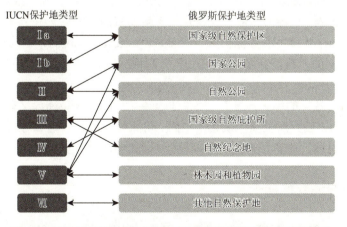

图 6-8　俄罗斯保护地类别和 IUCN 保护地管理分类的对应关系

俄罗斯大多数的国家级自然保护区可归为 IUCN 的Ⅰ类（Ⅰa 和Ⅰb）保护地。有些国家级自然保护区因开展大众旅游，并不完全符合 IUCN 的Ⅰ类保护地的标准，如杰别尔金（Teberdinsky）、斯托尔贝（Stolby）和基瓦克（Kivatch）国家级自然保护区。这种现象出现的原因一方面是这些国家级自然保护区事实上达不到（俄罗斯的）"国家级自然保护区"的标准，另一方面是这些保护地成立时俄罗斯保护地体系尚未有"国家公园"这一保护地类别。

俄罗斯政府决定：近期内将会把这些（达不到 IUCN 的Ⅰ类保护地标准的）国家级自然保护区全部改建为"国家公园"。此外，个别的国家级自然庇护所，如法兰士约瑟夫地（Franz Josef Land）和千岛群岛（Kuril Islands），面积较大，且保持着自然状态，宜归类为Ⅰb 类保护地。

俄罗斯大多数的国家公园可与 IUCN 的Ⅱ类保护地相对应，尽管个别的国家公园，如驼鹿岛国家公园和库尔斯沙嘴国家公园可能不符合"保护大尺度生态过程"这一标准。此外，库尔斯沙嘴国家公园主要是保护人与自然相互作用形成的且具有重要的文化和观赏价值的景观，更接近于 IUCN 的Ⅴ类保护地。此外，某些具地区重要性的大型自然公园，如莫姆斯基（Momsky）、科雷马（Kolyma）、西那（Siine）、乌斯季-乌旅斯克（Ust-Vilyusky）、波斯特林斯克（Bystrinsky）等，单个面积往往超过 100 万公顷，加之未遭人类开发，宜归为 IUCN 的Ⅱ类保护地。

俄罗斯大多数的自然纪念地属 IUCN 的Ⅲ类保护地。此外，地质和古生物类的国家级自然庇护所，主要是保护珍贵的地质地貌和化石遗迹，也应归类为 IUCN 的Ⅲ类保护地。

俄罗斯大多数的国家级自然庇护所属 IUCN 的Ⅳ类保护地。

俄罗斯大多数的自然公园，面积往往较小，相当于 IUCN 的Ⅴ类保护地。如前所述，至少面积仅为 6621 公顷的库尔斯沙嘴国家公园也可划归为 IUCN 的Ⅴ类保护地。

在俄罗斯，《联邦自然保护法》中界定的各类保护地没有一类可与 IUCN 的Ⅵ类保护地相对应，但一些其他类型的特殊保护区域，如森林保护带（protection forest strip）、保护流域（protected watershed）等与 IUCN 的Ⅵ类保护地类似。

此外，俄罗斯其他联邦法律界定的一些保护地类型也可划归为 IUCN 的Ⅴ类保护地，如依《俄罗斯联邦森林法》划建的"保护林"（protection forests）和"森林特别保护小区"（special protection forest sites）、依《渔业与水生生物资源保护法》建立的"鱼类保护区"（fish protected zones）和"渔业保护区"（fishery protected zones）、依《联邦自然资源传统利用区法》建立的"自然资源传统利用区"和依《联邦自然保护法》划建的"缓冲区"等。

所有这些命名各异的保护地既有利于保护野生动物及其栖息地，又有利于自然资源的可持续利用。然而，俄罗斯目前尚缺乏统一的、可系统全面地整理和分析各类保护地及其目标的信息分析系统。所有保护地的详细统计信息也未整理完毕。

6.1.4 国家公园的管理理念

俄罗斯自 1983 年才开始建立国家公园。因此，国家公园是俄罗斯自然保护的新模式。

俄罗斯的国家公园是在国家级自然保护区体系已成形的背景下建立的,旨在分担(开展)环境教育及法定许可的旅游和休憩等某些重要的环境功能。

建立国家公园的理念融合了多种目的——保护自然和文化遗产、提供旅游服务和开创土地资源可持续利用——使国家公园成为保存具有独特且重要的历史和文化意义的自然资源和景观的场所。

国家公园是民众体验自然、历史和文化景点与壮丽景观的地方。与国家公园不同,俄罗斯其他一些具国家重要性的保护地,如国家级自然保护区和国家级自然庇护所不适宜开发,作为公众游憩休闲目的地。

截至2016年底,俄罗斯共有50个国家公园,总面积为2130万公顷,占俄罗斯领土面积的1.25%。大多数的国家公园分布在俄罗斯的欧洲部分。

俄罗斯国家公园的特征主要表现如下。

(1) 国家公园是具国家重要性的保护地。

(2) 国家公园内可能存在着允许开发利用的,不归联邦政府所有和使用的土地。

(3) 国家公园具多重管理目标,包括保护自然和文化遗产、实现游憩休闲资源的可持续管理、环境教育与宣传等。国家公园管理的最大挑战在于平衡好多重管理目标。

(4) 俄罗斯国家公园的立法具独特性:其立法基本上脱胎于保护地立法体系,并兼顾了俄罗斯的自然和社会经济状况。

(5) 国家公园由联邦政府机构辖管,其经费列入联邦预算。

(6) 国家公园管理机构属联邦预算拨款单位,拥有物力和一支多年从事保护、研究和(环境)教育工作的专业队伍。各国家公园管理机构对国家公园法定主管单位(目前为联邦自然资源和环境部)负责,并依其上级主管单位颁布的各种规章制度开展工作。

(7) 国家公园实行分区管理,通过公园分区确定国家公园不同区域资源保护的水平及法定许可的各类活动。目前,联邦自然资源和环境部有权确定法定许可活动。

(8) 公众个人或团体、非营利性组织皆可协助俄罗斯政府部门保护、管理和使用国家公园。在此过程中,政府部门应听取保护领域内的个人、团体及非营利性组织的意见和建议。

(9) 国家公园管理人员和员工定期接受系统培训,并参加专为国家公园举办的职业道德经验交流会,打造高效员工队伍。

6.2 国家公园的法律依据和背景

6.2.1 国家公园的愿景和理念

国家公园保护着独特的自然资源和景观及重要的历史和文化场所,并为人类提供体验和发现壮丽景观蕴含的自然、历史和文化价值的机会,允许访客在不损害园内资源的情况下休憩身心。

国家公园建在联邦土地上,园内自然资源和景观具特殊的生态、历史和美学价值,可实现环境、教育、科学、文化、法定许可的旅游等多重目的。

国家公园的一般特征如下。

（1）国家公园是具国家重要性的保护地。

（2）国家公园的主要目标是：①保护自然资源、独特和典型的自然景点与自然特征；②保护文化遗产；③开展环境教育；④建造少量供法定许可的旅游和休闲活动用的基础设施；⑤开发和引入科学的自然保护和环境教育方法；⑥监测环境；⑦恢复遭到破坏的自然、历史和文化资源及特征。

在俄罗斯，国家公园的使命是保护该国顶级的自然和文化遗产，展示于当代及后代子孙。为此，国家公园需花大力气让公众以全新的视角，了解国家公园的重要性和地位。各国家公园都确立有战略愿景。国家公园编制战略愿景的过程有助于人们更好地认识该国家公园的长期目标和角色。

鉴于国家公园实施其既定管理任务会影响园区内及周边群众的社会经济发展，国家公园的划建和管理需始终确保这些受影响群众能参与其中，并为他们带来明显的收益。

各国家公园依联邦法定机构（目前为联邦自然资源和环境部）批准的相应的建园法令，明确各自的建园目标和功能区划，确立相应的保护模式。

联邦自然资源和环境部负责各国家公园管理机构的设立和管理。国家公园管理机构属联邦财政预算拨款单位，接受联邦自然资源和环境部批准的《联邦预算机构章程》的管理。

6.2.2 立法保障：法律、法规、政策及国家项目

国家公园的立法保障包括法律法规和战略规划两大类。前者包括规范国家公园的建立和管理的联邦法律与其他法律法规；后者包括保障联邦保护地体系，尤其是国家公园发展和发展用资的战略规划文件。图 6-9 为国家公园的法律体系。

图 6-9 国家公园的法律体系

1. 保护地法律法规

（1）1995年3月14号颁布的第33-FZ号联邦法《联邦自然保护地法》，是规范保护地各项主要事务的基本法。该法确立了各类自然保护地的保护模式，规定了各类自然保护地内负面活动清单和批建程序等。该法还专门就国家公园的功能分区及分区管理进行了规定。为贯彻此法，俄罗斯又制定了许多配套的法律法规。

（2）以《俄罗斯联邦民法典》为主的民法，规定了保护地保护和利用中涉及的产权关系。

（3）《俄罗斯联邦土地法典》和2007年7月24日颁布的第221-FZ号《俄罗斯联邦不动产国家地籍法》等土地法，对国家公园内土地利用、土地地籍登记、土地租赁、国家公园员工无偿使用土地等事项进行了规定。

《俄罗斯联邦土地法典》第39.9条第二段规定：政府和国家预算机构拥有国有土地的永久使用权。

该法典第39.10条第一段规定：（政府和国家预算机构）可与个人签署国有土地永久无偿使用转让合约。该条款第二段和该法典第24条第二段规定：自然保护地内的林地和土地，可依员工与服务机构签订的用工合同界定的岗位职责，免费供员工使用。

（4）以《俄罗斯联邦森林法典》为主的森林法，对国家公园内的林业自然资源的使用及授权联邦雇员管理联邦国有林进行了规定。

（5）以《俄罗斯联邦水资源法典》为主的水法，对国家公园的水资源利用进行了规定。

（6）2002年1月10日颁布的第7-FZ号联邦法《联邦环境保护法》、2004年12号20日颁布的第166-FZ号联邦法《联邦渔业和水生生物资源保护法》和1995年4月24号颁布的第52-FZ号联邦法《联邦野生动物法》，对国家公园内的自然复合体和自然特征、动植物及其栖息地的保护进行了规定。

（7）2002年6月25日颁布的第73-FZ号联邦法《联邦文化遗产法》，对国家公园内的历史和文化纪念地的保护进行了规定。

（8）以《俄罗斯联邦行政违法法典》为主的行政法，对违反国家公园保护管理规定应承担的行政责任及其他行政责任进行了规定。

（9）以《俄罗斯联邦刑法典》为主的刑法，对违反保护地管理规定应承担的刑事责任进行了规定。修订后的刑法典扩大了国家环保稽查员在国家公园内的执法权，提高了保护地的管理成效。

2. 战略规划文件

战略规划文件是确定俄罗斯国家保护地（包括国家公园）的发展方向和发展重点的法令，主要包括：

（1）俄罗斯总统1992年10月2日签署的第1155号关于《联邦自然保护地》的总统令和1994年2月4日签署的第236号关于《俄罗斯环境保护和可持续发展国家战略》的总统令；

（2）1996年4月1日颁布的第440号关于《俄罗斯可持续发展构想》的总统令；

（3）2002年8月31日颁布的第1225-r号关于《俄罗斯环境优先原则》的政府令；

（4）2009年8月18日颁布的第1166-r号关于《俄罗斯环境保护之环境与核辐射安全行动计划》的政府令；

（5）2008年11月17日颁布的第1663-r号关于《俄罗斯联邦政府2012年前重点工作内容》的政府令；

（6）2009年5月12日颁布的第537号关于《俄罗斯2020年前国家安全战略》的总统令。该战略将自然环境保护、生态安全保障、国防及国家和公共安全同列为主要的国家安全优先战略；

（7）2012年4月30日俄罗斯总统批准的《2030年前俄罗斯环境发展国家政策基本原则》；

（8）2011年12月22日颁布的第2322-r号关于《具国家重要性的自然保护地发展构想（2012～2020年）》的政府令；

（9）2012年12月27日颁布的第2552-r号关于《环境保护国家项目（2012～2020年）》政府令。

2012年4月30日，俄罗斯总统批准了《2030年前俄罗斯环境发展国家政策基本原则》，明确提出：俄罗斯环境发展国家政策的战略目标是实现社会经济目标，争取发展绿色经济，保护好环境、生物多样性和自然资源，以飨当代及后代子孙，保障公众宜居环境权，强化环境保护和环境安全立法。此外，优先保护生态系统、自然景观和自然复合体也同时被列为国家环境政策的重要实施原则。

因此，在俄罗斯，保护地体系有效发展可确保环境安全，也可保护生物多样性、景观多样性和自然文化遗产，是国家可持续发展的重要机制。

《具国家重要性的自然保护地发展构想（2012～2020年）》关注于提高保护管理机构有效性和划建新的保护地。根据该文件及俄罗斯各地保护地发展计划，到2020年底，俄罗斯各类保护地的总面积将占到该国国土总面积的13.5%，其中，联邦保护地的面积比例将达到3%。

通过实施《环境保护国家项目（2012～2020年）》之"生物多样性保护"这一子项目，俄罗斯的保护地建设取得了重大进展。

（1）2011～2016年，保护地体系又增新"成员"：新增了5个国家公园，总面积为400多万公顷。

（2）园警工作效率得以提升：扩大了国家环保稽查员的（执法）权限；升级了园警装备，新配备了越野车、雪地车、摩托艇、对讲机、全球定位系统（global positioning system，GPS）和卫星电话，20个保护地还配备了无人机；定期培训了保护地员工。

（3）国家公园访客数量显著增长。

3. 政府令和部门规章

（1）俄罗斯联邦政府《关于建立国家公园》的行政令；

（2）俄罗斯联邦政府《关于成立管理国家公园管理机构》的行政令；

（3）1993年8月10日，俄罗斯联邦政府《关于同意俄罗斯联邦国家公园法规》的部长理事会令；

（4）俄罗斯联邦自然资源和环境部批准、司法部登记备案的各国家公园的"建园法"；

（5）俄罗斯联邦自然资源和环境部批准的各国家公园管理机构的管理规定；

（6）俄罗斯联邦地籍和测量登记局各地区办事处颁发的"国家公园土地永久使用证"。

俄罗斯联邦政府《关于建立国家公园》的行政令，申明了国家公园建立的目的和目标。

国家公园的"建园法"规定了各国家公园设立的目的和目标、功能区划、园内禁止开展的活动总清单，以及各功能区禁止开展的活动。

国家公园管理机构管理规定，列明了各管理机构的职责。国家公园原则上可有偿为公众提供服务。

4. 国家公园业务部门的规划文件

国家公园管理机构会编制以下两类文件，指导国家公园的管理。

（1）年度工作计划：此类计划会按林业、保护管理、生物技术、游憩休闲、环境教育和科研等内容，分门别类地列明年度工作目标、考核指标和资金安排情况。

（2）中期管理计划。

6.2.3 指导和促使决策一体化的政策和指导方针

《联邦自然保护地法》规定了规范国家公园内各类活动的一般原则。该法及其一般原则明确了国家公园的目标、特定的保护模式、园内禁止开展的各类活动、功能分区，以及民众入园应遵守的一般原则，并给出了管理国家公园和使用园内土地及文物古迹应遵循的一般原则。

国家公园实施不同的分区管理，做到国家公园差异化管理。各国家公园进行功能区划时应考虑各自的自然、历史、文化等诸项条件。

《联邦自然保护地法》规定，国家公园内：

（1）禁止任何有损于自然复合体、动植物、历史文化特征及与国家公园的目的和目标相悖的活动；

（2）严禁调低"严格保护区"和"特别保护区"这两类功能区的面积；

（3）国家公园"服务区"或"缓冲区"内的社会经济活动和开发项目，需协商联邦环保机构。

作为俄罗斯国家公园分管机构，联邦自然资源和环境部出台了若干规章制度，统一化管理全国国家公园的各项重要活动。

2007年12月3日，俄罗斯联邦自然资源和环境部及联邦自然资源管理监督局联合发布了《关于完善国家级自然保护区和国家公园内重要活动规划》部门令，内容包括：

（1）国家级自然保护区和国家公园规划文件（含年度计划和中期管理计划）的编制、协调和审批规定；

（2）国家级自然保护区和国家公园中期管理计划编制建议；

（3）国家级自然保护区和国家公园年度工作计划编写模式。

2015年4月8日，联邦自然资源和环境部颁布了"关于确定旅游和休闲活动门票收费标准流程"的部门令。

除了联邦自然资源和环境部的部门令,各国家公园的主管领导也可颁布适用所辖园区的"国家公园到访管理规定"。

6.2.4 国家公园的分类及其特征

在俄罗斯《联邦自然保护地法》的法定保护地类型中,有两类相当于 IUCN 的 II 类国家公园,即国家公园和自然公园。

自然公园承担的功能包括:

(1) 保护自然复合体、动植物(含《世界自然保护联盟红皮书》所列物种);
(2) 开发和应用可有效地平衡自然保护和游憩使用的生态管理方法;
(3) 依照自然公园资源管理规定,管控自然公园;
(4)(提供)游憩设施,保护园内游憩资源;
(5)(服务)科学研究和环境监测;
(6) 环境教育。

联邦政府机构批准的自然公园"建园法",载有各自然公园的(管理)目标清单。

自然公园由地区政府部门负责管理,管理规章由负责各自然公园建立的政府机构负责批准。

目前,俄罗斯各地区(级)行政区共建有 40 处自然公园。有些自然公园,在规模、管理目标、生物多样性和自然景观保护重要性等方面,与国家公园无异,如勒那河柱状岩自然公园(Lena Pillars Nature Park)、杰克伦敦湖(Jack London Lake)等。单就面积来看,有的自然公园甚至比有些国家公园还大,如波斯特林斯克(Bystrinsky)、莫姆斯基(Momsky)、科雷马(kolyma)、西那(Siine)、乌斯季-乌旅斯克(Ust-Vilyusky)自然公园。因此,国家公园和自然公园的区别主要在于"隶属关系",即国家公园是具国家重要性的保护地,由联邦级政府机构辖管,而自然公园是具地区重要性的保护地,由地区(级)政府机构辖管。

6.2.5 自然保护地的建立和除名

《联邦自然保护地法》规定了建立自然保护地的程序。国家公园由俄罗斯政府根据职能部门——联邦自然资源和环境部的提议批建。如果国家环境评估给出肯定意见,认为某个国家级自然保护区可建为国家公园,则国家公园可由国家级自然保护区改建而来,这种情况偶尔会发生。

提名划建自然保护地时,需向俄罗斯联邦政府提交如下材料。

(1) 联邦自然资源和环境部的批函;
(2) 俄罗斯政府批准的决议草案:草案中应写明拟建自然保护地(含国家公园)的名称、位置、总面积,以及需划归为特别保护地的土地面积;
(3)(建园)方案说明:解释提名应予以特别保护的自然区域的特征和提名建为"国家公园"的理由,以及估算和预测的建园方案会带来的社会、经济和财政影响;
(4)(用地)申请:将某用地类型调为"自然保护地"这一用地类型的(用地)申请;

（5）国家地籍录入信息需变更的内容：需新录入的拟建为自然保护地的土地地籍信息，同时撤销原有地籍信息；

（6）不动产产权及交易国家统一登记簿登记信息应变更的内容：需新登记的拟建为自然保护地的土地产权信息并撤销原产权登记内容；

（7）土地法定所有者同意书：拟建为自然保护地内原土地所有者同意将所有土地纳入自然保护地的同意书；

（8）土地法定所有者弃权声明书：国家公园内法定土地所有者同意放弃在公园内其所有的土地上从事开发活动的权利（若适用）；

（9）农业和/或林业经济损失估算；

（10）综合环境调查资料：拟建为国家公园地区的环境综合调查信息。

如果拟建的国家公园是由已有的国家级自然保护区改建而来的，提交材料还需再附上联邦自然资源管理监督局同意国家生态专家组（State Ecological Expertise）环境合规评估声明的公函。

拟建国家公园地区的综合环境调查资料，应包括以下信息。

（1）拟建国家公园的地理坐标、位置、边界和面积大小；

（2）拟建国家公园内地块数量及用地类型；

（3）拟建国家公园的平面图；

（4）拟建国家公园内各地块法定所有者（含个人）及使用者（含土地承租方）；

（5）拟建国家公园的环境重要性评估结果；

（6）拟建国家公园内现有自然和人为影响因素及其对区内生物多样性和景观多样性的潜在威胁评估结果；

（7）拟建国家公园的启迪、游憩和审美意义评估；

（8）国家公园建立对社会经济影响的估测：包括国家公园建立，一方面会限制土地利用和商业活动，这会对社会经济发展造成哪些束缚；另一方面会改善资源品质、促进资源恢复、可开展环境教育、宣传和科研，并让当地经济受益，这会对社会经济发展带来哪些促进；

（9）最终结论。

建立国家公园的议案需先获得下列同意函，才能递交俄罗斯联邦政府，请求最终的审批：

（1）俄罗斯联邦（国家公园事务）最高业务主管机构；

（2）拟建国家公园内土地所有者和使用者；

（3）联邦林务局，仅限于国家公园建立过程中会涉及保护林地调出或调转至拟建的国家公园范围内的情况；

（4）联邦水资源署；

（5）联邦地下资源利用署；

（6）联邦农业部，仅限于将农地用于保护和将海域纳入国家公园的情况；

（7）联邦交通部，仅限于将海域纳入国家公园的情况；

（8）联邦经济发展与贸易部；

（9）联邦财政部；

（10）联邦卫生与社会发展部；

（11）联邦国防部，仅限于将国防用地转为保护用地的情况；

（12）联邦安全署，仅限于拟建国家公园位于国家边境的情况。

某国家公园一经批建，即可制定该国家公园的"建园法"。"建园法"一经联邦自然资源和环境部批准通过后，便可在联邦司法部登记备案。这样一来，国家公园"建园法"中规定的限制事项对第三方即具法律约束力。

各国家公园批建后即可根据联邦政府决议，成立管理机构。国家公园管理机构属联邦政府财政拨款机构。有时，国家公园也可由已有的联邦政府财政拨款机构兼管。国家公园管理机构管理规定由其上级主管部门——联邦自然资源和环境部批准通过。

俄罗斯现有法律未涉及国家公园撤销的相关内容。

这里应该提及的是，地区级政府对建立国家公园并不热衷，即便是那些《具国家重要性的自然保护地发展构想（2012~2020年）》规划拟建的国家公园。最近，在卡累利阿共和国建立国家公园体系的提案，就受到了当地支持产业——木材行业的强烈抵制，卡累利阿共和国当局随之也不支持建立这些国家公园。

6.2.6 国家公园的土地权属：国有、集体和私有土地

1. 国家公园自然生态区内自然资源权属确认

作为具国家重要性的自然保护地，国家公园内的自然资源与不动产属联邦所有，不作民用，法律另有规定的除外。表6-2为俄罗斯各类保护地管理等级及土地权属。

表6-2 俄罗斯各类保护地管理等级及土地权属

保护地类别	管理机构级别			土地权属			土地利用状态		
	联邦级	地区级	市级	联邦国家	联邦地区	市级	私有	不可撤回	可以撤回
国家级自然保护区	■			■				■	
国家公园	■			■				■	
自然公园		■			■			■	
国家级自然庇护所	■	■		■	■			■	■
自然纪念地	■	■		■	■			■	■
林木园和植物园	■	■		■	■			■	■

注：阴影部分即指所属的类别。

国家公园内的土地、水资源、森林和其他自然资源的使用受俄罗斯联邦立法约束。

国家公园内资产管理（含使用和保护）受《俄罗斯联邦民法典》的约束。

国家公园内土地的管理，包括土地的保护和利用受包括《俄罗斯联邦土地法典》在内的土地法约束。

国家公园内的森林的保护和利用受《俄罗斯联邦森林法典》的制约；野生动植物的保护和利用受《俄罗斯联邦野生动植物法》和《狩猎和保护狩猎资源法》的约束。

2. 土地权属管理：土地及附属资源管理模式、土地权属转移、出让和承包

土地权属涉及土地所有权、使用权和土地租赁等多个方面。国家公园内的土地属国家所有，因为国家公园辖域属国家遗产，因而属联邦所有。

在国家公园范围内，国家公园管理机构是园内土地的使用者，依法享有这些土地的永久使用权。联邦（司法部国家）注册局签发的《国家公园内土地永久使用权政府注册证》表明：国家公园管理机构拥有国家公园内土地的无固定期限的永久使用权。国家公园范围内的土地不许私有化。

俄罗斯联邦法律规定：禁止在国家公园内开展任何与保护和研究国家公园自然复合体和自然特征，包括特别予以保护的重要的生态系统和动植物等无关的活动。在国家公园内，禁止因任何与公园既定目标不符的需求，肆意更改园内土地用途或终止土地权属。

国家公园内，严禁下列活动：

（1）修建花园和住宅；

（2）修建道路，铺设管道，架设输电线路和其他通信设施，修建和经营与国家公园管理目标无关的工业用房、商用房和居住用房；但允许修建访客用基础设施，包括道路；

（3）在国家公园内驾驶和停放与公园运营无关的车辆；但允许服务车辆和访客用车辆在园内停放；

（4）联邦法律明令禁止的其他活动。

某些情况下，当土地所有者和使用者的土地使用活动对国家公园不造成负面影响，且不违反国家公园土地管理规定时，国家公园内允许非联邦政府所有或所使用的其他土地类型的存在。

国家公园的土地，大多是由联邦国家公园管理机构管理，用于开展核心业务活动的区域，面积比例因各国家公园而异，界于50%～100%。其他的土地，多是农地，偶有鱼塘和居民点，后者的所有者和使用者大多仍利用土地开展经济活动。截至2015年，俄罗斯近半数的国家公园，其土地的所有权和使用权并非完全归联邦政府所有。

下列国家公园，其不归联邦政府拥有土地所有权和使用权的土地占比较高，具体如下。

（1）佩列斯拉夫尔国家公园（Pereslavl National Park）：75%；

（2）奥尔洛夫斯科耶·波里希国家公园（Orlovskoye Polesie National Park）：58%；

（3）密舍尔斯基国家公园（Meshchersky National Park）：54%；

（4）俄罗斯北方国家公园（Russia Sever National Park）：54%；

（5）萨马拉卢卡国家公园（Samarskaya Luka National Park）：48%；

（6）谢别日国家公园（Sebezhsky National Park）：41%。

国家公园内定居发展类的开发活动和项目，均需协商联邦自然资源和环境部。

新建和扩建国家公园，地区级政府有权决定哪些土地可用作"特别保护地"的土地。一旦提议划为"特别保护地"，即意味着出让这些土地，限制经济活动。

国家公园管理机构有权让其员工无偿使用国家公园内经济区范围内的土地。

3. 产权分割、管理权及按资源所有权对资源实施特许经营

国家公园相关功能区内的地块，可租赁给个人和法人实体，用于开展游憩活动。如前所述，国家公园管理机构可永久（无固定期限地）使用国家公园内的土地。土地法对撤销永久（无固定期限）土地使用权的条件和程序有明文规定。

联邦国有资产管理局是国家公园的"业主"，其根据俄罗斯联邦政府2008年6月5日颁布的《关于联邦国有资产管理》政府令，行使产权所有人的权力。政府授权的联邦行政机关，当前为俄罗斯联邦经济发展部，其负责拟定土地租赁合同的具体条款，同时涉及准备程序及国家公园保护要求等内容。

除土地租赁外，按照民法，国家公园内的土地可发放临时或永久性的土地使用许可，准许在国家公园内通行、取（用）水、打草、放牧、狩猎、（渔业）捕捞、（鱼类）水产养殖、探险和开展科研等活动。土地许可意味着土地使用者在行使相应权属时，应缴纳一定的使用费。

国家公园管理机构或其主管机构工作人员以外的任何个人，未经国家公园管理机构或其主管机构批准，不得在国家公园内居住，但国家公园内的居民点除外。

参观和游赏国家公园内居民点之外的区域需付费。国家公园管理机构负责此类费用的收取。国家公园联邦分管机构——联邦自然资源和环境部负责确定费用收取流程。

国家公园只有在获得联邦自然资源和环境部依法颁发的许可后，才能修建和改建园内建筑，且依联邦法律规定，全部都需实施联邦环评。

《联邦野生动植物法》规定，国家公园的野生动植物均属国有资产。

森林法规定，国家公园内的林业资源应视为联邦资产。

《俄罗斯联邦水资源法典》规定：全部或部分位于具国家重要性保护地的水体属联邦资产。

同国家公园内土地资源类似，国家公园管理机构可依法使用（和拥有）国家公园内的水体和动植物。

国家公园特定的功能区内允许开展运动类垂钓和狩猎活动。根据这一政策，国家公园要么自行管理狩猎活动，要么出租狩猎场地，由他方管理。

建筑物、文化及历史类资产的日常管理属国家公园职责。

经历史和文化纪念地主管机构同意，（国家公园内）属国家正式保护的历史和文化景点全部划归为国家公园分管。许多国家公园分布有历史和文化纪念地，包括：

（1）享誉世界的基里尔-别洛焦尔斯基（Kirillo-Belozersky）和费拉蓬托夫（Ferapontov）修道院位于俄罗斯北方国家公园内；

（2）克诺泽罗国家公园（Kenozersky National Park）内，乡村小教堂和俄罗斯木质建筑随处可见；

（3）普列谢耶沃湖（Plescheevo Lake）国家公园内有尼基茨基（Nikitskiy）、特洛伊茨基-丹尼洛夫（Troitsky Danilov）、费得罗夫斯基（Fedorovsky）、戈里茨基（Goritsky）等修道院，以及"彼得大帝船屋"。

俄罗斯自然保护地的国家地籍信息表明：俄罗斯已有的国家公园中，有25个园区范

围内含有非联邦所有的土地，总面积为 83 万公顷，占国家公园总面积（含居民区，即市政府及私人土地所有者所有的土地）的 19.6%。这些土地的土地用途和权属，在划建国家公园时，未做改变。这些土地受制于国家公园特别管理规定的制约，其管理需遵循《联邦自然保护地法》。在这些土地上开展社会经济活动和开发居民区建设项目，均需协商国家公园联邦分管部门——联邦自然资源和环境部。

6.3 国家公园体系的规划

6.3.1 保护地体系规划/战略

俄罗斯联邦政府掌管着保护地体系的公共管理。依俄罗斯联邦政府 2015 年 11 月 11 日颁布的第 1219 号政府令，联邦自然资源和环境部负责环保事务的国家政策和立法的制定及实施，其中包括保护地事务。

该部负责俄罗斯 50 个国家公园和 100 个具国家重要性自然保护区（共计 104 个）。该部下设的环境保护政策和法规司具体负责保护地政策和法规的制定及实施。

联邦自然资源和环境部强制要求各国家公园或国家级自然保护区编制为期 5 年的中期管理计划和年度管理计划，确保各自然保护地的管理和规划更加高效。

年度工作计划会按林业、保护管理、生物技术、游憩休闲、环境教育和科研等内容，分门别类地列清各项活动、活动负责人、评估指标和资金来源。

国家层面保护地管理取得的成就在于：《具国家重要性的自然保护地发展构想（2012~2020 年）》提出了在联邦自然资源和环境部下设立专家委员会和协调中心——国家级自然保护区和国家公园园长协会的思路，并引入国家级自然保护区和国家公园统一按要求编制 5 年期中期规划的硬性要求。

6.3.2 保护框架：如何确定、监测、管理和保护自然与文化遗产

自划建第一个国家级自然保护区，以保护独特的自然区域以来，俄罗斯保护地的划建一直秉承科学建区的方法，堪称这方面的佼佼者。

1917 年 10 月 2 日，V.P.谢苗诺夫-天山斯基向当时的政府提交了第一个关于划建自然保护地的方案——《宜建为类似美国国家公园的自然保护区的区域》，提出在俄罗斯不同的地理区内划建 6 个保护区，永久保护自然景观，以飨子孙后代。

20 世纪 20 年代，按地理分区建立几个大型国家级保护区的方案首次出炉。该方案的实施主要是在 20 世纪 30~40 年代完成的。

随后，E.M.拉夫连科、V.G.盖普乐、A.N.福尔莫佐夫等科学家于 1958 年绘制了保护区网络的路线图。1970~1975 年，该计划得以修订。

20 世纪 80 年代中期，自然保护研究所牵头编制了《苏联自然保护区体系构建方案》。这些方案与规划方案是按法律编制的，因而无需苏联政府的批准。随后，政府先后于

1994 年 4 月 23 日和 2001 年 5 月 23 日颁布了第 572-p 号和第 725-p 号《关于成立国家级自然保护区和国家公园》的政府令。其中，第 725-p 号政府令要求：根据《苏联自然保护区体系构建方案》，在 2001～2010 年，在俄罗斯新建 9 个国家级自然保护区和 12 个国家公园。

不幸的是，该政府令因诸多原因（主要是政治原因）未得以全面落实。2010 年底，原拟建的 21 个保护地，实际只建了 8 个。其中，2 个为国家级自然保护区［科洛格里夫斯基森林（Kologrivsky Forest）和尤瑞西（Utrish）］，另外 6 个是国家公园，分别是卡列瓦拉（Kalevala）、布祖鲁克斯基（Buzulukskiy bor）、佐夫泰格拉（Zov Tigra）、乌德盖人传奇（Udegeyskaya leegenda）、阿纽伊斯基（Anyuiskiy）和赛柳格姆斯基（Saylyugemsky）。

2005～2006 年，联邦自然资源和环境部编制了建设和管理具国家重要性的自然保护地的战略草案。俄罗斯随后根据这一战略草案，编制并通过了《具国家重要性的自然保护地发展构想（2012～2020 年）》。

2006 年，根据全国国家级自然保护区和国家公园园长大会对上述战略草案的讨论结果，俄罗斯在战略草案中增加"关于具国家重要性的自然保护地的发展和区域分布方案"这样一节。

2005 年 3 月 3 日通过的"关于提升具国家重要性自然保护地的公共行政和管制"的政府会议决议，在第 2 段对该文件的必要性进行了阐述：这既是俄罗斯联邦履约《生物多样性公约》第七次缔约方大会通过的《保护地工作计划》应尽的国际义务，也是俄罗斯联邦规划准则和 2006 年 11 月 14 日俄罗斯联邦政府颁布的第 680 号"关于土地规划方案草案内容"的政府决议要求；还是 2008 年 3 月 23 日通过的第 198 号"关于土地规划方案草案的设计和批准"的政府决议要求。土地规划方案草案部分内容与具国家重要性的自然保护地有关。

保护区专家工作组负责《具国家重要性的自然保护地的发展与区域分布方案》的实施。世界自然基金会俄罗斯办公室予以协调和资金资助。

该远景规划旨在运用下列广泛运用的原则和方法，优化保护地体系，实现可持续保护：

（1）代表生态系统全部特征的典型景观；

（2）维持珍稀濒危动植物可生存种群的主要栖息地；

（3）重要动物物种聚集的重点繁育区、索饵场（取食区）和越冬地等；

（4）珍稀独特的自然复合体和自然特征，如孑遗群落和生态系统、独特的地质和地貌构造等。

根据上述遴选原则提出的具国家重要性的自然保护地方案，可提供休闲和游憩机会。

专家对俄罗斯现有的具国家重要性的自然保护地体系分析后，发现：

在自然保护地中，拟保护的景观和生物群落的代表性不足。自然保护地包含了俄罗斯全部的自然地理区域类型，但具国家代表性的自然保护地仅涵盖了该国 60%的自然地理区域类型，约 50%的景观多样性。大多具国家重要性的自然保护地都位于冻原区、沙漠地带、亚热带气候区、森林草甸区和高海拔地区的高山—苔原—森林草甸区。

在国家级自然保护地内，草原和半沙漠生态系统的代表性也不足。极地沙漠则完全属于保护空缺。自然保护地体系只是最大限度地保护了苔原群落、森林和林地，但草原和水生植被（如沼泽）等地带性植被保护不足。具国家重要性的海洋根本未建保护地或海洋保护地代表性不足。拉普捷夫海和鄂霍次克海的景观与生物性价值均很高，但也只有安全区那片狭长的海陆交互带被划进了保护地。

动植物代表性分析表明：具国家重要性的自然保护地内，哺乳动物的代表性很高，近95%，其次是两栖类和鸟类，分别为93%和86%，维管束植物则较低，仅为65%。对于《俄罗斯联邦红皮书》列为珍稀濒危动植物的物种，现有的自然保护地体系只保护了这些物种所需栖息地的弱一半，保护代表性明显不足。

因此，建立和扩大自然保护地体系，保护俄罗斯独特的自然遗产和生物多样性，是非常有必要的。

《具国家重要性的自然保护地的发展和区域分布方案》规划了566处具联邦重要性的国家级自然保护区、国家公园和国家级自然庇护所，总面积约2.8亿公顷，其中，1.8亿公顷为目前具地区重要性的保护地，其他的1亿公顷则是尚未得以保护的区域。该方案提议将国家级自然保护区数量扩增至141个，国家公园扩增至76个，国家级自然庇护所扩增至235处，同时还有70处自然纪念地和44处类型待定的保护地。

该方案列有具国家重要性自然保护地名单，重点建设的保护地均列在此名单中。该清单的实现期未指明，但部分工作内容已纳入了《具国家重要性的自然保护地发展构想（2012～2020年）》行动计划框架内"自然保护地空间布局"的相关活动中。

《具国家重要性的自然保护地发展构想（2012～2020年）》的计划内容包括：

（1）新建11个国家自然保护区、20个国家公园和3个国家级自然庇护所；

（2）扩建11个现有的自然保护区和1个国家公园；

（3）在自然保护区和国家公园周边划建缓冲区。

概括而言，俄罗斯计划到2020年底，使各类自然保护地的面积占到国土总面积的13.5%，其中，具国家重要性的自然保护地的面积要占到国土总面积的3%。俄罗斯计划扩大该国的保护地体系，希冀增加和保护好生态系统的多样性，从而保护独特的生态系统和景观、动植物及列入《俄罗斯联邦红皮书》名录中的珍稀物种和濒危物种，丰富环境教育和生态旅游机会。

国家公园体系目前覆盖了7个地理区、11个生物区和27个省，代表性植被包括：①泰加林和落叶针叶林、落叶林等平原植被；②山地针叶林、山地亮针叶林、山地落叶林等高山植被；③沼泽植被。

国家公园的自然资源非常丰富和多样。例如，索契国家公园分布着1500多种维管束植物。各国家公园保护的鸟类和哺乳动物分别高达200种和50种。尤基德瓦国家公园是俄罗斯四个最大的自然保护地之一，公园内生长着欧洲面积最大的原始森林，现已被列入联合国教育、科学及文化组织的世界遗产名录。密舍尔斯基国家公园内的奥卡河漫滩和普拉河滩区被列入国际重要湿地名录，按《国际湿地公约》（亦称《拉姆萨尔公约》）管理。

俄罗斯专家开发了评估自然保护地环境有效性的技术方法。这些方法虽未正式被政府采纳，但已被广泛用于分析单个和整个自然保护地体系的管理有效性[1]。

---

① 更多信息请参见 http://www.wwf.ru/resources/publ/book/eng/761。

6.3.3　管理政策：国家体系规划方法及与周边用地的关系

"具国家重要性的自然保护地体系的公共行政和管制"是按自然保护地重要政策文件列明的基本原则操作的。这些重要的政策文件包括：

（1）2002年8月31日颁布的第1225-r号《俄罗斯联邦环境优先原则》和2008年11月17日颁布的第1662-p号《2020年前俄罗斯联邦社会经济长期发展构想》的政府令；

（2）2012年4月8日，俄罗斯总统颁布的第Pr-1102号《2030年前俄罗斯联邦国家环境发展政策原则》的总统令；

（3）2011年12月22日颁布的第2322-r号《具国家重要性的自然保护地发展构想（2012～2020年）》的政府令；

（4）国内和国际关于自然保护地建立和运营管理的经验。

《俄罗斯环境优先原则》要求，在确定国家重要环境政策方向时，要考虑各类自然保护地的建立和发展。发展和完善俄罗斯自然保护地体系有利于政府履行国际保护义务。

《2020年前俄罗斯联邦社会经济长期发展构想》将环境安全作为影响进一步提高社会经济发展的因素之一。改善人居环境质量和环境条件是社会经济发展的国家目标之一。该构想规划还提出了与俄罗斯发展重点和后工业时代发展水平相匹配的环境政策管理新框架，配之以升级的环境管理体系。

《2030年前俄罗斯联邦环境发展国家政策原则》指出：解决社会经济问题依托出台国家环境政策。社会经济问题的解决应着眼于以环保为导向的经济增长，应有利于环境、生物多样性和自然资源的保护，以飨当代及后代子孙，确保公众宜居环境权，强化环境保护和环境安全立法。

保护自然生态系统、自然景观、自然复合体及保护、保育和合理利用自然资源也被视为实施国家环境政策的基本手段。为实现国家环境政策的战略目标，俄罗斯要求：

（1）恢复遭受干扰的自然生态系统；

（2）保护环境，包括自然生态系统和动植物；

（3）培养环境文化，开展环境教育并提高环境意识；

（4）促进公民、协会、非营利组织、商业团体参与环境保护和创造环境安全等相关事务；

（5）开展环境领域的国际合作。

《具国家重要性的自然保护地发展构想（2012～2020年）》给出的俄罗斯保护地发展的基本方向，包括：

（1）确定保护地空间布局；

（2）完善自然保护地立法；

（3）提升机构管理水平；

（4）保护地可持续融资；

（5）员工发展；

（6）保护和保育自然资源和对象；

(7) 管理自然资源的利用；
(8) 科学研究；
(9) 环保意识和宣传；
(10) 发展生态旅游；
(11) 保护文化遗产；
(12)（开展）国际合作。

配合上述确定的基本发展方向，2012 年 12 月 27 日，俄罗斯联邦政府发布第 2552-r 号政府令，批准了《环境保护国家项目（2012~2020 年）》。其中，"生物多样性保护"是专门支持联邦保护地体系发展的子项目。

国家公园内开展的各项活动接受联邦自然资源和环境部出台的所有部门法规的约束（图 6-10）。

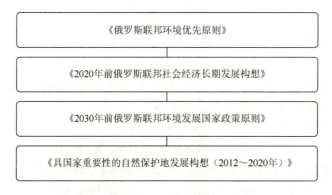

图 6-10 保护地管理政策法规（效力）层级

6.4 国家公园的管理

6.4.1 国家公园总体管理规划及分区

《联邦自然保护地法》就国家公园分区进行了规定，列出了功能区类型，明确了各功能区的管理要求。

各国家公园进行功能区划时，应考虑各自的自然、历史、文化等诸项条件，适用的功能区划类型包括：

(1) 严格保护区（strictly protected zone）：旨在保护野生动植物，区内禁止任何经济活动；

(2) 特别保护区（specially protected zone）：旨在保护野生动植物，区内只允许严格限定的（公众）到访；

(3) 游憩休闲区（recreational zone）：旨在服务公众游憩，区内允许开展（有益身心的）户外运动，建造访客设施、博物馆和信息中心等基础设施；

(4)（历史和文化纪念地）文化遗产保护区 [protection zone of properties of cultural heritage（monuments of history and culture）]：旨在保护文化遗产，若出于保护需要，区内会修建必要的保护和游憩用基础设施；

（5）服务区（service zone）：旨在为国家公园管理提供必需的工作场所，允许在此生活的居民从事相应的生计活动；

（6）自然资源传统利用区（zone for traditional extensive nature use）：旨在保障俄罗斯原住民的传统生活方式，区内允许原住民保留其传统的经济活动，可持续性地利用自然资源。

在俄罗斯，各国家公园功能区的面积大小和比例差别很大。以下给出的是一些国家公园内"特别保护区"这一功能区的面积占比情况。

（1）厄尔布鲁士山国家公园（Prielbrusye National Park）：73%；
（2）尤基得瓦国家公园（Yugyd Va National Park）：64%；
（3）佩什马松林国家公园（Pripyshminskie Bory National Park）：52%；
（4）外贝加尔国家公园（Zabaikalsky National Park）：41%；
（5）库尔斯沙嘴国家公园（Curonian Spit National Park）：38%；
（6）兹尤拉库尔国家公园（Zyuratkul National Park）：33%；
（7）斯摩棱斯克湖国家公园（Smolenskoye Poozerye National Park）：11.6%；
（8）绍尔国家公园（Shorsky National Park）：11.5%；
（9）瓦尔代国家公园（Valdaisky National Park）：11%；
（10）尼兹亚亚卡马河国家公园（Nizhnyaya Kama National Park）：7%；
（11）俄罗斯北方国家公园（Russian Sever National Park）：1%；
（12）密舍尔斯基国家公园（Meshchersky National Park）：0.1%。

各国家公园都有各自的建园法。2012年11月1日，俄罗斯政府修订了1993年8月10日颁布的第769号《关于同意俄罗斯联邦国家公园法规》的政府令，其中规定："各国家公园建园法中要载明公园的详细特征和功能分区，经国家公园主管机构批准同意。"

《联邦自然保护地法》规定：国家公园建园法由国家公园联邦行政主管部门批准，国家公园的保护管理，即管理分区由法定的联邦行政部门（现为俄罗斯联邦自然资源和环境部）划定。一旦联邦政府决定建立某国家公园，且成立国家公园管理机构，国家公园联邦主管部门即批准该国家公园的建园法。随之，联邦政府会颁布专门的决议。

各国家公园建园法会确立国家公园的边界（用边界各拐点的地理坐标勾出国家公园的范围）、任务和详细的保护管理规定，即国家公园及其各功能分区的负面活动清单。例如，在某个国家公园内，运动狩猎和休闲垂钓可能是受禁的，但在另一个国家公园的某些功能区（如游憩休闲区、文化遗产保护区、经济区等）内却是允许的。各国家公园的建园法会在附件中给出该国家公园的功能分区及管理说明，并附有相应的功能区划图。

国家公园建园法会简要列明国家公园内可开展的活动，包括与保护历史文化相关的活动。

国家公园建园法还会明确负责国家公园保护和使用的政府监管机构和国家公园保护的各参与方。

2007年12月3日，俄罗斯联邦自然资源和环境部及联邦自然资源管理监督局联合发布的第491号《关于完善国家级自然保护区和国家公园内重要活动规划》的部门令，要求各国家公园管理机构均需编制规划期为5年的中期管理计划。中期管理计划编制完成后，需经国家公园联邦主管机构依法定程序予以审批。

中期管理计划旨在优化管理体系，预测保护地的发展，可持续性地保护生物和景观多样性。中期管理计划旨在：

（1）确保能切实保护自然保护地内的自然复合体和自然特征；
（2）规范保护地及其缓冲区内的经济活动和土地利用；
（3）明确实际支出成本和资金来源；
（4）确保科研能服务于环境保护实践；
（5）在当地和地区层面开展环境教育；
（6）增强保护地（含国家公园）和公共机构、当地政府、科学与环境组织之间的互动；
（7）赢得全国各地公众对国家公园的支持；
（8）优化组织结构和人员配置，提升员工技能发展；
（9）保存历史文化遗产；
（10）实现国家公园与地区社会经济发展的一体化。

在确定国家公园战略方向和工作重点时，中期管理计划锚定的时间尺度往往是15~20年，而不是5年。各工作领域重点战略行动包括：

（1）自然（生态）系统和设施的保护与恢复；
（2）研究活动和环境监测；
（3）环境教育；
（4）历史文化保护；
（5）资金政策。

国家公园年度主要活动计划是基于相关联邦政府机构的年度核心业务工作计划编制的。国家公园科学和技术委员会会对国家公园年度计划的组成内容进行强制性复审。

因此，每个国家公园都有一套既定的管理和规划体系。

6.4.2 访客服务：管理和服务访客，杜绝损害国家公园的自然和文化价值

1. 商业服务

国家公园力求做到在不牺牲环境的前提下，为游客提供便利条件。国家公园以自然资源为依托发展旅游，必然要保护其内的自然复合体和独特的自然景观。

2015年，国家公园的游客量为800万人次。俄罗斯权威分析机构（TurStat）统计表明，2016年国家公园和国家级自然保护区的游客量达到了880万人次，而1999年仅为120万人次。游客量在2000~2015年增加了6倍，外国游客数量也有所增加。与此同时，国家公园的游憩条件大为改善，游客和观光者人数增多，但未给国家公园内的独特自然复合体造成破坏。

俄罗斯最受欢迎的国家公园包括驼鹿岛国家公园（莫斯科市与莫斯科地区）、索契国

家公园（克拉斯诺达尔边疆区）、内贝加尔国家公园（伊尔库茨克州）、库尔斯沙嘴国家公园（加里宁格勒地区）、厄尔布鲁士山国家公园（卡巴尔达-巴尔卡尔地区）、克诺泽斯基国家公园（阿尔汉格尔斯克地区）、普列谢耶沃湖国家公园（雅罗斯拉夫尔地区）、乌格拉国家公园（卡卢加地区）、舒申斯科耶针叶林国家公园（克拉斯诺亚尔斯克边疆区）、俄罗斯北方国家公园（沃洛格达地区）、赫瓦伦斯克国家公园（萨拉托夫地区）和卡马河下游国家公园（鞑靼斯坦）。

80%的游客到过驼鹿岛（莫斯科市与莫斯科州）和索契国家公园（克拉斯诺达尔边疆区）。

2016年，驼鹿岛国家公园的游客量达到了700万人次。游客多来自莫斯科和莫斯科地区，包括3万名短途团队游客。2016年，索契国家公园的游客量突破了80万人次；内贝加尔国家公园和库尔斯沙嘴国家公园则分别超过了40万人次。

当前，具国家重要性的自然保护地内共建有288个游客中心、121个博物馆、225处游客设施。而在1999年，却只有74个宾馆、156处游客营地、23个博物馆和16个游客中心。访客设施数量虽未增长，但设施品质显著改善，客房数量持续增加。游客中心和博物馆的数量，在2000～2015年，分别增加了18倍和5倍。

国家公园的目标是提高环保意识和带动规范化的旅游与休闲（产业）。各国家公园都要制订生态旅游发展总体规划和商业计划。规划时借鉴国际通用的规范游客行为的生态旅游原则和方法，可尽量减少访客对国家公园内自然复合体和自然特征的不良影响。

国家公园管理机构，根据科学测算的游憩承载量，确定国家公园不向访客开放的区域。

2015年召开的联邦自然资源和环境部专家委员会大会，制定并通过了《具国家重要性的自然保护地教育性游览战略（草案）》。该战略草案为统一的国家公园教育性游览开启了"政策窗口"。

就开展教育性游览而言，莫斯科的驼鹿岛国家公园、索契国家公园、厄尔布鲁士山国家公园、克诺泽罗国家公园、普列谢耶沃湖国家公园和乌格拉国家公园当属佼佼者。

到国家公园（国家公园居民点除外）进行旅游和游憩需缴付费用。费用收取流程由联邦行政部门——联邦自然资源和环境部确定。

2015年4月8日联邦自然资源和环境部颁布了第174号部门令，公布了向进入国家公园进行旅游和游憩的个人征收费用的决定。费用征收标准由国家公园联邦主管机构设定。

国家公园管理机构属非营利机构，创收不是机构管理目标。与此同时，国家公园管理机构既要确保旅游活动的公益性，又要确保旅游服务能成为稳定的资金来源。

国家公园管理机构可提供如下服务：

（1）车辆（包括运水车）、马匹、户外运动设施、垂钓和野营装备及其他游客常用设备；

（2）（游憩）路线设计；

（3）游览服务；

（4）专业摄影和摄像；

（5）餐饮服务；

（6）公共交通服务；
（7）为游客提供停车场和供水；
（8）铺设游路、开辟自然步道、观景台、停歇处和野餐点；
（9）组织竞技钓鱼；
（10）组织运动狩猎；
（11）为游客提供食宿和休闲设施；
（12）为外国游客提供外语导游服务；
（13）出售国家公园象征物和纪念品；
（14）出售照片和音像制品；
（15）出售广告信息印刷品、科技产品（包括电脑排字和排版）和副本；
（16）出售农产品；
（17）出售苗圃和养殖场产品（包括繁育的野生动植物）；
（18）出售种子和种植用品；
（19）出售林业活动采收的木材及林木制品；
（20）组织和开展儿童生态营；
（21）组织高校和中小学学生开展环保实践；
（22）提供国家公园管理活动有关的参考资料、信息和文件；
（23）签署合同，开展资源调查（包括林木调查）和环境监测（自然生态系统的保护和恢复）；
（24）提供关于自然复合体和自然特征保护与研究的专家建议；设计和开展环境影响专家评估；
（25）监测自然复合体和自然特征。

《国家公园管理机构管理规定》列有国家公园可依法升展的各种创收活动的明细表。国家公园管理机构可按相关管理规定开展各种创收活动。

许多国家公园管理机构与俄罗斯旅游运营商签署合同，委托其提供游客服务，学习接待国外访客的经验。有些国家公园在正式获得旅游运营商资质后，可自行提供全方位的旅游（憩）服务。

《联邦自然保护地法》和相关的土地法规定，国家公园各功能区内的联邦土地可以租赁给个人和法人实体，用于休闲游憩目的。

联邦国有资产管理局的地区级办公室负责土地租赁事宜，包括准备和签署土地租赁合同。2007年之前，该项职责由各国家公园管理机构负责。

2. 设施设计与美学标准

《联邦自然保护地法》规定，国家公园部分功能区允许修建游憩设施、旅游和户外活动用基础设施。

然而，1995年11月23日颁布、2015年12月29日修订的第174号《联邦环境影响评估法》规定，在具国家重要性的自然保护地内，建设或改建任何基础设施时，工程项目文件需经国家环境评估。

2011～2015 年，俄罗斯在国家自然保护区和国家公园内新修和改建的游客中心和博物馆分别为 164 处和 77 座，其工程文件无一例外都经过了国家层面的国家环境评估。

俄罗斯目前还未出台游憩休闲设施建筑方案的特殊要求及游憩休闲设施设计通用标准，也未颁布相关的规范指导文件。然而，联邦自然资源和环境部下设了国家环境保护政策和法规司，专门负责协调环境教育和教育旅游基础设施咨询小组，后者负责审查此类基础设施的设计。

《具国家重要性的自然保护地发展构想（2012～2020 年）》规划了系列示范项目，发展露营地、宾馆、停车场等旅游基础设施，打造统一品牌。

2015 年召开的全国国家级自然保护区和国家公园园长会议，就"自然保护地体系的现状、问题和发展前景"形成决议，强调了制定和批准自然保护地非资本性旅游基建发展指南的必要性。因此，在不久的将来，俄罗斯会正式统一旅游基础设施的设计风格。

事实上，近年来，俄罗斯在国家公园基础设施建设方面取得的经验，堪比国际最高标准。

下面是选取的几个实例。

（1）沃德洛泽罗（Vodlozershy）国家公园游客中心一角[①]（图 6-11）。

图 6-11　沃德洛泽罗国家公园游客中心

（2）克诺泽罗国家公园非物质文化遗产博物馆："人类语言从此诞生了"[②]（图 6-12～图 6-17）。

---

① http://vodlozero.nubex.ru/ru/ecoprosveshenie/zanjatia-v-vizit-centre/。

② http://www.slideshare.net/Wowa1902/ss-33166099?next_slideshow=1；http://kenozero.ru/turizm/vizit-tsentr-d-vershinino-plesetskii-sektor.html。

图 6-12 克诺泽罗国家公园非物质文化遗产博物馆外观

图 6-13 克诺泽罗国家公园非物质文化遗产博物馆内部

图 6-14 克诺泽罗国家公园非物质文化遗产博物馆游客中心-1

图 6-15 克诺泽罗国家公园非物质文化遗产博物馆游客中心-2

图 6-16　克诺泽罗国家公园非物质文化遗产博物馆游客中心-3

图 6-17　克诺泽罗国家公园非物质文化遗产博物馆游客中心-4

（3）库尔斯沙嘴国家公园的游客中心①（图 6-18 和图 6-19）。

图 6-18　库尔斯沙嘴国家公园的游客中心-1

图 6-19　库尔斯沙嘴国家公园的游客中心-2

① http://www.park-kosa.ru/cn_posetitelyam/muzei/?ELEMENT_ID=226。

(4)麦诗拉国家公园的地区自然历史屋之俄罗斯古镇庭院：俄罗斯小屋[①]（图6-20）。

图6-20　麦诗拉国家公园的地区自然历史屋之俄罗斯古镇庭院：俄罗斯小屋

(5)麦诗拉国家公园的生态步道（图6-21）。

图6-21　麦诗拉国家公园的生态步道

---

① http://www.park-meshera.ru/Deyatelnost/Ekologicheskiy_turizm_i_otdih/Mi_predlagaem/#!prettyPhoto。

（6）尤基得瓦国家公园（图6-22和图6-23）。

图6-22　尤基得瓦国家公园游客中心-1

图6-23　尤基得瓦国家公园游客中心-2

3. 环境教育和宣传

《具国家重要性的自然保护地发展构想（2012～2020年）》强调：环境教育需增进俄罗斯民众的环境修养，提升民众保护生物多样性和景观多样性的环保意识，正确认识自然保护地在环境保护和社会经济发展中的角色和地位。这种表述能有效地推动公众参与，保护自然保护地这一国家遗产。

根据上述发展构想，就环境教育而言，国家公园管理机构目前工作的主要方向如下。

（1）借鉴国内外经验，科学开发现代化的环境教育方法框架；
（2）因材施教，体现地区特色；
（3）吸纳各种受欢迎的环境教育方式和方法，有针对性地开发适合不同受众的环保宣传项目；
（4）完善环境宣传规划体系；
（5）重点依托电子大众媒介；
（6）拍摄系列自然保护地纪录片，通过电视平台展播；
（7）在联邦政府网站上宣传具国家重要性的保护地，打造各国家公园的专门网站；
（8）定期举办面向青年人的"科学与环境"项目大赛和面向新闻从业人员的"自然保护地出版物和影视作品"评比活动；
（9）发放宣传册等介绍和宣传材料；
（10）针对学生的环境教育活动；
（11）开发儿童户外野营和探险活动；
（12）发展各自然保护地的支持团体，积极组织活动；
（13）扩大保护区和国家公园与公共组织的合作。

2015年，全国国家级自然保护区和国家公园园长参加协会会议，认可了国家级自然保护区和国家公园在环境教育方面取得的成功经验，建议加以推广。

国家公园常用的环境教育和旅游方式包括如下。

（1）在游客中心的教室和多功能厅内开展环境教育和校外教育；
（2）在博物馆和游客中心组织参观、展览和专题讲座；
（3）组织在校生宣讲环境和生物知识；
（4）传统文化基本知识；
（5）地区自然历史俱乐部；
（6）森林学校；
（7）学校工作坊；
（8）研讨会；
（9）面向在校生的国家公园职业培训，培训内容侧重于林业、木质建筑、旅游等；
（10）组织夏令营和探险，克诺泽罗国家公园、麦诗拉国家公园、奥涅加·波摩来（Onezhskoye Pomorye）国家公园、普列谢耶沃湖国家公园等在这方面做得很成功；
（11）与青年博物学家一起工作，斯摩棱斯克湖国家公园在这方面的工作较出色；

（12）在环境类节日组织庆祝活动，如爱鸟日、水日、地球日、森林保护日、溪流及水库日、公园日、携手清除地球垃圾活动等；

（13）生态小径游；

（14）河流和湖泊游赏；

（15）专门针对专业人士、大学生和中学生的科研和教育项目；

（16）远景规划项目，乌格拉国家公园有成功实施的经验；

（17）开展志愿者项目；克诺泽罗国家公园、库尔斯沙嘴国家公园、萨马拉卢卡国家公园、斯摩棱斯科耶国家公园、塔加奈国家公园、乌格拉国家公园、尤基得瓦国家公园等都有志愿者项目；

（18）与保护地之友俱乐部有效合作，如克诺泽罗国家公园、斯摩棱斯克湖国家公园和萨马拉卢卡国家公园。

少数国家公园还成功地实施了户外带队导游培训项目。

4. 管理国家公园允许开展的活动：垂钓、狩猎、划船

根据国家公园管理机构的管理规定，当地人可在国家公园及其缓冲区内进行运动垂钓（根据联邦休闲和运动垂钓条例），采集蘑菇、浆果、坚果和其他野生的非木材林产品。

动物（种群）数量处于最优水平时，在国家公园管理机构的督管下，国家公园内可开展运动和业余狩猎。

必要时，在国家公园管理机构的督管下，可在国家公园内狩猎动物繁殖区内，"调节"特定狩猎动物的种群数量。

凡是环境友好型且符合适用环境管理规定的传统土地利用方式，允许在国家公园内保留。

凡是不会对国家公园造成损害，不影响其自然资源和游憩休闲资源的交通、工程和通信类建设工程，在国家公园内也是允许的。

经与国家公园协调后，国家公园上级主管机构可许可重建和改建公园内现有的（设施设备）系统，提升管理效率和增加环境安全。

住宅和园艺用地只能限定在原有居民点范围内。河谷内的建筑设施应与国家公园内的建筑风格相一致。

6.4.3 守法、执法和报告：基本理念和实践方法

《联邦自然保护地法》规定：联邦职能部门负有依俄罗斯政府制定的环境法令对具国家重要性的自然保护地进行保护和利用的职责。环境类法令目前由联邦自然资源管理监督局制定。国家环保稽查员，作为国家公园或国家级自然保护区管理机构的员工，其职责就是管理具国家重要性的自然保护地的保护和利用。

国家环保稽查员负有全方位的督察职责，包括：

（1）要求法人实体、企业和公民提供遵守保护地相关立法的信息和文件；

（2）自由出入保护地内建筑、工作场所等场所开展检查；

（3）依自然保护地管理规定，向法人实体、企业和公民发布禁止违反《联邦自然保护地法》的命令，开展防止对动植物和环境产生负面影响的活动；

（4）起草违反《联邦自然保护地法》的行政性犯罪的（处理）规定，研究行政违法案件及预防措施；

（5）提供违反俄罗斯联邦保护地立法的相关材料给相应的权力机关，处理刑事案件；

（6）起诉违反国家公园保护管理规定，而对自然复合体和自然特征造成损害的个人和法人实体，索赔经济赔偿；

（7）检查公民持有的"自然保护地出入许可"；

（8）检查保护地周边进行环境管理和其他活动的法人实体和企业的（许可）文件；

（9）拘留国家公园及功能区内违法公民，并移交至执法机关；

（10）检查进入国家公园及其功能区人员的随行车辆和物品；

（11）没收违反《俄罗斯联邦自然保护地法》而非法采集的野生动物产品和盗采盗猎工具、扣留违法活动用车和相关的文件。

国家公园的国家稽查员也肩负着森林保护的责任，监管国有林。

国家稽查员工作时有权持有、佩带和使用（依法）配备的枪械。

国家公园的安全部门，含国家稽查员负责国家公园的执法事务。截至2014年底，国家公园的稽查员共计1422人。仅2014年，国家公园安全部门就查处违反国家公园管理规定的案件6260起，查获1528.7千克非法盗捕的鱼类、511.2立方米盗采的木材和25次偷猎有蹄类动物的行为。记录到的偷猎动物包括列入《俄罗斯联邦红皮书》的有蹄类动物和两种大型食肉动物——北极熊和西伯利亚虎。收缴的罚款共计750万卢布，索赔的损害赔偿费共约300万卢布，提起刑事诉讼案件122起，起诉了55名违法者，并没收武器58件。

联邦自然资源和环境部网页（www.mnr.gov.ru）登有俄罗斯国家公园名录及其详细资料。

6.4.4 职业发展与培训：员工能力和技能的培养与提升（岗位、职责和方法）

自然保护地的管理成效在很大程度上取决于员工的素质。目前，俄罗斯正在实施多项举措，有效地落实《具国家重要性的自然保护地发展构想（2012~2020年）》拟定的人力资源政策。具体如下：

（1）实行竞争性招聘；

（2）提拔具有保护地经验的人才到管理岗位；

（3）保护区和国家公园管理人员定期平职调岗至兄弟单位；

（4）培训保护区和国家公园的新任管理人员；

（5）让保护区和国家公园的员工接受高级专业培训；

（6）让保护区和国家公园的员工互相交流经验，外赴在环境、科研和生态教育等方面堪称典范的保护区和国家公园观摩取经和实习；

（7）对员工进行精神鼓励，包括推荐给予国家和部门嘉奖；

（8）向员工颁发资格证书，包括出台管理人员和专家等级标准及绩效考核指标；

（9）为意欲进入保护领域的高校在校生提供完成学期课程和获得学位证书所需的现场实习场所。

联邦自然资源和环境部正在推行人力资源优化政策，让更多年少有为的青年人走向了领导岗位，加快了国家公园和保护区领导层的更替，积极推动了国家公园的管理工作，为公园发展带来了深远的影响。例如，库尔斯沙嘴国家公园、麦诗拉国家公园、塔加奈国家公园、俄罗斯北极地区国家公园和奥涅加·波摩来国家公园的管理水平有显著提高。

俄罗斯系统教育和培训国家公园各领域的专业人员，按专业人才（岗位）分门别类地提供专项培训，如园长、科研人员、国家稽查员、环境教育和环境旅游类培训，并定期出版配套的教育和培训资料及方法用书。

近年来，网络会议和网络研讨会盛行，成为新颖有效的交流与培训工具。2015年11月，联邦自然资源和环境部召开了"自然保护地生态旅游实践"网络会议，与会人员在线介绍了许多成功的保护地生态旅游做法，展望了如何在创新中做大做强旅游项目，切磋了建立自然保护地、开展和管理生态旅游项目的经验。

6.4.5 公众与社区参与：基本理念和实践方法

《联邦自然保护地法》规定：公民、环保志愿协会和非营利环保组织均有权协助俄罗斯联邦政府、公共机构、地方政府划建、保护和利用自然保护地，其提交给政府和公共机构的有关建议应予以考虑。

当前，民众和当地社区以不同的方式参与自然保护地的管理。各自然保护地根据自身特点和能力，考虑适合不同民众个人或团体（如青年人、资深环保者和妇女等）的参与活动，决定最有效的民众和社区互动方式。

互动形式多样，包括由当地居民和自然保护地代表共同组成的社区委员会、咨询委员会、公众环境服务俱乐部、自然保护地之友协会、资深环保人士协会、妇女协会、地区协会、与保护地互动的当地社区协会、当地人参与的项目监事会、有当地社区人员参与的科学技术委员会和其他保护地管理机构、保护地代表参与地方自治政府和志愿者组织等。图6-24为国家公园生态旅游发展潜力。

社区委员会是公众参与形式之一。《联邦自然保护地法》并未列明此种共管模式。但是，2003年10月6日第131号联邦法《关于俄罗斯联邦地方自治的一般原则》规定：自治区的居民可自主解决其居住地所在地区的地方性事务。居住地所在地区可指定居点、城区或独立的城区。社区委员会是预防和解决保护地与当地社区（尤其是保护地内社区）冲突不可或缺的力量。

俄罗斯的保护地管理之路经历了这样的演变——从以前受到误解和冷漠，到现在的与当地人密切合作、相互支持和保持良好的互动。

克诺泽罗国家公园与当地居民互动得很成功。双方的合作可追溯至当地村庄的妇女协会倡议建立国家公园之初。在当地，女性地位很重要，她们组织起来，成立协会，传授那些渐不为人知的传统手工艺、开展野生植物的收集和利用、修建（乡村）旅店，为游客提

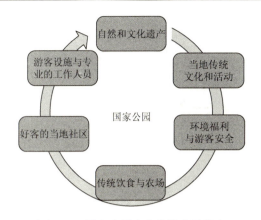

图 6-24　国家公园生态旅游发展潜力

供食宿服务。男性村民则学习传统的木工手艺。在大规模的（建筑）修复中，这样的手艺相当吃香。公园之友俱乐部推介并实施许多恢复和保存俄罗斯北部村庄历史文化的项目，有些项目甚至是跨国合作的。

《关于俄罗斯联邦地方自治的一般法则》颁布后，克诺泽罗国家公园即与当地居民建立联系，并专注协助当地居民成立公共自治机构。自治机构信誉良好，帮助国家公园解决辖区范围内村民生计等众多问题，为国家公园赢得了民众的支持。自 1995 年起，国家公园在保护自然复合体、修复文化遗产和复兴俄罗斯民众珍视的传统文化的同时，不忘改善园内居民的生活水平。

经乌格拉国家公园管理机构倡议，该国家公园成立了由卡卢加州州长领导的公众委员会（Public Board）。该委员会属合议委员会，负责处理园区居民的民生问题，成员代表来自该州的行政机关、立法议会、市政府、企业实体、学术机构、非营利组织和地方活跃人士，拥有同等表决权。

克拉斯诺达尔边疆区的厄尔嘉吉（Ergaki）自然公园采用的合作模式是社区委员会（Community Board）。成立该委员会不仅是要解决（保护地与社区之间的）具体矛盾，更是要预防矛盾出现，让本地居民直接参与决策该公园的社会经济发展事务，提升管理效率，保障公园顺畅发展。这是公众和当地社区参与国家公园事务的一种主要方式。图 6-25 为自然保护地与当地社区公共委员会运行流程。

许多国家公园不仅有助于保护自然遗产，而且有助于保护独特的历史和文化遗址。下面的公园位列其中。

（1）克诺泽罗国家公园（阿尔汉格尔斯克地区）；

（2）俄罗斯北方国家公园（沃洛格达地区）；

（3）普列谢耶沃湖国家公园（雅罗斯拉夫尔地区）；

（4）瓦尔代国家公园（诺夫哥罗德地区）；

（5）梅谢尔斯克国家公园（梁赞地区）；

（6）乌格拉国家公园（卡卢加地区）；

（7）索契国家公园（克拉斯诺达尔边疆区）；

（8）萨马拉卢卡国家公园（萨马拉地区）；

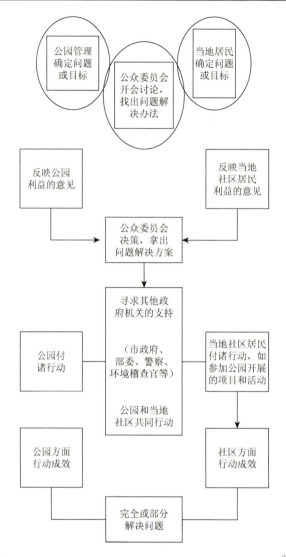

图 6-25　自然保护地与当地社区公共委员会运行流程图①

（9）内贝加尔国家公园（伊尔库茨克州）。

国家公园与博物馆不同，它们不仅保护单独的纪念地，而且保护整个历史、文化和自然环境。例如，克诺泽罗国家公园不仅包括原始的森林和极其美丽的湖泊，而且有木制教堂、圣林、誓言十字架及传统文化村落。

非物质文化遗产包括各种流行传统文化：民俗、传统工艺品、家庭传统、仪式等。

独特的自然、历史和文化环境的结合，自然和文化多样性之间的结合，在许多俄罗斯国家公园很典型，证明了它们在世界国家公园体系中的特殊作用。

历史文化景点与现象，直接与自然条件、资源和利益相连，被视为一个整体的文化景观体系。文化景观是保护与管理对象，与文化景观的组成部分和结构相关的活动旨在对其进行综合保护。

---

① 引自世界自然基金会 2012 年《阿尔泰－萨彦地区实例：公共委员会在自然保护地的保护与发展中的作用》。

下列原则是国家公园历史和文化遗产保护和利用的基础。

（1）认同自然和文化遗产的不可分割性和整体性，考虑到多样化的遗产形式结合了自然和文化价值；

（2）承认当地土著人是历史和文化环境的组成部分，他们在恢复国家公园的文化价值中的作用是制定管理政策的必要条件；

（3）区别对待不同类型的文化遗产，根据其具体和独特的特性决定保护措施；

（4）与负责文化遗产保护的政府机构大力合作。

文化景观和其他历史文化遗址的管理，是为了确保它们处于高品质，为了其品质的发展。

《国家级自然保护地发展概念(2012—2020)》确定了文化遗产保护和利用的优先目标，包括下列措施：

（1）发现和研究历史文化古迹，评估其状况；

（2）持续监测历史文化古迹和文化景观的状况；

（3）提出关于文化景观结构保护及历史和文化古迹修复与利用的建议；

（4）开展恢复和维护优先人文景观遗址原状的活动；

（5）规范旨在保护文化遗址的国家公园制度；

（6）协助传统工艺美术的恢复和发展。

公众和当地社区参与国家公园事务的另一种主要方式是汇集热心的志愿人士，利用其闲暇时间为国家公园提供无偿服务。

在国家公园，志愿者会：

（1）组织和开展季节性的志愿者野营和探险（活动）；

（2）开展一次性的大规模志愿行动；

（3）组成志愿者小组或独自提供志愿服务。

志愿者可根据个人专长，选择适合自己的志愿者工作，包括：

（1）设计、标示和布置自然步道及（游憩路线），如清理枝桠和灌丛、制作和安装解说牌和标识；

（2）清洁美化国家公园路面和旅游景点，如与国家公园工作人员一道清理垃圾、安装解说牌和解说标识、参与修屋架桥修路等工程建设工作、修缮绘画艺术品、修剪草坪和清理杂草等；

（3）参与林业作业，如山里采伐木材、清除特定区域的枯腐木、装卸或人力运输木材、木材分段截短和堆放等；

（4）从事生物技术工作；

（5）调查野生动物；

（6）绘制植物分布图和地形图等；

（7）动植物编目；

（8）繁育珍稀濒危动物；

（9）维修、建造和修复类工作，如木材采伐，建造小型建筑、凉亭、厕所，安装壁炉、垃圾箱、下水道、薪柴贮屋，以及搭建观景平台和修缮现有建筑等；

（10）制作木质家具、标志牌和信息牌；

（11）实施防火措施；

（12）与国家公园稽查人员一同执勤，看护和巡查公园辖区；

（13）向游客提供游览服务；

（14）博物馆展览和陈列布置；

（15）教育活动，即参加国家公园志愿者俱乐部；参与为庆祝环境节日开展的环境教育和宣传活动；帮助制作视频和介绍材料、报道新闻事件和开展（民意）调查等；

（16）提供法律、税务、财务、运营、办公计算机化等方面的咨询服务和技术支持。

在俄罗斯，大多数国家公园都开展志愿者活动。克诺泽罗、萨马拉卢卡、麦诗拉、斯摩棱斯克湖和乌格拉等国家公园的志愿者尤为活跃。从20世纪90年代起，志愿者服务已进入了新时期。

6.5 国家公园体系及单个国家公园的资金机制

6.5.1 国家公园体系和单个国家公园的资金来源及分配

俄罗斯保护区和国家公园的资金逐年增加。国家公园体系资金预算（的变化趋势）如下。

2002年：414 100 000卢布；

2003年：508 100 000卢布；

2013年：4 677 600 000卢布；

2014年：4 415 100 000卢布。

许多国家公园的大型基础设施项目到2013年底已建设完成，因此，2014年国家公园体系的总资金较2013年有所减少。2002~2014年，国家公园体系的资金量增加了近9倍。

2013年，各国家公园的平均预算为1.0169亿卢布，2014年为9598万卢布。各国家公园可支配的资金多寡不均。2013年，40个国家公园，即89%的国家公园的资金量低于平均水平。2014年，46个国家公园中，有36个，即83%的国家公园低于平均水平。表6-3分别给出了2002年与2003年及2013年与2014年资金预算排名靠前和居后的国家公园的名单。

表6-3 资金预算排名靠前和居后的国家公园　　　　单位：千卢布

国家公园	2002年	国家公园	2003年	国家公园	2013年	国家公园	2014年
索契	81 242	索契	99 774	索契	1 424 727.5	俄罗斯北极地区	743 751.3
驼鹿岛	51 292	驼鹿岛	83 109	俄罗斯北极地区	807 168.8	驼鹿岛	532 819.4
克诺泽罗	22 616	尼兹亚亚卡马河	27 788	驼鹿岛	246 803.9	索契	475 479.2
厄尔布鲁士山	3 257	查瓦什瓦尔曼	4 144	阿拉尼亚	14 308.5	绍尔	15 822.3
绍尔	3 103	涅奇金诺	4 093	白令陆	14 118.8	俄罗斯北方	15 426.5
阿拉尼亚	2 398	绍尔	3 716	萨伊柳格姆斯基	5 762.6	阿拉尼亚	14 820.3

国家公园的资金来自相关的联邦政府预算,包括:

(1) 联邦预算资金;

(2) 地区和地方预算资金;

(3) 国外赠款,如世界自然基金会、联合国开发计划署/全球环境基金(United Nations Development Programme/Global Environment Facility,UNDP/GEF)项目和其他国外资助;

(4) 俄罗斯国内慈善捐款,捐款机构涉及银行业、工业、交通业、农业、贸易业、广告业等行业的相关机构和非营利组织等;

(5) 公园自营收入。

国家公园不同来源的资金比例因年而异。2003~2013年,联邦政府财政预算资金显著增加,翻了近一番;地区和地方政府的财政预算拨款大幅下降,降至原有水平的1/10;国外赠款增势明显,飙升了3倍,但年际波动明显,2014年的国外赠款仅为2013年的1/2(表6-4)。

表 6-4 俄罗斯国家公园体系的经费情况   单位:千卢布

经费来源	2002年 (预算比例)	2003年 (预算比例)	2013年 (预算比例)	2014年 (预算比例)
联邦预算	191 232 (46.18%)	228 987 (44.83%)	3 900 515.1 (83.36%)	3 644 810.7 (82.57%)
地区和地方预算	62 543 (15.10%)	79 963 (15.65%)	50 331.7 (1.08%)	50 154.6 (1.14%)
国外赠款	14 271 (3.45%)	10 258 (2.01%)	51 084.1 (1.09%)	25 853.3 (0.59%)
俄罗斯赞助商	4 729 (1.14%)	12 396 (2.43%)	21 174.5 (0.45%)	25 873.24 (0.59%)
自营收入	141 296 (34.12%)	179 201 (35.08%)	655 994.22 (14.02%)	667 575.4 (15.12%)
合计	414 071	510 805	4 679 099.62	4 414 267.24

注:本表数据经过舍入修约

国家公园联邦预算大幅增长拉低了国外赠款资金份额的占比。2014年俄罗斯国内捐赠资金是2003年的5倍,但其份额占比却极小。2013年和2014年,国家公园自营收入较十年前有显著增长,但占比仅接近十年前的1/2。

6.5.2 运营开支

国家公园管理机构的资金支出分为两大类:运营成本和资本支出。

1. 运营成本

运营成本用于保障公园管理机构的正常运转,包括:

(1) 国家公园员工工资和其他劳务费支出;

(2) 公务差旅支出;

(3) 交通设备维护、燃油和润滑剂、配件更新等交通类支出;

（4）制服加工设备和制服定制支出；
（5）维修费用；
（6）通信、交通、基础公共服务、房屋租赁和维护等服务类支出；
（7）社会保障，如保险等社会福利；
（8）耗材采购支出；
（9）其他支出。

2. 资本支出

资本支出用于新的投资活动，包括：
（1）基础设施建设支出；
（2）固定资产大修支出；
（3）购置大型硬件设施；
（4）购置土地和无形资产。

国家公园管理机构的支出构成因园而异，即各国家公园的各支出项的占比情况并非一模一样。

6.5.3 联邦资金

根据《联邦预算法》给特定规划年份安排的财政资金量，俄罗斯政府按国家杜马通过的《联邦预算法案》为国家公园拨款。

《具国家重要性的自然保护地发展构想（2012～2020年）》确定的政府应拨款支持的活动包括：
（1）建设自然保护地体系，包括新建和扩建国家公园；
（2）保护生物多样性和景观多样性；
（3）开展环境教育和发展旅游；
（4）开展保护地体系建设方面的国际合作；
（5）推动保护地立法、科研、培训和其他基础性工作。

2000～2014年，联邦安排的预算资金增长显著，具体如下。

2000年：5898万卢布；
2001年：9970万卢布；
2002年：2.103亿卢布；
2003年：2.38亿卢布；
2004年：2.941亿卢布；
2005年：8.090亿卢布；
2013年：48.869亿卢布；
2014年：36.428亿卢布。

目前，联邦预算资金含政府合同实施补贴、环境保护补贴等政府补贴金和基建投资预算。另外，有的自然保护地（含国家公园）经常会获得"俄罗斯基础研究"专项资金等项目类资助，或参与联邦资助项目（如"贝加尔湖保护项目"）的实施。表 6-5 为国家公园联邦资金情况。

表 6-5 国家公园联邦资金情况　　　　　　　　单位：千卢布

联邦预算资金科目	2002 年	2003 年	2013 年	2014 年
政府合同实施补贴	203 800	224 300	2 810 211.8	1 912 559.7
环境保护补贴	6 200	11 700	965 395	997 199.5
"贝加尔湖保护项目"联邦专项资金	—	—	160 711.3	149 091.8
"俄罗斯基础研究"专项资金	—	—	0	14 967
联邦基建项目专项资金	0	2 000	898 328.2	403 390
其他类补贴	—	—	52 220.1	165 587.2
合计	210 000	238 000	4 886 866.4	3 642 795.2

应该指出的是，联邦政府大幅加大国家公园投资，主要用于大规模扶持国家公园内游客设施和教育设施的建设，如游客中心、博物馆、自然教育步道、观景平台和游客基础设施。这提升了国家公园的休闲和游憩环境，吸引了更多人员前往参观。国家公园的游客量自 2000 年起增加了 5 倍。

6.5.4 国家公园的自营收入（含门票收入）

自营收入是国家公园重要的预算构成部分。2014 年，国家公园创收近 6.676 亿卢布，几乎是 2002 年 1.413 亿卢布收入的 5 倍。国家公园自营收入结构也发生了明显的变化。

2004 年，俄罗斯对公共管理体系进行了重组，并引入了新的税费分配机制，罚款收入全部归属地方，由联邦统一纳入财政预算管理。因此，国家公园范围内所收罚款和诉讼所得赔偿金均不属国家公园的自营收入，故未计入国家公园 2013 年和 2014 年的预算统计中。

自愿对自然复合体造成的损坏予以赔偿（不含在理赔诉讼内）成为国家公园新的收入来源，其在国家公园自营收入中的比重不断增加。

俄罗斯立法要求（进行）损害自愿赔偿，并在《俄罗斯联邦民法典》进行了详细的规定。任何公民和法人对自己造成的损害负有赔偿责任，若自愿对造成的损害予以赔偿或加以修复可免于追究其民事或刑事责任，无需诉诸法庭。赔偿的方式包括实物赔偿（如等同实物赔付或修复）或折价赔偿（含实际和收益损失）。赔付给国家公园的自愿赔偿直接缴付给国家公园管理机构。

木材和木材加工品的出售所得走低，在国家公园自营收入中的占比明显下降。2002 年，其比重曾高达 25%。

旅游收入，不论是资金量还是资金比重均明显上升。通过评估各类旅游收入的比例，国家公园内住宿和停车的旅游收入占比可以突破 40%，一跃成为国家公园自营收入的主要来源。早在 2003 年和 2004 年，这一收入的占比不足 25%。

在配备了新的交通工具之后，自然保护地内的水上运输能力显著增强。

现在,国家公园开始"智力输出",有偿提供科研和技术服务,这也大大增加了国家公园的自营收入(表6-6)。

表6-6 国家公园自营收入组成　　　　　　　　单位:百万卢布

自营收入组成	2003年(占自营收入的比例)	2004年(占自营收入的比例)	2013年(占自营收入的比例)	2014年(占自营收入的比例)
追讨所得的罚款和诉讼所判罚金	3.7(3%)	20.5(12%)	—	—
弥补对自然复合体的损害而支付的自愿补偿金(不含在索赔诉讼中)	—	—	4.5(0.7%)	14.1(2.1%)
木材和木材加工品的出售收入	35.0(25%)	37.6(21%)	56.3(8.6%)	54.6(8.2%)
土地出租所收租金	10.4(7%)	15.8(9%)	41.1(6.3%)	68.3(10.2%)
入园门票收入(含观光游)	33.2(24%)	31.8(18%)	189.2(28.8%)	237.8(35.6%)
酒店和停车点收入	未单独列账	未单独列账	26.9(4.1%)	33.7(5%)
自然博物馆门票收入	未单独列账	未单独列账	2.1(0.3%)	3.1(0.5%)
交通等其他公共设施收费所得	未单独列账	未单独列账	14.0(2.1%)	66.7(10%)
垂钓许可费	未单独列账	未单独列账	1.9(0.3%)	2.9(0.4%)
组织户外运动和业余狩猎活动收取的服务费	未单独列账	未单独列账	4.4(0.7%)	3.3(0.5%)
其他休闲资源使用费	未单独列账	未单独列账	2.8(0.4%)	2.9(0.4%)
纪念品和印刷品销售收入	未单独列账	未单独列账		4.6(0.7%)
固定资产出租收入	未单独列账	未单独列账	9.4(1.4%)	7.4(1.1%)
科研和技术服务输出收入	未单独列账	未单独列账	6.6(1.0%)	21.6(3.2%)
农产品销售收入	未单独列账	未单独列账	61.5(9.4%)	2.2(0.3%)
实验繁殖中心和农场收入	未单独列账	未单独列账	13.0(2%)	5.6(0.8%)
环境(体验)和自然夏令营活动的收入	未单独列账	未单独列账	3.3(0.5%)	2.5(0.4%)
其他活动收入	9.3(6.0%)	8.9(5.0%)	219.0(33.4%)	136.3(20.4%)
合计	141.3(占国家公园总预算的34.1%)	179.2(占国家公园总预算的35.3%)	656.0(占国家公园总预算的14.0%)	667.6(占国家公园总预算的15.0%)

事实上,各国家公园开展法定授权活动,进行经济创收的成效各异。表6-7给出了俄罗斯国家公园自营收入的"佼佼者"。

表6-7 俄罗斯国家公园自营收入的"佼佼者"(2002年、2003年、2013年和2014年)

单位:千卢布

国家公园	2002年自营收入(占公园总预算的比例)	国家公园	2003年自营收入(占公园总预算的比例)	国家公园	2013年自营收入(占公园总预算的比例)	国家公园	2014年自营收入(占公园总预算的比例)
索契	68 796(85%)	索契	87 917(88%)	索契	320 946.7(23%)	索契	250 572.4(53%)
库尔斯沙嘴	18 570(91%)	驼鹿岛	19 962(24%)	俄罗斯北极地区	33 353.5(4%)	驼鹿岛	173 630.6(33%)
尼兹亚亚卡马河	5 262(46%)	库尔斯沙嘴	15 218(74%)	驼鹿岛	88 088.7(37%)	库尔斯沙嘴	55 991.6(62%)
马里乔德拉	4 955(41%)	萨马拉卢卡	5 450(30%)	库尔斯沙嘴	50 719.1(58%)	克诺泽罗	14 908.9(9%)
萨马拉卢卡	4 242(27%)	普里亚贝加尔茨基	5 353(30%)	克诺泽罗	16 574.2(9%)	霍万斯基	10 827.2(17%)
霍万斯基	3 482(44%)	尼兹亚亚卡马河	5 094(18%)	凯壬因	10 737.4(13%)	俄罗斯北极地区	10 537.1(1.4%)

各国家公园自营收入占各自总预算的比例各异,可大致分为四档:零、极低、高、很高。自营收入为零的国家公园,如阿拉尼亚国家公园、博罗夫卡河国家公园、卡勒瓦拉国家公园;极低者如赛柳格姆斯基国家公园(0.03%)、奥涅加·波摩来国家公园(0.07%)、石茉莉奈国家公园(1.4%)、乌德盖人传奇国家公园(2.6%)、麦诗拉国家公园(6%);高者如乌格拉国家公园(25%)、舒申斯克国家公园(18%)、塔干那斯基国家公园(18%)、霍万斯基国家公园(17%)、帕纳耶斯维国家公园(16%)、斯摩棱斯科耶国家公园(13%);极高者如库尔斯沙嘴国家公园(62%)和索契国家公园(53%)。

慈善捐赠。慈善捐赠主要是国外赠款和国内捐资两类。

2014年,俄罗斯共16个国家公园获得了国外赠款,共计2890万卢布,赠款所涉公园数量虽较2013年的14个国家公园稍有增加,但赠款总额却较2013年的5010万卢布有明显下降。2002年和2003年国外赠款统计结果如下。

2002年:16笔赠款,共计1430万卢布。

2003年:7笔赠款,共计1050万卢布。

表6-8给出了2002年、2003年、2013年和2014年获国外赠款最多的国家公园。

表6-8 获国外赠款最多的国家公园(2002年、2003年、2013年和2014年)

单位:千卢布

国家公园	2002年获赠款额(占公园总预算比例)	国家公园	2003年获赠款额(占公园总预算比例)	国家公园	2013年获赠款额(占公园总预算比例)	国家公园	2014年获赠款额(占公园总预算比例)
索契	68 796(85%)	索契	87 917(88%)	俄罗斯北极地区	29 568.2(4%)	帕纳耶斯维	14 486(27%)
库尔斯沙嘴	18 570(91%)	驼鹿岛	19 962(24%)	库尔斯沙嘴	6 583.9(8%)	克诺泽罗	2 439.6(1.5%)

续表

国家公园	2002年获赠款额（占公园总预算比例）	国家公园	2003年获赠款额（占公园总预算比例）	国家公园	2013年获赠款额（占公园总预算比例）	国家公园	2014年获赠款额（占公园总预算比例）
尼智纳亚卡马	5 262（46%）	库尔斯沙嘴	15 218（74%）	帕纳耶尔维	5 658.4（12%）	俄罗斯北极地区	2 439.6（0.3%）
马里乔德拉	4 955（41%）	萨马拉卢卡	5 450（30%）	克诺泽罗	2 795.6（2%）	麦诗拉	860（1.2%）
萨马拉卢卡	4 242（27%）	普里亚贝加尔茨基	5 353（30%）	谢别日斯基	2 332.2（7%）	沃德洛泽罗	841.9（0.7%）
赫瓦伦斯克	3 482（44%）	尼智纳亚卡马	5 094（18%）	乌格拉	947.7（2%）	谢别日斯基	374.5（1.2%）
				尤基得瓦	750（2%）	乌格拉	333.7（0.9%）

2013年和2014年，国外捐赠机构主要包括世界自然基金会俄罗斯分会、全球环境基金会及其执行机构联合国开发计划署（表6-9）。2002年和2003年的主要国外捐赠机构有全球环境基金及其执行机构联合国开发计划署、国家公园基金会，美国、挪威和丹麦政府。

表6-9　国外捐赠机构赠款金额汇总（2013年和2014年）　　单位：千卢布

捐赠机构	2013年赠款额	2014年赠款额
世界自然基金会俄罗斯分会	2 220.1	5 883.1
全球环境基金会及其执行机构联合国开发计划署	1 100.0	674.4
其他国外捐资	47 764.0	22 295.8
合计	51 084.1（占俄罗斯国家公园体系当年总预算的1.1%）	28 853.3（占俄罗斯国家公园体系当年总预算的0.7%）

在国家公园体系的资金总量中，国外赠款占比低至可忽略不计，故虽持续萎缩，但不会对国家公园的（运营）产生具实质性的影响。

2014年，全俄罗斯共有26个国家公园共收到国内慈善捐资2590万卢布，较上一年略有增长。2013年，22个国家公园共获得2120万卢布的国内捐资。2002年和2003年的国内慈善捐资总额分别为470万卢布和1240万卢布（表6-10）。

表6-10　获国内赠款最多的国家公园（2013年和2014年）　　单位：千卢布

国家公园	2013年国内赠款额（占国家公园预算比例）	国家公园	2014年国内赠款额（占国家公园预算比例）
豹地（含克德洛瓦亚·帕得国家级自然保护区）	6219.5（4%）	豹地（含克德洛瓦亚·帕得国家级自然保护区）	9515.0（2%）
俄罗斯北极地区	3500.0（0.4%）	奥涅加·波摩来	3976.5（6%）
尤基得瓦	1539.9（4%）	乌格拉	2538.5（7%）
萨马拉卢卡	1451.5（2%）	麦诗拉	1271.0（2%）
普里亚贝加尔茨基	1280.0（0.6%）	俄罗斯北极地区	1258.4（0.2%）
斯摩棱斯科耶	1236.2（3%）	尤基得瓦	1150.0（4%）
安纽斯基	1110.5（2%）	乌德盖人传奇	800.0（4%）

就国家公园国内慈善捐赠而言，俄罗斯地理学会、"猛虎"等非营利机构、工业、银行和个人是重要的资助力量（表6-11）。

表6-11 俄罗斯国家公园所获的国内赠款情况（2013年和2014年）

单位：千卢布

境内捐助者	2013年捐赠款	2014年捐赠款
俄罗斯地理学会、"猛虎"等非营利机构	15 634.5	20 958.4
工业	2 865.1	2 677.0
银行	500.0	400.0
其他行业机构	1 565.9	1 312.3
个人	609.0	525.5
合计	21 174.5（占国家公园体系总预算的1.1%）	25 873.2（占国家公园体系总预算的0.7%）

国家公园收到的国内赠款数额虽有增长趋势，但在整个国家公园体系的资金占比微乎其微。

6.5.5 其他资金渠道（含环境补偿金）

环境补偿或自愿赔偿受损的自然复合体（不含在索赔诉讼中），作为国家公园自营收入类型之一，已在6.5.4节进行了介绍。

6.6 管理机构及其主要特征

6.6.1 国家公园管理架构：联邦及地方责任部门、法定职责及相互间的关系

《联邦自然保护地法》规定，俄罗斯联邦政府及联邦环保部门具体负责俄罗斯具国家重要性的自然保护地的管控和组织运营。

俄罗斯于1983年建立了第一个国家公园。自此至2000年之前，除驼鹿岛国家公园由莫斯科市分管外，其余的均由当时的联邦林务局管理。2000年，俄罗斯实施了联邦自然资源管理机构改革，国家公园事务被划归给了当时的联邦自然资源部。2004年，在新一轮的政府机构重组中，联邦自然管理局（Federal Supervisory Natural Resources Management Service—Rosprirodnadzor）分管自然资源的管理和监管，相应地，含国家公园在内的联邦保护地有关事务全部划归该局管理。

2008年，俄罗斯政府机构又一次重组，联邦自然资源部升格为联邦自然资源和环境部。该部升格后分管保护地事务，并管理所有具国家重要性的保护地。

目前，包括国家公园在内的具国家重要性的保护地，由联邦自然资源和环境部分管。该部专司与俄罗斯保护地管理相关的国家政策和法律法规事务。

事实上，除保护地政策和管理相关事务外，另外涉及土地和其他联邦资产的立法和监管的事务则由其他联邦政府机构负责。

俄罗斯联邦立法，严格划分了各政府机构的法定职责，包括界定了管理联邦（国家层面）、联邦主体和地方政府的职责。

俄罗斯政府以部委和机构法律法规的形式，确定了各政府机构的职能。表 6-12 列出了俄罗斯负责自然资源保护、利用及环境保护的联邦机构。

表 6-12 俄罗斯负责自然资源保护、利用及环境保护的联邦机构

自然区域和资源	政策、立法与管理部门	监管	执行单位
土地资源	经济发展部	联邦自然资源管理监督局	联邦不动产国家地籍局
地下资源	自然资源和环境部	联邦自然资源管理监督局 联邦安全局 联邦生态、技术与核能监督局	联邦地下资源管理局
林业资源	自然资源和环境部	联邦自然资源管理监督局（具国家重要性的保护地） 联邦林务局（具国家重要性的保护地内的林业资源除外） 内务部	联邦林务局（全国森林登记；确立森林保护地位、批建森林特别保护地、圈定和调整森林特别保护地范围；全国林业普查、"林业公共登记信息"汇编）
水（及水生生物）资源	自然资源和环境部、农业部	联邦安全局边防局 联邦自然资源管理监督局 联邦渔业局 联邦兽医及植物卫生监督局 内务部	联邦水资源局 联邦渔业局（水生生物资源保护研究；水生生物资源的人工繁育和全国监测；珍稀、濒危和经济型水生生物产卵鱼群和捕捞的管理，维持种群生力）
野生动植物	自然资源和环境部、农业部	联邦自然资源管理监督局 联邦兽医及植物卫生监督局 内务部	联邦自然资源管理监督局（向欧亚经济联盟的关税联盟成员国发放野生生物和部分野生植物的进出口许可证许可证明）
环境保护	自然资源和环境部	联邦自然资源管理监督局 联邦生态、技术与核能监督局	联邦自然资源管理监督局（负责俄罗斯废物管理信息系统的运营） 联邦生态、技术与核能监督局
环境专业知识	自然资源和环境部	联邦自然资源管理监督局 联邦生态、技术与核能监督局	联邦自然资源管理监督局 联邦生态、技术与核能监督局
保护地	自然资源和环境部	联邦自然资源管理监督局	自然资源和环境部
监测	自然资源和环境部	联邦水文气象和环境监测局	联邦水文气象和环境监测局（全国地表水登记；全国地表水登记信息维护；维护环境及污染状况国家数据库；全国监测体系的开发和运营等）

俄罗斯政府负责保护地公共管理体系的确立。2015 年 11 月 11 日颁布的第 1219 号联邦政府令，明确了联邦自然资源和环境部的职责和权限，授权该部为制定和实施联邦环境保护（含保护地事务）政策和规范性法规的联邦行政机关。俄罗斯现有的 50 个国家公园及全国 103 个国家级自然保护区中的 100 个由该部管辖。

该部的环境保护政策和法规司具体负责保护地国家政策和法规的制定和落实，包括负责：①国家级自然保护区、国家公园、国家级自然庇护所和具国家重要性自然纪念地立法（文件）的起草及报批；②具国家重要性特别自然保护地联邦主管机构组织标志的

保护、使用及（使用）审批程序的制定；③具国家重要性特别自然保护地野生动物立法及林业资源的使用、保护和繁育等事宜的立法。

联邦自然资源管理监督局是控制和监管自然资源利用的联邦政府机构，其监管职责主要涉及以下领域：

（1）国有土地和国有水域的使用和保护；
（2）大陆架、专属经济区、内海、领海的环境；
（3）具国家重要性保护地内的国有林（森林保护）；
（4）具国家重要性保护地内的动物及其栖息地的保护、繁育和利用；
（5）具国家重要性保护地内的狩猎活动；
（6）其他相关责任。

国家公园及其缓冲区内的国家森林的管控、水生生物资源及其他自然和地质资源的保护，属联邦专项巡查内容，属负责国家公园的国家稽查员的工作内容。

国家公园的保护涉及的机构包括执法机构，渔业保护机构，分管狩猎动物及其栖息地的保护、控制和规范利用的机构，以及政府巡查等多个业务部门。

俄罗斯内务部权限范围广，有权参与任何旨在保护生物资源的活动，多参与珍稀濒危和经济价值高的动物等自然资源的保护，以及拘留和起诉违法者之类的活动。

联邦渔业局有权参与国家公园及其缓冲区内水生生物资源(含溯河产卵和降海产卵的鱼类及跨境生活的鱼类)和内陆水体的保护管理活动。该机构还开展研究工作，以促进水生生物资源的保护、人工繁殖和全国监测工作。保护珍稀、濒危和经济价值高的水生生物物种，维持其产卵种群数量和捕捞量也是该局的业务内容之一。

联邦安全局边防局权限范围广，可参与俄罗斯内海、领海、专属经济区、大陆架范围内的国家公园及其缓冲区内的水生生物资源和其他自然物保护有关的活动。保护海洋生物资源并进行国家管控属该局的重点工作内容之一。

俄罗斯国家公园的日常管理由联邦自然资源和环境部负责。该部属联邦财政拨款机构（或译为"列入联邦预算的机构"）。

联邦财政拨款机构主要负责：

（1）勘定国家公园外围边界和各功能区边界并设立相应的界识标牌、标志和标识；
（2）落实自然（生态）系统保护措施（如林火、生物技术和森林保护措施），维护其天然状态；
（3）查处和打击违反国家公园及其缓冲区内自然资源保护和使用管理规定的不法行为，行政处理妨碍国家公园管理规定的行为，包括行政违法公报的编制与更新；
（4）开展科研活动，引入和创新生物多样性保护、休憩用自然与历史文化资源保护及（特定区域内）生态状况评估和预测方面的科学方法；
（5）实施环境监测；
（6）珍稀濒危动植物的保护和迁地繁殖；
（7）确认和编目国家公园内的历史和文化遗产地，开展保护研究，保护和恢复文化景观；
（8）开展环境教育；

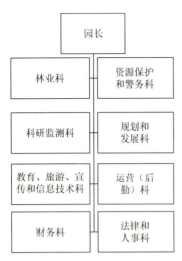

图 6-26 斯摩棱斯克湖国家公园组织结构图

（9）按国家公园功能分区，规划部署公园内游憩公共服务及便利设施，设计和修建生态步道及旅游路线；

（10）在国家公园内开展法定的旅游和游憩活动，寓环境教育于游憩。

为落实上述各类活动，联邦自然资源和环境部设立多个下属部门，如国土保护司（可设立机动特战队）、林业司、科研司（或科研监测司）、环境教育和旅游司（或分设为两个司）、后勤司、法务司、财务（审计）司和其他相关各司（如国家公园濒危动植物繁育中心、教育中心等）。图 6-26 为斯摩棱斯克湖国家公园组织结构。

作为联邦政府财政拨款单位，各国家公园管理机构的员工数量会因其分管的国家公园的面积、重要性、距大型居住点的距离及机构成立早晚而不等。通常情况下，成立较晚的国家公园管理机构的员工数量较成立较早的要少。单个国家公园管理机构的员工数量多介于 50~100 人，其中 1/3 的员工属国家环保稽查员。

俄罗斯成立了专门保卫国家公园的部门，主要负责按环境立法保护国家公园内的自然和文化资源。该部门的政府雇员被称为国家环保稽查员，专司国家公园的督察工作。

为保障国家环保稽查员能最大限度地高效地履行其职责，他们：

（1）配备有最新的业务装备；

（2）配备有精良的制服及配饰；

（3）配备有监测用无人机；

（4）配备有工作用海上船舶（可购置或租赁）；

（5）可系统参加培训和研讨；

（6）可领取工作奖金。

上述各联邦机构已经多次开展联合督察工作，巡察国家公园的保护工作。这种工作方法已经成为保护自然保护地及其动物的有效手段。联合督察这一方法正逐渐成形。

6.6.2 社会团体的参与：利益相关者认识和监管国家公园

2013 年，俄罗斯组建了隶属于联邦自然资源和环境部的保护地专家委员会，专为该国的自然保护地体系和单个的保护区与国家公园的决策管理，尤其是保护地立法完善、保护地网络构建和保护地内环境教育与生态旅游开发等事务，提供战略方案和建议。

该专家委员会属常设咨询组织，无偿提供咨询服务。其成员代表来自联邦自然资源和环境部、联邦自然资源管理监督局、环境教育中心、联邦自然资源和环境部辖管的保护区及国家公园的各管理机构、俄罗斯科学院各重要研究院所，以及俄罗斯国内外各社会组织。

为确保自然保护地的研究、教育、生态旅游、调查设计等主要业务内容能协调和有效地运行，2014 年，俄罗斯在联邦自然资源和环境部所辖的国家级自然保护区及国家公园管理机构的基础上，成立了国家级自然保护区和国家公园园长协会。

该协会的职责包括组织专家支持自然保护地的管理工作、提升保护地的管理和运营、塑造和提升保护地体系的形象和知名度、化解保护地管理尖锐问题和提升保护地管理机构形象。

该协会的成员由联邦自然资源和环境部辖管的110处国家级自然保护区和国家公园的园长组成，其中10人组成协会董事会，协调协会工作。

《具国家重要性的自然保护地发展构想（2012～2020年）》提出了在联邦自然资源和环境部下设立专家委员会和协调中心——国家级自然保护区和国家公园园长协会的思路，并引入国家级自然保护区和国家公园统一按要求编制5年起中期规划的硬性要求。这就是国家层面保护地管理的"成就"。

单个保护地的管理，除了政府指定的管理机构之外，还有社区保护地管理委员会这一保护地共管机制。在预防和解决保护地（特别是边界内有居民分布的保护区）与当地社区之间的冲突方面，社区保护地管理委员会的作用不可替代。

6.6.3 遗产善用与环境教育

2012年4月30日，俄罗斯总统发布命令，批准了《2030年前俄罗斯环境发展国家政策基本原则》。该文件确定的国家环境政策主要目标之一，就是发展环境文化、环境教育和环境意识。

为实现这一目标，现采取的方法包括：

（1）新教育标准需纳入环境保护的有关内容；

（2）教育机构应培养和教育具环境担当的人才，包括将生态教育发展纳入国家教育标准中；

（3）国家对开展环境保护的教育机构予以扶持；

（4）面向决策者和专家进行环境保护和生态安全方面的宣讲和培训活动，影响其经济或其他决策对环境的负面影响；

（5）全面将环境意识培养和环境教育熏陶纳入全国及各地相关项目中。

《联邦自然保护地法》规定：划建保护地时需考虑（拟建地）具特定美学、科学和文化价值的文化景观。国家公园的主要目标之一就是保护历史和文化遗址。

在俄罗斯的保护地体系中，国家公园之所以独树一帜，是因为其兼具自然、历史和文化综合价值。现有立法将保护和恢复历史文化遗址列为国家公园的主要目标之一。

俄罗斯联邦目前尚未将环境教育纳入国家教育标准或要求中。

现行立法只规定自然保护地管理机构负有开展环境教育和增强环境意识的义务。

为全面增加民众对国家公园内的自然和文化遗产的价值和重要性的认知，更好地了解、珍爱国家公园内的自然景观和动植物，让民众积极主动地支持自然保护活动，国家公园正在开发面向不同民众群体的宣教体系，旨在借助多样化的宣教手段和方法，逐步推出众多的环境教育宣传活动，提升公众的环保意识。

国家公园开展环境教育，主要借助以下方式。

（1）建造博物馆和游客中心，举办展览，包括：①组织常设展示和展览；②组织巡回展示和展览；③为博物馆和游客中心的设计、建造和布展提供专家意见。

（2）开发教育性游览和生态旅游，包括：①评估国家公园及其缓冲区的旅游开发潜力；②确定游客观光活动区及非开放区；③确定目标游客群体；④开发针对不同目标游客群体的游憩路线和项目；⑤讲座和远足；⑥开发和完善生态步道及旅游路线；⑦设立宣传牌、告示牌和问讯台；⑧评估生态步道和旅游路线的最大承载量；⑨监测旅游对国家公园自然、历史和文化资源的影响；⑩提出最优游客管理建议，尽可能降低其对国家公园的负面影响；⑪制定游客行为准则，预防其破坏自然资源和景点的行为；⑫修建酒店、停靠点、停车场、观景点、瞭望塔和隐蔽的野生动物观看点；⑬配备有效的废水废物处理设施，使用替代能源；⑭开发国家公园门票收费体系，对当地居民、国内和国际游客施行差异性收费；⑮与旅行社等对旅游开发感兴趣的机构开展合作；⑯借助网络宣传和推广教育性游憩和生态旅游；⑰参与生态旅游类的展览和市集活动；⑱为旅游从业人员提供培训；⑲在国家公园下设分管旅游和休闲的科室。

（3）与媒体合作，包括：①制作出版物；②广播电视宣传；③出版国家公园期刊；④开设和维护国家公园网站；⑤在第三方网站发布信息；⑥与记者合作。

（4）借助广告和出版，包括：①制作和发行手册、图册、日历、参考资料、地图、光碟等各类出版信息和产品（如徽章、纪念品等）；②影视作品。

（5）面向学生，包括：①组织和开展儿童自然营或小小探险家户外活动；②组织森林学校；③建立小小博物学家联盟，组织开展活动；④组织野外实习学校；⑤组织学生郊游；⑥组织主题会；⑦组织竞赛和会议；⑧组织环境节日庆祝活动。

（6）与教师和教育部门互动，包括：①组织面向生物、生态、地理和地方历史教师的方法研讨会；②参与组织和讲授教师职业发展课程；③为学校准备生物多样性、景观多样性和自然保护主题方面的资料；④为主题教室的设施配备提供技术协助，并提供视频和文字材料（如照片、海报、视频等）。

（7）组织环保节日庆祝活动，如"三月公园日""世界环境日""爱鸟日""老虎日"等。

（8）组织和实施志愿者项目和活动。

（9）当地社区参与，包括：①与国家公园内及周边的当地居民座谈和讨论，进行社会调查，了解其参与生态旅游活动的能力水平；②了解生态旅游开发过程中潜在参与者的角色，如提供住宿、交通、导游服务、纪念品和食物等；③培训当地的生态旅游参与者，标准化生态旅游相关的住宿、游客服务和向导服务；④将私营旅馆等旅游配套服务网络化；⑤开发工艺纪念品，并进行市场推广；⑥结合当地文化传统，开展民俗旅游。

为此，国家公园管理机构下设了生态教育和旅游科室，负责上述各项活动的实施。此类科室的人员编制不多，通常为3~10人，人数的多少取决于国家公园给此类科室确定的任务目标的高低。

6.7 其他重要问题

自1982年创建第一批国家公园以来，俄罗斯的国家公园建设取得了质的飞跃，国家公园与地区社会和经济协调发展。国家公园体系进展可喜，33年共创建了48个国家公园。其中，最近9年内共新建了12个国家公园，其中有7个是最近5年新建的。

国家公园主要活动的实施已始见成效：国家公园的保护权限扩大，永久巡护队伍也已开始组建，全面铺开了陈年垃圾和废金属的清理工作等。

国家公园正稳步推进一系列项目，包括珍稀濒危物种的再引入和恢复；借助现代化手段增强环保意识；开发学生户外露营、探险和户外生存体验等传统项目；志愿者扩募；组织面向国家公园员工的学习研讨和实习；更新设施设备和停车场；采用全球定位系统导航、红外相机、无人机等最先进技术，并完善监测体系。

国家公园资金增长明显，立法有所完善，国际合作有所发展。2014~2015年，克诺泽罗国家公园参与了挪威和瑞典政府支持的5个大型国际项目，保护文化遗产和推动环境旅游与环保意识。

然而，国家公园依然面临着许多难解的困难，这制约着国家公园日常管理和自然保护的效率。

国家公园和国家级自然保护区深受管理低效的困扰。管理低效主要缘于以下方面。

（1）保护地边界仍在界定中：俄罗斯仅完成了91%的保护地土地信息的地籍登记工作，剩余的尚待完成。这些土地的地籍登记完成之前，国家公园拿不到它们的法律证明文件。当与企业就这些土地产生纠纷和冲突时，国家公园就要承担法律费用。土地确权过程中，最麻烦的莫过于要与保护地边界范围外数以千计的土地使用者一一进行土地边界的确认。

（2）预算结构不合理：（国家公园范围内的）罚款和诉讼罚没、租赁费都不进入国家公园的预算账户。目前，所有罚款进入地方政府预算，诉讼罚没和土地租金进入联邦政府预算。国家公园得不到资金激励，工作积极性低，工作懈怠，租户关系管理跟不上。

（3）联邦保护地工作人员的工资依然很低，造成员工工作积极性差，工作效率不高。

（4）联邦保护地体系的发展和运营更多的是服从于国家高层领导的政治意愿，而不是依合法决策有效地推进。

相关分析表明，联邦保护地的代表性不够，不足以为生物多样性、景观多样性和珍稀濒危物种提供保护。即使《具国家级重要性的自然保护地发展构想（2012~2020年）》设定的新建保护地的目标完全得以落实，这一问题也得不到圆满的解决。俄罗斯没有2020年之后的保护地长远发展规划，即使是概念性的规划也没有一个。俄罗斯经济活跃，这会妨碍其为履行《生物多样性公约》国家义务而确定的《俄罗斯生物多样性国家战略》中各项既定目标的实现。

气候变化的影响波及全球，影响时间长，这给国家公园的管理带来了前所未有的挑战。国家公园选址于自然特征、生态系统、物种和游客体验具特色的地区。这些地区生态系统发生改变可能会影响国家公园的管理目标和管理手段。俄罗斯应制定减缓和适应气候变化的国家战略，将来还需进一步出台国家公园缓解气候变化影响的规划和管理详案。

除了管理低效外，某些国家公园面临的另一个棘手问题，就是对自然资源的需求持续保持高位。企业和政府因利益关系，往往反对新建保护地或缓冲区，或带头要求将某些自然资源所在片区划出国家公园。保护地周边地区的工业开发活动，如石油和天然气会对保护地造成极大的威胁，尤其是在发生石油泄漏等意外情况时更为明显。

第三部分 国家公园体制的比较研究

第7章 各国保护地体系发展历史和国家公园理念

各国近现代保护地体系发展始于何时？是在什么样的社会经济背景下产生的？走过了怎样的发展历程？它们现在是什么样的状况？

国家公园作为一种保护地，从美国建立世界上第一个国家公园到现在，已经140多年，目前世界大多数国家都建立了国家公园。那些国家为什么要建国家公园？国家公园作为一种保护地，它与其他保护地是什么关系？中国在建立国家公园体制时，能从其他国家的国家公园建设与管理实践中获得什么有益的启示和可借鉴的经验教训？

本章综述美国、新西兰、南非、巴西、德国和俄罗斯6国的保护地体系建设和发展的历程、保护地体系现状、国家公园的概念和理念；简要地分析国家公园在保护地体系中的地位，保护地体系的整体布局，各类保护地的管理目标、面积和比例，以及为什么要建国家公园等。

7.1 各国保护地体系发展历史及现状

根据各类保护地的发展历程，可将6个案例国家分为两大类：一类是国家公园与其他保护地类别并驾齐驱、同步发展的国家，包括美国、新西兰、南非、巴西；另一类是国家公园是在已有的保护地体系上新增加的，包括德国和俄罗斯。

7.1.1 美国

国家公园是美国最早建立的保护地类别。美国国家公园的发展历程可粗略地分为四个阶段[①]。

1. 初创阶段（1864~1916年）

19世纪中叶，一批美国的有识之士，包括自然保护者、文学家、艺术家、探险家等，开始认识到西部大开发对西部原始自然环境和印第安文化的破坏，于是开始向公众宣传并敦促国会保护西部的优美自然景观。铁路公司也发现了西部景观作为旅游资源的潜在价值，寻求把铁路延伸到蒙大拿州，加入了公众保护的行列。这些力量共同促使国会通过立法于1872年建立了世界上第一个国家公园——黄石国家公园。1872~1916年，美国在西部建立了10多个重在保护自然的狭义国家公园。

国会于1916年颁布了《文物法》，授权总统通过总统令宣布建立各种国家纪念地。《文物

---

① 这部分主要根据 *History of the National Park Service* 的内容。

法》颁布后，同年9月，西奥多·罗斯福总统宣布建立第一个国家纪念地。1872~1916年，美国在东部沿海地区和中部地区建立了20处重在保护历史和文化的国家纪念地。

2. 体系成型阶段（1916~1933年）

这一阶段有两个标志性事件。第一个事件是国家公园管理局的成立。1916年前，国家公园由内政部从华盛顿遥控"管理"，由美国军队进行实地巡逻保护。针对国家公园管理的"混乱"局面，1916年前的几届总统、内务部部长、一些议员和其他有识之士一直在敦促国会设立一个专门机构管理已建或待建的国家公园。最终，国会于1916年制定了《国家公园管理局组织法》，正式组建了国家公园管理局。第二个事件是国家公园体系范围（或国家公园概念）的扩大。1933年，根据政府改组计划，把狭义国家公园、国家纪念地、国家军事公园、国家公墓、国会大厦公园等组合成国家公园体系。通过这次改组，国家公园体系增加了4个以前不在该体系内的类别，即国家纪念碑、国家军事公园、国会大厦公园和休闲区，体系成员从改组前的67个增加到137个。

3. 快速发展阶段（1933~1966年）

这一阶段有两个特点：一是国家公园体系快速发展，成员增加了102个，达到239个。二是自然类国家公园的增长速度下降，而历史和休闲类国家公园显著增加。国家公园管理局此阶段的主要任务，就是使改组时纳入体系的70个和在本阶段新建的102个各种类型的体系成员融入国家公园体系。

4. 稳步发展及调整阶段（1966年至今）

这一阶段既保持了国家公园体系的稳步发展，又新增了170个体系成员，其中，在阿拉斯加建立的13个公园占地面积达5000多万英亩，使国家公园体系的总面积翻了一番还多。另外，国家公园为普通公众开放的呼声日益高涨。20世纪60年代，美国公众的自然和历史财富意识觉醒，约翰逊政府提出了"公园为人民"（parks for people）理念，时任局长也支持公众参与、支持公园向公众开放。这也提出了对国家公园管理局的使命的法律挑战。国会利用法庭判例，于1970年制定了《国家公园体系一般授权法》，用于补充和阐释《国家公园管理局组织法》。20世纪70年代又出现新的挑战，再次要求国会阐释国家公园管理局的使命。于是国会于1979年修订了1970年版的《国家公园体系一般授权法》，该修正案也称为"红杉修正案"，因为其包含扩大红杉国家公园的内容。

截至2016年初，国家公园体系共有409个成员或称广义的国家公园，总面积达341 279平方千米，占国土面积的3.65%。此外，国家公园管理局还管理着海洋、湖泊和水库，面积达18 222平方千米，以及众多考古遗址、海岸线、步道、道路等。国家公园分为两大类18类，狭义国家公园是指其名称中带"国家公园"字眼的类别，是国家公园体系内的18个类别之一，目前只有59个，总面积达210 821平方千米，占国家公园体系总面积的61.8%。狭义国家公园是国家公园体系中保护最严格的类别。

在建设国家公园体系时，美国也建立了其他几大类保护地。这包括国家野生动物保护区体系、国家景观保护体系、林务局管理的国家纪念地和原野地等。它们与国家公园体系一起构成美国联邦层面的保护地体系。

美国根据 1903 年 3 月 14 日的总统令建立了国家野生动物保护区体系的第一个保护区，只比第一个国家公园建立时间晚 31 年①。

林务局于 1906 年开始管理国家纪念地②，后来又增加了原野地。

国家景观保护体系的建设起步较晚，始于 20 世纪 80 年代，目前总面积达 130 000 平方千米，约占土地管理局管理的联邦土地的 10%③。

美国保护地体系如图 7-1 所示，其具有如下特点。

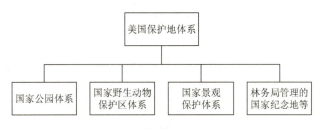

图 7-1　美国保护地体系

（1）保护地的各个体系内又进一步区分为不同类别：国家公园体系分为 18 个类别（参见 1.2.4 节，另说 20 个类别）；国家景观保护体系分为 10 个类别；林务局管理的保护地没有使用"体系"这一称谓，但也分为不同的类别。

（2）保护地的几个体系有共同的类别，如国家公园体系、国家野生动物保护区体系、国家景观保护体系、林务局管理的保护地内，都有原野地，大多也有"国家纪念地"。但同一类别在各个体系内的保护严格程度不同，如国家野生动物保护区体系、国家景观保护体系和林务局管理的原野地内，允许对野生动物和水禽进行运动狩猎，国家景观保护体系和林务局管理的原野地内还允许放牧；国家公园体系的原野地内则不允许这些活动，比其他保护地体系内的原野地保护更严格。

（3）虽然国家公园体系是最严格的保护地体系，但体系内各个类别的保护严格程度也不一样。例如，国家保护区内允许开展运动狩猎，狭义国家公园内则不允许。

（4）联邦建立的保护地，一处保护地只属于一个类别，没有多顶帽子，但"国际头衔"例外。例如，59 个狭义国家公园中，有 14 个被列入世界遗产地。

一处保护地由一个部门管理，没有多头管理现象（有少数保护地实行联合管理）。

7.1.2　新西兰

新西兰的保护地体系发展经历了三个阶段。

---

① *Short History of the Refuge System*。
② *National Monuments and the Forest Service*。
③ *National Landscape Conservation System*。

1. 起始阶段

这一阶段的标志性事件是国家公园的建立。新西兰的保护地体系发展始于国家公园建立，这与美国相似。

14世纪至20世纪初，新西兰出现了两次由人类活动导致的自然环境变化。第一次环境改变出现于14世纪至19世纪初的漫长时期，由波利尼西亚的毛利人造成。尽管当时毛利人的技术十分有限，且人口基数很小，估计约200 000人，但仍有大面积的森林被砍伐，自然栖息地遭到破坏，大量的本土动植物从此灭绝。第二次环境改变，则是由19世纪初期到来的以英国人为主的欧洲殖民者造成的。人类定居、农耕、渔业、开矿及森林采伐导致了更加显著的景观改变。在近150年的时间里，"开荒"和"发展"成为制度和文化上的主导范式。政府和公众逐步认识到本土森林和鸟类在消失，意识到本土自然的价值、对自然的归属感和自然景观的价值，并开始建立保护地和开展自然保护项目。

1887年，即美国建立黄石公园后的第15年，新西兰建立了其第一个、世界第四个国家公园——汤加里罗国家公园。国家公园由地方政府任命的公园委员会管理。公园委员会负责为国家公园制定政策和聘用员工。中央政府的土地与测绘部对公园委员会实施宽松监管，直至20世纪50年代晚期才成立了综合的国家公园局。

2. 各部门多头管理保护地阶段

从20世纪20年代起，政府各土地管理部门分别在其管理的土地上建立管理目标不同的保护地。新西兰林务局先建立了森林保护区，然后根据与美国林务局的多用途管理的相似理念又建立了森林公园。中央政府的土地与测绘部监管国家公园、风景保护区和其他类别的保护地，内政部野生动植物管理局负责管理各种权属土地内的（野生）鱼类、猎物、本土保护物种及不同类型的禁猎区，农渔业部及其前身海事处也建立了一些海洋保护区。

从20世纪50年代起，这些部门逐渐建立起自己的保护地管理单位，如国家公园局、林务局环境处、内政部野生动植物管理局。每个管理单位都是政府部门的内设单位或部门，而政府部门的职责范围比环境保护广，因此，环境保护的目标不可避免地被以发展为主导的和非环保优先的目标削弱。

3. 一个部门统管保护地阶段

从20世纪60年代起，新西兰（和整个国际社会）开始关注环境质量的恶化，越来越多的民众和非政府环保组织对环境恶化和保护地管理成效表示不满。最终，新西兰撤销了那些职能分散的土地管理机构，整合保护地建设与管理职能于一个部门，于1987年成立了保护部，接管自然保护方面的职责。

目前，新西兰保护地面积占国家陆地面积的33%及领海和专属经济区的15%。第二章介绍到，新西兰的保护地体系分为50类。分为多少类主要取决于采用什么样的分类标准，但分为50类太琐碎。这里将第二章与《新西兰的保护地》(*Protected areas of New Zealand*)所列主要保护地类别整合如下。

（1）国家公园；
（2）国家保护区；
（3）保护公园（1987年前称为森林公园）；
（4）自然保护区；
（5）科学保护区；
（6）风景保护区；
（7）历史保护区；
（8）海洋保护区；
（9）休闲（及其他）保护区；
（10）国际湿地；
（11）世界遗产地；
（12）其他。

新西兰的保护地体系有如下特点。

（1）一处保护地只属于一个类别，不戴多顶帽子或者有几个不同类别的名称。其中，国家公园13个，总面积为27 100平方千米，占保护地面积的25%，约占国土面积的10%。

（2）与美国的一些国家公园也有世界遗产地之类"国际头衔"的做法不同，新西兰的国际湿地、世界遗产地等是独立存在的、与其他保护地并列的类别。

（3）从多部门管理不同类别保护地到由一个部门管理整个保护地体系。

7.1.3 南非

南非最初的自然保护始于南部开普地区，主要是控制自然资源的开采方式。1656年，开普殖民地当局发布指令，规范开普的狩猎活动。开普南部的森林对英国海军价值重大，所以当局从1811年起就采取措施保护普莱特伯格湾（Plettenberg Bay）周围的森林。1886年，南非在开普地区建立了非洲第一个禁猎区。19世纪中叶，开普地区出现了一个非常活跃和有影响力的保护组织，关注狩猎及森林、土壤和草原的保护，也负责管理1886年建立的那个禁猎区。

19世纪，南非殖民者对南非实行系统化殖民，将南非土地划为欧洲殖民区和非洲社区两大类，并开始了保护地的划界，非洲黑人被挤压在较小的区域内。1913年和1936年制定的土地法将这种土地划分合法化，造成了占人口大多数的黑人只拥有南非总土地面积13%的局面。

南非联盟于1910年建立后，决定由组成联盟的4个省管理禁猎区和进行野生动物保护。早期保护人士史蒂文森·汉密尔顿游说当局将萨比（Sabie）和森德温兹（Singwidzi）禁猎区合并建立一个国家公园（即现在的克鲁格国家公园）。20世纪20年代，南非白人民族主义运动兴起，许多人把建立国家公园看作实现南非白人保罗·克鲁格的梦想，并用他的名字作为政治工具争取群众支持。1926年，国会最终通过了《国家公园法》，正式建立了南非第一个国家公园——克鲁格国家公园，并成立了南非国家公园的管理机构。

1994年，南非成为一个民主国家。自那时以来，南非的政治变革从根本上改变了保护地所有者和管理机构的态度，也开启了公园管理的新纪元。之前，社区被排除在环境保护之外。尽管目前依然存在一些遗留问题，但保护地管理正逐步创新。

到目前为止，南非共建立保护地1487处，总面积为389 455平方千米（其中海洋面积占近一半）。

南非保护地实行中央、省、市三级分级管理。其中，绝大部分保护地由中央各有关部门管理，只有约9%由省级管理，0.1%由市级管理。

南非保护地分为12类。一处保护地只属于一个类别。与新西兰一样，南非的生物圈保护区和世界遗产地等是实际存在的保护地类别，而不是叠加到其他类别保护地上的"国际称号或头衔"。

7.1.4 巴西

1500年，葡萄牙开始对巴西的殖民活动。殖民占领从东部沿海开始，在沿海地区大量种植用于制造印染织物染料的巴西树种，在东北地区种植甘蔗，在东南地区开采黄金和钻石，在南部地区养牛和生产薄片牛肉干及种植咖啡等。这些大规模开发活动严重影响了自然资源，几乎摧毁了整个大西洋沿岸森林。当时的首都里约热内卢周边地区森林的摧毁导致了该地的水源枯竭，引发了首都的供水危机。

有鉴于此，巴西大帝多姆·佩德罗二世（Dom Pedro II）不得不采取环境保护措施。1861年，他把迪居甲和帕内尔拉斯地区的森林列为保护林。当局征用了这些地方的农场和牧场，以促进植树造林和森林天然更新；并且聘请著名的法国景观设计师帮助将该地区建成一个拥有娱乐区、喷泉和湖泊的美丽公园。100年后，即1961年该公园被命名为里约热内卢国家公园，也就是今天的迪居甲国家公园。

美国黄石公园建立后不久，1876年，巴西工程师安德烈·瑞布卡斯（Andre Reboucas）提议建立巴西的国家公园。这一想法得到大力支持。在1921年为建立巴西林务局而颁布的法令中，明确提出要建立国家公园、州立公园和市立公园及国家公园的概念。不过，直到1937年，巴西才在阿根廷后建立了第一个国家公园——伊塔蒂亚亚国家公园（Itatiaia National Park）（阿根廷于1922年建立南美洲第一个国家公园）。国家公园是巴西最早的保护地类别，而且是早期多年间唯一的保护地类别。

与此同时，巴西也建立和发展了其他各类保护地。到目前为止，巴西已经建立了一个由1940处各类保护地组成的保护地体系，保护了1 551 196平方千米的土地，占国土面积的17%左右。

巴西保护地体系的特点如下。

（1）与南非相似，实行联邦、州、市三级分级管理。其中，联邦管理的保护地面积占国土面积的8.7%；州管理的保护地占国土面积的8.4%；市管理的保护地面积小，仅占国土面积的0.3%，且绝大多数为可持续利用保护地。

（2）保护地分为两大类11小类。两大类即严格保护地（或称综合保护地）及可持续利用保护地。其中，严格保护地占国土面积的6.1%，可持续利用保护地占国土面积的11%。

国家公园属于严格保护类,共 71 个,总面积为 252 978 平方千米,占保护地总面积的 16.3%,占国土面积的 2.97%,是巴西保护地体系中最大的类别。

(3)一处保护地只属于一个类别。

7.1.5 德国

德国于 19 世纪建立第一批保护地,它们大多是残余的小片原始林和未遭破坏的沼泽。在当时,保护地通常由私人建立,或者由非政府组织发起建立,然后成为国家行为。保护地由州和私人拥有和管理。在 20 世纪上半叶,德国的自然保护就是保护自然文化景观体系,如老式的传统草原景观、古老的森林和珍稀自然纪念地。

目前,德国的保护地体系由三大类 11 小类组成。在很多情况下,一处保护地被列入不同保护地类别,戴着多顶帽子,且按不同类别重复计算面积。这导致了保护地面积统计上的混乱。这种"分类"与其他案例国家完全不一样。

德国的保护地体系还有另一点与美国、新西兰、南非和巴西不同,国家公园是保护地体系的后来者,是在既有的保护地体系上发展起来的。德国虽然在 20 世纪初就开始讨论国家公园这一概念,但到了 1970 年才建立第一个国家公园——巴伐利亚森林国家公园。在之后的几年里,又逐步建立了一些国家公园,包括贝希特斯加登国家公园、瓦登海国家公园、4 个山毛榉森林公园、1 个河畔国家公园和几个波罗的海海岸的国家公园。

目前,德国共有 16 个国家公园。总面积为 10 478 平方千米,其中,陆地面积为 2145 平方千米,占德国陆地面积的 0.6%。

国家公园由各州建立与管理,联邦政府不建立、不直接管理(只制定宏观政策)、不投资。

7.1.6 俄罗斯

虽然在基辅罗斯时代(公元 882~1240 年),就在王子的出生地建立了保护区和禁猎区雏形的保护地,但俄罗斯现代保护地体系的发展始于 20 世纪初。当时的一些俄罗斯著名科学家提议:将原野地置于严格保护之下,只留给自然"独家利用"。他们也提议建立一个由分布于俄罗斯各地的严格保护区组成的保护地体系,整合小型保护区以保护国家的大型地理区。这是俄罗斯保护地体系发展的第一个概念框架。

1916 年,俄罗斯建立了第一个严格的国家自然保护区——贝加尔湖地区的巴鲁辛。100 年后,俄罗斯已经建成了一个由 13 000 处保护地组成的体系,总面积为 204.0 万平方千米(包括海洋面积),占国土面积的 11.94%。

俄罗斯保护地体系有以下特点。

(1)保护地体系包括国家级自然保护区、国家公园、自然公园、国家级自然庇护所、自然纪念地、林木园和植物园 6 个类别。有 10 处世界自然遗产地、44 个生物圈保护区、35 处国际重要湿地。与美国一样,这些保护地是叠加到其他类别保护地上的国际称号,而不是单独划设的保护地。

（2）保护地实行分级管理。国家自然保护区和国家公园全部都是国家级；自然庇护所、自然纪念地、林木园和植物园既有国家级，也有地区级和当地级。国家级保护地具国家重要性，由联邦行政机构管辖。地区级和当地级保护地具地区或当地重要性，由地区或当地的行政机构管辖。自然公园仅为地区级，由地区行政机构管辖。从保护地数量看，国家级保护地占保护地体系的比例很小，仅2%；从面积看，国家级保护地占保护地体系的23%。

（3）各类保护地的目标、法律地位和保护机构的地位是不一样的。国家自然保护区是最严格的保护类别，国家公园次之。

（4）俄罗斯于1983年开始建立国家公园。第一批建立了两个国家公园：索契和罗西尼奥斯特罗夫（也称麋鹿岛国家公园）。当时的背景和形势是俄罗斯已经建立了国家自然保护区和其他类别的保护地来保护重要的自然功能，但公众表达了开展环境教育的需求，具备了在保护的基础上开展规范的旅游和休闲的条件。至2016年初，共建立国家公园48个，总面积为13.9万平方千米，占保护地总面积的6.4%。

在建立国家公园之前，俄罗斯已经建立了自然公园这一保护地类别，该类别与国家公园相似，但它只是地区级别，且其面积太小而可以忽略不计。

7.1.7 各国保护地建设的原动力

案例国家建设保护地体系，都是为了实现资源保护与可持续利用之间的平衡，为了实现代际共享。具体而言，美国、新西兰、南非和巴西都是为应对殖民扩张对自然环境造成的损害和威胁。美国的西部大开发运动直接威胁西部独特、壮丽的景观和印第安文化，迫切需要开展自然保护。而新西兰、南非和巴西也是由于欧洲殖民者对当地自然资源的过度或不适当的利用，为发展单一作物的种植业大规模开垦土地、发展畜牧业和开矿等，产生了严重的环境问题乃至生态危机，如19世纪中叶巴西首都里约热内卢面临的供水危机。这些国家的有识之士（如果还不是广大民众的话）认识到自然保护的必要性和迫切性。因此，这些国家都在19世纪中叶开始了近代意义的自然保护。

德国和俄罗斯不是殖民地国家，但也面临环境压力，尤其是德国。德国在19世纪开始建立保护地，目的就是保护残存的小片原始林和尚未遭破坏的沼泽等自然景观。俄罗斯于20世纪初开始建立保护区，旨在把原野地置于严格保护之下。

目前，各个国家的保护地面积占国土面积的比例差异很大，在11.94%~33.0%。比例最高的是新西兰，保护地面积占国家陆地面积的33%及领海和专属经济区的15%。

国家公园是保护地体系中的一个类别。各国经历了不同的国家公园发展历程和格局：美国、新西兰、南非、巴西的国家公园与其他各类保护地同步发展，德国和俄罗斯是先有其他各类保护地，后来才建立国家公园。前一类国家的国家公园面积占国土面积的比例，新西兰最高，占10%，美国、南非和巴西在3%左右；后一类国家的国家公园面积占国土面积的比例较低，不到1%。表7-1为案例国家保护地。

表 7-1 案例国家保护地

案例国家	保护地数量/个	国家公园数量/个	保护地面积/平方千米	国家公园面积/平方千米	保护地占国土面积比例/%
美国	—	409（广义） 59（狭义）	—	340 000 210 821	—
新西兰	—	13	—	27 100	陆地面积的33%，领海和专属经济区的15%
南非	1 487	21	389 455 （含海洋）	39 755	—
巴西	1 940	71	1 551 196	252 978	17.2%
德国	—	16	—	2 145（陆地） 10 478（含海洋）	—
俄罗斯	13 000	50	1 955 000（陆地） 2 040 000 （含海洋）	141 000（陆地） 213 000 （含海洋）	11.3%

7.2 国家公园的理念和建设目标

国家公园的理念涉及国家公园的定义和标准，可以回答为什么建立国家公园、国家公园为谁建立、怎样建立和管理等问题。

7.2.1 美国

在黄石国家公园诞生时，"建设者"并未给出一个规范的国家公园的定义。1916年颁布的《国家公园管理局组织法》也没有提供规范的国家公园定义。作为《国家公园管理局组织法》的修正案，《国家公园体系一般授权法》（1970年版）郑重表明："国家公园体系内的各个区域共同构成国家遗产的统一象征"，任何拟新建的国家公园的资源价值应当有助于拓展和增强整个体系。必须注意的是，这里的资源价值包括自然和文化，不仅仅是自然资源。《国家公园管理局管理政策手册》（2006年版）将国家公园简单地定义为"由国家公园管理局管理的、作为国家公园体系组成部分的数百个陆地和水体区域中的任何一个"。

虽然规范定义缺位（至少在前期很长一段时间内），但美国制定了明确的国家公园标准。标准共四条，而且只有同时符合，才能建为国家公园。

（1）该区域确有国家重要性；

（2）该区域的资源和价值尚未被已建立的国家公园涵盖，适于国家公园管理局管理；

（3）该区域的面积大小和条件足以确保其承载的资源和价值可被充分保护和认知，国家公园管理局能够管理该区域；

（4）该区域尚未得到任何机构的充分管理和保护，必须由国家公园管理局进行直接管理。

那么，国家重要性的标准是什么，谁来认定某个区域是否具有国家重要性？国家公园管理局的相关专业人员与本行业的专家、学者和科学家根据标准相互磋商后决定。某区域是否具有国家重要性，也有四条需同时满足的标准。

（1）该区域是某类资源的杰出范例；
（2）该区域具有阐释和了解美国自然和文化遗产的突出价值和品质；
（3）该区域为公众休闲、利用和欣赏及科学研究提供极好的机会；
（4）该区域保持了高度完整性，是真实、准确且未受破坏的资源范例。

《国家公园管理局组织法》明确要求国家公园管理局"以不受损害的方式和手段，保护每个国家公园的风景、自然和历史纪念物，让当代及子孙后代享受它们"。修订后的《国家公园体系一般授权法》重申了这一使命。《国家公园管理局管理政策手册》（2006年版）对这一法定表述做出了更明晰的解释并申明，在特定区域或资源的特定利用中发生保护和利用矛盾时，保护优先于利用。这一特定表述通常被称作双重使命——国家公园资源和价值的保护和合理利用。

7.2.2 新西兰

国家公园代表着新西兰自然景观和地域的"宝中瑰宝"。1980年颁布的《国家公园法》确定了国家公园标准："永久保护新西兰那些有独特自然美景的区域和生态系统，以及那些罕见、壮丽或具有重要科学价值而应由国家加以保护的自然特征，保护其内在价值和其对公众的益处、利用价值及游憩价值"。《国家公园法》强调了自然保护、公众游憩和国家利益等关键要素。

国家公园一般性政策提供了关于新建公园的选择标准及确定边界的标准。

1. 选择标准

候选区应相对大，最好达上万公顷且完整连片，通常应该是具国家重要性的自然风景、生态系统或自然特征。将优先考虑符合下列一项或多项条件的自然区域。

（1）区内遭干扰的区域可修复或恢复；
（2）区内资源具重要的历史、文化、考古或科学价值；
（3）区内资源在其他国家公园没有，而且独特或具重要科学价值而应当建园保护。

2. 确定边界的标准

（1）国家公园内的生态系统应足以抵御周边土地上的变化可能产生的环境压力；
（2）周边土地的使用不会对公园的价值造成破坏性影响或根本性改变；
（3）国家公园内的景观单元应当是完整的；
（4）在保护公园价值的前提下，公园能够尽可能对公众开放；

(5) 公园应尽可能以易于辨识的山脊线和溪流等地理特征为界。

《国家公园法》也确定了建立国家公园的首要目的,那就是保护自然及历史/文化遗址,保护优先于其他利用。在保证首要目的的前提下,鼓励公众使用和享受国家公园的资源。这与美国建立国家公园的目的一致。

7.2.3 南非

南非国家公园管理局的愿景是建立一个与社会相衔接的可持续国家公园体系,该体系包含南非本土野生动植物、植被、景观和相关文化资产。国家公园局发展了一套其公开承诺的保护准则。

(1) 尊重每个国家公园和自然景观的社会生态系统的复杂性、丰富性和多样性。

(2) 尊重构成要素的相互依存性,尊重相关联的生物和景观的多样性,尊重美学、文化、教育和精神属性,并利用其实现创造性和有用的学习。

(3) 努力维系生态系统的自然过程及文化遗产的独特性、原真性和价值,使这些系统及其要素具有适应力和持续存在。

(4) 基于管辖权进行国家公园体系管理,认识并影响其所在的社会生态环境。

(5) 努力维持健康的生态系统和文化产品与服务(特别是保护文化产品),进而提升人们在国家公园里的享受及其他福祉。

(6) 必要时,以负责任和可持续的方式进行干预,尽可能让自然(演替)过程得以完成。

(7) 在认可自然系统逐渐变化的同时,以为后代保留各种可能的选择方式,坚持上述准则。

上述保护准则表明:与美国、新西兰和其他国家一样,南非的国家公园定位也是在保护的前提下,让公众享受国家公园的资源,即生态系统服务功能、文化产品和服务。上述保护准则也表明:国家公园既保护自然资源和景观,也保护文化遗产。

7.2.4 巴西

巴西最早的国家公园理念体现在为成立林务局而制定的法律中(林务局于1921年成立),那时尚未建立国家公园,仍处在讨论国家公园理念及相关内容的阶段。该理念的核心就是公园的保护优先于休闲利用。这一原则仍然体现于今天的保护地和国家公园立法中。

1979年,巴西制定了《巴西国家公园条例》。该条例采纳IUCN第10次大会通过的国家公园概念,制定了国家公园规划、建立和利用的规则。虽然该条例现已被《巴西保护地体系法》取代,但其核心内容在《巴西保护地体系法》中得以保留。

巴西建立国家公园的主要目的,是保护有重要生态相关性和风景优美的自然生态系统,同时进行科学研究、环境解说和教育活动、自然休闲和生态旅游。科学研究和公众游览都要受公园管理规划及公园管理机构颁布的规章制度的管控。

7.2.5 德国

德国认为，国家公园是自然界的珍宝，是国家自然遗产的组成部分。国家公园是以法律约束力划定、以一致的方式加以保护的区域；区域面积大，基本上不破碎化，有特色；区域内大部分地段满足作为自然保护区的条件；区域内大部分地段未遭受人为干扰，或只受到有限的影响，能够确保自然演替过程不受干扰，在一定时间（通常为30年以上）内达到近自然的状态。

德国制定了国家公园标准和指标。该标准和指标涵盖国家公园建设与管理的10个领域，包括基本框架（法律、规划原则、产权等）、管理机构、国家公园管理、监测与研究等。

建立国家公园，主要是为了保护国家公园内的自然过程免受干扰，保护生态系统的生物多样性。在满足保护的前提下，国家公园也服务于环境观察、自然史教育、公众自然体验等，但大力防止农业、林业、水利、狩猎、捕鱼等自然资源开发，或者只能在遵守自然保护部门的严格规定的前提下开发利用。

7.2.6 俄罗斯

俄罗斯1983年才建立第一批国家公园，国家公园是其自然保护的新形式。

俄罗斯的国家公园是"联邦的财产，是具国家重要性及特殊的生态、历史和美学价值，用于环境、教育、科学、文化、规范的旅游等目的的自然复合体和区域"。

建设国家公园，旨在保护独特的自然复合体及具有历史和文化意义的区域，同时又为人民提供游览公园、发现自然和历史文化景点、观赏风景秀丽的景观的机会。

国家公园的主要目标如下。

（1）保护自然复合体、独特和典型的自然景点和财产；
（2）保护文化遗产；
（3）开展环境教育；
（4）建设开展规范的旅游和休闲所需的设施；
（5）开发和引进自然保护和环境教育的科学方法；
（6）开展国家环境监测；
（7）恢复遭到破坏的自然、历史和文化复合体及其属性。

第 8 章　各国国家公园的法律基础与管理机构

8.1　各国的国家公园法律体系

8.1.1　美国

美国是世界上第一个建立国家公园的国家，通过 100 多年的发展，目前已经建立起一套较为完整的国家公园法律①体系。美国的国家公园法律体系由基本法、各国家公园授权法、单行法、部门规章、其他相关的联邦法律 5 部分组成。

（1）基本法。1916 年颁布的《国家公园管理局组织法》明确规定了国家公园管理局的使命和基本职责及国家公园的管理，适用于国家公园体系内的所有区域。20 世纪 60 年代，公众要求扩大国家公园对公众的开放程度，公众的要求得到了当时的联邦政府、国家公园管理局局长的支持。但这也给国家公园管理局的使命提出了法律挑战。因此，国会于 1970 年制定了《国家公园体系一般授权法》，用于补充和阐释《国家公园管理局组织法》。1979 年修订了 1970 年版的《国家公园体系一般授权法》，以应对新的挑战。1998 年国会制定了《国家公园综合管理法》。该法包括国家公园管理局员工的职业发展和培训、国家公园资源编目和管理、特许经营的管理、国家公园基金等内容，再次补充或细化了有关的法律规定。

（2）各国家公园授权法。国会批准建立单个国家公园的立法文件（即"一园一法"）。由于是为每个国家公园单独立法，立法内容颇具针对性。这类文件要么是国会的成文法，要么是总统的行政令。国会的成文法用于宣布除国家纪念地之外的各类国家公园的建立。总统行政令仅用于宣布国家纪念地的设立，它是基于《文物法》（1906 年版）赋予总统的权力。2016 年 8 月 26 日，奥巴马总统就利用该法赋予的权力，宣布扩大帕帕哈瑙莫夸基亚国家海洋保护区，扩大后的保护区面积为 150 万平方千米，成为世界最大的保护区②。成文法和总统的行政令明确规定该国家公园的重要性、建设目的、边界及其他适用于该国家公园的内容。

（3）单行法。国会还制定了许多关于国家公园的单行法，如《联邦陆地休闲改善法》《国家步行道系统法》《自然和景观河流法》《原野保护法》《特许经营管理法》等。

（4）部门规章。基本法、各国家公园授权法、单行法只规定了能与否的问题，但不涉及怎么做的问题。为了有效地管理国家公园，国家公园管理局依据《国家公园管理局组织法》的授权，制定了很多部门规章，如《国家公园管理局管理政策》（2006 年版）、

---

① 根据案例国家的立法及法律范畴，这里采用《辞海》对"法律"的宽泛定义："泛指法律、法令、条例、规则、决定、命令等。"

② Fact Sheet: President Obama to Create the World's Largest Marine Protected Area，引自美国鱼与野生动物局网站。

《局长政策指南》（1969年版）等。部门规章规范和细化了基本法、各国家公园授权法和单行法的相关内容，同样具有法律效力。

（5）其他相关的联邦法律。很多联邦法律也与国家公园管理直接有关，如《国家环境政策法》（1970年版）、《清洁空气法》、《阿拉斯加国家利益土地保护法》（1980年版）、《考古资源保护法》、《国家历史保护法》、《国家公园领空法》等。这些法律提供了管理国家公园的法律依据和解决公园边界内外纠纷的工具。例如，根据《阿拉斯加土地法》在阿拉斯加新建了10个公园和扩大了3个原有公园，使美国国家公园体系的面积翻了一番。该法规定：仍然以狩猎为生的阿拉斯加人可以在新建立的公园内开展生存狩猎活动。这些国家公园中，有些其实是保留地（preserves）和狭义国家公园组成的"复合体"，保留地内允许开展运动狩猎活动。《国家环境政策法》（1970年版）强调国家公园建立过程必须是参与性的。

8.1.2　新西兰

新西兰非常重视保护地立法，走的是注重立法和严格执法并行的自然保护之路。到目前为止，已经制定了《国家公园法》、《野生动物法》（1953年版）、《海洋保护区法》（1971年版）、《保护区法》（1977年版）、《海洋哺乳动物保护法》（1979年版）、《保护法》（1987年版）、《资源管理法》（1991年版）等保护地建设与管理法律法规。其中，国家公园用《国家公园法》进行管理，其他各类保护地分别按《野生动物法》（1953年版）、《保护区法》（1977年版）、《海洋保护区法》（1971年版）、《海洋哺乳动物保护法》（1979年版）进行管理。《保护法》是上位法，涵盖全面，规定了所有公共保护地的人类活动都必须严格遵循自然保护优先的原则，位阶高于《国家公园法》、《野生动物法》（1953年版）、《海洋保护区法》（1971年版）、《保护区法》（1977年版）等。

国家公园法律主要包括《国家公园法》《保护法》《国家公园法一般性政策》及法定的保护管理战略和规划等。此外，还有如政府一般性政策和保护部部长令等的非法定政策文件。

（1）《国家公园法》于1952年制定，是最早制定的保护地法律。1980年废止了1952年的《国家公园法》，颁布了新的《国家公园法》。但新法在废止1952年《国家公园法》时，几乎全部保留了该法中有关新西兰国家公园的目标和管理准则。新法包括建设国家公园的目的、土地权属、管理准则、管理要求等内容。

如前所述，《保护法》是保护地的根本大法，其位阶高于所有的其他保护地法规，包括《国家公园法》。

（2）《国家公园法一般性政策》。国家公园和保护地的适用政策分法定政策和非法定政策两大类。这两类政策均需遵循《国家公园法》的规定，但法定政策是依法强制执行的。目前使用的国家公园法定政策是2006年完善后的《国家公园法一般性政策》，是国家公园建设和管理必须遵循的法定政策。

《国家公园法一般性政策》需经公众代表组织、新西兰保护组织批准制定。其制定过程包括三个阶段：首先，保护部经与新西兰保护组织磋商后，起草国家公园法一般性政策，并公示政策草案以征求公众意见。保护部必须考虑所有公众意见，提出处理方式，以及对草案所做的修改和原因作出说明。其次，新西兰保护组织需研究和评估保护部修改政策草案时采纳公众意见的情况和程度,并根据公众意见及保护部的反馈对政策草案做进一步修改。最后,新西兰保护组织需征求并斟酌保护部部长的意见。这一规定虽是强制性的,但对保护部部长的意见,新西兰保护组织不受束缚,但也需公开回应和阐明理由(参见图2-5)。

(3) 法定保护管理战略和管理规划。国家公园的管理还应遵守保护管理战略和规划,它们是与一般性法定政策相符的具体政策和规定(参见图2-5)。而其他类别保护地的保护管理规划都不是法定规划。

国家公园内的任何商业运营项目,无论是由保护部、公众还是法定准许,均需遵守这些法定政策和具体政策与规定。

如前所述,除法定政策外,还有非法定政策,即政府一般性政策、保护部部长令、保护部领导批准的规范本部门运作和资源利用的部门政策、规程及计划。这与美国将部门规章也视为法律体系的一部分是不同的。非法定政策必须与法定政策相一致。

8.1.3 南非

南非的政权等级分中央、省、市三级,各级都有立法权。但对各级行使立法权的领域有严格限制。就环境保护而言,有些领域的立法权在中央,一些领域则中央和地方都有立法权(表8-1)。在中央和地方都有立法权的领域,当出现国家法律与地方法律的条款相抵触的情况时,以及当国家利益受到威胁或地方法律不能有效地管理和解决问题时,国家法律优先于地方法律。

表8-1 不同领域的立法权

中央和地方都有立法权的领域	立法权在中央的领域
当地森林管理	国家公园
环境	国家植物园
自然保护 (即指省级保护地和保护地外围的管护)	海洋资源
土壤保持	

从1970年以来,南非陆续制定了多部法律,用于规范各类保护地的建设与管理。其中,1970年制定的《山区集水区法》用于建立和保护山脉集水区(其中包括公共和私有土地);1976年制定的《国家公园法》用于规范国家公园的建设和管理;1998年制定的《海洋生物资源法》中包含一个条款,规定划设海洋保护区以管控海洋资源的利用;1998年通过的《国家森林法》用于建立各种类型的国家森林,包括"特别保护区"、森林自然保护区和森林荒野地;1999年通过的《世界遗产公约法》用于建立和保护世界遗产地。

《保护地法》于2003年颁布,并于2004年和2009年分别进行修订,旨在建立一个统一的保护地管理体系,赋予中央政府和省政府建立各类保护地和成立保护地管理机构的权力。

南非保护地法律体系的框架及形成过程与新西兰极为相似,先分别为各类保护地立法,再制定一部综合的《保护地法》。

国家公园依据《国家公园法》和《保护地法》第 20 条进行管理。

8.1.4 巴西

1988 年之前，环境领域立法权专属联邦议会。1988 年制定的现行宪法赋予州、市环境立法权，并规定联邦制定通则，州、市制定具体规则。在实际工作中，州、市制定的保护地法律，都是遵照联邦法律，只是根据地方的实际情况做一些小幅调整。

现行宪法首次专设一章关于环境（包括保护地）的内容，明确提出，所有巴西公民享有生态平衡的环境之权利，把保护地定义为满足公民环境权利的必要条件之一。现行宪法要求在制定环境领域的法律时，确保为现行标准及新法律议案和程序提供法律支持，同时规定：调整保护地边界或撤销保护地，需要国会颁布法律予以批准以限制对保护地的随意调整。

在现行宪法颁布后，巴西于 1989 年起草并开始讨论《巴西保护地体系法》，并于 1992 年将其提交国会讨论。《巴西保护地体系法》于 2000 年通过并施行，旨在统一和协调各种保护地法规。该法规定：

（1）确保领土和专属水域中不同种群、栖息地、生态系统的代表（区域）都得到保护；

（2）确保国家保护地政策制定过程的社会参与；确保当地社区在保护地的建立和管理过程中的有效参与；

（3）寻求确保保护地的经济可持续性；寻求将保护地与周边土地和水域的管理政策相结合；

（4）为因建立保护区而受影响的人民提供相应的替代生计或为其失去的资源提供公平补偿；

（5）为实现保护地的保护目标寻求多种资源；

（6）使用最适合保护大面积区域的法律和行政手段。

巴西曾于 1979 年制定《巴西国家公园条例》，采纳 IUCN 国家公园概念，制定了关于国家公园规划、建立和利用的规则。该条例现已被《巴西保护地体系法》取代，但国家公园规划、建立和利用的原则等内容得以保留。

巴西没有制定国家公园法，而是根据《巴西保护地体系法》建设与管理国家公园。

8.1.5 德国

联邦、州和区三级都有立法权。

德国第一部《国家自然保护法》于 1934 年制定。1977 年 1 月，德国颁布了《联邦自然保护法》，并于 2009 年进行了修订。《联邦自然保护法》是基本法，成为各州自然保护法律的框架，而每个州议会都据此制定了各自的自然保护法。这套立法体系目前仍然在使用。《联邦自然保护法》列出了保护地的类别、保护目的、保护地内的禁止和限制事项，以及建立新保护地的规则。德国大多数保护地的法律由州议会制定，而有些保护地的法律甚至由各州的区级议会制定。

《联邦自然保护法》第 24 条是关于国家公园的条款,相应地,各州的自然保护法也有这一国家公园条款。

州议会颁布建立每个国家公园的法律文件(一区一法),相当于美国国家公园"授权法"。

8.1.6 俄罗斯

俄罗斯规范国家公园建设与保护的法律体系包括三部分。

1. 基本法

基本法是指规范保护地建立和营运的联邦法律和其他规范性法律。这类法律法规适用于国家公园,类别较多,包括如下。

(1)《联邦自然保护地法》,是规范保护地建立和管理的基本法,涵盖保护地的所有主要内容。根据这一基本法,又颁布了许多法。涉及国家公园的内容包括建立国家公园特别保护制度的法律、公园内禁止的活动名录、功能区名录、国家公园建立程序等。

(2)民法,主要是指《俄罗斯联邦民法典》,规范保护地内的土地利用和保护关系。

(3)土地法(《俄罗斯联邦土地法典》、《俄罗斯联邦不动产国家地籍法》和其他土地法),规范土地关系,包括国家公园内的土地利用事宜、国家公园土地地籍登记、给公园员工提供无偿使用的土地等。

(4)森林法(《俄罗斯联邦森林法典》等),规范国家公园内森林资源的利用并确定负责国家森林监督的官员权力等事宜。

(5)水法(《俄罗斯联邦水资源法典》),规范与国家公园的水资源利用有关的事宜。

(6)《联邦环境保护法》《联邦渔业和水生生物资源保护法》《联邦野生动物法》,它们用于规范国家公园内的自然复合体和地段、动植物和栖息地的保护。

(7)《联邦文化遗产法》规范国家公园内的历史和文化纪念地保护。

(8)行政法(《俄罗斯联邦行政违法法典》),其中规定了对违反国家公园保护制度的行政责任和其他行政责任。

(9)刑法(《俄罗斯联邦刑法典》),规定了违反保护地制度的刑法责任,修订后的刑法典大幅增加了巡视国家公园的国家督察员的权力,也提高了保护地的管理成效。

2. 战略规划文件

战略规划文件是指根据《联邦自然保护地法》制定的法律文件,以及关于自然保护的总统令和政府行政令,以确保国家级保护地(包括国家公园)的发展和融资。这类法律文件数量不少,如《2012~2020 年国家环境保护项目》等。

3. 关于国家公园的政府行政令和部门规章

俄罗斯没有制定国家公园法,主要依据《联邦自然保护地法》等一系列基本法及下列政府行政令和部门规章来建设和管理国家公园。

（1）俄罗斯联邦政府关于建立国家公园的行政令，确认建立国家公园的目的和具体目标。

（2）俄罗斯联邦政府关于建立国家公园管理处的行政令。

（3）俄罗斯联邦政府关于俄罗斯联邦国家公园规章的行政令。

（4）联邦自然资源和环境部批准、司法部注册的单个国家公园的《国家公园规章》，确认公园的总目标和具体目标、分区区划（国家公园所有功能区一览表）、公园内禁止的活动一览表、各个分区内的禁止活动。

（5）联邦自然资源和环境部批准的每个国家公园管理处的章程，规定该国家公园管理处的全部活动、服务目录表。国家公园通常按章程为公众提供有偿服务。

（6）联邦注册局地区办事处颁发的国家公园土地长期使用权证。

8.2 国家公园管理机构

本节梳理案例国家的国家公园管理机构，重点介绍管理机构的设置和运行机制，包括国家公园管理机构在行政机关中所处的地位和关系、其机构设置及内设部门或工作团队构成等。

把国家公园从保护地体系中独立出来观察，可能得出很片面的的结论。基于这一考虑，本节在保护地框架范围内梳理国家公园的管理机构。

8.2.1 美国

美国的各类保护地分别由国家公园管理局、鱼与野生动物管理局、土地管理局和林务局管理。

内政部国家公园管理局管理国家公园体系。国家公园管理局局长的直接上级为分管鱼与野生动物及公园的内政部部长助理，该部长助理向内政部部长负责。这三个职务的出任者需由总统提名，由美国参议院确认通过。美国相关法律规定，只有具丰富公园管理经验的人，才有资格被提名为国家公园管理局局长的人选。

国家公园管理局实行国家公园管理局、地区分局和公园三级垂直管理体系。该管理局设局长一名、副局长两名、处长和局长助理10余名，处长和局长助理各自负责一个方面的工作，如自然资源管理与研究、环境解说/教育与志愿者管理、游客与资源保护等。当然也有政策办公室、国际事务办公室等内设部门。

在总局的领导下，设跨州的7个地区分局作为国家公园管理局的地区管理机构，以州界为标准划分具体的管理范围。各地区分局设局长一名，地区分局局长对国家公园管理局局长负责。

各地区分局管理各自辖区内的全部国家公园。

8.2.2 新西兰

新西兰于1987年制定了《保护法》，为国家公园和其他类别保护地的管理方式引入了新的思路——将所有公共保护地作为一个统一的整体进行管理。相应地，把原分属林业、野生动物保护和土地管理等部门的保护职能集中，于 1987 年成立了综合性和唯一的保护部门——保护部。此举旨在将之前分散的、存在利益冲突的核心部门中的专业经验整合在一起，以此提高效率，避免优先权竞争，使部门在单一目标导向下运作，避免与社会和经济发展的竞争，排除内耗。

《保护法》第 6 章明确地规定了保护部的功能，确定保护部应在部长的统一指导下执行其职能，所有的指导都必须合规法，不可违背保护部的基本职能原则或自然保护地相关法律。保护部部长将具体决策交予保护部总干事执行，负责运营的副总干事则带领大区业务总监、基层办公室业务经理和工作人员执行具体任务。

新西兰保护地实行扁平化的垂直管理。保护部拥有约 1600 名正式员工，夏季时会攀升至 2300 人左右，这还不包括庞大的志愿者队伍。总部设立于首都惠灵顿，以保证保护部高层领导可与部长及政府行政机关保持密切联系。保护部内成立六个业务团队（不称部门），即执行团队、公关团队、战略与创新团队、科学与政策团队、企业服务团队和毛利人事务与关系团队，其中，最庞大的团队是执行团队。这些团队的高层管理人员都在保护部总部。保护部的技术与科学人员通常集中在三个与基层较近的支持办公室内。保护部在新西兰各地设有将近 70 个地方办公室，其中，北部岛屿共有 33 个，南部岛屿共有 30 个，还有一些设立于海域的办事处。

此外，新西兰强调公众参与自然保护，因此，其管理架构中还有一条与上述政府管理并行的非政府管理架构。在中央层面是新西兰保护组织，在大区层面是地区保护委员会（Regional Conservation Board）。

8.2.3 南非

国家级保护地由政府内阁各有关部门管理，省级保护地由省行政委员会（省级行政机关）管理。相应地，单个国家级保护地的管理机构由内阁有关部门批准组建，单个省级保护地管理机构由省行政委员会批准组建。

南非的国家公园管理机构为南非国家公园局，南非国家公园局是独立的核算单位。南非国家公园局受南非环境事务部部长直接领导，对部长负责。部长监督南非国家公园局的绩效，决定相关规范和标准，发布指令，确保国家公园收费合理，并确认新的国家公园用地或现有公园用地的增加。此外，如果南非国家公园局委员会不能有效地行使职能时，部长需要介入。实质上，部长行使南非国家公园局股东的职责，代表了政府作为所有权人的利益。

南非国家公园局需向南非环境事务部提交季度报告，以便后者可以有效地监督其绩效和规划。

财政部对南非国家公园局行使财务监管。

南非国家公园局委员会向议会提交年度报告。议会公共账户常务委员会审核南非国家公园局的年度财务报表和审计报告，并传唤南非国家公园局员工对任何异常做出解释。议会环境事务投资委员会审查南非国家公园局的服务绩效和非财务信息。

南非国家公园局由委员会管理。委员会由部长直接任命的 11~14 名成员组成，是所有管理机构中最大的委员会，负责南非公园管理局的绩效管理，确保南非公园管理局遵守所有的适用法律法规；制定重要决策授权框架和清晰的决策授权范围，并确保财务报表的完备和行使金融监管职责。委员会也负责对首席执行官、高级管理人员、委员会主席及委员会自身的绩效进行评估。

8.2.4 巴西

巴西保护地的管理一直处于调整变化中。1962年前，国家（联邦）级保护地（包括国家公园）由林务局管理。1962年，林务局被撤销，并入农业部。1967年成立农业部林业发展局（Brazilian Institute for Forest Development，IBFD），该局内设一个部门管理国家公园和其他各类保护地。1973年起巴西保护地管理经历了10多年混乱动荡的时期，1973年成立内务部环境特别秘书处，其初衷是处理其他部门不管的环境问题，如污染和城市环境。但该机构也开始建立保护地，与林业发展局竞争，且矛盾日益加剧。最后，政府于1989年整合林业发展局、环境特别秘书处、渔业署、天然橡胶生产局等，组建了统一的环境管理机构——内务部巴西环境与再生自然资源局管理联邦的保护地和自然资源。环境部成立后，该局从内务部划归环境部，并成为巴西最被认可和推崇的公共机构之一。

然而，2007年又在环境部内成立了奇科·蒙德斯生物多样性保护研究院，取代环境与再生自然资源局管理保护地。但环境与再生自然资源局也仍然在保护地管理中发挥一定作用，因为该局有执法权。奇科·蒙德斯生物多样性保护研究院除了作为国家保护地政策的执行机构，还具有以下职责。

（1）执行再生自然资源可持续利用政策，支持传统人群对联邦政府建立的自然保护地的可持续利用；

（2）鼓励和实施研究、保护、保存生物多样性的项目及环境教育项目；

（3）行使保护国家级保护地的环保警察权力；

（4）与其他相关机构和部门对接，提升和实施保护地内的休闲、公众利用和生态旅游项目（在允许开展这些项目的区域内）。

奇科·蒙德斯生物多样性保护研究院的组织结构与美国国家公园管理局相似，内设四个部门：保护地建立和管理处，规划、行政和后勤处，社会环境行动处，生物多样性监测评估和研究处，并设立11个区域办公室、15个保护与研究中心。

8.2.5 德国

德国宪法规定，自然保护工作由联邦政府与州政府共同负责，联邦政府制定宏观政策、相关法规和框架性规定，州政府负责自然保护工作的具体开展和执行。

国家公园的建立、管理机构的设置、管理目标的制定等一系列事务都由州政府决定，由州环境部管理。

每个国家公园的管理机构（国家公园管理处）是州行政机关的一部分，直接对州环境部负责[①]。例如,克勒瓦埃德森国家公园管理机构有员工38人,设主管和助理主管各1名,设行政管理部、发展管理部、自然保护和科研部、休闲游憩部四个部门,主管、助理主管和四个部门的部长组成管理委员会[②]。

8.2.6 俄罗斯

自建立国家公园以来,俄罗斯的国家公园管理机构经历了几次改变:

1983~2000年,几乎全部国家公园都由联邦林务局管理,只有罗西尼奥斯特罗夫(麋鹿岛)国家公园由莫斯科市管辖。

2000年,国家自然资源管理机构改革,国家公园划转联邦自然资源部管辖。

2004年,政府机构再次重组,新成立负有自然资源管理的监督和控制责任的联邦自然资源监管局。国家公园和所有其他国家级保护地被从联邦自然资源部划转给联邦自然资源管理监督局。

2007年政府机构又再次重组,把联邦自然资源部变为联邦自然资源与环境部,并赋予该部管理保护地的职责,把国家级公园和所有其他国家级保护地都划转该部管辖。

目前,该部是负责保护地政策和法规的联邦执行机构。而联邦自然资源管理监督局则肩负监督和控制责任。

每个国家公园和国家级保护地都成立管理处,也有一个管理处管理几个国家级保护地的情况,但这种情况较少。

国家公园管理处对联邦自然资源与环境部负责。

8.3 国家公园和其他保护地的建立和撤销

8.3.1 国家公园和其他保护地的建立

国家公园的建立涉及两个重要方面,一是国家公园的标准,二是建立程序。1.2节已经归纳了案例国家的国家公园概念和标准,本节重点综述案例国家建立国家公园的程序。

1. 美国

在国家公园体系发展初期,最常用的方法是国家公园管理局先评估关键区域,寻求公众支持,然后把建设国家公园的提案呈送总统和/或国会,请求批准。公众对建立新公园的支持至关重要,公众支持通常来自两个方面,一是当地的个人或非营利组织,二是某个全国性保护组织。当全国性保护组织和地方组织共同支持新建某一国家公园时,提案最有可能通过。

[①] 另一种说法是德国的国家管理机构为州环境部、地区国家公园办事处、县市国家公园管理办公室三级。来自《国家公园体制比较研究:德国国家公园体制》。

[②] 谢屹,李小勇,温亚利. 2008. 德国国家公园建立和管理工作探析——以黑森州科勒瓦爱德森国家公园为例. 世界林业研究,21(1):72-75.

任何人都可以提名国家公园候选地。但为了控制国家公园体系的扩张，国会于1988年制定了一部新法律。该法要求：任何国家公园候选地需先获得国会批准，由国会授权国家公园管理局对其开展资源专项调查，以确定该区域是否具国家重要性及是否适于和能够由国家公园管理局进行管理。只有在收到资源专项调查报告并确认了该候选地的资格之后，国会才会通过新法律，批准该公园的建立。

还有一种情况，目前国家公园管理局管理的许多公园，尤其是在美国西部各州的国家公园，原来是林务局和土地管理局管理的土地，后来由国会或总统划给国家公园管理局管理。例如，红杉、国王峡谷、奥林匹克、优胜美地、雷尔尼山、北瀑布和冰川等国家公园，原来是林务局管理的土地。约书亚树国家公园、死亡谷国家公园等原来是土地管理局管理的土地。各土地管理机构的管理目标是不同的。因此，每次这样的划转，都要确立新的保护目标，即把原来的管理目标重新确立为国家公园的目标。

2. 新西兰

新西兰保护组织要求保护部总干事进行新建国家公园的可行性研究，并在评估总干事的报告之后，向保护部部长提出建议。保护部部长再与其他主要部长（旅游部、毛利事务部、能源部）进行正式磋商，之后对保护组织的建议作出否决、需修改或批准的决定。即保护部部长只能对新西兰保护组织提出的建议进行决策。如果保护部部长批准保护组织关于建立新国家公园的建议，由总督签署命令，命令需在新西兰公报上发布。

3. 南非

中央政府有关部的部长、省行政委员会有关部长、私有土地的所有者都可以发起建立新保护地的过程。建立新保护地的过程必须有公众参与。如果是在私有土地上建立新保护地，需由其所有者签署同意建立保护地的书面协议。所有新保护地的建立都需由中央政府有关部的部长正式宣布（自然保护区除外），自然保护区的建立由省行政委员会的有关部长宣布。

4. 巴西

根据法律，建立国家公园和其他保护地的过程，必须包括技术研究和公众咨询。为了支持保护地候选地的选择，政府举办了许多研讨会并开展研究，识别保护优先区和确定保护与可持续利用行动，并制定保护优先区图。不过，这些研究结果只作为选择新保护地的参考，并没有约束力。公众咨询的目的是让当地人和其他利益相关者知道建立保护区的打算，以及更好地确定保护地位置、面积和边界的信息。建立生物保护区和生态站不需要进行公众咨询。

政府、学术界、各种机构、非政府组织、社区、公民都可以提出建立新保护地的建议。建立采掘保护区和可持续发展保护区的建议由有关社区提出；建立私人保护区，由地主提出建议并准备和提交所需的全部文件。

根据法律，保护地的建立由总统或国会批准，不过实际上国会几乎没有行使过这项权力。

5. 德国

各种保护地的建立,由州环境部(部长)与联邦环境部部长、联邦交通与信息基础设施部部长协商同意后,由州议会批准。

6. 俄罗斯

联邦政府根据联邦自然邦资源和环境部的提议,作出关于建立国家级保护地的决定。扩大现有国家级保护地的面积也按此程序办理。

8.3.2 国家公园和其他保护地的撤销

总体而言,案例国家关于撤销国家公园和其他保护地或调整边界或类别的规定,都十分严格。除俄罗斯没有制定关于撤销国家公园的法律规定,其他 5 个案例国家要撤销国家公园和其他保护地,都需国会批准。

(1)美国。除名某个国家公园的议案需由国会两院大多数表决通过,由总统签署方能生效。但在 100 多年的国家公园发展历程中,几乎没有国家公园被除名。

而国会修订某个国家公园的授权法,调整其边界、增加或减少其面积的情况,倒是很常见的现象。

(2)新西兰。为了遵循《国家公园法》有关"国家公园的土地应得到永久保护"的原则,新西兰规定:撤销国家公园或从中划出土地(即使很小的调整如高速公路沿线的调整等)均需国会通过。新西兰历史上,只在 2015 年出现过一次重大调整。按照《国家公园法》,尤瑞瓦拉国家公园不再作为国家公园,而根据议会的特别法律调整为独立的"视同国家公园"管理的实体,同时规定了毛利部落 Nga 吐荷传统文化和权益。这种调整是为了解决吐荷人对政府在过去没收其土地等行为的不满问题。

(3)南非。撤销保护地只能由议会批准。撤销中央批准建立的保护地,由国家议会批准;撤销由省批准建立的保护地,由省议会批准。法律要求,在撤销过程中要进行公众咨询。改变保护地类别的规定,各省的严格程度不一样。有的省较宽松,而有的省需议会同意。

(4)巴西。撤销保护地或调整边界都需议会以具体法令批准,但增加保护地面积的调整除外。在这种情况下,可由建立保护地的同级机构批准。法律也允许将可发展保护区改建为国家公园或其他严格保护类。

(5)德国。国家公园和其他保护地只能由州议会或法庭除名。

(6)俄罗斯。没有制定关于撤销国家公园的法律规定。

第 9 章 国家公园体系规划与管理

9.1 国家公园的规划

9.1.1 国家公园的宏观规划和空间布局

世界各国国家公园的分布,几乎都是在人口稀少的区域(文化遗产类的国家公园除外)。然而,纵观国家公园在美国、巴西、德国、俄罗斯、新西兰和南非的分布,可以发现其空间分布比较均衡。在上述 6 个国家中,国家公园平均占国土面积的 3.0%(±0.08%),占保护地面积的 11.2%(±0.03%)。

大部分国家的国家公园是在过去几十年到一百余年间逐步划定的,而不是通过国家层面的宏观规划来统一确定。南非、新西兰和巴西进行了全国的生物多样性保护规划,确定了保护优先区域。然而,这些规划并没有用到国家公园的定界上。表 9-1 为案例国家国家公园数量、面积和比例。

表 9-1 案例国家国家公园数量、面积和比例

国家	国家公园数量/个	国家公园面积/平方千米	占保护地比例/%	占国土面积比例/%
美国	409/59	340 000[①]/210 821	—	3.65/2.26
新西兰	13	27 100	25.0	10.09[②]
南非	21	39 755	10.2	3.25
巴西	71	252 978	16.3	2.98
德国	16	2 145(陆地)/10 478(含海洋)	1.2	—/0.60
俄罗斯	50	141 000(陆地)/213 000(含海洋)	10.4	1.25

① 包括人文历史遗迹等其他类型的国家公园。
② 以新西兰国土面积 268 680 平方千米为基准。

美国的 409 个国家公园分为 7 个大区,每个大区都有 1~2 个办公室。整体而言,美国西部和阿拉斯加的国家公园面积较大。美国没有进行国家层面的生物多样性保护规划,其国家公园的划定是在过去 100 多年的历史中逐一确定的。其确定的原则详见 7.2.1 节。

南非有 1487 个保护区,其中 21 个是直属于南非国家公园局的国家公园。南非多次进行了国家层面的生物多样性评估。2004 年首次评估,2011 年再次全面评估。评估使用生

物多样性系统规划技术来确定生态系统的保护现状，确定国家保护行动的优先区及详细的规划。南非国家生物多样性战略与行动计划（national biodiversity strategy and action plan，NBSAP）于 2005 年首次制订，近年来进行了更新和再版。它设定了南非生物多样性保护和可持续利用的全面而长期的战略。然而，南非国家公园的宏观布局与国家保护行动的优先区并没有直接关系，南非国家公园的设定早于其生物多样性评估。南非国家公园的设定是依据该区域生物多样性的代表性和持久性，包含关键生态过程以确保生态系统的长期持续发展。南非国家生物多样性战略与行动计划认为，10%的国际标准对南非这样具有丰富生物多样性的国家而言显然是不够的，标准应该更高。

德国自 1970 年以来建立了 16 个国家公园。尽管建立国家公园的时间较晚，但德国也从未进行国家层面的国家公园的总体规划。德国的国家公园由州政府管理，其选择原则是处于未遭人类显著改变的区域，不被公路、铁路、电站和输电线路等永久基础设施、村庄和永久居民点分割的大型区域，面积不少于 10 000 公顷。目前德国的大多数国家公园仍然处于初建阶段，只是达到让大片区域的自然过程不受干扰的目的。

新西兰的国家公园与美国一样有着悠久的历史。在过去 100 多年中新西兰逐渐建立了 13 个国家公园。国家公园的选择标准是全国最优美、自然资源最丰富的地区。新西兰的国家公园面积相对于其国土面积而言比例较大。南岛南部的峡湾国家公园是最大的国家公园，面积超过 125.1 万公顷，南岛北部的亚伯塔斯曼国家公园面积最小，为 2.25 万公顷。国家公园管理规划将国家公园分区为公众进入受到管制的特别保护区、无任何设施的荒野区或允许进行较大规模开发的设施区。在实际管理中，国家公园中的公众进入受到管制的特别保护区和无任何设施的荒野区非常少。国家公园确立后新西兰制定了《保护管理战略》（Conservation Management Strategies，CMSs）及更地方化的《保护管理计划》（Conservation Management Plans，CMPs）（包含国家公园管理计划）。

巴西从 1937 年以来建立了 71 个国家公园。巴西自然保护地体系被分为"严格保护"和"可持续利用"两大类，共 11 个类别。国家公园是自然保护地中最知名的类型，同时占有最大的国土面积。国家公园保护有重要生态价值和风景优美的自然生态系统，同时内部允许科学研究、环境教育及生态旅游活动。巴西的国家自然保护地系统规划项目在 1979 年推出，这是世界历史上首次完全基于科学的、全面的自然保护地系统规划。该系统规划作为全国特别是亚马孙地区建立大量自然保护地的基准，成为 2000 年国会通过的《巴西保护地体系法》的起点和主要工具。

俄罗斯 1983 年才开始建立国家公园，其目的是满足社区发展和环境教育的需求。国家公园有助于保护独特的自然遗址和重要的历史与文化遗迹；同时也使大量游客能够游览和了解自然、历史和文化景点，在美景中休闲。到 2016 年底，俄罗斯共建立 50 个国家公园。俄罗斯的国家公园是由具国家重要性的保护地转化而来的。

临海的国家也根据河口、滩涂和海洋的自然资源情况划定了国家公园进行保护。例如，德国有 5 个国家公园包含了 8333 平方千米的近海海域。

9.1.2 国家公园边界的确定

为了保持国家公园生态过程的完整性，国家公园一般包含多个完整的生态系统。与其他保护地类型相比，国家公园的面积一般都比较大。在美国，最大的国家公园[①]是阿拉斯加的弗兰格尔-圣伊莱亚斯国家公园（Wrangell-St. Elias National Park），面积为5.3万平方千米；最小的是阿肯色的温泉国家公园（Hot Spring Nation Park），面积只有22.5平方千米。美国的国家公园平均面积为3566平方千米。

国家公园边界的划定。一般是根据自然地理边界如河流、山脊和林缘等划定边界，包含足够面积的森林、湿地或草原等生态系统，足够维持生态系统的自然演替过程和其中野生动物的繁殖与迁徙过程；同时参考周边人类活动情况，避免与人类发展有太大的冲突。目前各案例国家的国家公园边界都是根据每个公园的实际情况具体划定的。近年来，越来越多的国家，如巴西、南非和新西兰，应用系统性保护规划（systematic conservation planning）的方法，在全国范围综合评价生物多样性的价值和保护的代价，在理论上划定最优保护区域，并努力对现有保护区域进行调整，以便更有效地保护生物多样性，确保每个保护区或国家公园的生态系统服务功能和物种的不可替代性。

有些国家明确给出了国家公园的定界标准，如新西兰规定在新建国家公园或扩建现有公园时，边界的确定应遵循下列标准。

（1）国家公园内的生态系统应足以抵御周边土地可能带来的环境压力；
（2）周边土地的使用不会对公园的价值造成破坏性的影响或根本性的改变；
（3）边界应包含完整的景观单元；
（4）在公园价值得以保证的前提下，边界应尽可能便于公众到访；
（5）情况允许时，边界应尽可能以易于辨识的自然地理特征为界，如山脊线和溪流等。按自然地理特征划定边界通常较用植被、人工特征或直线划定边界更加合理。

9.2 国家公园的管理

9.2.1 管理规划

案例国家的国家公园都制订了总体规划或管理计划及具体规划。总体规划或管理计划是上级管理机构用于管理单个国家公园的根本性规划文件，一般包括国家公园内的自然和文化资源的描述、建设目的、重要性、地域边界和特点、土地权属等，并至少配有一张地图和分区说明。美国案例报告中明确写道：总体规划是国家公园管理局用于管理单个国家公园的根本性规划文件，是法律明确要求的唯一规划性文件。每份总体规划至少配有一张公园管理分区地图和分区说明。公园管理分区就是根据公园的资源状况和访客使用情况划分出来的各种片区，分区管理有助于指导公园的管理，实现总体规划描绘的未来理想状态。

---

① 此处仅是指自然类型的，美国历史遗迹类型的国家公园有的面积很小，不在此处讨论之列。

巴西的《巴西保护地体系法》也规定，管理计划是"基于保护地总体目标而制定的一份技术文件，确立了保护地分区和保护地自然资源管理及利用标准"，巴西要求所有保护地必须制订管理计划，否则就无法确定区内允许开展的活动类型。保护地各功能区内可开展的活动，必须与各功能区的设定目标相符，确保不影响区内资源的生态完整性。

南非《保护地法》规定，所有的保护地管理机构需为包括国家公园在内的所有保护地制订管理计划。管理计划旨在"确保保护地的保护、保育和管理方式符合《保护地法》确定的目标及其划建目的"。《保护地法》规定，管理计划必须包含"规定（保护地）不同片区允许开展的活动类型及其保护目的的分区安排"。南非国家公园局约每10年修订一次各公园的管理计划。

俄罗斯《联邦自然保护地法》做出了关于国家公园分区区划的规定，设计了可以在国家公园设置的功能区，以便建立差异化的保护制度。

案例国家分区的类型各有千秋，根据游客体验可以概括为如下二类：休闲娱乐区、有限访问区和荒野区。其中，荒野区不修建任何人工设施，保护级别比较高；而休闲娱乐区有住宿、餐饮、商店和加油站等。

管理计划一般包括下列内容：有关国家公园的法律法规；与原住民的条约；对公园的位置、边界、地质、地貌和土壤的描述；对重要物种、生境、生态系统和其他自然资源的描述；对历史文化遗迹的描述；对火的管理；对娱乐行为的规定；公园的设施和使用规定；对旅游风险的提醒；对宠物的规定等。管理计划包括对执法、监测、汇报和评估的规定。管理计划一般都附有整个公园及其内部景点的详细地图，以及重要物种和生态系统名录。

大部分国家的国家公园管理政策都有一系列不同等级的法规。例如，新西兰首先通过《保护法》协调保护地管理的总体流程和各层次的关系，其次是地区的《保护管理战略》，最后是国家公园的《保护管理计划》。《保护管理战略》是保护部如何管理某一区域内的土地、植物、鸟类、野生动物、海洋哺乳动物和历史文化场地的规划。规划期通常为10年。《保护管理战略》确定管理内容、原因，以及特许活动的确定标准，但不规定管理方式和时间。管理方式和时间留待安排年度、跨年度人员和经费时确定。《保护管理战略》的编制旨在整合较大地理范围内保护地/区群的保护管理活动。新西兰现有12个区域的《保护管理战略》，规划范围涵盖了新西兰及其附属岛屿。《保护管理战略》范例请参见 http://www.doc.govt.nz/about-us/our-policies-and-plans/conservation-management-strategies/auckland/。《保护管理计划》仅适用于特定保护地，较《保护管理战略》中对相关特定保护地的具体政策、目标和规定的描述更为具体。国家公园管理计划是《保护管理计划》的一种，每个国家公园均需编制，至少10年评估一次。国家公园管理计划相关范例请参见 http://www.doc.govt.nz/about-us/our-policies-and-plans/conservation-management-strategies/stewart-island-rakiura/。

上述链接是《斯图尔特岛保护管理战略》和《雷奇欧拉国家公园保护管理计划》，两个报告共306页（含14个表和31幅地图），其目录如下。

（1）斯图尔特岛（Stewart Island）（毛利名为雷奇欧拉，Rakiura）保护管理战略（CMSs）。

前言；

管理目标和政策；

地域；

执法、监测、汇报、评估和重要的时间节点（第 1 年、第 3 年、第 5 年、第 7 年、第 10 年要完成的工作内容）；

土地编目［每个地块（几公顷到几万公顷）的编码、地名、法律状态（保护区、国家公园或毛利人保留地等）、面积和自然资源特征；每个地块的地图］。

（2）雷奇欧拉国家公园保护管理计划。

前言；

介绍；

怀唐伊（Waitangi）条约；

对本土物种、生境、生态系统和自然资源的保护；

历史和文化遗产；

公共利益和公园设施；

使用许可；

地点描述；

执法、监测、汇报、评估。

（3）附录。

附录 A：契约（描述毛利人与国家公园内每个分区在历史、精神、文化和传统上的关系）；

附录 B：珍稀物种名录；

附录 C：斯图尔特岛保护管理区域；

附录 D：毛利人 Nga 吐荷支系定居法案（1998 年）；

附录 E：怀唐伊（Waitangi）条约；

附录 F：关于娱乐活动的规定；

附录 G：旅游设施的管理；

附录 H：雷奇欧拉国家公园的岛屿。

《雷奇欧拉国家公园保护管理计划》对每个分区的自然资源、文化资源、保护目标、保护政策和旅游设施都分别进行了详细的描述。

一般而言，新西兰的《保护管理战略》和《保护管理计划》是不同的法律文件，一般不放在一起。斯图尔特岛的情况是个特例：《斯图尔特岛保护管理战略》的修订和《雷奇欧拉国家公园保护管理计划》的制定是同时进行的。这两个文件的批准过程比较长。2005 年新西兰保护部为这两个文件召开了两次公开的会议，以征求意见。2006 年保护部发布了这两个文件的讨论要点，收到了 414 个回复，为此召开了 13 次研讨会。这两个文件的草案在 2008 年发布，收到了 316 条建议。保护部为此在 2009 年召开了 9 次听证会。《斯图尔特岛保护管理战略》和《雷奇欧拉国家公园保护管理计划》的规划期限都是 2011～2021 年。

9.2.2 国家公园的分区

国家公园都对公众开放,但是并不是所有区域都无限制地开放。恰恰相反,各国都对国家公园进行严格的分区管理。一般而言,国家公园都分为可以参观的区域和限制参观的区域,这两类区域又分为不同的限制级别。表9-2为案例国家国家公园的分区。

表9-2 案例国家国家公园的分区

国家	国家公园分区
美国	一般根据公园的特定资源和资源利用进行分区,但并非每个公园都要分区。大多数公园都分为开发利用区、自然资源区、历史/文化资源区、适当的特殊用途区
南非	分为可参观区和特别管理区,或细分为严格保护区、低密度步行访问区、极低密度越野车访问区、低密度越野车访问区、中密度越野车访问区、中密度轿车访问区、休闲区
德国	分为核心区、人工辅助修复区和缓冲区。核心区:严格保护自然动态过程,不进行任何人工经营管理。这个区域在公园建立30年后,应当达到公园面积的75%以上。人工辅助恢复区:该区可以开展临时或短期人为管理,以恢复遭受人为干扰的自然景观,如封闭林区道路或者清除外来物种。该区要在30年内逐步过渡到核心区。缓冲区:该区可以开展长期经营活动,如作为文化景观周围的缓冲区,该区最多不得超过公园面积的25%
新西兰	正式分区有设施区(公园设施、游客接待和服务区)、荒野区(无任何人工设施的纯天然区域)、特别保护区(限制出入,为保护高度濒危物种或地区而设置)和托普尼区(有特殊文化重要性的毛利文化覆盖地区)
巴西	严禁干扰、轻度干扰、利用区、重度利用区、历史文化区、恢复区、特别应用区、冲突区、临时占用区、原著民区、科学试验区
俄罗斯	特别保护区、休闲区、文化遗产保护区(或历史文化纪念地)、居住区和传统的土地粗放利用区

南非卡拉哈迪跨境公园(Kgalagadi Transfrontier Park)的分区比较细,共分为7个级别,从严格保护区、低密度步行访问区到可以自驾、有商店和餐馆的休闲区。不同区域访问人数上限、交通工具及游客的行为都有严格的规定。

大多数国家,如美国、新西兰、南非和德国等,明确说明要保持国家公园内一些区域的原始性,在那里不修路,不建立方便游客访问的任何设施,并限制访问的人数。

有一些国家,如巴西和南非,特别强调缓冲区(buffer zone)的作用。缓冲区是指国家公园外自然条件较好的区域,经常是国家公园内野生动物的迁徙通道或扩散区。在美国,人们很早就意识到国家公园外的缓冲区对一些有蹄类的迁徙至关重要。美国国家公园管理局的科学家在20世纪30年代提出在公园外建立缓冲区以加强管理,然而这个建议并没有被采纳。美国国家公园的缓冲区建设不到位,体现了整个国家公园的规划是不充分的。

9.2.3 国家公园的管理

每个国家公园都有自己的管理机构(在美国有的管理机构管理几个国家公园),这些管理机构的人数取决于国家公园的大小及游客的数量。在新西兰,保护部下设的峡湾国家公园管理办公室,管理着100多万公顷的土地,从事野外工作的人员数量很多。奥克兰地区的各地方办公室则分管着分散在大都市和城市周边离岸岛屿上的众多小片土地,从事野外工作的人员数量不多，但从事社区保护事务的工作人员不少。总的来说，一个地方办公室的工作基本可分为三部分：生物多样性保护、游客及休憩/旅游管理、社区支持/信息/教育支持，这三部分的负责人带领两三个园警完成日常工作。

执法是国家公园开展的资源保护和访客管理工作的重要组成部分，对此，案例国家在相关法律政策和管理措施上有所异同。

1. 美国

国家公园管理局几乎给所有的国家公园都任命了经过专业训练的执法官员，通常称为"园警"。其执法范围涉及超速驾车、违法盗猎等多种违法行为。除了执法职责外，园警还需要接受林火扑救、紧急医疗服务、搜救等方面的培训，并通过结业考核，同时熟稔公园内丰富的资源，善于与访客沟通交流。

大多数国家公园的园警也有权执行所在州的法律。大多数国家公园与当地执法机构签有互助协议，以便园警能够使用相关各州的法律法规及司法系统。国家公园周边县镇的执法人员偶尔也会在公园内执法。这种共享授权，亦被称为"共同管辖权"，对警力少的小型公园尤为重要。一个典型的例子就是长达3500千米的阿巴拉契亚国家景观步道公园，该公园只有一名园警，与步道途经的14个州的州政府和地方政府签署了几十份"共同管辖权"互助协议。

在广泛的合作协议和非正式的合作关系的保障下，地方机构经常请求国家公园的园警协助开展执法、救火、搜救等工作，尤其是跨辖区类事务的处理。

所有园警都要到联邦执法培训中心接受为期16周的培训。该培训中心同时也为全美其他56家联邦执法机构的新员工提供执法入职培训。

2. 巴西

保护地及国家公园主管部门——奇科·蒙德斯生物多样性保护研究院拥有一支1000多人的专业执法队伍，负责开展执法活动。保护综合协调办公室总部设在巴西利亚，负责协调和实施"国家战略行动"，重点打击亚马孙部分地区的环境犯罪、毁林、非法采矿和土地侵占等违法行为，并协调处理非法走私野生动植物等具体事务。专业执法人员需在特定的培训中心接受包括使用枪支和非致命性武器在内的培训。由于人手不足，该院通常需要与联邦警察、国家安全部队（类似国民警卫队），以及各州的警察部门密切合作，有时还需与武装部队联合行动。

3. 南非

国家公园任命的环境监察官需与负责国家公园监测和执法的园警密切合作，负责国家公园的监管工作。园警的职责包括根据检查清单进行检查、向环境监察官报告检查结果和具体执法。较大的国家公园通常设有保护标准与合规部门，负责保护监测和管理项目的实施协调。这些部门管理、协调和汇总从公园园警和公园其他部门收集到的保护信息，上报并存档管理。

园警保障公园的安全，确保游客、工作人员和环境资源的安全，特别在一些地处偏远的国家公园,如境线、滨海或城市周边,园警需要处置暴力犯罪、偷猎和跨境犯罪等问题。南非国家公园局也与国防部和南非警察总署等其他执法机构开展合作。

4. 新西兰

保护部负责执行相关保护法,如《保护法》《国家公园法》《野生动物法》《海洋哺乳动物保护法》《保护区法》《海洋保护区法》《银鱼条例》等。涉及其他法律的违法行为,即使发生在公共保护地内,也不归保护部处理,但保护部工作人员作为政府雇员有责任密切配合其他调查机构(如新西兰警察局)的工作。

保护部所有工作人员均有义务记录触犯法律的行为,持执法许可证的执法官负责正式调查。执法官要接受证据采集、记录及诉讼文件准备等方面的正式培训。负责调查违法行为只是执法官日常野外工作的内容之一。保护部各地方办公室均配有 2~3 名执法官。国家办公室还设有合规协调小组,人数不多,负责与其他国家执法部门一起,联手处理野生生物走私和边境保护等事务,配合外业执法官的工作并提供建议。合规协调小组还配备了一名律师,全面代理保护部提起的诉讼。常见的违法行为包括猎杀或捕杀受保护的物种(以鸟类和爬虫类动物居多)、未经许可的商业活动和在海洋保护区内垂钓等。

5. 俄罗斯

根据《联邦自然保护地法》,国家级自然保护地的保护和利用由国家公园或国家自然保护区管理处的国家环保督察员进行监督。国家环保督察员拥有全方位的督察权,其中包括不受阻碍地进入保护地内的建筑物、处所和其他类似场所开展检查;提供违反保护地法的相关材料给法律部门,处理刑事案件;要求进入自然保护地的公民得到许可;扣留在国家公园和保护区内违法的俄罗斯公民,把这些人交给执法机关;检查国家公园及其保护功能区内的公民车辆和物品;没收非法野生动物产品和偷猎工具、扣留违反俄罗斯保护区法律的公民的车辆和相关文件等。值班的国家环保督察员有权保管、携带和使用枪支。

俄罗斯国家公园的执法部门为安全保卫处(包括国家环保督察员)。2014 年底,共有国家环保督察员 1422 名。

6. 德国

建立和管理国家公园是联邦各州政府的任务。每个国家公园管理局是州行政机构的一部分,肩负管理公园和实现公园目标的责任和权力。批准建立各国家公园的具体法律阐明了建立公园的目的(首要的就是保护未受干扰的自然过程)、允许或禁止的活动目录、国家公园管理局(尤其是巡护员)的权力,以执行各种规则和实现既定目标。在大多数情况下,巡护员执法就是为游客提供良好的信息,惩罚的情况极少。巡护员必须对违规停车、跨越不允许跨越的步道或在篝火活动点外生火等情况进行处罚。例如,巴伐利亚森林国家公园的游客量达每年 130 万人次(到访该地区的每位游客进入公园 3~4 次),但只有 200 例处罚案件。在这些案件中,巡护员将游客的姓名、住址与处罚原因一起交给区有关部门进行处罚。

9.2.4 公众参与

各案例国家都意识到公众参与对国家公园建设的重要性,都通过立法等手段保证公众对国家公园管理的参与度。

美国的《国家环境政策法》要求国家公园管理局和其他联邦机构在规划过程的征求意见阶段即面向公众,通过提供新信息和简报及评审各种规划稿和国家公园管理局的首选决策等方式,让公众参与整个规划过程。

南非设立公园论坛,作为实现利益相关者参与的首选方式。除设有联合管理委员会的理查德德斯维德国家公园外,其余所有国家公园都设有公园论坛。公园论坛的目标是促进利益相关者讨论影响公园和相邻社区的任何问题。公园论坛没有决策的权力,但其成员会参与制订影响公园管理的发展计划。论坛每年至少举办4次会议,以确保信息的定期共享。

德国只有在地区及州的层面与当地公众进行深度对话之后,政府才能做出关于国家公园的合理决策,如决定国家公园内的旅游活动、当地人能从国家公园获得什么利益,狩猎、捕鱼等公园内许可和禁止的活动。另外,针对这些活动都成立有支持和反对相应政策的组织。

新西兰,在国家公园的规划阶段向公众与社区征询意见是强制性规定。保护部会与其他政府机关、区域和地方政府、毛利人、社区团体和行业协会磋商。

巴西国家公园的建立、标准制定和管理等各个层面都有公众参与。国家自然保护地管理体系中,国家环境委员会是其主体。该委员会由环境部部长主持,包括来自联邦、州和市级政府的代表、商业部门和民间团体,其中有22个有表决权的代表。法律要求每个国家公园必须有某种形式的委员会协助其管理;委员会包括来自三级政府的代表,包括环境、科研、教育、文化、旅游、建筑、考古、原住民和土地改革等机构人员。

俄罗斯社区保护地管理委员会是公众参与形式之一。俄罗斯的自然保护地经历了成功之路——从误解、冷漠到紧密合作、支持,一直到与当地人建立了良好的关系。

第 10 章 国家公园的资金机制

10.1 国家公园的收入结构

国家公园是一种倾向于纯公共品的混合物品,政府提供国家公园所需的运营和维护资金责无旁贷。同时,国家公园的排他性所蕴含的市场化运营机制,决定了也可以采取门票、特许经营等市场化手段获取自营收入。此外,来自国际机构、国内团体和个人的捐赠,也构成了国家公园的少量收入来源。表 10-1 根据 6 个案例国家报告提供的数据,计算列出了其国家公园的经费构成(德国报告没有具体数据、巴西报告仅有自营收入数据)。从表 10-1 中可以看出,政府预算拨款是国家公园最主要的来源,其次是自营收入、捐赠,以及少量的其他收入。

表 10-1 案例国家国家公园的收入构成 单位:%

项目	美国(2016 年)	德国(2015 年)	俄罗斯(2014 年)	巴西(2015 年)	南非(2015 年)	新西兰(2015 年)
政府预算	82	—	83.7	—	75	88
自营收入	10	—	15	16.5	11	5
捐赠	7	—	1.3	—	10	3
其他	1	—	0	—	4	4
合计	100	100	100	100	100	100

10.1.1 财政拨款

6 个国家中,除德国的财政拨款来自州政府外,其余 5 个国家的财政拨款均来自中央(联邦)政府。

1. 美国

美国国家公园管理局是管理和保护美国国家公园的唯一机构。国家公园管理局的年度预算依据总统的预算请求,由国会在每个财政年度将资金拨入 5 个账户,分别为运营、建设、征地、休闲/保护、特别经费。每个账户每年的拨款额不同,这主要取决于总统向国会提交的预算请求。国家公园管理局 2016 财年的财政拨款总额为 28.646 亿美元[①]。

除了直接拨付到国家公园管理局预算账户的款项,美国运输部的公路信托基金也为国

---

① 国家公园管理局《2017 财年预算申请要点》表明了 2016 财年实际拨款额。

家公园管理局的道路、桥梁、游客转运系统提供拨款。公路信托基金的收入主要来源为机动车燃油税。联邦国土公路项目为国家公园管理局分配的资金年均超过 1 亿美元。

2. 德国

德国有这样一种共识：保护国家公园内的国家自然遗产是各州的职责。德国国家公园经费机制是这种共识的结果。联邦政府既不为国家公园体系也不为单一国家公园提供经费。国家公园的年预算经费是州议会批准的州预算的一部分，由每个州为其境内的国家公园提供经费。德国有两个跨州的国家公园，在这种情况下，相关的州签署协议共同承担国家公园资金。州提供的经费为保护地支出与保护地收入的差额。以波罗的海边缘的梅克伦堡-前波美尼亚州为例，2005~2014 年，该州为这些保护地年均提供经费 1100 万欧元，占州预算（年均 72 亿欧元）的 0.15%，所占比例并不高。

各州都有为国家公园提供充足资金的积极性，因为他们深信国家公园有益于整个民族。这种效益是双重的：一方面保护了国家自然遗产，有助于实现国际目标，特别是《生物多样性公约》中提出的目标；另一方面，创造了当地开展自然旅游并因此为当地人增加收入的可能性。某些情况下，如果州政府能提供更多的资金，国家公园管理局的地区发展和旅游发展工作会做得更好。

3. 俄罗斯

俄罗斯国家公园资金列入俄罗斯联邦预算代码。根据《联邦预算法》，资金在财政年度和规划期内按预算范围使用。国家预算用于开展《国家级自然保护地发展概念（2012—2020）》设计的活动：建立自然保护地体系（包括建立新的国家公园和扩大已建立的国家公园面积）；保护生物和景观多样性；发展环境教育和旅游；开展保护地体系发展领域的国际合作；制定保护地监管框架和其他支持措施。

2000~2014 年，联邦预算资金的数额显著增加，从 2000 年的 5898 万卢布增加到 2014 年的 36.448 亿卢布。联邦预算中的国家资金用于政府合同补贴、环境保护补贴、其他补贴和基本建设预算内投资补贴等。应该指出的是，国家公园预算投资的大幅度增加，与公园游客和教育设施（游客中心、博物馆、自然教育步道、观景平台、游客基础设施）的大规模建设有关。通过这种大规模投资，在国家公园创造了便利的休闲和旅游环境，国家公园的游客量在过去 15 年内增加了 6 倍。2003~2013 年，联邦预算资金占国家公园的总经费的比例增加了近一倍，从 45.1% 上升到 82.6%。除联邦预算资金外，还有地区和当地预算资金，但该项资金占比较少，从 2003 年的 15.1% 下降到 2013 年的 0.1%。

4. 巴西

巴西国家公园由奇科·蒙德斯生物多样性保护研究院管理，它与环境部有关联，拥有独立的管理权和预算，不是联邦政府的下属机构，负责实施联邦政府职责范围内的国家保护地政策，并与由联邦政府建立的保护地所开展的计划、实施、管理、保护、监测和监督工作紧密关联。

奇科·蒙德斯生物多样性保护研究院与其自然保护地的运营费用主要来源于年度

国会预算，由隶属于国会的规划部和财政部来负责具体的拨款操作。2011~2015年，奇科·蒙德斯生物多样性保护研究院的预算保持了稳定，若换算成美元（用每年的汇率换算）则略减少。由于国家面临的经济形势困难和当地货币贬值，2016年的预算有较大减少（换算成美元减少更多）。

5. 南非

南非保护地的形式多样，这些保护地属于不同的监管体系：国家级保护区由中央政府有关部门管理，如南非国家公园局；省级保护区由省级机关管理，如省级保护地管理机构或环保部门；当地保护区由市政府管理。

就保护预算而言，多数保护地管理机构预算的75%是由财政拨款。省级保护地资金来自省级预算，这项资金来源于国会在每年颁布的税收专区法中的资金公平分享机制。

6. 新西兰

新西兰所有国家公园及所有受到国家保护的土地、水域和本地物种都由中央政府部门即国家保护部管理。每年议会都会从政府预算中拨出大部分用于自然保护地管理及自然保护工作的经费。保护部的年预算为3.15亿新西兰元，其中，80%来源于税收，20%来源于保护地收入、当地服务业营业额和赞助。

10.1.2 自营收入

1. 美国

美国国家公园管理局的自营收入（收费收入）用于公园管理、运营及维护。这些资金全部存入国库，被称为"永久拨款"，即国家公园管理局可以直接使用这些资金，而不需要国会批准。

《联邦陆地休闲改善法》赋予国家公园管理局收取休闲费的法律许可。休闲费项目包括如下。

（1）休闲/游憩收入。收费收入中最大的一项，2016年该项收入约2.3亿美元。大部分收入来源于公园门票。门票收入的80%由收取的公园留用，用于设施维护和游客服务项目。其余的20%由国家公园管理局在全系统范围内进行竞争性分配，主要分配给那些不收费的公园，支持其设施维护和游客服务项目。

（2）特许经营费。收费收入中第二大收入来源，是由游客服务特许经营商向国家公园管理局缴纳的年费。2016年，国家公园管理局的特许经营费收入总额约0.97亿美元。每个特许经营商除了向国家公园管理局中心账户缴纳特许经营费，还要向一个特许经营改善账户缴纳费用，用于特许经营商所在公园的重大基建项目。2016年，这个账户收入约900万美元。特许经营费收入存入国家公园管理局在国库的中心账户，用于改善公园的游客服务项目。

（3）其他。国家公园管理局还有其他永久增值账户，包括营房账户、公园建筑物租赁基金、商业拍摄使用费账户等。营房账户是在国家公园里面工作的员工所缴纳的住房房租，2014年该项目收入约2400万美元。国家公园管理局可以将一些不用于公园用途，但属于历史建筑和其他原因应当由其保留的建筑物出租给私人,并为此设立公园建筑物租赁基金,2014 年该项收入约 780 万美元。国家公园管理局 2014 年商业拍摄使用费收入为 140 万美元。营房账户和建筑物租赁基金收入用于公园设施维护,而商业拍摄使用费收入用于公园解说。

2. 德国

德国国家公园没有经济目标,收费收入很少。参观德国国家公园和大多数公园的游客中心是免费的。只有一些导游带队的旅游活动(导游都是经过培训和获得公园管理局颁发的许可证的当地人),游客需要付费。各公园的导游组织将部分收入交给公园,用于自然保护或环境教育。但这只占公园收入的很小一部分。

尽管德国国家公园收费很少,但它们对所在地区的经济价值不容低估。德国国家公园游客量大约为每年 5100 万人,其中,1000 万游客是冲着国家公园而来的。5100 万游客贡献的经济价值达 21 亿欧元,相当于 69 000 个全职工作岗位,换言之,每 1000 万游客贡献 4.3 亿欧元和约 14 000 个全职工作岗位。旅游创造的工作岗位和收入是政府最看重的价值。国家公园是州政府对农村地区的经济投资。州政府每投入 1 欧元,投资回报率是 2~6 倍。

3. 俄罗斯

自营收入占俄罗斯国家公园收入的比例较高。2003 年曾达到 35.3%,近年来稳定在 15%左右。自营收入项目包括罚款和诉讼罚没、损害自然复合体的自愿补偿金、木材和木质产品销售收入、土地出租租金、门票收入、酒店和停车场收入、自然博物馆门票收入、交通设施等收入、钓鱼许可费、体育和狩猎收费、休闲资源设施使用费、纪念品和印刷品销售收入、固定资产出租收入、科研服务合同项目收入、农产品销售收入、育种中心和农场收入、环境活动和夏令营收入、其他收入等。从 2015 年来看,门票收入、木材和木质产品销售收入、土地出租租金、交通设施等收入占比较高。其中,收入最高的项目是门票收入,占自营收入的比重达到 35.6%。

4. 巴西

2015 年奇科·蒙德斯生物多样性保护研究院的收入共计约 2900 万美元(通过当年的平均汇率换算),相当于当年总支出的 16.5%。在这些收入中,59%来自国家公园对游客收取的各种费用,包括门票、特许经营费和各种服务费。其他比较重要的资金来源主要有环境执照和由其衍生出来的各种资金收入,如因在国家公园里开矿对本地植物产生了负面影响而收取的费用。

5. 南非

南非国家公园管理局的自营收入具有优良的传统,一直占其总体收入的较大比例。旅游业是收入的主要来源,2014 年有 6.59 亿南非兰特[①]的收入。其中,住宿是旅游业的第一个重要收入来源,其他旅游收入来自驾驶费、步道费和其他旅游相关活动费。第二个重要

---

① 1 美元=16 南非兰特。

收入来源是收取的保护费用和公园门票，仅 2014 年就达到 3.52 亿南非兰特。第三个重要收入来源是国家公园管理局通卡（Wild Card）的发放。国家公园的游客可以通过使用通卡享受一定的折扣优惠，而事实也证明通卡非常受游客的欢迎。零售业务在 2014 年也为南非国家公园带来了 2.38 亿南非兰特的收入，主要是对加油站、部分商店和餐馆的收费。此外，特许经营平价店和公私伙伴关系也为公园带来了 8550 万南非兰特的收入。

10.1.3 捐赠与慈善

1. 美国

国家公园管理局设立了一个强有力的私人慈善项目，近年来，在国家及各地的非营利合作组织的共同努力下，该项目每年筹集到约 2.3 亿美元。国家层面的捐赠和慈善活动由国家公园基金会管理，该基金会于 1970 年由美国国会特许设立为国家公园管理局的私人资金募集部。在公园层面，每个公园都得到一个非营利合作协会的支持。

2. 德国

1992~2013 年，德国联邦环境基金会为国家公园提供项目经费 1620 万欧元，用于游客中心和儿童环境教育设施建设、研究项目，这种项目经费需由公园所在的州提供 50%的配套资金。国家公园也有机会从欧盟的 LIFE 项目或 INTERREG 项目获得经费。大多数情况下，这类经费也需要国家公园提供 50%的配套资金，配套资金为国家公园年度预算的1%~2%。国家公园也获得其他一些赠款，但数额微乎其微。

3. 俄罗斯

赠款占国家公园总预算的比重不高。赠款来源有两个：一是国际赠款。2013 年、2014 年接受国际赠款分别为 5010 万卢布、2890 万卢布。主要捐赠者是世界自然基金会俄罗斯办事处、全球环境基金及其经办机构联合国发展署。国际赠款一直在减少，不过，这不会影响国家公园的福祉，因为国际赠款占国家公园总预算的比例微乎其微。二是俄罗斯人捐赠。2013 年、2014 年俄罗斯捐赠人捐款分别为 2120 万卢布、2590 万卢布，主要捐助者是非营利组织（俄罗斯地理学会、非营利资助组织——"猛虎"）、产业、银行和个人。

4. 巴西

巴西获得捐赠资金的成功案例是亚马孙自然保护地项目（ARPA）。该项目分步实施，捐赠者包括全球环境基金会、世界自然基金会、德国政府和世界银行、FUNBIO（原为一家与热图利奥·瓦加斯基金会有联系的非政府组织）等。此外，全球环境基金会、巴西的友好国家、美国政府等，也为巴西的其他几个生态保护项目提供了赠款。

5. 南非

2015 财年，南非国家公园局收到的捐款达到 1250 万南非兰特。没有明确用途的捐款一般用于运营支出，形成国家公园局保护资金的一部分。用于保护功能的私有资金多来源于商家和慈善基金会,以及非政府组织、保护信托基金和个人(拥有高净资产的个人)。近几十年,由于公众意识的提升和社会团体的倡导,私人捐赠的比例大幅增加。

10.1.4 其他资金来源

1. 美国

在美国主要体现为环境补偿金。针对给国家公园体系内的资源造成损失和损害的行为,美国通过了4部联邦法律,允许国家公园管理局及其他部门收取民事损害赔偿金。这4部联邦法律分别为《环境反应、补偿和责任综合法》《石油污染法》《联邦水体污染防治法》《公园体系资源保护法》。前3部联邦法律主要针对有害物质对公园自然资源造成的损害,第4部联邦法律则涵盖所有的公园资源,包括历史和文化资源。上述4部联邦法律允许国家公园管理局申请民事损害赔款,以支付事故应急反应、评估和确定资源损害、修复资源和游客服务设施等所需的费用。2010年墨西哥湾深水石油渗漏事故赔偿是一个环境补偿例子。该事故全面的灾害评估仍在进行中,但因为对海湾岛屿的国家海岸公园及让·拉菲特国家历史公园造成了环境影响,(肇事方)到目前为止已向国家公园管理局支付了约3000万美元的损害赔偿。

2. 巴西

在巴西也体现为环境补偿金。2000年颁布的《巴西保护地体系法》要求:其工程和活动对环境产生重要影响的公私企业,必须支持保护区环境修复和维护,投入的资金应与其对环境的破坏相匹配,并且不能低于总工程资金支出的0.5%。这项机制虽然有不足(对环境破坏的计算和补偿费用的计算具有主观性),但仍然实施得比较合理。2005年,在联邦政府的监管下,联邦政府部门、州政府和当地管理部门一共筹集了3亿美元(通过每年的平均汇率换算),其中2.3亿美元用于国家及其他联邦保护地的相关工作,对相关保护和发展区域产生了至关重要的影响。

3. 南非

南非已经就生态系统服务付费进行了相关探索。这些计划试图使人们认识保护地内生态系统提供的服务的内在价值,或通过可持续土地利用管理实践提高的价值,旨在恢复正在退化的土地和水域的生态系统功能。利用生态系统服务付费工具为保护地筹集资金是2005年以来才出现的现象。

10.2 国家公园的支出结构

6个案例国家报告关于国家公园经费的支出数据不全,明确列出支出项目的仅有美国,俄罗斯、巴西、新西兰没有相关数据,德国、南非的支出结构根据推算得到。粗略计算的结果表明，国家公园的主要支出项目是运营支出，在运营支出中，员工工资占比最高（表10-2）。

表 10-2 案例国家国家公园的支出构成　　　　　　　单位：%

项目	美国（2016年）	德国（2015年）	俄罗斯（2014年）	巴西（2015年）	南非（2015年）	新西兰（2015年）
运营支出	85	70	—	—	89.5	—
资本支出	9	30	—	—	10.4	—
特别经费	6	—	—	—	—	—
其他	—	—	—	—	0.1	—
合计	100	100	100	100	100	100

10.2.1 运营支出

1. 美国

依据总统的预算请求，美国国家公园管理局的年度预算由国会拨入5个账户，分别为运营、建设、征地、休闲/保护、特别经费。如前所述，因总统向国会提交的预算请求不同，每个账户每年的拨款额不同。国家公园管理局2016财年的财政拨款总额为28.646亿美元，其中，运营费为23.7亿美元，建设费为1.929亿美元，征地费为0.637亿美元，休闲/保护费为0.626亿美元，特别经费为1.754亿美元[①]。

运营支出占财政拨款总额的85%。用于支付员工工资及资源管理和研究、设施维护、游客教育和其他服务支出。年度预算编列到每个公园，列出了拨付给每个公园的具体资金量。运营费账户的这一特点，以及国会很少改变国家公园管理局为每个公园提出的拨款请求，是国家公园管理局预算过程的特殊优势，确保每个国家公园每年的运营资金维持在能够支付人员开支、实施年度维护和其他项目的基本水平。

2. 德国

每个国家公园的年均运营成本为500万~600万欧元（年度运营成本为200万~1200万欧元），16个公园的总运营成本在每年8000万~9600万欧元。运营资金用于支付员工工资、公园设施建设维护、科研、游客教育与服务等。员工工资占预算的比例在不同国家公园之间差别很大，介于30%~50%，主要原因在于公园的员工数量不同。扣除员工工资部分后，其余预算的50%用于公园设施建设与维护（公园设施建设与维护在其他国家列为资本支出，本书以后者为准），50%用于开展科研、游客教育与服务。

3. 俄罗斯

经营成本（预算支出）保障国家公园管理局的正常运转，用于国家公园人员工资和其

---

① 这里将运营费和休闲/保护费作为运营支出，将建设费、征地费作为资本支出。

他劳动报酬；公务旅行费用；交通设备维护、燃料和润滑剂、备件等的费用；制衣设备和制服的费用；维修工程费；各种服务费（通信、交通运输、公用事业、物业租赁、物业维修、其他服务）；社会保障（保险金等社会福利）；耗材采购；其他费用等。

4. 巴西

运营费用主要来源于年度的国会预算，由规划部和财政部负责具体拨款操作。最大的支出项是员工的工资，其次是机构的运营费用（巴西、南非报告将此两项并列，而在其他国家，员工工资从属于运营费用。本书以后者为准）。

此外，巴西国家公园与其他严格保护区在使用资金时需要满足法律中的以下条件：25%~50%的资金必须用于自然保护地自身的运营和维持；25%~50%的资金必须用于确保该类自然保护地的土地所有权的合法化；25%~50%的资金必须用于其他自然保护地的运营和维持。这里的第一项、第三项属于运营支出，第二项属于资本支出。

5. 南非

南非国家公园局每年要花大约25亿南非兰特的维护费来促进保护地的健康发展。南非国家公园局的年度预算中，大约有67%的费用直接用于保护地的保护活动，相当于每公顷的维护费为600南非兰特。运营支出包括员工工资和运营支出（南非报告也是将员工支出和运营支出并列）。

南非国家公园局对员工的支出（包括国家公园管理局和国家公园）超过了总预算的1/3。2014年、2015年该项支出分别占总支出的39.4%、34.7%。在管理机构即国家公园局这个层面而言，人力资源是最大的单项支出，其预算占总额的60%。

2014年和2015年的运营支出占总支出的比例分别为49.6%、54.8%。运营支出项目包括评估比率和市政收费，审计人员酬劳，银行手续费，专业咨询费用，耗材、保险、信息技术（information technology，IT）费用，机动车辆费用，促销、软件费用，生活津贴，电话和传真、其他营业费用，特殊项目费用，以及零售业务成本等。其中，特殊项目费用占总额的比例最高，很大程度上是由于公共工程项目资金的支出创造了就业机会。

10.2.2 资本支出

资本支出包括国家公园新建和改建基础设施，以及征地费等。

1. 美国

在美国这一项支出包括预算中的建设账户和征地账户。建设账户按每个新建设施及大型维护或更新改造项目逐项编列。十多年前，国家公园管理局对所有公园设施进行了一次全面调查编目，评估每个设施的状况，确定其生命周期内的维护费用，并对所有设施进行了排序以确定资金支出的优先顺序。国家公园管理局依据每条公园道路及步行道、每幢建筑、每个公用设施的评估状况，为其建立了设施状况指数（facility condition index，FCI）编码，或者为设施的某个部件或部分建立编码。国家公园管理局也依据每个公园设施的安全性、游客感受满意度、历史意义或其他价值的重要性,对其进行资产优先指数(asset priority index,API)排序。FCI 和 API 为国家公园管理局合理配置有限的维修经费提供参考。

征地账户是国会为特定的土地赎买而安排的拨款,由国家公园管理局提出并列入其年度预算。国家公园管理局仅限于赎买公园授权法所设定的公园边界范围内的土地。征地款来源于水土保持基金,该基金是一个美国国库专用账户,其资金来源于租赁美国外大陆架开采油气的公司所缴纳的特许费。国会根据每个联邦土地管理机构的申请,每年把用于购地的水土保持基金资金直接拨给这些机构,并指明要购买的地块。

2. 俄罗斯

俄罗斯国家公园管理局的支出分为两大类:运营成本和资本支出。资本支出用于创新的投资活动,包括基本建设、固定资产维护、购买昂贵的硬件、购买土地和无形资产。

3. 巴西

巴西的资本支出极少,主要有环境补偿费用和一些特殊项目,这方面资金完全依赖于财政资金。巴西国家公园与其他严格保护区在使用资金时需要满足法律中的以下条件:25%~50%的资金必须用于确保自然保护地的土地所有权的合法化。

4. 南非

资本支出项目包括折旧及分期债务偿还、经营租赁、修理和维护等。2014 年和 2015 年的资本支出占总支出的比重分别为 10.9%、10.4%。经营租赁的支出大是由于南非公园管理局将其整个车队运营管理进行外包产生的。

10.2.3 特别经费

6 个案例国家仅美国提供了这方面的信息:美国国会根据每个土地管理机构的使命,把用作特别经费的水土保持基金资金一次性拨给国家公园管理局、鱼与野生动物管理局和林务局。

特别经费是国家公园管理局向其他实体支付的与国家公园项目相关的资金,转移支付的对象主要是州政府和地方政府。这些转移支付资金可能采取竞争性方式分配,如美国战场保护项目、美籍日裔集中营遗址项目的资金分配,也可能按法定的公式进行分配,如水土保持基金给各州和部族文物保护办公室提供的援助资金和历史保护基金。

10.3 非财政拨款的三个收入机制分析

除财政拨款外,国家公园的收入来源还有门票收费、特许经营费和慈善捐赠 3 个渠道。6 个案例国家在这方面也有一些值得借鉴之处。

10.3.1 门票收费

国家公园的公益性决定了门票收费应该保持在适当的价格,该价格既能起到排他的作用，使国家公园的游客数量不至于超过容纳上限，又能够适当补偿旅游对国家公园生态的消耗。

美国《联邦陆地休闲改善法》赋予国家公园管理局收取休闲费的法律许可，该法规定，国家公园管理局和其他联邦机构根据下列规定确定收费标准：休闲费的收取标准应与为游客提供的服务和效益相匹配；内政部部长应综合考虑休闲费对游客和服务提供者的影响；内政部部长应该对别处、其他公共机构、附近的私人经营者收取的费用进行比较；内政部部长应该考虑收取的休闲费为哪些公共项目和管理目标服务。根据该法律，美国的公园门票收费制度以车辆为单位收取。门票收入的80%由收取的公园留用，用于设施维护和游客服务项目。其余的20%由国家公园管理局在全系统范围内进行竞争性分配，主要分配给那些不收费的公园，支持其设施维护和游客服务项目。另外，国家公园管理局还出售单个公园的年票，以及可以在不同机构管理的联邦公共土地上通行的年票（称为美丽美国年票）。相较于多次购票入园，这两种公园年票都给予游客很多优惠。批准这些收费项目的美国联邦法律还给予老年公民（62岁以上）一次性支付10美元就可以享受终身自由进出国家公园的权力。

而在德国，国家公园是免费的，只有一些导游带队的游客需要付费。游客支付的导游费大部分归导游所有，只有一小部分上交国家公园。巴伐利亚森林国家公园的此类年收入为3万～4万欧元，占公园费用的很少一部分。国家公园自身没有经济目标，仅有社会目标，即保护公园生态环境，以及因游客带来的当地居民就业岗位的增加和收入的提升。

在巴西，为了保障游客数量，收取的门票费也很低。

从这些国家的实践中，可以总结出以下3条门票定价原则。

（1）门票收费应兼顾经济目标与社会目标，并以后者为主；

（2）门票收费水平不宜过高，因为国家公园本质上是一种公共品，它的资金来源主要依靠财政资金而非商业收费，收费只是公园收入的适当补充；

（3）明确收费收入的用途，提高收费的针对性。

10.3.2 特许经营费

国家公园以保护为主的功能定位决定了应该限制公园内的商业经营活动规模和经营主体数量，而满足这一功能的市场化经营方式就是特许经营。

在美国，每个特许经营商除了向国家公园管理局在国库的中心账户缴纳特许经营费，还要向特许经营改善账户缴纳费用，用于特许经营商所在国家公园的重大基建项目。特许经营费收入的一种用途是用于改善国家公园的游客服务项目。此外，特许经营商如果根据合约对其使用的设施进行投资或者是建设新设施（国家公园管理局享有这些设施的财产权，但使用权属于特许经营商），若合约期满未能续约，经营商需交出使用的设施，国家公园根据合约赔偿其损失。特许经营费收入的另一种用途是补偿特许经营商的"租赁退保权益"。按照特许经营协议，特许经营商投资建造建筑物时，其并不具有该建筑物的所有权，所有权属于国家公园管理局，但特许经营商有"租赁退保权益"，可以获得的补偿资金，金额等于投资减去折旧费。在合约到期，新的特许经营商获得下一期经营合约时，"租赁退保权益"机制将发挥作用：

新的特许经营商需向上一个特许经营商支付后者在其经营期间积累的"权益"。国家公园管理局有时也会用特许经营费收入买入"租赁退保权益",以增加合约竞标过程的竞争性。

在南非,旅馆特许经营允许私人运营商在国家公园内建造和运营相关旅游设施,通常需要签订20年的特许经营合约。私人运营商可接管和升级指定区域的现有住宿设施,也可建造新的设施。投资者获得这些权利的同时,也需要承担一定的义务,包括相关的财务条款、环境管理、社会目标、授权和其他。合约期间,违反这些规定将受到相应处罚,可通过履约保证金巩固。在下一次转让特许经营权时,国家公园局也会将资产按一定的剩余价值收回。

从中可以提炼出以下4条国家公园开展特许经营的原则。

(1) 在市场准入上,特许经营权的授予应采用公开透明的竞争方式,以确保能提供质优价廉服务的企业(无论是新经营商还是老经营商)中标。

(2) 政府应信守承诺,确保特许经营商的改善型投资在合约期满后能收回投资成本,给企业一个稳定的预期,从而能鼓励企业投资,进而为游客提供更优质的服务。

(3) 特许经营商在价格、服务质量等方面应履行承诺,为此,需要公园管理部门加强监管,建立具有可置信的惩戒机制。

(4) 明确特许经营费用途,加强特许经营费监管。

10.3.3 慈善捐赠

在美国,国家层面的捐赠和慈善活动由国家公园基金会管理,该基金会于1970年由美国国会特许设立,是国家公园管理局的私人资金募集部。依据法规,内政部部长为国家公园基金会董事会主席,国家公园管理局局长担任董事会的财务主管。这两个董事会职位使其能以个人名义募集私人资金,而这恰是其以政府职位的名义不允许做的事。董事会的其他成员来自美国私人部门的各行各业,协助国家公园基金会募集资金。国家公园基金会的战略规划规定:国家公园基金会只能为国家公园管理局批准的项目募集私人资金。

在国家公园层面,每个公园都得到一个非营利合作协会的支持。该合作协会由国家公园管理局特许设立,以便建立、管理和经营通常位于公园游客中心的书店,该合作协会把书店的销售利润捐给公园用于解说和教育项目。多数游客量较大的大型公园都建立了一个合作协会,专门服务于该公园或者关系密切的几个公园。国家公园管理局也建立了几个服务于多个公园的大型合作协会。例如,东部国家公园协会管理着国家公园体系内175个国家公园的书店,这些公园大多数位于东部和中西部;而西部国家公园协会则管理着西部12个州的67个国家公园的书店。

自20世纪90年代开始,部分合作协会拓展了业务范围,开展慈善募款支持国家公园项目,其名称也因此发生了变化。例如,优胜美地博物馆协会成立于1923年,随着业务范围的适度扩展,于1985年更名为优胜美地协会,1988年又单独成立了优胜美地基金会,主要为国家公园募集私人资金,2010年,优胜美地协会和优胜美地基金会合并组建了优胜美地保护协会,2014年,优胜美地保护协会向优胜美地国家公园捐款1020万美元用于公园的各种项目。

国家公园管理局还有遍布国家公园体系的200个左右非营利友好团体,通常这些非营利友好团体分别与公园结为伙伴,名称不尽相同,包括友好团体、基金、保护协会、基金会等。多数合作伙伴为国家公园项目募集私人资金,提供志愿服务,宣传公园,为公众特别是周边社区居民提供享受公园的机会。

南非设立的保护信托基金有助于保护地管理局的管理和融资。它们的设立通常与具有高净值的个人、捐助机构或非政府组织的一次性的大笔支持有关,同时也得到私营部门、财政收入和保护地内的商品和服务按市场价值收费的补充。保护信托基金的资金投入到国家公园和其他保护地,包括特殊自然保护地。

常见的保护信托基金有3种:①捐赠资金只花费资产产生的效益,同时维持和提升资本本身的价值,通过负责任的管理提供长期的收益;②在特定期限内清偿债务的偿债基金,最适合资助公园项目或有明确期限的计划项目,当项目需要大量的初始资本投资时,偿债基金可以作为有效的财务管理机制;③周转循环基金通过留存收益定期收到补充资金,并可作为成本回收账户使用。

南非国家公园主要受益于美国私人基金会霍华德·巴菲特基金会,该基金会捐赠南非国家公园2.55亿南非兰特,主要用于克鲁格国家公园3年内的打击偷猎犀牛计划,该计划所实施的反偷猎战术也可以应用于非洲的其他地区。南非国家公园专门为该基金的使用建立了一定规模的监督机制,2016年是其实施的第三年。

从中可提炼出以下3条有借鉴意义的国家公园捐赠机制原则。

(1)依法设立基金会,明确基金会的定位、人员构成及其权责。

(2)明确基金会的筹集机制、运营机制和监管机制等。

(3)构建一套使公益基金能够可持续运营的运作机制,吸引更多社会力量投入公益基金的募集中。

10.4 我国保护地体系资金来源与使用状况分析

我国的保护地是由各部门分别建立的,有自然保护区、森林公园、湿地公园、城市湿地公园、风景名胜区、地质公园、海洋保护区、水利风景区、生物圈保护区、世界自然遗产地、国际重要湿地等,以及正在试点的国家公园。出于保护的目的,上述各保护地都得到来自中央和省级各个部门较为稳定的拨款。

从资金来源上看,各保护地的资金通常包括财政拨款、门票收入、特许经营收入等,其中,财政拨款占60%~70%,这与国外的国家公园收入结构类似。所不同的是,我国的各保护地由于承受着来自地方政府的较大的开发压力,也存在着各种形式的经济开发收入(如水电开发征收的水资源费收入、探矿权和采矿权使用费收入等),这些收入有的由地方政府收取并与中央分成,有的也在地方政府和保护地之间进行分成,从而构成保护地的一部分资金来源。从财政拨款的政府层级构成来看,中央财政拨款占较大比重,省和市(县)拨款比重相对较小,因而造成了一个客观事实就是中央实际上已经承担了大部分全国战略性自然资源保护的职责。从财政拨款的形式看,大部分保护地可用资金都来源于中央和省级专项转移支付(如国家天然林保护工程和生态公益林专项转移支付),只有少部分与保护地基本支出相关的拨款来源于保护地所在的地方政府。从专项转移支付来源的部门来看，包括来自林业、国土、住建、水利、农业等多个部门的转移支付项目，也就是同一个保护区通常存在着多个"婆婆"。

从资金运用上看，通常是保护地所在的地方政府通过市（县）预算安排保护区的基本支出（包括人员支出和日常公用支出），而中央和省级各部门的专项转移支付资金则用于森林病虫害防治、森林火险监测、信息化建设、聘用巡护人员、保护区的基本建设等项目支出。门票、特许权经营费收入在保护区与地方政府按一定比例分成后，被用于保护区的旅游设施建造和维护及弥补其他资金的不足。水资源费收入和探矿权、采矿权使用费分成收入则被用于植被恢复、水源保护等项目。事实上，上述资金来源和运用关系在不同的保护地之间存在着很大差异，不能一概而论。

上述保护地资金保障机制，客观上对实现保护目标起到了重要的作用。但也存在着以下几个方面的问题：第一，事权和支出责任不匹配。保护地大部分支出都由中央财政来保障，意味着全国战略性自然资源保护属于中央事权。中央事权应当由中央直接行使，但现有机制是中央通过大规模转移支付委托地方来行使，这不符合事权与支出责任划分改革的基本思路。第二，专项转移支付在各部门之间重复设置，影响资金的使用效率。第三，自有收入来源管理不规范，存在着门票缺乏合理的调整机制、特许经营管理制度不健全、程序不透明等问题。第四，慈善和捐赠尚未起步，存在着制度不健全、基金管理缺位、与非营利组织合作不足、款项管理有漏洞等问题。第五，志愿者组织发展不成熟，不能有效地利用志愿者组织补充人力资本的不足，缓解资金压力。

第 11 章 国家公园的自然资源管理

《辞海》将自然资源定义为"天然存在的自然物,如土地资源、矿产资源、水利资源、生物资源、气候资源等"。联合国环境规划署的自然资源定义是:在一定的时间和技术条件下,能够产生经济价值、提高人类当前和未来福利的自然环境因素的总称。上述两个定义都契合了古典经济学的理念,资源是资财的来源,其内在涵义侧重资源的经济价值。但伴随全球可持续发展浪潮的演进,人们对资源的关注由经济视野转向环境视野、社会视野,强调对资源的利用不能破坏人与自然环境的和谐关系,要充分顾及后代人利用资源的权利,即关注资源在代际的分配。

国家公园是自然的瑰宝,是一个国家最重要的自然遗产。国家公园范围内的自然资源在管理方面除了需要考虑一般意义上的可持续发展,关注资源利用上的代内公平和代际公平之外,更应该严格保护独特景观、原野和各种自然物种的原始特征,确保人类可以借其了解自然的本来面貌。这是由国家公园的基本理念所决定的。本章对比分析美国、德国、俄罗斯、巴西、新西兰、南非 6 个国家的国家公园案例,提出它们在国家公园自然资源管理方面的启示和借鉴之处。

11.1 土地资源管理对比分析

土地资源是国家公园最重要和最基础的自然资源,其他类型的自然资源,如生物资源、矿产资源、森林资源、水资源、地热资源等都依附于土地存在。因此,土地资源管理是国家公园自然资源的重要和基础内容。

11.1.1 土地权属

6 个案例国家均有自己的保护地,有的由来已久。例如,巴西在 18 世纪中期还处于帝国时代就已经开始征用森林实施环境保护,并且将农场、牧场等征用为公共土地。国家公园是保护地体系中的一部分,所占土地从土地权属上看,以公共土地为主体,兼有其他产权属性的部分土地,土地权属关系基本清楚。这种产权格局的形成有各自历史选择的原因,也有制度设计的原因,各国情况不尽相同(表 11-1)。

表 11-1 案例国家国家公园土地资源及土地权属

国家	土地权属	土地权属归口
美国	公共土地	国家公园管理局
	私人土地	私人
	印第安人保留地	部落所有、联邦政府信托管理

续表

国家	土地权属	土地权属归口
德国	公共土地	州政府
俄罗斯	公共土地	联邦政府
	公共土地	市政府
	私人土地	私人
新西兰	公共土地	中央政府
巴西	公共土地	政府
	私人土地（农村属性）	私人
南非	公共土地	政府
	私有土地	私人

其中，美国和新西兰的土地开发模式比较相似，政府既保留了原住民和早期定居者的利用模式，也出让土地供居民定居使用，以优惠条件将大片土地划为农业和林业用地，以及保留大片公共土地。两国国家公园建立之初的主要土地就属于公共土地。这是因为，一方面这两个国家大多数当时未开发区域都属于公共土地，而国家公园划定的范围本身就是那些具有突出价值、代表国家自然遗产最高水准、人类活动影响极少的区域，因此，自然选择了这些公共土地；另一方面，在包括国家公园在内的保护地体系建立过程中，为了满足自然保护的公共用途，联邦政府购买了部分土地。两个国家都有专门用来获取土地、鼓励私人土地保护的金融工具。

德国保护地体系的建立最早由个人或非政府组织发起，而后才变成国家行为，因此，保护地的土地权属包括私人土地、社区土地、州的公有土地。但是从建立第一个国家公园开始，土地就是州的公有土地，权属关系最为单一、清楚，相应的土地管理职责也较多落实在州政府。这是德国国家公园比较独特的一点。

巴西和南非的土地权属关系比较复杂，这与其历史和国情有关。巴西在18世纪中期还处于帝国时期时，就已经征用部分具有保护价值的土地，目前，虽然保护地中也有私人土地，但必须按照相关法律进行保护。南非在历史上土地权属关系就比较复杂，但国家公园的土地绝大部分是公有土地，只有少部分为私人土地，这些私人土地一旦划入保护地体系后，政府就会通过购买、交换等手段改变其土地权属。

俄罗斯国家公园土地资源以公共土地为主，包括联邦政府所有的公共土地、市一级政府所有的公共土地，同时兼有少量私人土地，部分国家公园私人土地比例较大。某些情况下，私人土地或他人正在使用的土地对国家公园没有负面影响，也不违反国家公园的土地利用制度，如国家公园内许多农地并没有放弃经济活动。

纵观6国案例，国家公园土地资源总体上以公共土地为主，但权属结构并不单一，在具体的土地管理中均涉及权属信息统计和权属确定，这方面工作各国进程有所区别。美国、德国、新西兰土地权属信息清晰完整，巴西的统计数据尚不完备，较不可靠，并且土地权属调整也是巴西国家公园管理的主要瓶颈。

11.1.2 法律和管理体系

6国国家公园的土地管理有相应的法律和管理体系,使得在土地范围确定、功能区划、分类管理等方面都有制度依据。美国是最早建立国家公园的国家,在土地管理方面的制度体系最为完善,明确规定了不同权属土地的管理主体和制度依据。其他各国均有相应的制度体系,但完善程度迥异。

美国的公共土地由国家公园管理局、鱼与野生动物管理局、土地管理局和林务局4个联邦政府机构管理。虽然都是公共土地管理机构,但管理理念并不相同,国家公园管理局和鱼与野生动物管理局以保护优先;土地管理局和国家森林体系以多种利用、持续产出为原则。国家公园所辖公共土地的管理一方面遵循一系列法律对公共土地管理的规定,如《国家历史保护法》《原野保护法》《考古资源保护法》《自然和景观河流法》《国家步行道系统法》《文物法》《国家环境政策法》等,另一方面又遵循专门的国家公园法律体系,如《国家公园管理局组织法》《国家公园体系一般授权法》《国家公园综合管理法》等。另外,对非公共土地的管理也有相应的制度和法律。印第安保留地不属于公共土地,但在国家公园范围内的印第安保留地交由内政部下属机构托管,确保土地的管理主体和管理职责不虚置。对私人土地的管理,涉及土地权属变化方面内容,有法律为相应的土地购买行为提供保障。《土地和水资源保护基金法》就从相应的特许开采费、土地出售收入中拨款给国家公园管理局,为其购买私有土地提供资金保障。对国家公园内私人土地的保护和管理,则通过保护地役权和其他法律机制寻求永续保护。

德国国家公园还处在初建阶段,土地管理的主要依据是《联邦自然保护法》,其中有专门条款界定国家公园、规定土地管理的具体内容。但是,德国国家公园是由州政府落实建设和管理职责,联邦法律提供的是法律框架,州的法律才是管理的基础。正因为如此,德国国家公园管理缺乏国家约束力,缺乏与国际准则匹配的质量标准,其中,土地管理也不例外。

新西兰保护地曾经历过各个职能部门切块管理的阶段,无形中将包括国家公园在内的保护地置于部门利益博弈中。在20世纪80~90年代的环境管理改革中,取消了原来庞杂的公共土地交叉重叠的管理机构,设立了环境部和保护部,这样的机构改革提升了公共土地的保护级别,国家公园的土地管理也相应受益。目前新西兰有《保护法》为针对所有公共保护地的保护行为提供法律依据,《国家公园法》虽然保留下来,但以《保护法》为上位法。

俄罗斯国家公园既有公共土地,也有私人土地,公共土地中既有联邦政府的,也有市一级的,但是管理层级在联邦政府,由联邦自然资源和环境部管辖。国家公园19.6%的土地是非联邦政府公共土地,包括居住区(即市政府和私人拥有的土地),建立国家公园时,土地用途和权属都未改变。但是,这些土地均在国家公园的特殊保护制度之下,如果有经济实体拟在国家公园内开展社会经济活动、在居住区内发展项目,均需与联邦自然资源和环境部进行谈判。俄罗斯没有制定国家公园法,联邦自然资源和环境部管理国家公园的主要法律依据是《联邦自然保护地法》,其中有专门条款规定国家公园的管理要求,另外,也参照民法、土地法、森林法、水法等基本法律相关条款内容实行管理。

巴西国家公园包括公共土地和私人土地。从 1934 年的《森林法》开始,巴西就对私人权属(农村财产)的保护地有强制性的保护措施。巴西国家公园的法律和管理体系比较杂乱,屡次调整。管理机构从林务局(隶属于农业部)到取消专门的管理机构,再到建立巴西森林发展研究所管理国家公园,后来又出现内政部所属的环境特别秘书处与之争夺管理权力。如今巴西国家公园在联邦层面的管理机构是奇科·蒙德斯生物多样性保护研究院。主要的法律依据是《巴西保护地体系法》,以及修订后的《巴西联邦共和国宪法》《森林法》《公共森林管理法》等。

南非国家公园土地的归口管理有交叉重叠的地方,有些国家公园同时也是海洋保护区、森林自然保护区、国际重要湿地和省级自然保护区,因此,国家公园管理当局必须遵守《国家森林法》《海洋生物资源法》《山区集水区域法》《保护地法》等。有些区域经南非国家公园局授权,由省级管理当局及下属部门成立保护区进行管理。私有土地划入国家公园需要得到私有土地所有者同意,需要根据《土地征用法》以购买、交换、依法征用或没收的方式来改变土地权属,也可以不改变土地权属参与保护区行动,私有土地所有者可以获得税收减免和物业税免除的优惠。目前越来越多的私有土地所有者加入生物多样性保护项目中。

11.2　生物资源及环境资源管理对比分析

生物资源及环境资源依托于土地资源,与国家公园的自然地理环境、生物多样性、生态完整性密切相关,生物资源及环境资源管理最能反映国家公园的理念与愿景。基于世界国家公园体系的基本理念和愿景,各国国家公园生物资源及环境资源管理基本相同。以下从生物资源及环境资源管理目的、管理途径两个方面来比较提炼 6 个案例国家的共同(相似)做法。

11.2.1　管理目的

土地分类管理中,大多数国家公园都属于(或对应于)IUCN 的 II 类保护地,地域范围内的生物资源及环境资源的主要管理目的是特色物种和生态系统的完善,为环境和文化的兼容、精神、科学、教育、娱乐和访客体验提供基础。这些管理目的通常都会纳入各国国家公园的相关法规、管理政策、规划体系和权威调查报告中,文字表述大同小异。以美国为例,主要是保护生态资源不受损害,管理不断变化中的国家公园体系的资源,保护生态完整性、文化与历史的原真性,为游客提供转型体验,形成国家陆地景观、海洋景观的核心等。但在不同国家,对自然资源和环境资源管理的理念认知也有区别。例如,德国提出自然资源管理要维持自然过程和生物群落,但对回归到何种状态下的自然环境也有讨论,提出国家公园的管理要实现"结束管理自然的历史"的目的,在价值认知上表达十分鲜明。

11.2.2　管理途径

各国对国家公园内生物资源及环境资源管理途径选择的价值取向大体相同,保护优先，不进行商业开发和经济利用（特殊情况下有限利用）。通过梳理，以下几点被部分或全部案例国家采纳。

（1）生物资源及环境资源统计与调查。这一途径各国均有采纳，但实施完善程度各不相同。美国、德国等国家对公园资源的长期趋势进行编目和监测，关注自然地理和生物特征，观察自然的动态过程。

（2）生物资源及环境资源管理具有资金投入优先级别。这是指在国家公园资金投入上，生物多样性保护及相关内容有优先权，各国国家公园都有相关的资金保障。

（3）法律法规和规划体系。自然资源和环境资源管理纳入相关法律法规和公园规划体系，以法律、管理政策等制度保障生物多样性的完整。相关监督职责由国家监督部门负责。

（4）保护为主，有限度利用。对国家公园内生物资源及环境资源以保护为主，限制人类活动方式，禁止商业开发利用，主要在限定区域内开展生态旅游、环境教育、户外游憩等活动，严格控制活动类型，发挥生物资源及环境资源在国民教育、访客体验方面的价值。但是有些国家由于发展历史，对某些人类活动有所保留。例如，德国对高山草甸放牧、渔猎、村民饮水使用等传统的资源利用方式做了限制性的保留；南非出于对国家公园相邻社区福祉的考虑，在管控基础上对传统的生物资源加以利用，公园内部分农地还保留了原来的经济活动，但整体上不违背国家公园土地制度，没有负面影响。

（5）国际交流、科研合作。各国国家公园在生物资源及环境资源和生物多样性等领域都有国际交流和科研合作。但由于各国经济条件不同，其具体途径也不同。美国较多地利用本国经济实力和研究实力，开展环境监测、物种监测等工作，每个国家公园至少和当地一所高校合建生态系统合作研究网。巴西、南非等国家较多地利用国际力量，以重点项目方式开展生物资源保护与管理工作。

另外，美国对公园周边土地实行兼容管理，以维持公园自然资源和正常的生物过程，保证自然生态的完整性。

11.3 其他自然资源管理对比分析

此处所指的其他自然资源主要是国家公园内的矿产资源、林业资源、农业资源、渔猎和狩猎资源等。虽然多数自然资源都在国家公园的理念和管理之下遵循保护优先的原则，但是也有矿产开采、林木采伐、农业生产、传统渔猎狩猎，甚至是养殖渔业等经济活动，某些情况下资源利益在部门之间、不同主体之间争夺还十分激烈。相比之下，美国的管理体系比较完备，矛盾控制较好。

美国国家公园地下矿产，如石油、天然气的产权不属于国家公园管理局，而产权所有者有权开采，国家公园管理局依法对开采行为进行规范管理，或者是购买产权。美国印第安保留地上也设有国家公园，在有些印第安保留地，印第安人与联邦政府签署协议，放弃土地，换取保留地和部分传统的资源利用方式，包括采集、渔猎等。这一点，与新西兰考虑毛利人利益的情况比较相似，都允许保留传统的资源利用方式。出于维持文化景观的目的，政府购买国家公园内的传统农地之后又租给农民从事农业生产，但不能危及物种安全和环境安全。对原住民的权利保护（生存权）也体现在其他资源的利用方式上。国家公园管理局允许传统狩猎、渔猎方式，但对危及物种安全的活动会加以限制。在争夺资源及资源利益方面，尽管有成熟的国家公园管理体系约束国家公园管理局与其他联邦机构之间就公园周边多用途土地的放牧、采矿、石油天然气开采、伐木等情况开展跨部门管理，但效果并不明显，因此，主要还是依靠地役权管理或产权购买来改善。

德国国家公园设在州的公共土地上，以林地居多，本国人口又较为稠密，再加上国家公园历史不长，因此，面临着比较突出的资源利用方式博弈和政治游说。目前主要的解决途径是协同协会、非政府组织完善公众框架，积极开展公众教育，促进公园内林业资源用途的转变。

俄罗斯国家公园中非联邦所有的土地并没有完全停止经济活动，但要求可持续利用。原住民的生计区域依然可以开展传统的经济活动，农地也没有放弃农业生产。除了土地租赁之外，也是通过地役权来利用其他资源，包括狩猎、捕捞、养殖等。俄罗斯的自然资源利用由联邦法律规范调控，但对国家公园周边的自然资源需求十分突出，利益分歧较大，还有因为当地不愿放弃林业资源和伐木生产而不支持设立国家公园的情况。

南非和巴西对其他自然资源的利用主要处于探索经济补偿的思路的阶段，但是整体上管理体系并不完善。

第四部分 对中国国家公园体制建设的建议

第12章 对中国国家公园体制建设的具体建议

通过对6个案例国家的综合分析和比较，笔者认为，从长远和全局看，中国国家公园体制建设面临着良好的机遇，在全面改革的背景下，平衡保护与发展大局，需要全面树立国家公园为国家所有、全民共享、世代传承、保护优先的理念；全面整合我国的各类保护地，构建组成结构合理的保护地体系；成立一个直属于国务院的综合性保护机构，下设国家公园管理局，与其他保护地类别并行管理；强化法律基础，制定国家公园条例，并促进保护地法的制定，全面统筹协调各类保护地的管理；突出全局规划和顶层设计，制定国家公园体系和单个国家公园总体规划与管理规划，并强化执行；建立以中央财政投入为主，多种模式并存的资金机制；由中央和地方共同管理，明确事权划分。

具体建议如下：

（1）坚持国家所有、全民共享、世代传承、保护优先的国家公园建设理念。综合来看，6个案例国家建立国家公园的目的都是保护自然及历史文化遗产，并在做好保护的前提下，让全体公民享受国家公园的资源，实现代际公平。对国家公园的资源可以进行可持续利用，即基于生态的利用。最重要、最大尺度的基于生态的利用，是指国家公园保护良好的自然生态系统和自然生态过程所产生的全民共有、世代享用的生态系统服务（持续提供清新的空气、清洁的水源、优良的生存空间等），以及对周边区域的生产生活提供的生态效益、经济效益、社会效益。不仅包括近期的，也包括长期的；不仅包括直接的，也包括间接的。当保护和利用发生冲突时，一般总是保护优先。我国建设国家公园，要坚决防止将建立国家公园变相搞成旅游开发。

本书提出中国国家公园的初步定义供讨论："国家公园是国家依法设立的、自然资源权属清晰、生物多样性丰富、自然景观优美、具国家代表性的区域，其面积足够维持完整的生态过程，部分区域可以开展科学研究及环境教育/自然体验等形式的生态旅游，能够让人们世代欣赏，和谐共存。"在建立国家公园标准过程中要进一步确定"具国家重要性"的标准，包括能够代表各种生态系统等。国家公园也允许划定有限面积供公众生态休闲和自然体验之用。表12-1为各案例国家（组织）的国家公园定义或含义。

表12-1 各案例国家（组织）的国家公园定义或含义

国家（组织）	定义或含义
美国	国家公园具国家重要性，面积足以确保其承载的资源和价值可被充分保护。以不受损害的方式和手段，保护其风景、自然和历史纪念物，让当代及子孙后代享受它们
南非	国家公园可以代表南非生物多样性的区域，包含不同的生态系统，面积足够大能够长期维持关键生态过程
德国	国家公园以法律约束力划定、以一致的方式加以保护的区域；面积大，基本上不破碎化，具独特性质；其大部分区域满足作为自然保护区的条件；其大部分区域未遭受人为干扰，或只受到有限的影响，适于发展成能够确保自然演替过程不受干扰的状态。也服务于环境观察、自然史教育、公众自然体验等

续表

国家（组织）	定义或含义
新西兰	国家公园永久性地保护新西兰境内罕见、壮观或具科学价值的，且能体现国家利益的独特美景、生态系统或自然特征，保存其内在价值，供民众使用、游憩并受益，代表着新西兰自然景观和地域的"宝中瑰宝"
巴西	国家公园是严格保护的自然保护地中最知名的类型，同时占有最大的国土面积，保护有重要生态价值和风景优美的自然生态系统，同时允许科学研究、环境教育及生态旅游活动
俄罗斯	国家公园是具有特殊的生态、历史和美学价值，用于环境、教育、科学、文化、规范的旅游等目的的自然复合体和区域，是联邦的财产
IUCN	国家公园把大面积的自然或接近自然的区域保护起来，以保护大范围的生态过程及其中包含的物种和生态系统特征，同时提供环境与文化兼容的精神享受、科学研究、自然教育、游憩和参观的机会

（2）全面整合我国的各类保护地，构建结构合理的保护地体系。大多数案例国家的保护地体系内部结构比较合理，各类保护地的管理目标区别明显，相应地，其管理严格程度也不同。美国国家公园管理局和鱼与野生动物管理局管理的各类保护地，首要目标是自然资源保护；而土地管理局和林务局管理的土地，其目标是"多种利用、持续产出"。美国国家公园体系内的18个类别中，国家保留地、国家休闲区、国家海滨和国家湖滨区允许开展运动狩猎活动，冠名国家公园的这个类别则不允许这一活动。俄罗斯的国家自然保护区是保护最严格的类别（区内不允许旅游活动），国家公园次之。

我国的保护地是由各部门分别建立的，有自然保护区、森林公园、湿地公园、城市湿地公园、风景名胜区、地质公园、海洋保护区、水利风景区、生物圈保护区、世界自然遗产地、国际重要湿地等，以及正在试点的国家公园。自然保护区又分为自然生态系统类、野生生物类、自然遗迹类三大类，自然生态系统类再进一步分为9个类型。虽然各类保护地都有各自的功能定位（管理目标），但缺乏协同性、内耗严重，不成体系，管理效率低下。

本书建议，借鉴案例国家的经验，根据国家生态系统和文化遗产资源保护的战略需求，全面整合我国现行的自然保护地，形成空间布局和类别组成合理的保护地体系。目前最迫切的任务是制订保护地整合方案，这既是建成我国保护地体系的需要，也是建立国家公园体制的需要。没有保护地整合方案，国家公园在保护地体系中的地位就不明确，就没有明确的国家公园体制建设方向。本书提出一个非常初步的设想作为进一步讨论的基础（表12-2），具体改革可能包括统一的分类标准体系、统一的命名规则、统一的分类管理目标和原则、统一的分级分类管理制度体系等。

表12-2 中国保护地分类建议

保护地类别	管理级别	管理目标或其他说明	来源
国家公园	国家级	主要用于生物多样性（即指物种、群落和生态系统）和景观保护及休闲游憩	目前的部分自然保护区、地质公园、沙漠公园、森林公园、湿地公园、海洋公园、风景名胜区等
自然保护区	国家级、省级、市县级	主要用于大面积自然荒野保护（目前的自然保护区数量多，需修订《自然保护区类型与级别划分原则》，进行分类调整）	目前的部分自然保护区、地质公园、沙漠公园、海洋公园等

续表

保护地类别	管理级别	管理目标或其他说明	来源
自然公园	国家级、省级、市县级	主要用于栖息地及陆地/海洋景观保护和休闲游憩	目前的部分自然保护区、地质公园、沙漠公园、森林公园、海洋公园、风景名胜区等
自然与自然文化遗迹	国家级、省市级	主要用于独特的自然或自然文化特征保护	目前的部分风景名胜区、地质公园等

（3）成立直属国务院的部级综合保护机构，下设国家公园管理局。美国和南非的联邦（国家）级保护地分别由不同部门管理；新西兰、俄罗斯（联邦级保护地）、德国、巴西的各类保护地，集中由一个部门管理（巴西的各类联邦级保护地1989~2007年由一个部门管理，2007年出现了主要由一个部门管理，但另一个部门也行使部分职能的现象）。即便是由不同部门管理的国家（如美国和南非），也只是不同部门分别管理不同的保护地类别，不存在多部门管理同一处保护地的现象。这就使各处保护地的管理目标很清晰，不混乱。

所有案例国家的联邦/国家级保护地都实行垂直管理。新西兰的扁平化垂直管理模式——由保护部的行动团队与基层办公室直接对接，尤其是一个亮点。俄罗斯、新西兰、德国和巴西都不是根据国家公园或保护地的类别设置部门，如新西兰并不按国家公园、自然保护区、风景保护区等设置保护部的内设部门，而是按管理保护地需要采取的对策/措施建立保护部的工作团队，并且不用部门之称谓，而是称为行动团队。

我国的保护地由林业、环保、国土资源、海洋、水利等十几个部门，以及一些科研院所和高校、国家大型森工企业等分头建设和管理。更不合理的是，多个部门管理同一处保护地，部门之间互相圈地，多头管理，造成整体协调性差、内耗大、管理低效。

本书建议，借鉴新西兰和俄罗斯的经验，成立直属国务院的综合性保护机构，管理我国所有类别的保护地，可以参考美国的方式按保护地类型设立包括国家公园管理、自然保护区管理、自然公园管理等职能的部门，或者借鉴新西兰模式按功能设立包括战略规划、运营、科研监测、地方关系、国际合作等职能的部门，垂直管理地方办公室。将现有分散在各部委的保护职能整合到一个部门，实现一处保护地只属于一种类别，由一个部门管理。

（4）完善保护地管理的法律体系，尽快制定国家公园条例，实时启动《保护地法》立法程序。在国家公园的立法方面，可将案例国家分为两大类。美国、新西兰和南非都制定了《国家公园法》，美国建立了庞大的国家公园体系，也相应地建立了一套完整的国家公园法律体系；新西兰的国家公园法律体系与美国相似。巴西、德国和俄罗斯均未制定《国家公园法》，但巴西的《巴西保护地体系法》包含国家公园的核心内容；德国在《联邦自然保护法》中专列国家公园条款；俄罗斯则颁布关于国家公园的政府行政令和部门规章。

所有案例国家都制定了保护地法律，巴西在宪法中就环境（保护）专列了一章，依法建立和管理保护地。美国为每类保护地都制定了法律；新西兰、南非和巴西不仅分别制定了各类保护地的法律，还制定了级别更高的《保护法》（新西兰）、《保护地法》（南非）或

《巴西保护地体系法》（巴西），用以协调和统一保护地管理体系；德国制定了综合的《联邦自然保护法》；俄罗斯不仅制定了《联邦自然保护地法》，还用其他相关法律如《土地法》《林业法》《野生动物法》等规范保护地各种资源的管理与保护。

可见，案例国家明确将《保护地法》作为上位法，统筹协调各类保护地的法律法规。

我国仅自然保护区和国家级森林公园的总面积就约占国土面积的16%，加上风景名胜区、地质公园、湿地等其他类别，约占国土面积的1/5。但目前只有《中华人民共和国自然保护区管理条例》（国务院）、《国家级森林公园管理办法》（国家林业局）、《湿地保护管理规定》（国家林业局）、《风景名胜区条例》（国务院）等，已经远不能适应管理约1/5国土的需求。

本书建议，借鉴国际经验及我国国家公园体制试点过程中面临的问题，尽快制定"国家公园条例"，规范国家公园建设。建立国家公园体制，其根本目的是理顺和整合我国的各类保护地，建立起覆盖全面、结构合理、协同性强的保护地体系，提高保护地管理水平，实现保护地永存和代际共享。待时机成熟，即可制定"保护地法"，依法管理不同类型的保护地，实现不同类别之间的协调和统一。

（5）制定中国国家公园的宏观规划，优化空间布局，建立30万~80万平方千米的国家公园。6个案例国家中，国家公园平均占国土面积的3.0%。这些国家设立国家公园的时间很早，都没有进行过实际意义上的国家层面的宏观规划。然而，有些国家已经意识到宏观规划对国家公园建设的重要意义，如南非进行了多次的国家层面的生物多样性评估，采用生物多样性系统规划技术来确定生态系统的保护现状，确定国家保护行动的优先区及详细的规划。所有案例国家的国家公园分布比较均匀，起到了比较好的保护和公众服务的功能。

截至2014年底，我国有自然保护区2669处、风景名胜区962处、国家地质公园218处、森林公园2855处、湿地公园298处、海洋特别保护区（含海洋公园）41处、国家公园试点9处，上述保护地约占国土面积的17%，其中，国家级自然保护地约占国土面积的12.5%。根据2010年《联合国生物多样性公约》爱知目标，在2020年各缔约国陆地生物资源保护区将达到17%，海洋保护区将达到10%。中国正处于国家公园的起步阶段，国家公园是保护地最重要的一个类型，现在是做好合理的整体布局的最佳时机。

本书建议，根据国家公园准入标准，结合中国保护地体系分类、中国土地和自然资源使用国家统筹安排，进行国家公园的宏观规划，做到空间布局合理，类别清晰，科学指导国家公园发展决策。参考案例国家特别是美国，将我国的国家公园分为两大类：历史文化类和自然资源类。历史文化类主要按照中国历史的发展归纳为几大主题；自然资源类应用系统保护规划的方法，综合评价物种和生态系统等自然资源在全国的分布和状态，以及建立国家公园的目的，在全国范围内确定不同级别的优先区域，进而通过多方参与的程序确定建立国家公园的数量和区域。中国起步较晚，有机会把国家公园规划得更合理。

（6）制定国家公园管理的总体规划和具体规划，对国家公园进行科学管理。各案例国家都强调：总体规划由多学科团队编制，编制时要充分利用现有的科学数据和学术研究成果，总体规划的编制必须确保公众的参与。总体规划有效期一般在10~20年。

一旦总体规划编制完成，就需要编制其他具体规划。具体规划包括资源管理计划、商业服务计划、运输计划、土地保护计划、解说计划、基础设施设计和建设计划等（美国用总体规划，新西兰、南非、巴西、德国用管理计划，与总体规划平级）。

中国的国家公园将由自然保护区、风景名胜区等不同保护地整合而来。中国的保护区系统虽然有总体规划和具体规划，但是其内容都不具体详尽。中国的自然保护区分为核心区、缓冲区和试验区，一般没有具体的保护规划和管理细则，也没有对游客的规划。中国的国家公园要在充分保护自然资源和文化遗产的同时对外开放，就必须制定完善的总体规划和详细规划，阐明国家公园内的自然和文化资源、建设公园的目的和重要性、地域边界和特点、土地权属和管理细则等。

本书建议，第一，每个国家公园都要制定格式规范的总体规划。总体规划包括长远的、完整的和具体的国家公园自然保护规划，包括各区的自然资源与生态系统保护要求和措施、生态监测内容和措施、巡护管理措施、生态教育项目、当地居民参与保护与生活质量提升规划等。至少配有一张地图和分区说明。第二，每个国家公园都要制定具体规划。具体规划主要包括资源管理计划、商业服务计划、运输计划、土地保护计划、解说计划、基础设施设计和建设计划等。第三，制定国家公园功能分区的指导原则，科学分区，实现国家公园的既定功能。对国家公园进行适当的分区，根据不同国家公园的具体情况，决定分区的数量、类别和面积。至少可以分为休闲娱乐区、有限访问区和荒野区3个不同保护级别的类型。明确规定游客能够进入的区域和禁止/允许开展的活动，如在荒野区严禁采摘、捕猎、钓鱼、篝火等，在有限访问区可以酌情许可放篝火、搭帐篷、漂流等活动。

（7）通过立法赋予国家公园管理机构综合执法权，建立职责明确的统一执法体系。案例国家都十分重视其国家公园管理机构统一、充分和相对独立的执法权。美国、巴西和俄罗斯均建立了全国统一的国家公园/保护地执法队伍，新西兰、南非等国家在各个国家公园配有一定数量的执法官，全权负责国家公园内的执法工作。美国国家公园园警执法范围包括超速驾车、违法盗猎等违法行为；巴西国家公园主管部门有专门的执法队伍，负责处理环境犯罪、毁林、非法采矿和土地侵占等违法行为，并协调处理非法走私野生动植物和植物组织等具体事务；南非国家公园园警的职责包括检查、报告和执法，在一些特别偏远的地区，还需处置暴力犯罪、偷猎和跨境犯罪等问题；在新西兰，执法官负责正式调查国家公园内的违法行为，包括猎杀或捕杀受保护的动物、未经许可的商业活动和在海洋保护区内垂钓等；俄罗斯国家公园督察员配有枪支，可以全方位督察国家公园内的违法行为，包括为相关部门处理刑事案件提供材料，扣留移送违法人员，检查园内车辆和物品，没收和扣留非法野生动物产品和偷猎工具、车辆和文件等；德国国家公园巡护员的执法权利包括对违规停车、跨越不允许跨越的步道或在篝火活动点外生火等情况进行处罚。

目前中国的保护区内执法不统一，除森林公安部门在保护区有相应的执法权外，工商、环保及交通等部门也有权进行处置，管理缺乏协调。

本书建议，借鉴国际经验，通过立法在国家公园管理机构建立协调统一的执法队伍，赋予国家公园相对独立、职责明确的综合执法权，执法范围包括国家公园内自然资源的管理和利用，以及相关的民事和刑事行为，如交通、治安、经济犯罪等。

（8）科学划分国家公园的财政事权，建立以中央财政事权为主体的事权结构。6个案例国家，除德国外都是以中央（联邦）政府为主承担国家公园的财政事权。这符合事权划分的基本原则，也是国家公园财政事权划分的普遍做法。

我国国家公园财政事权也应当以中央为主。理由如下：①按事权划分的原则，国家公园提供的公共服务具有正的外部性，并且如果由地方提供存在着激励不相容问题，宜划分为中央事权。从信息处理的复杂程度看，地方似乎比中央更有优势，但中央可以通过设立地区性的国家公园管理机构，由中央授权地方管理和现代信息技术的应用弥补这个缺陷。②从事权改革方向来看，国务院在《关于推进中央与地方财政事权和支出责任划分改革的指导意见》里明确提出"适度增加中央事权"，将"全国性战略性自然资源使用和保护等基本公共服务确定或上划为中央的财政事权"，并减少中央委托事权。国家公园从性质上属于全国性战略性自然资源，理应上划为中央财政事权。③从现有保护地资金来源渠道上看，中央财政通过转移支付实际上已经承担了大部分保护有关的事权。

但不同于6个案例国家，我国的国家公园范围内由于历史原因散布着不少乡镇、村落，并聚居了很多原住居民，这就需要保留地方政府对社会事务进行管理的事权，从而形成以中央财政事权为主体，包括地方财政事权、中央与地方共同财政事权在内的完备的事权结构体系。其中，中央财政事权包括与国家公园职能相关的保护、游憩管理、游客教育、科研等，由国家公园管理机构负责组织实施；地方财政事权包括社会治安、城乡社区事务、居民就业引导和培训、区内及周边产业引导等地域性强、信息复杂的基本公共服务；中央与地方共同财政事权可以分为两大类，第一类是国家公园范围内的义务教育、公共文化、公共卫生、基本养老保险和基本医疗等基本公共服务，适合划分为中央和地方共同财政事权，由中央和地方各级教育、文化、卫生、社会保障等行政部门负责行使；第二类是国家公园范围内的公路设施建设、居民点调控、居民参与特许经营和保护管理等事务，适合划为中央和地方共享财政事权，根据财政事权外溢程度，由中央和地方按比例或中央给予适当补助方式承担支出责任。

借鉴案例国家的普遍做法，应考虑设立国务院直属的部级综合保护部门负责全国范围内的国家公园管理事务，处理由事权和支出责任划分带来的职能调整及人员、资产划转等事项，配合推动制定或修改相关法律、行政法规中关于国家公园事权和支出责任划分的规定。

（9）遵循事权与支出责任相适应的原则，划分各级政府支出范围，构建转移支付体系。6个案例国家遵循事权与支出责任相适应的基本财政原则，由中央（联邦）政府承担了主要支出责任（德国例外）。但与我国不同的是，案例国家的国家公园内不存在大量的居民，不需要保留地方政府的社会管理职能，因而地方政府的事权薄弱，支出责任相对也少。我国的国家公园在遵循事权与支出责任相适应的原则基础上，需要着重考虑以下几个方面的问题。

划分支出责任。国家公园财政事权中，保护、游憩管理、游客教育、科研属于中央财政事权，应由中央通过各个国家公园直接行使，由中央财政安排相关经费，不得要求地方安排配套资金；社会治安、城乡社区事务、居民就业引导和培训等地方财政事权，原则上由地方通过自有财力安排；对中央和地方有各自机构承担相应职责的财政事权，如义务教育、公共卫生、公共文化、社会保障等，由中央地方各自承担相应支出责任；对应由中央和地方共同承担的事务，如国家公园范围内的公路设施建设、居民点调控等，由国家公园和地方政府各自承担相应支出责任。

重构转移支付体系。国家公园成立后，将会对所在地县市财政产生重大影响，这主要是限制和禁止开发导致地方税收和非税收入减少，以及更加严格的保护导致就业问题和经济转型问题需要消耗更多的地方财力。为调动地方政府积极性，更好地实现国家公园保护管理目标，需要通过对县市的财政转移支付弥补地方财政的这部分损失。这主要包括：①一般性转移支付。目前，我国生态转移支付是以专项转移支付为主，一般性转移支付比重偏低。以一般性转移支付为主体构建国家公园转移支付制度，可以增强地方政府统筹安排使用财政资金的能力，减少专项转移支付涉及部门多、分配使用不够科学的问题。中央和省级财政应建立对国家公园试点区范围内和周边县市的一般性转移支付制度，以保证国家公园所在地基本公共服务均等化为目标，在考虑不同类型的国家公园生态功能因素的基础上，选取影响财政收支的客观因素，并适当考虑纳入国家公园范围的面积、人口规模、海拔、温度等成本差异系数，采用规范的公式化方式进行测算。同时，应建立一般性转移支付稳定增长机制，通过提高均衡性转移支付系统等方式，逐步增加对国家公园的转移支付。中央预算内投资对国家公园内的基础设施和基本公共服务设施建设应予以倾斜。②专项转移支付制度。国家公园属中央财政事权，由中央通过国家公园体系直接行使，中央财政应当承担大部分支出责任，中央委托地方事务会大幅度减少，中央对地方的专项转移支付数量也将随之大幅减少。可以保留的专项转移支付包括3种情况：一是中央事权委托地方行使，需要通过中央专项转移支付安排相应经费。例如，中央委托国家公园周边地方政府修建一条用于保护的公路。二是中央和地方共同财政事权，但中央分担的部分通过专项转移支付委托地方行使。例如，居民点调控是由建立国家公园引起的，中央理应承担一部分财政事权。中央可以以移民安置专项转移支付的方式委托地方具体实施。三是地方财政事权，但存在着少量引导类、救济类、应急类事务需要通过专项转移支付来予以支持。例如，居民就业引导和培训、地方产业发展本来是地方财政事权，但国家公园也应安排少量专项转移资金进行引导。

归并整合原有专项转移支付项目。中央财政应对以往年度分散在各部门用于国家公园范围内各类保护地的专项资金进行清理和盘点，将其划入新成立的国家公园管理局，以改变专项资金分散设置和重复设置所带来的低效率问题。

（10）构建合理的国家公园收支结构，加强国家公园资金管理。6个案例国家的国家公园收入结构并不单一，建立了以财政拨款为主、多种筹资模式为补充的合理的收入结构。支出绝大部分用于运营，并且支出预算在各年度之间保持相对稳定，以确保国家公园最低限度的基本支出水平。案例国家的国家公园收支预算管理水平参差不齐，但都建立了部门预算制度和国库集中收付制度。借鉴他们的经验，我国的国家公园收支结构和预算管理宜做如下安排。

国家公园收入结构方面：①建立以财政拨款为主，其他多种筹资模式为补充的收入结构。其他筹资模式包括以门票和特许经营费为主的自营收入、捐赠收入等。考虑到国家公园的公益属性，财政拨款应占国家公园总收入的 80%～85%，自营收入比例不宜过高，宜维持在 15%～20%。捐赠收入目前在我国尚未起步，但未来具有较好的发展空间。②建立以中央财政拨款为主、省和县（市）财政拨款为补充的财政拨款体系。中央财政拨款宜占国家公园总财政拨款的 80%以上。国家公园支出结构方面：建立包括基本支出和项目支出在内的支出结构。其中，基本支出主要用于国家公园的人员、各种设施设备的日常维护等方面的开支，采用定员定额法进行测算。从 6 国案例来看，这是国家公园最主要的支出内容，通常占总支出的 85%～90%，并有必要在各预算年度之间保持相对稳定。项目支出主要用于收购集体土地和林地、新建和改扩建设施设备、野生动物损害赔偿等，通常按项目的轻重缓急进行安排，占总支出的 10%～15%。

国家公园资金管理。①建立部门预算制度。由中央国家公园管理部门负责编制包括国家公园在内的部门预算，将全国各国家公园的预算纳入部门预算管理范围。②建立国库集中收付制度。由中央国家公园管理部门在财政部国库司开设专用账户，全国各国家公园的自营收入、捐赠收入统一缴入国库。为鼓励各国家公园通过捐赠筹集资金的积极性，可考虑将捐赠收入的 15%～20%返还给各国家公园，其余部分由国家公园管理局在全国范围内统筹安排。③加强对国家公园门票收入的管理。通过"一园一法"，明确门票定价原则、门票价格调整机制、门票收入的分成和使用方向。④加强对特许经营权的管理。通过"一园一法"，规定竞争选择特许经营商、实行合同管理、特许经营费的分成、特许经营费的使用方向、规定对特许经营商投资的补偿条款、加强特许经营监管等内容。⑤加强国家公园慈善捐赠的管理。主要工作包括依法设立基金会，强化以项目为核心的筹资模式，加强与非营利友好团体的合作，积极争取国际环境和自然基金的支持等。⑥加强志愿者组织和管理，为志愿者参与国家公园管理创造良好的条件。

（11）引入新的以环境质量为依据的税收分成机制。目前，我国中央和地方共享税种都是按既定的分成比例在中央和地方之间进行分成的。但这种分成机制存在固有的弊端：某地保护得越好，从增值税、消费税、所得税等税种中得到的分成收入越少，这使得保护地在某种意义上遭到地方排斥。

近几年，巴西政府主要是各州政府引入了兼顾保护地的税收分成指导机制，为我国提供了非常好的借鉴。这一机制被称作"商品贸易和服务交易绿色税"，即政府在确定税收分成时，要将环境标准考虑在内，综合考虑保护地的类型、保护地创建对其范围内各类资源直接利用的限制程度，以及保护地的保护状况等因素。目前巴西大部分州政府都采用了该机制，这极大地提升了地方政府对保护地的"接纳度"，使当地人从中受益。另外，某些州政府虽然会将部分"商品贸易和服务交易绿色税"直接拨给保护地，但一般情况下，其往往全部分给了保护地周边的市政府，用于支持对当地社区发展至关重要的医疗、教育、交通等公共事务。1995 年，世界自然保护联盟将"商品贸易和服务交易绿色税"评为拉丁美洲和加勒比地区生物多样性保护七大成功经验之一。目前，这一做法已纳入巴西的立法程序。

我国目前正在实施中央与地方财政事权和支出责任划分改革，改革的一项重要配套措施就是完善中央与地方收入划分机制。借鉴巴西的成功经验，建立自然资源和环境保护成效与税收分成比例挂钩的机制，综合考虑保护地的类型、保护地创建对其范围内各类资源直接利用的限制程度，以及保护地资源和环境保护状况等因素来确定不同的税收分成比例。应在中央和地方收入划分上改变原来"一刀切"的固定分成做法，增加地方在自然和环境保护方面的激励。同时，鼓励地方将由此增加的分成收入用于保护地周边的县（市）的公共事务，支持保护地周边县市的经济社会发展。

（12）建立以国家公园为主体的集中统一的自然资源管理体制，构建所有权和运营管理权分离的管理格局。美国和新西兰的国家公园管理机构对其管辖区域内的自然资源资产拥有集中统一的、实质的管理权和监督权，并辅以用途管制和经济补偿制度，很好地解决了公有产权和私有产权的矛盾，在多样化的产权结构基础上最大限度地实现了国家公园的保护目标。

《建立国家公园体制试点方案》对国家公园改革目标提出了明确要求："试点区域国家级自然保护区、国家级风景名胜区、世界文化自然遗产、国家森林公园、国家地质公园等禁止开发区域（以下统称各类保护地）交叉重叠、多头管理的碎片化问题得到基本解决，形成统一、规范、高效的管理体制……"这种统一、规范、高效的管理体制除了单位管理体制外，一个重要内容就是资源管理体制。为此，应当以国家公园改革为契机，在管理机构整合的基础上，构建起以国家公园管理机构为核心的集中统一、产权明晰的自然资源管理体制机构，以解决现有自然资源产权管理分散、管理法规不统一的问题。

在这个集中统一的自然资源管理体制中，新组建的中央国家公园管理部门作为全国国家公园范围内自然资源国有资产所有者代表，代表国家行使终极所有权、收益权和处置权。其在资源管理上的主要职能应界定为：国家公园范围内自然资源资产管理制度建设、规划和政策设计，对全国各国家公园负责人进行任免、考核和奖惩，对全国各国家公园自然资源交易和有偿使用的收益进行管理，审查批准重大的自然资源产权交易，对重大的自然环境和生态破坏行为进行查处等，以保证国家公园公共目标和公共利益的实现。

全国各国家公园管理机构在性质上属事业单位，在中央国家公园管理部门的领导下行使自然资源资产占用、使用和日常处置权。其在资源管理上的主要职能为：按"一园一法"制定和实施自然资源资产内部管理制度，保证资产安全和公共目标的实现；对管辖范围内集体所有的自然资源实行用途管制，运用价值规律和竞争机制，推动自然资源资产的资产化运作，提升产权效率。

（13）构建以全民所有为主体、集体所有为补充的国家自然资源所有权体系，探索不同所有权类型自然资源的保护、管理和运营机制。6个案例国家的国家公园土地以国有为主，也不同程度地存在着私有土地，这是一个多样化的产权体系。私有土地及其附属的各种自然资源可以进行交易，国家公园无权干涉，因而客观上存在着一个自然资源交易市场。国家公园管理机构的职能是对私人土地上的自然资源进行用途管制，以保证国家公园公共目标的实现。

借鉴案例国的经验，我国国家公园范围内的自然资源管理机制应当明确以下几个方面的特征：①自然资源权属清晰。包括水体、森林、山岭、草原、荒地、滩涂在内的自然资源生态空间不论其产权属性如何，权属必须清晰。现阶段国家公园建设的一个重要内容就是对上述自然资源生态空间进行统一确权登记。②构建以全民所有为主体，集体所有为补充的自然资源所有权体系。在对自然资源保护和利用状况进行评估的基础上，制定国家公园国土空间利用规划，将部分不利于实现国家公园保护和公益利用目标的集体所有的土地及其附属资源通过征收、赎买、置换等方式逐步收归国有，纳入国家公园管理体系实施统一集中管理。为此，需要建立和完善国家公园范围内集体所有的土地及其附属资源产权变更的相关制度和政策，明确资金来源。③探索不同类型的自然资源的保护、管理和运营机制。国家公园范围内全民所有的自然资源宜委托给国家公园管理局负责保护和运营管理，由国家公园管理局建立一个包括法律、行政、技术、经济等手段在内的综合性管理体系来加以管理；国家公园范围内的部分集体所有的土地及其附属资源，则通过对所有权、使用权、日常处置权等权利的合理配置来实现产权管理效率。应结合正在进行的农村土地"三权分置"改革在用途管制的基础上允许并鼓励集体和个人通过入股、流转、出租、协议等方式实现产权交易。这样就形成了与美国、新西兰等国类似的自然资源管理模式：国家公园管理局通过用途管制和引导生态农业、生态畜牧业的发展保证自然资源实现公共利益，集体和个人通过自然资源的产权交易实现产权管理效率。这种混合所有制产权模式是值得着力探索和推广的。

（14）建立自然资源资产用途管制和生态保护补偿机制，以实现国家公园公益性。建立以保护为目标的自然资源资产用途管制制度，是6个案例国家的国家公园制度的核心内容。从6国案例来看，自然资源资产用途管制是建立在对保护状况的准确掌握和合理规划基础之上的。我国的国家公园改革也应当以此为借鉴，对国家公园管辖范围内的自然资源资产和生态环境状况进行全面梳理，对保护利用情况开展认真评估，在此基础上科学编制自然资源保护规划。国家公园管理局作为自然保护的第一责任主体，在资源管理权限集中统一的前提下，应切实承担起强化规划管控和监督执行的责任，严格依照法定规划实施用途管制。

建立以保护和协调发展为目标的生态保护补偿制度。国家公园范围内原居民享有土地和林木等自然资源的集体产权，有的依然保留着传统的生产生活方式，有的以集体产权为基础通过旅游、地产开发等步入了发展的快车道。国家公园的保护目标与原居民的发展目标之间存在着冲突，需要通过良好的制度设计来加以协调。生态保护补偿制度就是案例国家普遍使用的一种解决方案。生态保护补偿资金的来源和使用包括两个渠道，一是按"谁受益谁补偿"的原则由代表全民利益的政府通过财政来筹集，主要用于原居民的经济补偿。这与巴西、俄罗斯等国实施的地役权制度类似，并通常作为用途管制的配套制度来设计和实施。这种补偿制度在资金的使用上符合"谁受损谁受益"的原则，在我国各保护区的实践中也有一定的基础；二是按"谁开发谁保护""谁破坏谁恢复""谁污染谁付费"的原则向造成自然资源和环境损害的开发者和利用者收取一定的补偿金，通过建立基金保证这部分资金专款专用于自然资源和环境的修复。这与美国、巴西、南非等国实行的资源环境损害赔偿制度类似。目前要做好几个方面的工作：在对原居民的经济补偿方面要进一步完善相关制度，细化补偿标准，保证补偿标准的客观公正，实现补偿方式的多样化并保证补偿模式的长期稳定性；探索横向生态保护补偿，制定以地方补偿为主，中央财政给予支持的横向生态保护补偿机制办法；在建立资源环境损害赔偿制度方面，要考虑将资源环境损害赔偿制度纳入"一园一法"或未来的国家公园法中，探索行政或法律行为的主体、损害的评估、基金的管理等相关问题。

（15）通过合作平台建设、制度创新、尊重乡土文化等促进国家公园和周边社区的和谐发展。国家公园的公益目标往往与周边社区发展产生冲突。在俄罗斯，对自然资源的争夺还影响国家公园的设立。我国人口众多，国家公园范围内有农地和集体林地，有长期以来形成的生产生活方式，有正常的发展需求，可以预计，国家公园的设立会带来比较突出的社区发展问题，需要采取综合措施来促进国家公园和周边社区的和谐发展。这主要包括：①尊重乡土文化，不改变和影响原居民的生产生活方式。借鉴俄罗斯、德国的做法，国家公园在设立过程中应充分尊重原居民的生存权利和文化传承，只要不对生态环境造成危害，应允许保留原居民的传统的生产生活方式，不改变农村财产权属。当然，对生态环境是否造成危害，应通过科学的评估给出答案。②通过广泛的沟通与合作推动周边社区的发展。在新西兰，国家公园政策和规划出台前，除了与政府其他部门、行业协会沟通外，还必须与原居民、社区团体协商。持反对意见者有权参加相关政策和规划听证会。主要原居民毛利人在国家公园管理委员会中还拥有专门代表席位，并在具体管理过程中被赋予特殊权力。在巴西，国家公园管理局专门针对社区居民安排了不同的保护项目，吸引社区居民加入保护行动，以解决社区居民的就业问题。当地政府还对参与保护项目的企业实行税收上的优惠减免。合作平台的建设，有效地缓解了国家公园与周边社区的冲突，推动了周边社区的发展。③建立生态保护补偿制度，以维护周边社区的利益。生态补偿资金一方面来源于财政，用于对社区居民的经济补偿；另一方面来源于向造成自然资源和环境损害的开发者和利用者收取的补偿金，这些补偿金以基金的形式进行管理并专款专用于自然资源和环境的修复。④采取综合措施促进社区发展。包括引导国家公园范围内及周边社区居民参与特许经营和保护管理、对国家公园范围内及周边社区的产业规划和引导、对国家公园范围内及周边社区居民的就业引导和培训。这些都需要在实践中加以探索和总结提高。

致　谢

　　衷心感谢国家发展和改革委员会社会发展司的彭福伟副司长、袁溟副处长，河仁慈善基金会的林瑞华秘书长、李磊副秘书长、石晓飞女士，保尔森基金会环保总监牛红卫女士和保护项目副主任于广志女士。他们为本研究提供资金支持和指导，使本研究能够顺利开展并取得预期成效。

　　感谢环境保护部张文国处长、王炜处长、房志处长、王新处长，住房和城乡建设部左小平处长、李振鹏副处长，国家林业局张云毅处长、安丽丹处长、陈君帜副处长，国土资源部余振国研究员，北京市发展和改革委员会赵云龙副处长，国务院发展研究中心苏扬研究员，清华大学杨锐教授、庄优波副教授和赵智聪博士，中国科学院动物研究所解焱研究员，中国环境科学院李俊生研究员、张风春研究员，北京林业大学雷光春教授、温亚利教授，国家林业局调查规划设计院唐小平研究员，联合国环境规划署蒋南青博士，世界自然基金会中国项目王蕾博士、何思源博士，湖北经济学院毛焱副教授和上海弘毅生态保护基金会王书文秘书长等。他们在本研究过程中参与设计、讨论，提供宝贵建议。

　　感谢中国地图出版集团王洪波先生对本书地图的审校，感谢于广志女士等为本书提供细致的校对翻译工作，是他们的认真态度使我们的材料保持了原真性。还有许多专家和热心人士为本书的完成做出了重要贡献，限于篇幅不能一一致谢，见谅。

作　者

2017 年 3 月

声　明

　　本书所有地理疆域的命名及图示，不代表中国国家发展和改革委员会、美国保尔森基金会、中国河仁慈善基金会对任何国家、领土、地区，或其边界，或其主权政府法律地位的立场观点。

　　本书所有内容仅为研究团队专家观点，不代表中国国家发展和改革委员会、美国保尔森基金会、中国河仁慈善基金会的观点。

　　本书的知识产权归中国国家发展和改革委员会、美国保尔森基金会、中国河仁慈善基金会和本书著（编）者共同拥有。未经知识产权所有者书面同意，严禁任何形式的知识产权侵权行为，严禁用于任何商业目的，违者必究。

　　引用本书相关内容请注明来源和出处。